电机学教程

（第2版）

杨莉　陈瑛　张景明 编著

清华大学出版社
北京

内 容 简 介

本书主要论述电机学及其统一理论,全书包含绪论和 6 篇正文。前 5 篇涵盖了变压器、直流电机、异步电机、同步电机和特种电机的内容,对以上各类电机的基本结构、工作原理、运行性能和工作特性进行了详细的分析和论述。

本书特色分明,一改以往各种版本的《电机学》的编写模式,内容精简、编排合理、结构新颖,各种电机的分类一目了然。

此外,本书首次在《电机学》教材中对"电机统一理论"进行了论述,实现了对电机学理论的创新。

与本书同时出版的还有与之配套的学习指导书,书中不但附有全部的"习题解答",还有"内容提要""疑难剖析""拾遗补阙""习题补充"等针对性的学习指导内容,相信其对读者的学习会大为有益。

本书为电气工程及其自动化专业(含各专业方向)电机学课程教材,也可作为自动化及其他相关专业的电机原理课程的选用教材,还可供有关技术人员参考。

版权所有,侵权必究。举报:010-62782989,beiqinquan@tup.tsinghua.edu.cn。

图书在版编目(CIP)数据

电机学教程/杨莉,陈瑛,张景明编著.—2 版.—北京:清华大学出版社,2022.11
ISBN 978-7-302-60576-8

Ⅰ.①电… Ⅱ.①杨… ②陈… ③张… Ⅲ.①电机学—高等学校—教材 Ⅳ.①TM3

中国版本图书馆 CIP 数据核字(2022)第 064251 号

责任编辑:佟丽霞 赵从棉
封面设计:常雪影
责任校对:赵丽敏
责任印制:沈 露

出版发行:清华大学出版社
    网 址:http://www.tup.com.cn,http://www.wqbook.com
    地 址:北京清华大学学研大厦 A 座   邮 编:100084
    社 总 机:010-83470000   邮 购:010-62786544
    投稿与读者服务:010-62776969,c-service@tup.tsinghua.edu.cn
    质量反馈:010-62772015,zhiliang@tup.tsinghua.edu.cn
印 装 者:三河市君旺印务有限公司
经 销:全国新华书店
开 本:185mm×260mm   印 张:20.75   字 数:502 千字
版 次:2012 年 11 月第 1 版 2022 年 11 月第 2 版 印 次:2022 年 11 月第 1 次印刷
定 价:59.80 元

产品编号:087298-01

前言

电机学是电气工程及其自动化专业一门重要的专业基础课。其教材虽然版本很多,在编写体系上却大都沿用旧时电机制造专业教材的编写方式,因此,已远不能满足宽口径的电气工程及其自动化专业中的各专业方向的共同要求。

此外,由于教学改革的需要,专业课的课程门类与学时数均已大幅精简。这样,课程内容与学时之间的矛盾日显突出,迫切需要一本能够解决上述矛盾,既在篇幅上大为精简,又在内容上涵盖更广的电机学教材。正是在这种背景下,本书对原版《电机学》教材进行了全新编著,并更名为《电机学教程》。

本书一改以往的编写方式,删去了大量的各种电机内部结构,以及各种电磁现象细节的描述,使全书内容精简,重点突出。

此外,本书还在结构上进行了重新编排,将以往版本《电机学》惯用的"四大电机"的编写形式,改为"五大类电机"的编写结构,即将原分散在"四大电机"内的各类特种电机集中编写在一篇中(取名为"特种电机")。这样,既突出了"四大电机"这一电机学的主要内容,又使各种电机的分类一目了然。

虽然学界对"电机统一理论"的提法已有时日,但至今尚未见有关论著公开发表。戴文进教授首次提出了"电机统一理论",相信这是电机学理论的一次创新,也是对电机理论发展做出的一点贡献。

全书共分6篇。其中,绪论、第3篇、第5篇由杨莉编写,第1篇、第2篇由陈瑛编写,第4篇由张景明编写,第6篇由戴文进编写。全书由杨莉统稿。在本书的编写过程中,得到了戴文进教授的大力支持和帮助,在此表示衷心的感谢。

本书所有编者虽都长期工作在电机学的教学第一线,且对该门课程的教学改革有一定体会,但毕竟水平有限,加之本书在结构体系和内容取舍上均作了较大改动,故书中谬误在所难免,敬请读者不吝指正。

编者

2022 年 8 月于南昌大学

主要符号表

A	区域,面积	k_y	绕组分布系数
a	并联支路对数	k_μ	饱和系数
B	磁通密度,磁感应强度	L	自感,长度
B_δ	气隙磁通密度	L_m、	励磁电感
C	电容	L_t	同步电感
C_e	电势常数	L_σ	漏电感
C_T	转矩常数	M	互感
E	开路电压,感应电动势	m	相数
E_1,E_2	一次(定子)绕组感应电动势,二次(转子)绕组感应电动势	N	匝数
E_σ	漏感应电动势	N_{eff}	每相有效匝数
F	磁动势	N_f	励磁绕组匝数
F_a	电枢反应磁动势	N_s	串励绕组匝数
F_{ad}	直轴电枢反应磁动势	n	机械转速
F_{aq}	交轴电枢反应磁动势	n_1	同步转速
f	机械力,电源频率	P	有功功率
f_s	转差频率	P_{em}	电磁功率
H	磁场强度	P_{mec}	机械功率
I	电流相量的幅值;直流电流	P_{syn}	比整步功率
I_a	电枢电流	p	磁极对数
I_d	电流的直轴分量	p_{ad}	附加损耗
I_f	励磁电流	p_{Cu}	铜损耗
I_L	线电流,负载电流	p_{Fe}	铁损耗
I_q	电流的交轴分量	p_{mec}	机械损耗,摩擦和风阻损耗
I_ϕ	相电流	q	每极每相槽数
i	电流瞬时值	R_1	一次(定子)绕组电阻
J	电流密度	R_2	二次(转子)绕组电阻
k	变压器变比	R_2'	R_2 的折算值
k_A	自耦变压器变比	R_a	电枢绕组电阻
k_c	短路比	R_{as}	串励绕组电阻
k_M	静态过载倍数	R_m	励磁电阻,磁阻
k_N	绕组系数	S	视在功率
k_q	绕组短距系数	s	转差率
k_{st}	起动倍数	T	电磁转矩
		T_0	空载转矩

T_1	输入转矩	y_2	绕组第二节距
T_2	输出转矩	Z	交流绕组槽数
T_{syn}	比整步转矩	Z_1, Z_2	一次(定子)阻抗,二次(转子)阻抗
T_{st}	起动转矩	Z_m	励磁阻抗
t	时间,温度	α	槽距角,角度,电角度
U	电压	β	夹角,机械特性斜率
U_0	空载电压	δ	气隙
U_k	短路电压	ε	小数,误差
$X_{1\sigma}$	一次(定子)绕组漏电抗	η	效率
$X_{2\sigma}$	二次(转子)绕组漏电抗	θ	温升,功率角
X_a	电枢反应电抗	λ	单位面积磁导,导热系数
X_{ad}	直轴电枢反应电抗	μ	磁导率
X_{aq}	交轴电枢反应电抗	ν	谐波次数
X_d	直轴同步电抗	τ	极距
X_k	短路电抗	Φ	磁通
X_m	励磁电抗	Φ_0	励磁磁通
X_p	保梯电抗	Φ_δ	气隙磁通
X_q	交轴同步电抗	Φ_σ	漏磁通
X_t	同步电抗	Ψ	磁链,内功率因数角
X_σ	漏电抗	Ω	机械角速度
y	绕组合成节距	ω	角频率,电角速度
y_1	绕组第一节距	φ	相位角,阻抗角

第 4 篇　同 步 电 机

第 5 篇   特 种 电 机

第 6 篇　电机统一理论

第0章

绪论

0.1 电机总览

0.1.1 电机在国民经济生活中的作用

电能是能量的一种形式。与其他形式的能量相比,电能具有明显的优越性,适宜于大量生产、集中管理、远距离传输和自动控制。人类对能量利用和控制的能力决定着社会的生产潜能,从而又影响着人类生活方式的进步。目前,全球每年电能的用量大约为 10^4 亿 kW·h,并且还在以每年 10 亿 kW·h 的速度增长。

电机是将电能从最初的能源形式转换过来的重要工具,也是将大部分电能转换为机械能的装置。在电力工业、工矿企业、农业、交通运输业、国防、科学文化及日常生活等领域,电机都是十分重要的设备。在电力工业中,将机械能转换为电能的发电机以及将电网电压升高或降低的变压器都是电力系统中的关键设备。在工矿企业中,各种机床电机、轧钢机、压缩机、起重机、水泵、风机,交通运输中的汽车电器、电力机车、磁悬浮列车、城市轨道列车,农业中的电力排灌、农产品加工,日常生活中的汽车、办公设备、电冰箱、空调、洗衣机,航海和航空领域中的舰船推进电源、航空电机,以及国防、文教、医疗等领域都需要不同特性的电机。随着工业企业电气化、自动化、智能化的发展,还需要众多的各种容量的精密控制电机,作为整个自动控制系统中的重要元件。

显然,电机在国民经济建设中起着重要的作用,随着生产的发展和科学技术水平的提高,它本身的内容也在不断深化和更新。

0.1.2 电机的发明简史

电机的历史可追溯到 1831 年迈克尔·法拉第发明的盘式电机,这是一种真正的直流电机。此后,人们对电机的兴趣一直停留在实验室阶段和处于好奇的状态。直到 19 世纪 70 年代,托马斯·爱迪生为了让电灯进入千家万户,开始了商业目的的直流发电机的研制。在此项工作中,爱迪生提出将电能从集中的发电站输出,然后对用户进行分配这个全新概念。他作为领路人,倡导广泛地应用电动机,并引入电网的基本框架这一概念。

电机历史上主要的里程碑是,1888 年尼古拉·特斯拉发明了三相感应电动机并申请了专利。特斯拉的交流电的理论领先于查理斯·施泰因梅茨十来年,1900 年可靠的卷铁芯式变压器问世,从而开创了长距离输电的新纪元。当时,美国为完成电气化的进程又花了 30 年的时间,而且直至 20 世纪 30 年代,美国的农村配电系统还没有完成。但是无论如何,在此期间美国的电气化进程进展还是很顺利的。电机的推广应用,紧紧跟随着电网扩张的脚步。

尽管今天应用的电机学的理论可追溯到 100 年以前,但是其更新和提高的脚步从来没有停止过。更好的铁磁和绝缘材料的不断研制,使功率密度比早期电机的功率密度超出一个数量级。大容量电机的制造技术降低了电机制造成本,因而为其更广泛的应用打开了大门。可靠的高功率等级的开关装置,以及近几十年来由于"固态革命"产生的微处理机,使电气拖动领域的控制水平大大提高。所有这一切,都是能量的利用与控制能力的提高,从而不断地促进着人类生活方式的进步。

0.1.3　电机的分类

电机是一种以磁场作为中间媒介的双向能量转换装置,用于实现机械能和电能的转换、电能形式的变换和信号的传递、变换。而利用光电效应、压电效应、热电效应和化学反应等产生电能的装置通常不包括在电机范畴内。电机本身不是能源,但其输入、输出中至少有一方必须为电能。

电机的用途广泛,种类很多,按照电机在应用中的能量转换功能可分为以下几种:

(1) 发电机——将机械能转换为电能的电机;

(2) 电动机——将电能转换为机械能的电机;

(3) 变换器——将电能转换为另一种形式的电能的电机,如变压器、变流器、变频机、移相机;

(4) 控制电机——作为控制系统中的元件,进行信号的传递、变换,不以功率传递为主要功能。

此外,按照所应用的电流种类,电机可分为直流电机和交流电机。按运动方式来分,电机可分为静止设备和旋转设备,前者为变压器,后者包括直流电机、异步电机和同步电机。

本书基本按原理分类,主要包含变压器、直流电机、异步电机、同步电机等四大类电机。此外,对在工业控制和特殊传动领域广泛使用的特种电机也进行了专门叙述。

0.1.4　电机学课程特点和学习方法

电机学是电气工程及其自动化专业必修的一门重要专业基础课,是后续专业课程的理论基础。通过对电机的基本结构、电磁关系、工作原理和运行性能的分析,可使学生逐步掌握电机的基本理论和基本分析方法,提高分析和解决电机实际工程问题的能力。

电机原理始于带电导体和磁场间的相互作用,对变压器和旋转电机来说,两个或两个以上空间磁场相互之间的作用是分析的主要内容。对物理学中电、磁、机械三类变量之间的相互关系和相互影响的理解,是学习电机学的基础。同时,电机学的研究对象是实际使用的各种具体电机,不是条件单纯、非具体的理想化元件。这就要求学生要理论联系实际,善于抓住主要矛盾,重视电机学实验和实践环节。

虽然电机形式多样,但本书对电机的分析过程具有共同性。首先概览该类电机的结构、特点、应用、基本原理、参数规格等,然后对其工作原理和电磁关系进行定性分析,再通过电路方程、等效电路和相量图等形式对电机中的各物理量及相互关系进行定量分析,最后对电机运行性能和实际应用进行总结。这就要求学生要融会贯通,重点培养分析问题和解决问题的能力。

0.2 电磁理论基础

各类电机的运行都以基本电磁定律和能量守恒定律为基础,基尔霍夫电流定律和基尔霍夫电压定律等电路定律在电路课程中已作详细叙述,下面简单介绍电机学中常用的基本磁路定律和判定定则。

0.2.1 电磁力定律(洛伦兹力方程)

电磁场是一个空间区域,运动电荷在电磁场中将受到力的作用,其大小和方向由下式决定:

$$F = qv \times B \tag{0-1}$$

式中,F 为力,单位为 N;q 为电荷电量,单位为 C;v 为电荷运动速度,单位为 m/s;B 为磁感应强度,也称为磁通密度,单位为 T。

电荷在导体中流动就形成电流。如图 0-1 所示,如一大小为 I 的电流在均匀磁场中流过长度为 l 的导体,则式(0-1)中的 qv 可由 lI 替代,因而得

$$F = lI \times B \tag{0-2}$$

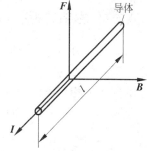

图 0-1 洛伦兹力

由于图 0-1 中的 B 和 I 垂直,则力的大小由式 $F = BIl$ 决定,电磁力的方向由左手定则判定。即磁力线方向(B 的方向)穿过左手掌心,四指方向指向电流方向,则大拇指所指方向即为通电导体的受力方向。

例 0-1 如图 0-1 所示的导体,处于图中所示方向的磁场中,其大小为 $B(t) = 5\cos\omega t (T)$,导体的长度为 25 cm,流过的电流 $i(t) = 2\cos\omega t (A)$,方向如图 0-1 中 I 所示,求导体上所受的作用力。

解 由于 I 和 B 相互垂直,因此,由式(0-2)可知力的大小为

$$F = l \cdot i(t) \cdot B(t) \cdot \sin(\pi/2)$$
$$= 0.25 \times 2\cos\omega t \times 5\cos\omega t$$
$$= 2.5\cos\omega t\cos\omega t = 1.25 + 1.25\cos 2\omega t (N)$$

力 F 的方向向上。

0.2.2 毕奥-萨伐尔(Boit-Savart)定律

电荷的流动,即电流,产生磁场强度 H。在距一长载流导体垂直距离为 R(单位为 m)的任意一点 P 处的 H(单位为 A/m)的大小和方向,由下式决定:

$$H = \frac{1}{2\pi R}I \times a_R \tag{0-3}$$

式中,被一以 R 为半径的环形路径所包围的电流矢量 I(单位为 A),以及矢量 a_R 如图 0-2 所示。磁通密度 B 可根据式(0-4)由磁场强度 H 求出:

$$B = \mu H = \mu_r\mu_0 H \tag{0-4}$$

系数 μ(单位为 H/m)为磁导率,由磁场所在点的材料特性决定,而相对磁导率 μ_r 是一无单

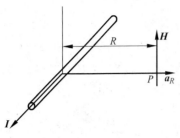

图 0-2 毕奥-萨伐尔定律

位的量,其表示式为

$$\mu_r = \frac{\mu}{\mu_0} \tag{0-5}$$

式中 $\mu_0 = 4\pi \times 10^{-7}$ H/m,为真空中的磁导率。

例 0-2 直径可忽略不计的导体长 10 m,载 5 A 的恒定电流,假定导体足够长,所处空气的磁导率为 $\mu = 4\pi \times 10^{-7}$ H/m。求与导体距离为 R 处的磁通密度 B 和磁场强度 H(参考图 0-2)。

解 点 P 可以以半径 R 绕着导体任意转动,其每点的 H 值相同,方向为逆时针,据式(0-3),可得与导体距离为 R 处的 H 值为

$$H = \frac{I}{2\pi R} = \frac{5}{2\pi R} = \frac{0.796}{R}(\text{A/m})$$

据式(0-4),得

$$B = \mu H = 4\pi \times 10^{-7} \times \frac{0.796}{R} = \frac{1 \times 10^{-6}}{R}(\text{T})$$

0.2.3 右手定则

根据毕奥-萨伐尔定律(简称毕-萨定律),运用右手定则,可以很方便地判断一载流导体周围磁场的方向。即假设用右手握住一载流导体,且大拇指的方向指向电流的方向,微微握紧的四指所指的方向便为 $\boldsymbol{B}$ 或 $\boldsymbol{H}$ 的方向。

磁通 Φ(单位为 Wb)的大小由下式得出:

$$\Phi = \int \boldsymbol{B} \cdot \mathrm{d}\boldsymbol{A} \tag{0-6}$$

式中,$\mathrm{d}\boldsymbol{A}$ 为 $\boldsymbol{B}$ 经过截面积的微分。若 $\mathrm{d}\boldsymbol{A}$ 所处的平面与 $\boldsymbol{B}$ 正交,则由右手定则可知磁通 Φ 的方向。图 0-3 给出了由已知电流 I 决定的磁场方向。

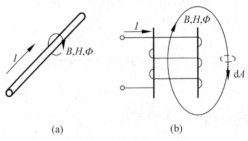

(a)　　　　　　(b)

图 0-3 右手定则示意图

(a) 直导线;(b) 圆线圈

0.2.4 法拉第电磁感应定律

一匝数为 N,与交变磁通 Φ 匝链的线圈,其两端的感应电动势 e 大小为

$$e = N \frac{\mathrm{d}\Phi}{\mathrm{d}t} \tag{0-7}$$

0.2.5　楞次定律

式(0-7)中电压极性由楞次定律判断。交变磁通在线圈中感应电动势的极性如此判断:若该感应电动势产生一电流,则该电流产生的磁通将阻碍原磁通的改变。图0-4中示出了产生电动势 e 的极性的两种情况。在这两种情况中,磁通的方向是相同的,但前一种情况下磁通是增大的,而后一种情况下磁通则是减小的。

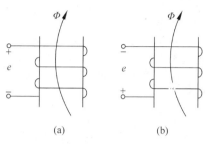

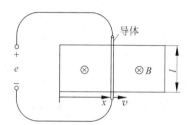

图 0-4　楞次定律示意图　　　　　　图 0-5　Blv 定则示意图

(a) 磁通增大($\mathrm{d}\Phi/\mathrm{d}t>0$);(b) 磁通减小($\mathrm{d}\Phi/\mathrm{d}t<0$)

0.2.6　Blv 定则

下面分析图0-5中,由长为 l 的直导体(单位为 m)与少许连线形成的矩形区域。此处,一直不变的均匀磁通垂直进入纸面。此时,该导体以速度 v(单位为 m/s)沿着纸面向右运动切割磁力线。由式(0-6)可知,图中由导体与其连线形成的一匝线圈两端感应电动势的磁通为

$$\Phi = BA = Blx \tag{0-8}$$

由于 $N=1$,根据式(0-7),可得

$$e = \frac{\mathrm{d}\Phi}{\mathrm{d}t} = \frac{\mathrm{d}Blx}{\mathrm{d}t} = Bl\frac{\mathrm{d}x}{\mathrm{d}t} = Blv \tag{0-9}$$

由于磁通密度 B 不变,故而有式(0-9)的结果。因此,Blv 定则仅适用于恒定磁场。图0-5中的感应电动势极性可由楞次定律来检验,这时应注意,通过一匝线圈的磁通是增加的。

0.2.7　安培电路定律(全电流定律)

电路与其产生的磁场之间的关系为

$$\oint \boldsymbol{H} \cdot \mathrm{d}l = \sum I = F \tag{0-10}$$

式中,$\mathrm{d}l$ 为沿积分的闭合路径中的长度元,F 为磁动势。虽然式(0-10)在一般情况下求解很麻烦,但若沿积分路径某一段上的磁场强度是均匀的,则方程就变得简单多了。在图0-6中,假定磁场强度 H 在 l_1、l_2、l_3 和 l_4 各段上都是均匀的,则由式(0-10)可得

$$\oint \boldsymbol{H} \cdot \mathrm{d}l = H_1 l_1 + H_2 l_2 + H_3 l_3 + H_4 l_4$$
$$= NI = F \tag{0-11}$$

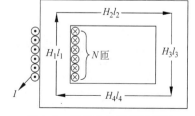

图 0-6　安培电路定律示意图

0.2.8　能量守恒定律

机电能量转换,是指将能量从电能转换为机械能,或者将机械能转换为电能的过程。这种转换并不是直接的,而需首先将其转换为媒介形式的磁能(然后再转换为另一种形式的能量)。这种转换是可逆的,只是在转换过程中伴随有消耗的热能。

电机在能量转换或传递的过程中必须遵守能量守恒定律。虽然可任意假定,但还是按惯例假定能量从电机的一对端口流进,并由机械负载吸收,即转化为运动。这样能量转换符合以下等式:

$$\{电能输入\}-\{绕组热损耗\}-\{铁芯损耗\}$$
$$=\{机械系统能量\}+\{摩擦损耗\}+\{磁场储能\}$$

0.3　铁磁材料和磁路

从磁性能方面看,所有材料分为铁磁材料和非磁性材料两类,这主要取决于它们的磁化曲线。非磁性材料的磁化曲线是线性的,而铁磁材料的磁化曲线为非线性的 B-H 曲线。实际电机几乎整个磁路都是用铁磁材料制作的。

0.3.1　饱和现象

图 0-7(a)中典型的铁磁材料的 B-H 特性曲线,通常分为线性区域和饱和区域。两者之间的转折点就是人们通常所说的膝点。此外,图 0-7(b)中还示出了铁磁材料的 μ_r-H 曲线。

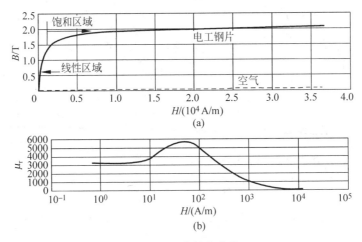

图 0-7　磁化特性曲线

非铁磁材料的相对磁导率 $\mu_r=1(\mu_r=\mu/\mu_0)$,而在整个实用的磁通密度范围内,铁磁材料的相对磁导率要比 1 大得多(其值为 2000～6000)。

专门用于机电能量转换装置的电工钢片,是用特殊加工工艺生产出来的,主要用于某些特殊场合。铁磁材料的原子的电子数比内层全电子数要少,因此,由电子旋转产生的磁场在原子内部并不能完全抵消。所以,铁磁材料的每一个原子就有一个磁力能。当熔化的铁磁材料凝固时,在原子层面的区域内便形成晶体。在每一个区域内,所有原子的磁力能排列一致。

无向性电工钢片要经过特殊的冶金工艺程序加工,以便使其形成斜角形的磁畴,如图 0-8(a)所示,其中晶体的结构达到了静态磁平衡。如图 0-8(b)所示,只需一个中等程度的 H 场,便可使原子的磁力能方向相反,且在每一晶体中能有效地移动磁畴。由于此时的合成磁力能的方向向右,因此磁通的方向也是自左向右的。这种磁畴移动现象发生在图 0-7(a)中磁化曲线的线性区域段。若 H 场方向向上,则磁畴便这样移动,以使磁力能的方向也向上;若此时施加一中等程度的 H 场,材料中的磁通流向可为任何方向。这种支持任意方向磁通的潜能,使得这种材料适用于构造电机的磁路,这便是无向性电工钢片的基础。

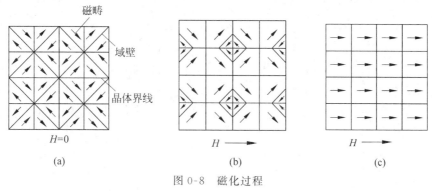

图 0-8　磁化过程

(a) 无外加 H 场;(b) 外加中等 H 场;(c) 外加强 H 场

在磁畴完全崩溃后,磁力能仍然有一个唯一的方向,这就是外施磁场的方向。如若外施磁场明显增加,则所有的磁力能便沿着外施磁场方向一致排列,如图 0-8(c)所示。在外施磁场大大增加的情况下,从磁畴的崩溃到磁力能的排列一致,大约增加了 15% 的磁通。该现象发生在图 0-7(a)中磁化曲线的饱和区域段。

另一些冶金加工工艺,采用加强晶体结构和控制轧制方向的方法,可产生纹理取向电工钢片。在这种情况下,磁畴几乎是沿一个方向,只需必要的磁畴移动,便可获得很高的磁通密度。因此,纹理取向电工钢片与无向电工钢片相比,只需一很小的 H 场,便可获得很高的 B 场。这种纹理取向电工钢片在变压器中得到了很好的应用,因为变压器的磁路方向是一定的。

0.3.2　磁滞现象与磁滞损耗

若对一铁磁材料样品外施一磁场,而后又移开,在不再对其施加反向磁场的情况下,磁畴便不会在原处出现。其内在原因是,一些原子的磁力能的排列方向与原来的排列轴心不一致。因此,其磁力能并不为零,因而产生一个小的 B 场。这样,下降的 B-H 曲线段,并不再沿上升的 B-H 曲线段返回,这种现象称为磁滞现象。由于存在磁滞现象,对铁磁进行反复磁化可得到一条闭合曲线,称为磁滞回线。反复磁化过程中所消耗的能量称为磁滞损耗,该损耗与磁滞回线的面积(由磁通密度的最大值 B_m 决定)、磁场交变频率 f 和铁磁材料体积 V 成正比,可用经验公式表示为

$$p_{Hy} = C_{Hy} B_m^n f V$$

其中,C_{Hy} 为与材料有关的磁滞损耗系数;$n=1.5\sim2$,估算时一般取 $n=2$。

0.3.3　涡流现象与涡流损耗

因为铁芯是导磁体也是导电体,交变磁场在铁芯内产生自行闭合的感应电流,称为涡流,涡流在铁芯中产生热损耗,即所谓涡流损耗。频率越高,磁通密度越大,感应电动势就越大,涡流损耗也越大;铁芯的电阻率越大,涡流流过的路径越长,涡流损耗就越小。电机铁芯通常由加入适量硅的硅钢片(又称电工钢片)叠压而成,由于硅的加入使铁芯材料的电阻率增大,硅钢片沿磁力线方向排列,钢片间有绝缘层,叠片越薄,损耗越低,如图 0-9(a)～(c)所示。如不计饱和影响,由正弦波电流所激励的交变磁场中的铁芯涡流损耗的经验公式为

$$p_{Ft}=C_{Ft}B_m^2 f^2 d^2 V$$

其中,C_{Ft} 为取决于材料性质的涡流损耗系数;d 为铁芯叠片厚度;其余符号的含义同前。

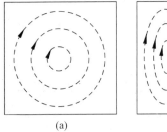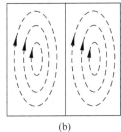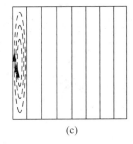

(a)　　　　　　　(b)　　　　　　　(c)

图 0-9　铁磁材料中的涡流

磁滞损耗和涡流损耗之和为铁芯损耗,对于一般电工钢片,B_m 在 1.8 T 以内,可近似表示为

$$p_{Fe}=C_{Fe}B_m^2 f^{1.3}G \tag{0-12}$$

式中,C_{Fe} 为铁芯的损耗系数;G 为铁磁材料的质量;其余符号的含义同前。

工程上常用实验测出并以曲线或表格表示各种铁磁材料在不同频率、不同磁通密度下的比损耗(每千克材料的铁芯损耗),再计算铁磁损耗 p_{Fe}。

铁芯损耗均转化为热能使铁芯温度升高。为防止电机过热,一方面采用硅钢片以减小铁芯损耗,另一方面则应采取散热降温措施。

0.3.4　磁路

由铁磁材料构成的磁通路径,是机电能量转换装置中重要的组成部分。当今所有实际的电动机、发电机、移相机和变压器等,都是由一个或多个这样的磁通路径构成的。沿着激励源伸展开的磁通路径叫磁路。磁路设计的目的是,在一有限的空间内,以最少的励磁磁动势,达到建立一定磁通的目的。在大多数情况下,机电装置的物理功能要求磁路中有一个或多个气隙。一个明显的特例就是变压器,其整个磁路都是由铁磁材料构成的。

当分析磁路时,通常将其分为两类问题:第一为建立一定磁通,求其所需的磁动势;第二为已知励磁磁动势,求其建立的磁通。

若铁磁材料的 B-H 曲线是线性关系,则解决这两类问题都非常简单。然而情况往往是,除单一均匀磁路这种极少数情况外,由于磁路的非线性,第二类问题通常需用图解法或

试探法来求解。如果在磁路中存在多条路径,则第一类问题很可能就需要用图解法或试探法来求解。

0.3.5 磁路分析方法

恒定磁动势作用下的交流磁路分析,与直流磁路的分析之间可进行类比。除受磁路非线性的限制外,磁路的分析方法与电路的分析方法是类似的。

在由铁磁材料构成的磁路中,式(0-11)的积分路径与磁场方向是一致的。如若沿整个闭合的线积分路径中的磁通 Φ 为常数,那么,由 $B=\mu H$ 和 $B=\Phi/A$ 知,式(0-11)可改写为

$$\oint \Phi \frac{\mathrm{d}l}{\mu A} = NI = F \tag{0-13}$$

由式(0-11)得

$$\Phi_1 \int_{l_1} \frac{\mathrm{d}l}{\mu_1 A_1} + \cdots + \Phi_n \int_{l_n} \frac{\mathrm{d}l}{\mu_n A_n} = NI = F \tag{0-14}$$

$$\Phi_1 R_1 + \cdots + \Phi_n R_n = NI = F \tag{0-15}$$

$$R_1 = \frac{l_1}{\mu_1 A_1}, \quad \cdots, \quad R_n = \frac{l_n}{\mu_n A_n} \tag{0-16}$$

R 即为人们通常说的磁阻,意为磁通在磁路中,就像电流在电路中遇到的一种阻碍。再将这种类比延伸到电路,也就是磁动势与电压之间沿着闭合路径的所有磁动势降之和,必须等于该磁路中的磁动势。这是与基尔霍夫电压定律的最直接的类比。

下面分析如图 0-10(a)所示的具有分布参数的电路图,图中有一电源电压 V,其驱动电流流过 3 根串联金属棒。每一金属棒的电阻值可由 $R = \rho \dfrac{l}{A}$ 计算,这便可用左边所画的集中参数的电路图作为实际的分布参数电路图的等效电路模型。运用由式(0-14)~式(0-16)引出的磁阻的概念,对于图 0-10(b)中的磁路,也可由类似电路的方法得到其右边的集中参数的磁路图。磁路与其类似的电路中各量的比较如表 0-1 所示。

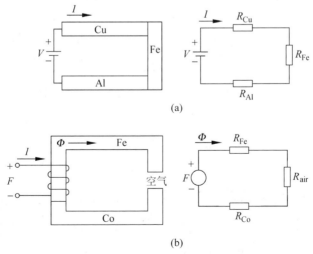

图 0-10 分布与集中参数路径图

(a)电路;(b)磁路

表 0-1   电路与磁路的比较

物理量及其单位		基本定律		
电 路	磁 路	定 律	电 路	磁 路
电动势 E/V 电流 I/A 电阻 R/Ω 电导 G/S 电导率 σ/(S/m) 电流密度 J/(A/m^2) $\left(J=\dfrac{I}{A}\right)$	磁动势 F/A 磁通 Φ/Wb 磁阻 R_{m}/H^{-1} 磁导 Λ/H 磁导率 μ/(H/m) 磁通密度 B/T $\left(B=\dfrac{\Phi}{A}\right)$	欧姆定律 基尔霍夫第一定律 基尔霍夫第二定律	$I=\dfrac{U}{R}$ $\left(R=\dfrac{1}{G}=\rho\,\dfrac{l}{A}\right)$ $\sum i=0$ $\sum u=\sum e$	$\Phi=\dfrac{F}{R_{\mathrm{m}}}$ $\left(R_{\mathrm{m}}=\dfrac{1}{\Lambda}=\dfrac{l}{\mu A}\right)$ $\sum\Phi=0$ $\sum Hl=\sum Ni$

由于已确立了电路与磁路之间的类比关系,因此磁路的分析便简单得多了。只是在铁磁材料中,磁导率 μ 是磁通密度 B(即磁场强度 H)的函数,由此便产生了一个如电路分析中的问题,即怎样确定电阻值究竟是不是电流的函数。

0.3.6   气隙边缘效应

如图 0-11(a)所示,当磁通在两个铁磁磁路表面之间的气隙穿过时,磁场面将会向边缘扩展。这时气隙中的导磁面,将比两边面积相等的铁磁材料的导磁面更大。当气隙的长度大于 0.5 mm 时,由于磁通穿过气隙时其可用有效面积大大增加,使得在进行气隙磁场密度计算时,若用气隙两边的铁磁材料的面积进行计算,便会产生很大误差。除非铁磁材料处于饱和区,否则气隙磁动势降总是占总磁动势的绝大部分。因此,气隙磁动势的计算误差便接近整个磁路磁动势的计算误差。

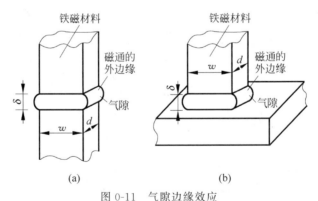

图 0-11   气隙边缘效应
(a)气隙两边铁磁磁路面积相同;(b)气隙两边铁磁磁路面积相差悬殊

通常气隙两边多为图 0-11(a)所示的气隙两边铁磁磁路面积相等的情况。如将沿着气隙磁场的边缘所生成的边缘路径看成在 4 个角上带有 1/4 球面的半圆柱形的路径,则气隙的磁导为

$$p_{\mathrm{g}}=\mu_0\left[\frac{wd}{\delta}+0.52(w+d)+0.308\delta\right] \tag{0-17}$$

对如图 0-11(b)所示的气隙两边铁磁磁路面积相差悬殊的情况,其合乎情理的气隙磁导计算公式为

$$p_{\mathrm{g}} = \mu_0 \left[\frac{wd}{\delta} + 1.04(w+d) + 0.616\delta \right] \tag{0-18}$$

0.3.7　漏磁通

经由并非人为理想设计路径的磁通,称为漏磁通。图 0-12 给出了非理想设计路径中的气隙漏磁通 Φ_σ 的示意图。在任何实际的磁路中,一些漏磁通经由不同材料的磁路路径。一般说来,当磁路饱和时漏磁通便会增加。

0.3.8　串联磁路

漏磁通忽略不计,仅有单一路径的磁路称为串联磁路。很明显,其类似于单回路电路。图 0-10(b)和图 0-12 中分别示出了没有漏磁通通过和有漏磁通通过的串联磁路的实物图和类似的电路图。

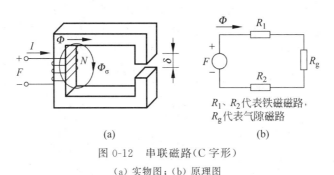

图 0-12　串联磁路(C 字形)

（a）实物图；（b）原理图

0.3.9　并联磁路

具有两个或两个以上磁路路径,且忽略漏磁通的磁路,称为并联磁路。除某些可看成线性磁路的情况外,无论是分析第一类还是第二类磁路问题,都至少有一部分需要用到图解法或插值法。求解并联磁路时,不管磁通路径多么复杂,都可以使用这样一种磁路的分析方法,该磁路的主要路径环绕着两个高磁阻的区域或窗口。图 0-13 所示的基本几何形状的图形称为双磁路。尽管为了能够降低尺寸维度进行简化分析,图 0-13 中的磁路采用水平中心线为其对称轴,但人们选择时也可有例外。此外,通常选择矩形磁路以简化磁路长度和横截面的计算。以上介绍的磁路分析方法,对于几何形状更为复杂的电机磁路的分析也同样适用。

0.3.10　永磁材料

永磁材料是一种典型的合金材料,经对其外施一 H 磁场后,仍然有一部分剩余磁通密度 B_{r} 残留。为使磁通密度能降至零,必须施加一个与原磁场方向相反的 H 磁场。这个外加磁场的大小须达到矫顽力 H_{c}。

静态磁滞回线是永磁电机材料的关键特性。磁滞回线是当铁磁材料受到周期变化的磁

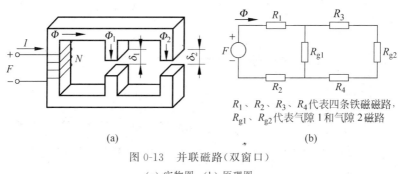

图 0-13　并联磁路(双窗口)

(a) 实物图；(b) 原理图

场作用时,由材料的 B-H 值的轨迹所包围的一个非零的环形区域。材料的运行点按逆时针方向绕着该环运动。一般来说,磁滞环的区域越大,其永磁性能就越好。图 0-14 示出了三种截然不同的磁滞回线。

第一种磁滞回线[图 0-14(a)]是低碳钢的,这种钢主要是用于制作电机和变压器的铁芯材料的电工钢片。即使磁化的饱和程度很高,以至于材料中的所有磁畴方向都不一致,当移去外部磁场后,剩磁仍然很小,通常 B_r<0.5 T。比剩磁 B_r 更有意义的是矫顽力的典型值,为 H_c<50 A/m。只要稍加一点反向磁场,便可使磁通密度等于零。

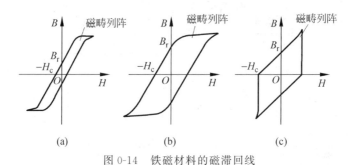

图 0-14　铁磁材料的磁滞回线

(a) 低碳钢的永磁性能；(b) 不可复原的永磁性能；(c) 可复原的永磁性能

第二种磁滞回线[图 0-14(b)]是不可复原(容易去磁)的永磁材料的,如铝镍钴(一种铝、镍与钴的合金)。这种材料以较高的 B_r(>1 T)和不很大的 H_c(<100 kA/m)著称。由于成本相对较低,许多永磁装置都用这类磁性材料来制作。

第三种磁滞回线[图 0-14(c)]是陶瓷(钡或锶的铁氧体)或稀土(钕铁硼或钐钴合金)这类弹性永磁材料的特性曲线。陶瓷的成本极低,其特性为 B_r<0.4 T,H_c<300 kA/m。稀土的成本较高,但性能很好,其特性为 B_r>1 T,H_c>600 kA/m。从性能来看,稀土绝对是一种好材料。

此外,还要说明铁磁材料的两个特性。其一是居里温度,在这个温度下,铁磁材料中的磁力能方向各不相同,因而变成非磁性的。对于所有实用的电磁装置来说,其居里温度都远远高于实际的运行温度。其二是磁致伸缩,其为铁磁材料在外部磁场方向上的一种塑性变形,其每米尺寸的变化是微米级。虽然磁致伸缩会对性能产生一些小的影响,但主要是人听觉范围内的励磁振动,这便给电磁装置带来两倍电源频率的噪声。

0.4　电机制造材料

电机的技术经济指标在很大程度上与其制造材料有关。性能优越的材料能提高电机的性能，还可节省尺寸。正确地选择导电材料、磁性材料和绝缘材料等，在设计和制造电机时极为重要。同时，在选择材料时，必须保证电机的各部分都有足够的机械强度，使其即使在按技术条件所允许的不正常运行状态下，也能承受较大的电磁力而不致损坏。

根据电机所用材料的功能，可将其分为导电、导磁、绝缘、机械支撑四种材料。

0.4.1　导电材料

铜是最常用的导电材料，电机中的绕组一般都用铜线绕成。电力工业上用的标准铜，在温度为 20℃ 时的电阻率为 17.24×10^{-9} Ω·m，即长度为 1 m、截面积为 1 mm² 的铜线，其电阻为 17.24×10^{-3} Ω，密度为 8.9 g/cm³，含铜量 99.9% 以上。电机绕组用的导体是硬拉后再经过退火处理的。换向片的铜片则是硬拉或轧制的。

铝的电阻率为 28.2×10^{-9} Ω·m，相对密度为 2.7 g/cm³。作为导电金属，铝的重要性仅次于铜。铝线在输电线路上应用也很广，但和铜线电机相比，铝线电机的体积较大，在电机中尚不能普遍使用。而鼠笼式异步电动机的转子绕组则常用铝浇铸而成。

黄铜、青铜和钢都可作为集电环的材料。

碳也是应用于电机的一种导电材料。电刷可用碳-石墨、石墨或电化石墨制成。为了降低电刷与金属导体之间的接触电阻，某些牌号的电刷还要镀上一层厚度约为 0.05 mm 的铜。碳刷的接触电阻并不是常数，它随着电流密度的增大而减小。每对电刷的接触电压降随着电刷的牌号不同略有不同。

0.4.2　导磁材料

前已述及钢铁是良好的导磁材料。铸铁因导磁性能较差，应用较少，仅用于截面积较大、形状较复杂的结构部件。各种成分的铸钢的导磁性能较好，应用也较广。特性较好的铸钢为合金钢，如镍钢、镍铬钢，但价格较高。整块的钢材，仅能用以传导不随时间变化的磁通。

如磁通是交变的，为了减少铁芯中的涡流损耗，导磁材料应当用薄钢片，称为电工钢片。根据轧制工艺不同，电工钢片分为热轧钢片和冷轧钢片。电工钢片的成分中含有少量的硅，因而其电阻较大，同时又有良好的磁性能。因此，电工钢片又称为硅钢片。随着牌号的不同，各种电工钢片的含硅量也不相同，最低的为 0.8%，最高的可达 4.8%。含硅量越高则电阻越大，但导磁性能越差。在近代的电机制造工业中，变压器和电机的铁芯越来越多地应用冷轧硅钢片，它具有较小的比损耗，且有较高的磁导率。此外，与无取向电工钢片相比，有取向电工钢片可工作在更高磁通密度下。

电工钢片的标准厚度为 0.35、0.5、1 mm 等。变压器用较薄的钢片，旋转电机用较厚的钢片。高频电机需用更薄的钢片，其厚度可为 0.2、0.15、0.1 mm。钢片与钢片之间常涂有一层很薄的绝缘漆。一叠钢片中铁的净长和包含有片间绝缘的叠片毛长之比称为叠片因数。对于表面涂有绝缘漆、厚度为 0.5 mm 的硅钢片来说，叠片因数的数值为 0.93～0.95。

0.4.3　绝缘材料

导体与导体间、导体与机壳或铁芯间都须用绝缘材料隔开。绝缘材料的种类很多,可分为天然的和人工的、有机的和无机的,有时也用不同绝缘材料的组合。绝缘材料的寿命和它的工作温度有很大关系,运行温度过高,绝缘材料会加速老化,会丧失机械强度和绝缘性能。在电机材料中绝缘材料的耐热程度较低,为了保证电机在足够长的合理的年限内可靠运行,对绝缘材料都规定了极限允许温度。国家标准根据绝缘材料的耐热能力将其分为七个标准等级,见表 0-2。表中绝缘级别的符号及其极限允许温度是由国际电工技术协会规定的。

表 0-2　绝缘材料的等级

绝缘级别	Y	A	E	B	F	H	C
极限允许温度/℃	90	105	120	130	155	180	>180

Y 级绝缘材料为未用油或油漆处理过的纤维材料及其制品,如棉纱、棉布、天然丝、纸及其他类似的材料。

A 级绝缘材料为经油或树脂处理过的棉纱、棉布、天然丝、纸及其他类似的有机物质。整个绕组可先用油或树脂浸透,再在电烘箱中烘干,此种工艺称为浸渍。纤维间所含的气泡或潮气经过烘干后逸出,油和树脂即行填充原来的空隙。因为油类物质的介质常数较大,所以 A 级绝缘能力较 Y 级绝缘能力强。普通漆包线的漆膜也属于 A 级绝缘。在早期的中小型电机中,A 级绝缘应用最多。20 世纪 60 年代以后,由于绝缘材料工业的发展,中小型电机多采用 E 级绝缘。当今,已普遍采用 B 级及以上绝缘等级。

E 级绝缘材料包括由各种有机合成树脂制成的绝缘膜,如酚醛树脂、环氧树脂、聚酯薄膜等。

B 级绝缘材料包括无机物质(如云母、石棉、玻璃丝)、有机黏合物,或者 A 级绝缘材料为衬底的云母纸、石棉板、玻璃漆布等,B 级绝缘材料多用于大中型电机中。

F 级绝缘材料是用耐热有机漆(如聚酯漆)黏合的无机物质,如云母、石棉、玻璃丝等。

H 级绝缘材料包括耐热硅有机树脂、硅有机漆,以及用它们作为黏合物的无机绝缘材料,如硅有机云母带等。H 级绝缘材料由于价格昂贵,所以仅用于对尺寸和重量限制特别严格的电机。

C 级绝缘材料包括各种无机物质,如云母、陶瓷、玻璃、石英等,其不使用任何有机黏合物。这类绝缘物质的耐热能力极高。它们的物理性质使其不适用于电机的绕组绝缘。C 级绝缘材料在输电线上应用很多。在电机工业中利用陶瓷做成变压器的绝缘套管,用于高压的引出端。

变压器油为特种矿物油,在变压器中它同时起绝缘和散热两种作用。

0.4.4　机械支撑材料

电机上有些结构部件专门用于机械支撑,例如机座、端盖、轴与轴承、螺杆、木块间隔等。在漏磁场附近,机械支撑最好应用非磁性物质。例如置于槽口的槽楔,中小型电机用木材或竹片,大型电机用磷青铜等材料。定子绕组端部的箍环应当用黄铜或非磁性铜制成。转子外围的绑线采用非磁性钢丝。钢中如含有 25％镍或 12％锰,即可完全使其丧失磁性。

制造电机所用的材料种类极多,以上所述仅是大概的情况。

小　　结

电机是依靠电磁感应作用实现机电能量转换、不同形式电能之间的变换,或者信号的传递和转换的电气设备。

电机的运行遵从基本电路和磁路定律,特别是电磁感应定律、电磁力定律和全电流定律,而左手和右手定则是判断电机中电磁量的基本判别准则。

铁磁材料呈现出一种非线性的 B-H 曲线特性,这给电机的研究带来分析上的困难。同时必须注意,这种材料具有的磁滞现象和涡流现象会造成使用时的种种问题。将磁路与电路进行类比分析,可加强对磁路的理解,也可用来指导对磁路的分析过程。

在制造中还要根据用户要求,采用不同的导电、导磁、绝缘、支撑等材料才能制造出一台性能优越、运行可靠的电机产品。

习　　题

0-1　如果磁通密度 $\boldsymbol{B}$ 的方向与导体中心线成 30°夹角,重新求解例 0-1 中的问题。

0-2　设图 0-2 中的导体直径为 D,求描述导体内磁场强度 $\boldsymbol{H}$ 场的表达式。

0-3　假设图 0-5 中磁通密度 B 为均匀场,但其大小随时间变化,其表达式为 $B(t) = B_1 + B_2 \sin \omega t$,求其感应的电动势 e。

0-4　令 $w = d = 50 \text{ mm}$,$\delta = 2 \text{ mm}$,求:如图 0-11 所示的两个气隙结构装置中的气隙磁导率相差的百分数。

0-5　电机的磁路常采用什么材料制成? 这些材料有哪些主要特性?

0-6　磁滞损耗和涡流损耗是什么原因引起的? 它们的大小与哪些因素有关?

0-7　试叙述全电流定律、电磁感应定律和电磁力定律的物理意义以及它们在电机中的作用。

第 1 篇

变 压 器

第1章

变压器概览

1.1 变压器的用途

电力变压器是一种静止的电器,它由绕在同一个铁芯上的两个或两个以上的绕组组成,绕组之间通过交变的磁通相互联系。它的功能是将一种电压等级的交流电能转变为同频率的另一种电压等级的交流电能。

为了将发电厂发出的电能经济地传输、合理地分配和安全地使用,就要用到电力变压器。图1-1所示为简单的输配电系统图。发电机发出的电压不可能太高,一般只有10.5~20 kV,要想将发出的大功率电能直接送到很远的用电区去,几乎是不可能的。这是因为,低电压大电流输电在输电线路上会产生很大的损耗和电压降。为此,需要用升压变压器将发电机端电压变为较高的输电电压。当输电的功率一定时,电压升高,电流就减小,输送过程产生的损耗将降低,能比较经济地将电能送出去。一般来说,输电距离越远,输送的功率越大,要求的输电电压也越高。例如,输电距离为200~400 km,输送容量为200~300 GW的输电线,输电电压一般需要220 kV,输电距离在1000 km以上,则要求有更高的输电电压。

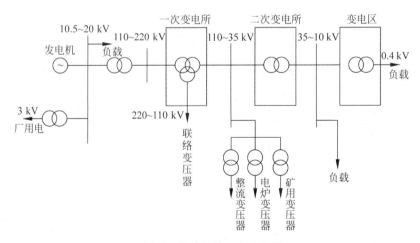

图1-1 简单的输配电系统图

当电能送到用电区后,还要用降压变压器将电压降为配电电压,然后再送到备用电分区,最后再经配电变压器将电压降到用户所需的电压等级,供用户使用。大型动力设备采用的电压为6 kV或10 kV,小型动力设备和照明用电则为380/220 V,因此就要用到不同等级的配电变压器。有时,为了将两个不同电压等级的电力系统联系起来,还常常用到三绕组变压器(如图 1-1 中的联络变压器)。此外,还有各种专门用途的变压器,如整流变压器、电炉变压器等。由此可见,变压器的用途十分广泛,其品种、规格也很多。通常,变压器的安装容量约为发电机安装容量的 6~8 倍。所以,电力变压器对电能的经济传输、灵活分配和安全使用具有重要意义。

1.2 变压器的分类与基本结构

1.2.1 变压器的分类

变压器有多种分类方法。

按用途分类,有电力变压器、特种变压器和互感器;

按绕组数目分,有双绕组变压器、三绕组变压器和自耦变压器;

按相数分,有单相变压器和三相变压器;

按铁芯结构分,有芯式变压器和壳式变压器;

按绝缘和冷却介质分,有油浸式变压器和干式变压器。

电力变压器是电力系统中输配电的主要设备,容量从几十千伏安到几十万千伏安,电压等级从几百伏到 500 kV 以上。电力系统中用得最多的是高、低压两套绕组的双绕组变压器,其次是具有高、中、低压三套绕组的三绕组变压器和高、低压绕组共用一个绕组的自耦变压器。

1.2.2 电力变压器的基本结构

电力变压器主要由铁芯、带有绝缘的绕组、油箱、变压器油和绝缘套管组成,下面主要介绍铁芯、绕组和油箱。

1. 铁芯

变压器的铁芯构成变压器的磁路部分。为了减小涡流损耗,变压器的铁芯用双面涂绝缘漆的电工钢片叠成,钢片的厚度为 0.35 mm。变压器的铁芯平面如图 1-2 所示。铁芯结构可分为两部分,C 为套线圈的部分,称为铁芯柱;Y 为用以闭合磁路部分,称为铁轭。单相变压器有两个铁芯柱,三相变压器有三个铁芯柱。

变压器的铁芯结构有两种基本形式。第一种为如图 1-3(a)所示的芯式结构。这种铁芯结构的特点是铁轭靠着绕组的顶面和底面,不包围绕组的侧面。它的结构及工艺简单,因此国产电力变压器均采用芯式结构。第二种为如图 1-3(b)所示的壳式结构。这

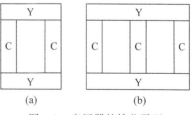

图 1-2 变压器的铁芯平面
(a) 单相变压器;(b) 三相变压器

种结构的铁芯不仅包围绕组的顶面和底面,而且还包围绕组的侧面。它机械强度高,制造复杂,耗材多,仅在一些特种变压器中采用。

组成铁芯的钢片应先裁成所需的形状和尺寸,称为冲片,然后按交错方式进行装配。图 1-4(a)所示为单相变压器的铁芯,每层由四片冲片组合而成。图 1-4(b)所示为三相变压

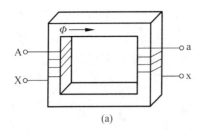 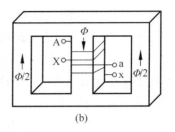

图 1-3　变压器的结构形式

(a) 芯式结构；(b) 壳式结构

器的铁芯,每层由六片冲片组合而成,每两层的冲片组合采用了不同的排列方式,使各层磁路的接缝处互相错开,这种装配方式称为交叠装配。交叠装配可避免涡流在钢片与钢片之间流通,且因各层冲片交错相嵌,所以在将铁芯压紧时可用较少的紧固件而使结构简单。为提高磁导率和减少铁芯损耗,电力变压器一般采用冷轧硅钢片;为减少接缝间隙和励磁电流,有时还采用由冷轧硅钢片卷成的卷片式铁芯。

2. 绕组

绕组构成变压器的电路部分,一般用绝缘铜线或铝线绕制而成。在变压器中接到高压电网的绕组为高压绕组,接到低压电网的为低压绕组。变压器绕组的基本形式有同心式和交叠式两种,芯式变压器常用同心式绕组,壳式变压器常用交叠式绕组。如图 1-5(a)所示,高压绕组和低压绕组均做成圆筒形,然后同心地套在铁芯柱上。交叠式绕组又称为饼式绕组,如图 1-5(b)所示,高压绕组和低压绕组各分为若干个线饼,沿着铁芯柱的高度交错地排列着。为了排列对称起见,也为了使高压绕组离铁轭远一些以便于绝缘,高压绕组分为两个线饼,低压绕组分为一个线饼和两个"半线饼"。靠近上下铁轭处的线饼为低压"半线饼",其匝数为位于中间的低压线饼匝数的一半。

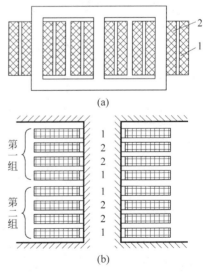

(a)

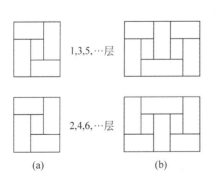

图 1-4　变压器铁芯交叠装配

(a) 单相变压器；(b) 三相变压器

图 1-5　变压器绕组

(a) 同心式圆筒形绕组；(b) 交叠式绕组

1—高压绕组；2—低压绕组

3. 油箱

图 1-6 所示为管形散热器油箱及其附件图。

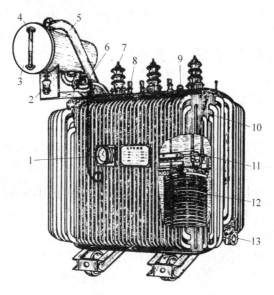

图 1-6　管形散热器油箱及其附件
1—温度计；2—吸湿器；3—储油柜；4—油位表；5—安全气道；6—气体继电器；7—高压套管；
8—低压套管；9—分接开关；10—油箱；11—铁芯；12—绕组；13—放油阀

电力变压器的油箱一般都做成椭圆形。这是因为它的机械强度较高，且所需油量较少。为了防止潮气侵入，希望油箱内部与外界空气隔离。因为油受热后，它会膨胀，便将油箱中的空气排出油箱；当油冷却收缩时，便又从箱外吸进含有潮气的空气。为了减少油与空气的接触面积，以降低油的氧化速度和减少侵入变压器油的水分，在油箱上安装一储油器(亦称油枕)。储油器为一圆筒形容器，横装在油箱盖上，用管道与变压器的油箱接通，使油面的升降限制在储油器中。储油器油面上部的空气通过一通气管道与外部自由流通。在通气管道中存放有氯化钙等干燥剂，空气中的水分大部分被干燥剂吸收。在储油器的外侧，还安装有油位表以观察储油器中油面的高低。

4. 变压器油

除了极少数例外，装配好的电力变压器的铁芯和绕组都需浸在变压器油中。变压器油为矿物油，它的作用是双重的：①由于变压器油有较大的介质常数，可增强绝缘性能；②铁芯和绕组由于损耗而放出热量，通过油在受热后的对流作用将热量传送到铁箱表面，再由铁箱表面散逸到四周。

在储油器与油箱的油路通道间常装有气体继电器。当变压器内部发生故障产生气体或油箱漏油使油面下降时，气体继电器可发出报警信号或自动切断变压器电源。

随着变压器容量的增大，对散热的要求也将不断提高，油箱形式也要与之相适应。容量很小的变压器可用平顶油箱，容量较大时需增大散热面积而采用管形油箱，容量很大时用散热器油箱。

5. 绝缘套管

绝缘套管由中心导电铜杆与瓷套等组成。导电管穿过变压器油箱,在油箱内部的一端与绕组的端点连接,在外面的一端与外线路连接。如图1-6中的7、8。

1.3 变压器的额定值与标幺值

1.3.1 变压器的额定值

变压器的主要额定值如下。

(1)额定容量 S_N:变压器在额定条件下使用时输出视在功率的保证值,单位为 V·A 或 kV·A。对于三相变压器而言是指三相的总容量。

(2)额定电压 U_N:变压器在空载时额定分接头上的电压保证值,单位为 V 或 kV。额定电压分为一次侧额定电压 U_{1N} 和二次侧额定电压 U_{2N}。对于三相变压器而言,如不作特别说明,铭牌上所标注的额定电压是指线电压。

(3)额定电流 I_N:额定容量除以各绕组的额定电压得到的线电流值,单位为 A 或 kA。

对于单相变压器:

一次侧额定电流

$$I_{1N} = \frac{S_N}{U_{1N}} \tag{1-1}$$

二次侧额定电流

$$I_{2N} = \frac{S_N}{U_{2N}} \tag{1-2}$$

对于三相变压器而言,如不作特殊说明,铭牌上所标注的额定电流是指线电流。

一次侧额定线电流

$$I_{1N} = \frac{S_N}{\sqrt{3}U_{1N}} \tag{1-3}$$

二次侧额定线电流

$$I_{2N} = \frac{S_N}{\sqrt{3}U_{2N}} \tag{1-4}$$

(4)额定频率 f_N:我国的标准工业频率为 50 Hz,故电力变压器的额定频率是 50 Hz。

此外,在变压器的铭牌上还标注有相数、接线图、额定运行效率、阻抗压降和温升。对于特大型变压器还标注有变压器的总质量、铁芯和绕组的质量以及储油量,供安装和检修时参考。

1.3.2 标幺值

相对值运用的方便之处为人尽知,百分数就是人们所熟知的一种相对值。但是由于其后总跟随着一个百分号"％",在大量运算中着实不便。

标幺值与百分数一样,也是一种相对值(因而它便有了相对值的一切优点),只是它不像百分数那样以"一百"作为基数,而是以"一"作为基数("一"是人们以往认为的自然数中最小的数,念作"yao",写成汉字就是"幺"),因此,标幺值就是将实际值标在基数"一"上的一种相对值。

在电机学理论中,通常都是以额定值作为标幺值的基数,某物理量的标幺值,用该物理量符号的右上角加一"＊"号表示。

在电机学中,标幺值除了具有相对值的其他一切优点外,还具有以下优点:

(1)不论电机容量大小,若用标幺值表示其参数及性能数据,其值一般均处于一个很狭窄的范围之内,便于进行正确判断。

(2)当采用标幺值后,原副边的各参数和物理量的标幺值都是一样的,没有原副边的差别。

小　　结

变压器是将一个数值的交流电压变换为另一个数值的交流电压的交流电能变换装置。变压器的基本工作原理是电磁感应定律,一、二次绕组间的能量传递以磁场作为媒介。因此,变压器的关键部件是具有高导磁性能的铁芯和套在铁芯柱上的一次和二次绕组,电力变压器的其他主要部分还有油箱、变压器油和绝缘套管等。

变压器的额定值说明了变压器运行的规定条件及指定条件下各物理量之间的关系。标幺值不仅可简化计算,还使得各物理量之间的关系变得简单。

习　　题

1-1　为什么在电力系统中广泛应用变压器?试举几个在工业企业及其他行业中运用变压器的例子。

1-2　变压器有哪些主要部件?各部件起什么作用?

1-3　简述变压器铁芯结构和绕组结构的形式。

1-4　铁芯的作用是什么?为什么要用厚 0.35 mm、双面涂漆的硅钢片制造而成?

1-5　有一台单相变压器,额定容量 $S_N=50$ kV・A,额定电压 $U_{1N}/U_{2N}=220/36$ V,求一、二次侧的额定电流。

1-6　有一台三相电力变压器,容量为 $S_N=5000$ kV・A,一、二次绕组分别采用星形和三角形接法,$U_{1N}/U_{2N}=10/6.3$ kV。求:(1)变压器一、二次侧的额定电压和额定电流;(2)变压器一、二次绕组的额定相电压和额定相电流。

第2章

变压器的运行分析

本章首先从变压器空载运行和负载运行的基本电磁关系出发,分析变压器的工作原理,得到变压器的电压基本方程式。通过折算,得出变压器的等效电路、相量图和运行性能。最后分析电力系统中特种变压器的工作原理。虽然本章的分析以单相变压器为例,但所得出的结论完全符合三相变压器对称运行时每一相的情况。

2.1 变压器的空载运行

为叙述方便起见,通常称连接电源的绕组为一次绕组,连接负载的绕组为二次绕组,相应符号分别用下标"1"和"2"标注,以示区别。

空载是指变压器的一次绕组接到电源,而二次绕组开路(负载电流为零)的运行工况。

2.1.1 空载运行时的物理情况

图 2-1 所示为一台单相变压器示意图。一、二次绕组的匝数分别为 N_1 和 N_2。u_1 为外施于一次绕组上的交流电压,在二次绕组开路和外施电压作用下,一次绕组流过交流电流 i_0,该电流称为空载电流。空载电流全部用以励磁,故空载电流即励磁电流,用 i_m 表示,即 $i_0 = i_m$。空载电流产生的交变磁动势 $\dot{F}_0 = \dot{I}_0 N_1$,用以建立空载交变磁场。这个磁场分布情况很复杂,通常将它分为主磁通和漏磁通两部分。主磁通 Φ 同时交链一、二次绕组,因而又称为互磁通,它沿着铁芯而闭合,主磁通通过互感作用传递功率;漏磁通 $\Phi_{1\sigma}$ 只交链一次绕组,称一次漏磁通,它沿着变压器油或空气等非铁磁材料闭合,漏磁通不传递功率。

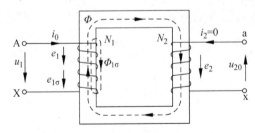

图 2-1 变压器空载运行示意图

由于铁磁材料的磁导率远比非铁磁材料大,故在空载运行时,主磁通要远大于漏磁通,为它的 500~1000 倍。此外,铁芯材料存在饱和现象,主磁通与励磁电流呈非线性关系;而漏磁通的磁路大部分是非铁磁材料组成的,漏磁通与励磁电流呈线性关系。

Φ 与 $\Phi_{1\sigma}$ 都是交变磁通。根据电磁感应定律可知,主磁通将在一、二次绕组内产生感应电动势,而漏磁通仅在一次绕组内产生感应电动势。此外,空载电流还在一次绕组中产生电阻压降。综上所述,可将空载运行所发生的电磁现象汇总,如图 2-2 所示为变压器空载运行电磁关系。下面详细分析电磁量大小及彼此之间的关系。

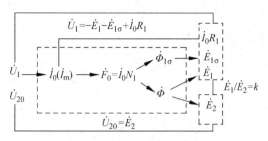

图 2-2　变压器空载运行时的电磁关系

2.1.2　感应电动势

因为变压器中的电磁量都是时间的函数,其大小和方向都随时间以电源频率交替变化,因此在列写电路方程时,需选定参考正方向。正方向可任意选择,但在电机理论中,通常按习惯方式选择:电流的正方向与该电流所产生的磁通正方向、磁通的正方向与其感应电动势的正方向均符合右手螺旋定则。各物理量的正方向的规定如图 2-1 所示。

主磁通 Φ 和漏磁通 $\Phi_{1\sigma}$ 都按正弦规律变化,假设初相角为零,其瞬时值表达式可分别写为

$$\Phi = \Phi_{\mathrm{m}} \sin \omega t , \quad \Phi_{1\sigma} = \Phi_{1\sigma\mathrm{m}} \sin \omega t \tag{2-1}$$

式中,Φ_{m} 和 $\Phi_{1\sigma\mathrm{m}}$ 分别为主磁通和漏磁通的最大值;$\omega = 2\pi f$,为磁通变化的角频率。

根据电磁感应定律,主磁通 Φ 在一、二次绕组产生的感应电动势表达式分别为

$$e_1 = -N_1 \frac{\mathrm{d}\Phi}{\mathrm{d}t} = -\omega N_1 \Phi_{\mathrm{m}} \cos \omega t = E_{1\mathrm{m}} \sin(\omega t - 90°) \tag{2-2}$$

$$e_2 = -N_2 \frac{\mathrm{d}\Phi}{\mathrm{d}t} = -\omega N_2 \Phi_{\mathrm{m}} \cos \omega t = E_{2\mathrm{m}} \sin(\omega t - 90°) \tag{2-3}$$

式中,$E_{1\mathrm{m}} = \omega N_1 \Phi_{\mathrm{m}}$,为一次绕组感应电动势最大值;$E_{2\mathrm{m}} = \omega N_2 \Phi_{\mathrm{m}}$,为二次绕组感应电动势最大值。

e_1、e_2 写成时间相量的形式分别为

$$\begin{cases} \dot{E}_1 = -\mathrm{j} \dfrac{1}{\sqrt{2}} \omega N_1 \dot{\Phi}_{\mathrm{m}} = -\mathrm{j}4.44 f N_1 \dot{\Phi}_{\mathrm{m}} \\[2mm] \dot{E}_2 = -\mathrm{j} \dfrac{1}{\sqrt{2}} \omega N_2 \dot{\Phi}_{\mathrm{m}} = -\mathrm{j}4.44 f N_2 \dot{\Phi}_{\mathrm{m}} \end{cases} \tag{2-4}$$

式中,$\dot{E}_1$、$\dot{E}_2$ 分别为感应电动势 e_1 和 e_2 的有效值相量;$\dot{\Phi}_{\mathrm{m}}$ 为主磁通 Φ 的最大值相量。$\dot{E}_1$、$\dot{E}_2$ 在时间相位上滞后于磁通 $\dot{\Phi}_{\mathrm{m}}$ 90°,大小与频率 f、绕组匝数 N_1 及 N_2 和主磁通最大值 Φ_{m} 成正比。

若取有效值,可得一、二次绕组感应电动势 E_1 和 E_2 的大小分别为

$$E_1 = 4.44 f N_1 \Phi_{\mathrm{m}}, \quad E_2 = 4.44 f N_2 \Phi_{\mathrm{m}} \tag{2-5}$$

一、二次绕组感应电动势的波形图和相量图如图 2-3 所示。

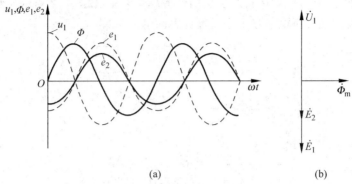

(a)   (b)

图 2-3 主磁通及一、二次绕组感应电动势的波形图和相量图

(a) 波形图；(b) 相量图

同理,可得出漏磁通 $\Phi_{1\sigma}$ 在一次绕组产生的漏磁感应电动势的瞬时表达式、相量形式和有效值分别为

$$e_{1\sigma} = -N_1 \frac{\mathrm{d}\Phi_{1\sigma}}{\mathrm{d}t} = -\omega N_1 \Phi_{1\sigma} \cos \omega t = E_{1\sigma m} \sin(\omega t - 90°) \tag{2-6}$$

$$\dot{E}_{1\sigma} = -\mathrm{j} \frac{1}{\sqrt{2}} \omega N_1 \dot{\Phi}_{1\sigma m} = -\mathrm{j} 4.44 f N_1 \dot{\Phi}_{1\sigma m} \tag{2-7}$$

$$E_{1\sigma} = 4.44 f N_1 \Phi_{1\sigma m} \tag{2-8}$$

由于漏磁通所经过路径主要为非磁性物质,磁阻为常数,漏电感亦为常数,则漏磁通与产生该漏磁通的电流成正比且同相位。漏磁链 $\psi_{1\sigma}$ 等于漏电感与空载电流的乘积,即 $\psi_{1\sigma} = L_{1\sigma} i_0$,其中 $L_{1\sigma}$ 为一次绕组漏电感。设 $i_0 = \sqrt{2} I_0 \sin \omega t$,则漏磁电动势

$$\dot{E}_{1\sigma} = -\mathrm{j} \frac{1}{\sqrt{2}} \omega N_1 \dot{\Phi}_{1\sigma m} = -\mathrm{j} \frac{1}{\sqrt{2}} \omega \dot{\psi}_{1\sigma} = -\mathrm{j} \omega L_{1\sigma} \dot{I}_0 = -\mathrm{j} \dot{I}_0 X_{1\sigma} \tag{2-9}$$

式中, $X_{1\sigma} = \omega L_{1\sigma}$,为一次绕组的漏电抗。

2.1.3 电压平衡方程式和变比

前面已分析了一、二次绕组产生的感应电动势 e_1、e_2 和漏磁电动势 $e_{1\sigma}$。考虑到一次绕组有电阻 R_1, i_0 流过 R_1 产生的电阻压降为 $i_0 R_1$。按照图 2-1 规定的正方向,根据基尔霍夫电压定律,可写出一、二次绕组的电压平衡方程式为

$$\begin{cases} \dot{U}_1 = -\dot{E}_1 - \dot{E}_{1\sigma} + \dot{I}_0 R_1 = -\dot{E}_1 + \dot{I}_0 (R_1 + \mathrm{j} X_{1\sigma}) = -\dot{E}_1 + \dot{I}_0 Z_1 \\ \dot{U}_{20} = \dot{E}_2 \end{cases} \tag{2-10}$$

式中, $Z_1 = R_1 + \mathrm{j} X_{1\sigma}$,为一次绕组漏阻抗; U_{20} 为二次绕组开路电压。

由式(2-5)可得

$$\frac{E_1}{E_2} = \frac{4.44 f N_1 \Phi_{\mathrm{m}}}{4.44 f N_2 \Phi_{\mathrm{m}}} = \frac{N_1}{N_2} = k \tag{2-11}$$

式中, k 为电压变比,它取决于一、二次绕组匝数之比。换言之,只要 $N_1 \neq N_2$,则 $E_1 \neq E_2$,

从而可以实现改变电压之目的。

变压器空载运行时,空载电流很小,一般为额定电流的 5% 左右,由此引起的漏阻抗压降很小。若略去电阻压降和漏磁电动势,则有 $\dot{U}_1 \approx -\dot{E}_1$,因而变比又可写成

$$k = \frac{U_1}{U_{20}} \tag{2-12}$$

即变压器的变比可理解为变压器一次侧电压与二次侧空载时端点电压之比。

2.1.4 励磁电流

主磁通是励磁电流产生的,但是主磁通的量值大小受到外施电压及电路参数的制约,如不考虑电阻压降和漏磁电动势,则 $U_1 \approx E_1 = 4.44 f N_1 \Phi_{\mathrm{m}}$。对已制成的变压器,$N_1$ 是常数,通常电源频率亦为常数,故 Φ_{m} 与 U_1 成正比。换言之,当外施电压 U_1 为定值时,主磁通 Φ_{m} 也为一定值常数,励磁电流的大小和波形取决于变压器的铁芯材料及铁芯几何尺寸。因为铁芯材料是磁性物质,励磁电流的大小和波形将受磁路饱和、磁滞及涡流的影响。

1. 磁路饱和影响

磁性材料具有磁路饱和现象,其饱和程度取决于铁芯磁通密度 B_{m}。

(1) 如 $B_{\mathrm{m}} < 0.8$ T,通常其磁路处于未饱和状态,磁化曲线 $\Phi = f(i_0)$ 呈线性关系,磁导率是常数。当 Φ 按正弦变化时,i_0 亦按正弦变化,相应波形如图 2-4 所示。因为未考虑铁耗电流,所以励磁电流仅含磁化电流分量。

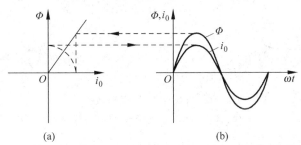

图 2-4 作图法求励磁电流(磁路不饱和,未考虑磁滞损耗)

(a) 磁化曲线;(b) 磁通波和励磁电流波

(2) 如 $B_{\mathrm{m}} > 0.8$ T,磁路开始饱和,$\Phi = f(i_0)$ 呈非线性,随 i_0 增大磁导率逐渐变小。当磁通 Φ 为正弦波时,i_0 为尖顶波,如图 2-5 所示。尖顶的大小取决于饱和程度。磁路越饱和,尖顶的幅度越大。设计时常取 $B_{\mathrm{m}} = 1.4 \sim 1.7$ T,以免磁化电流幅值过大。同样,因为未考虑铁芯损耗,励磁电流仅含磁化电流分量。

对尖顶波进行波形分析,可见除基波分量外,它还包含各奇次谐波,其中以 3 次谐波幅值最大。根据电路原理,尖顶波不能用相量表示,为便于计算和相量分析,可用一个等效正弦波来代替实际的尖顶波。由此可得出,磁化电流 $\dot{I}_{0\mathrm{r}}$ 与 $\dot{\Phi}_{\mathrm{m}}$ 同相位。因为 $\dot{E}_1$ 滞后于 $\dot{\Phi}_{\mathrm{m}}$ 90°,故 $\dot{I}_{0\mathrm{r}}$ 滞后于 $-\dot{E}_1$ 90°,$\dot{I}_{0\mathrm{r}}$ 具有无功电流性质。

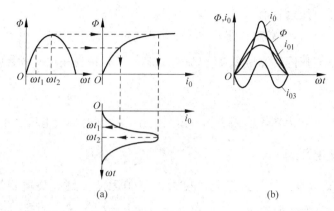

图 2-5　作图法求励磁电流(磁路饱和,未考虑磁滞损耗)

(a) 磁化曲线、磁通波和励磁电流波；(b) 励磁电流波形分析图

2. 磁滞现象对励磁电流的影响

以上分析未考虑磁滞现象。实际上,在交变磁场作用下,磁化曲线呈磁滞现象,如图 2-6(a)所示。其励磁电流是不对称尖顶波,如图 2-6(b)所示。

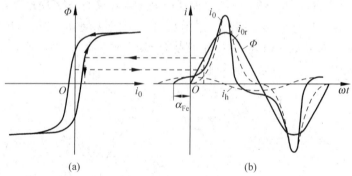

图 2-6　有磁滞作用时的励磁电流

(a) 磁滞回线；(b) 磁通波和励磁电流波

可将励磁电流分解成两个分量。其一为对称的尖顶波,它是前已叙述的磁化电流分量 i_{0r}。另一电流分量 i_h,其波形近似正弦波,频率为基波频率,由于量值较小,若认为它是正弦波不致引起多大误差,因此,可用相量 $\dot{I}_h$ 表示。i_h 称为磁滞电流分量,$\dot{I}_h$ 与 $-\dot{E}_1$ 同相位,是有功分量电流。

3. 涡流对励磁电流的影响

交变磁通不仅在绕组中感应电动势,也在铁芯中感应电动势,从而在铁芯中产生涡流及涡流损耗。与涡流损耗对应的电流分量也是一有功分量,用 $\dot{I}_e$ 表示,它是由涡流引起的,称为涡流电流分量。$\dot{I}_e$ 与 $-\dot{E}_1$ 同相位。

由于 i_h 和 i_e 同相位,且都为有功电流分量,因此常将其合并而统称为铁耗电流分量,用 $\dot{I}_{0a}$ 表示：

$$\dot{I}_{0a} = \dot{I}_h + \dot{I}_e \tag{2-13}$$

所以,在变压器电路分析中,励磁电流可表示为铁耗电流和磁化电流两个分量,即

$$\dot{I}_0 = \dot{I}_{0r} + \dot{I}_{0a} \tag{2-14}$$

空载电流 $\dot{I}_0$ 的相位领先磁通 $\dot{\Phi}_m$ 一个铁耗角,用 α_{Fe} 表示,使得 $\dot{I}_{0a}$ 与 $\dot{E}_1$ 相作用时吸收的有功功率等于变压器空载时的铁耗;吸收的无功功率则用于建立空载磁场。

2.1.5 电路方程、等效电路和相量图

从式(2-10)表示的电压平衡方程来看,这还是一个电路和磁路的组合形态,如果感应电动势 E_1 能采用式(2-9)的形式,表示成电抗引起的电压降,就可用一个纯电路的方式来等效地表示,该电路即为变压器的等效电路。

对感应电动势 $\dot{E}_1$ 的处理,可用类似于处理 $\dot{E}_{1\sigma}$ 的方法,但要考虑到主磁通在铁芯中引起的铁耗,就不能单纯地引入一个电抗,还应引入一个电阻,使空载电流流过它产生的损耗等于铁耗。作了这样的处理之后,可将 $-\dot{E}_1$ 表示成

$$-\dot{E}_1 = \dot{I}_0 R_m + j\dot{I}_0 X_m = \dot{I}_0 Z_m \tag{2-15}$$

式中,R_m 称为励磁电阻,是对应于铁损耗的等效电阻;X_m 称为励磁电抗,是反映铁芯磁路性能的等效电抗;$Z_m = R_m + jX_m$ 称为励磁阻抗。

于是空载时一次绕组的电动势平衡方程可写成

$$\dot{U}_1 = -\dot{E}_1 + \dot{I}_0(R_1 + jX_{1\sigma}) = \dot{I}_0(R_m + jX_m) + \dot{I}_0(R_1 + jX_{1\sigma})$$
$$= \dot{I}_0(Z_m + Z_1) \tag{2-16}$$

如前所述,参数 $Z_1 = R_1 + jX_{1\sigma}$ 是常数,但由于磁化曲线呈非线性,参数 R_m 和 X_m 都随主磁通变化而变化,Z_m 不是常数。变压器正常运行时,外施电压等于或近似等于额定电压,主磁通变化范围不大,在这种情况下,也可将 Z_m 看成常数。

根据式(2-14)可画出变压器空载时的相量图和等效电路,如图 2-7 所示。因为实际值 $|Z_m| \gg |Z_1|$,为了清楚起见,在图 2-7 上将 $I_0 R_1$ 和 $I_0 X_{1\sigma}$ 画得比实际大得多,通过相量图可清楚地看出变压器在空载运行时各电磁量之间的关系。

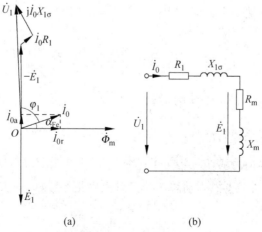

(a)　　　　　　　　(b)

图 2-7　变压器空载时的相量图和等效电路

(a)相量图；(b)等效电路

电路方程、等效电路和相量图都是用来分析变压器运行性能的工具。电路方程清楚地表达了变压器各个部分的电磁关系,等效电路则便于记忆,相量图描述了各电磁物理量间的相位关系。

2.2 变压器的负载运行

变压器负载运行是指一个绕组接至电源,另一绕组接负载的运行方式。各物理量的正方向均按惯例假定,单相双绕组变压器负载运行示意图如图 2-8 所示。

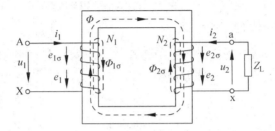

图 2-8　单相双绕组变压器负载运行示意图

2.2.1　负载运行时的物理情况

接通负载后,二次绕组便流通电流,由于二次侧电流的存在,将产生二次侧磁动势,它也作用在铁芯磁路上。因此改变了原有的磁动势平衡状态,迫使主磁通变化,导致电动势也随之改变。电动势的改变又破坏了已建立的电压平衡,迫使一次侧电流随之改变,直到电路和磁路又达到新的平衡为止。设在新的平衡条件下,二次侧电流为 $\dot{I}_2$,由二次侧电流产生的磁动势为 $\dot{F}_2 = \dot{I}_2 N_2$;一次侧电流为 $\dot{I}_1$,由一次侧电流产生的磁动势为 $\dot{F}_1 = \dot{I}_1 N_1$。加负载后作用在磁路上的总磁动势为 $\dot{F}_1 + \dot{F}_2 = \dot{I}_1 N_1 + \dot{I}_2 N_2$。依据全电流定律可知

$$\dot{I}_1 N_1 + \dot{I}_2 N_2 = \dot{I}_m N_1 \tag{2-17}$$

也就是说,负载运行时作用在主磁路上的全部磁动势应等于产生主磁通所需的励磁磁动势。

上述关系式称为磁动势平衡式。由磁动势平衡式可求得一、二次侧电流间的约束关系。将式(2-17)除以 N_1 并移项得

$$\dot{I}_1 = \dot{I}_m - \dot{I}_2 \frac{N_2}{N_1} = \dot{I}_m + \dot{I}_{1L} \tag{2-18}$$

式中,$\dot{I}_{1L} = -\dot{I}_2 \dfrac{N_2}{N_1}$,为一次侧电流的负载分量。

式(2-18)表明当有负载电流时,一次侧电流 $\dot{I}_1$ 应包含有两个分量。其中 $\dot{I}_m$ 用以产生主磁通 $\dot{\Phi}_m$,其作用与空载时的 $\dot{I}_0$ 相同,$\dot{I}_m$ 和 $\dot{I}_0$ 大小基本相等。而 $\dot{I}_{1L}$ 所产生的负载分量磁动势 $\dot{I}_{1L} N_1$,用以抵消二次侧磁动势 $\dot{I}_2 N_2$ 对主磁路的影响,即有

$$\dot{I}_{1L} N_1 = \left(-\dot{I}_2 \frac{N_2}{N_1}\right) N_1 = -\dot{I}_2 N_2 \tag{2-19}$$

或

$$\dot{I}_{1L} N_1 + \dot{I}_2 N_2 = 0$$

换言之,当二次绕组流过电流 $\dot{I}_2$ 时,一次绕组便自动流入负载分量电流 $\dot{I}_{1L}$,以满足 $\dot{I}_{1L}N_1+\dot{I}_2N_2=0$。故励磁电流的值仍取决于主磁通 $\dot{\Phi}_m$,或者说取决于 $\dot{E}_1$。因此,仍然按上节所述的方法,用参数 Z_m 将励磁电流和电动势联系起来,即 $-\dot{E}_1=\dot{I}_0Z_m$。

一、二次侧电流还产生漏磁通 $\dot{\Phi}_{1\sigma}$ 和 $\dot{\Phi}_{2\sigma}$,并在各自绕组感应漏磁电动势 $\dot{E}_{1\sigma}$ 和 $\dot{E}_{2\sigma}$。通常将感应漏磁电动势写成漏电抗压降形式,推导方法同上节。即有

$$\begin{cases} -\dot{E}_{1\sigma}=\mathrm{j}X_{1\sigma}\dot{I}_1 \\ -\dot{E}_{2\sigma}=\mathrm{j}X_{2\sigma}\dot{I}_2 \end{cases} \tag{2-20}$$

式中,$E_{1\sigma}$、$X_{1\sigma}$ 分别为一次绕组的感应漏磁电动势和漏电抗;$E_{2\sigma}$、$X_{2\sigma}$ 分别为二次绕组的感应漏磁电动势和漏电抗。

一、二次侧电流还在各自绕组中产生电阻压降 I_1R_1 及 I_2R_2。

综上所述,将变压器负载运行时所发生的电磁现象汇总如图 2-9 所示。

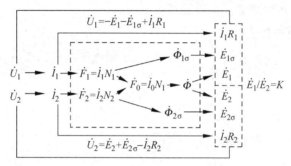

图 2-9　变压器负载运行时的电磁关系

2.2.2　基本方程式

由以上电磁物理分析可列出变压器负载运行时的一组基本方程式

$$\begin{cases} \text{一次侧电压平衡式} \quad & \dot{U}_1=-\dot{E}_1+\dot{I}_1Z_1 \\ \text{二次侧电压平衡式} \quad & \dot{U}_2=\dot{E}_2-\dot{I}_2Z_2 \\ \text{励磁支路电压降} \quad & -\dot{E}_1=\dot{I}_0Z_m \\ \text{电压变比} \quad & \dfrac{E_1}{E_2}=\dfrac{N_1}{N_2}=k \\ \text{电流方程式} \quad & \dot{I}_1=\dot{I}_0+\left(-\dot{I}_2\dfrac{N_2}{N_1}\right) \\ \text{负载电压平衡式} \quad & \dot{U}_2=\dot{I}_2Z_L \end{cases} \tag{2-21}$$

式中,$Z_m=R_m+\mathrm{j}X_m$,为励磁阻抗;$Z_1=R_1+\mathrm{j}X_{1\sigma}$,为一次绕组漏阻抗;$Z_2=R_2+\mathrm{j}X_{2\sigma}$,为二次绕组漏阻抗;$Z_L=R_L+\mathrm{j}X_L$,为负载阻抗。

2.2.3　折合算法

利用上面的方程组可对变压器运行作出定量计算。但求解复数形式的联立方程组很烦

琐,且变压器变比 k 较大,一、二次绕组的电量和电参数相差很大,计算误差较大,绘制相量图时更加困难。为此,用一假想的绕组替代其中一个绕组使之成为 $k=1$ 的变压器,这种方法称为绕组折算。在原来的符号上加上一个撇号表示折算后的量,以示区别,折算后的值称为折算值。

绕组的折算有两种方法。一种方法是保持一次绕组匝数 N_1 不变,设想有一个匝数为 N_2' 的二次绕组,用它来取代原有匝数为 N_2 的二次绕组,令 $N_2'=N_1$,就满足了变比 $k=\dfrac{N_1}{N_2'}=1$,这种方法称为二次侧折算到一次侧;另一种方法是保持二次绕组匝数 N_2 不变,设想有一个匝数为 N_1' 的一次绕组,用它来取代原有匝数为 N_1 的一次绕组,令 $N_1'=N_2$,也就满足了变比 $k=\dfrac{N_1'}{N_2}=1$,这种方法称为一次侧折算到二次侧。

折算的目的纯粹是为了计算方便。因此,折算不应改变实际变压器内部的电磁平衡关系和能量关系。对绕组进行折算时,该绕组的全部物理量均应作相应折算。现以二次侧折算到一次侧为例说明各物理量的折算关系。

1. 二次侧电流的折算值

根据折算前后磁动势应保持不变的原则,二次侧电流的折算值应满足

$$\begin{cases} I_2' N_2' = I_2 N_2 \\ I_2' = I_2\,\dfrac{N_2}{N_2'} = I_2\,\dfrac{N_2}{N_1} = \dfrac{I_2}{k} \end{cases} \tag{2-22}$$

二次绕组匝数增加到一次绕组的 k 倍。为保持磁动势不变,二次侧电流的折算值减小到原来的 $1/k$。

2. 二次侧电动势的折算值

根据折算前后二次侧电磁功率应维持不变的原则,二次侧电动势的折算值应满足

$$\begin{cases} E_2' I_2' = E_2 I_2 \\ E_2' = \dfrac{I_2}{I_2'} E_2 = k E_2 \end{cases} \tag{2-23}$$

二次绕组匝数增加为一次绕组的 k 倍。而主磁通 Φ_{m} 及频率 f 均保持不变,折算后的二次侧电动势应增加到其 k 倍。

3. 电阻的折算值

根据折算前后铜耗应保持不变的原则,二次绕组电阻的折算值应满足

$$\begin{cases} I_2'^2 R_2' = I_2^2 R_2 \\ R_2' = \left(\dfrac{I_2}{I_2'}\right)^2 R_2 = k^2 R_2 \end{cases} \tag{2-24}$$

由于二次绕组匝数增加到一次绕组的 k 倍,其绕组长度相应也增加到其 k 倍;二次侧电流折算值减少到原来的 $1/k$,相应折算后的二次绕组截面积应减少到原来的 $1/k$,故二次侧电阻应增加到原来的 k^2 倍。

4. 漏抗的折算值

根据折算前后二次侧漏磁无功损耗应保持不变的原则,二次侧漏电抗的折算值应满足

$$\begin{cases} I_2'^{2}X_{2\sigma}' = I_2^2 X_{2\sigma} \\ X_{2\sigma}' = \left(\dfrac{I_2}{I_2'}\right)^2 X_{2\sigma} = k^2 X_{2\sigma} \end{cases} \tag{2-25}$$

绕组的电抗和绕组的匝数平方成正比。由于折算后二次侧匝数增加到一次绕组的 k 倍,故漏电抗应增加到原来的 k^2 倍。

5. 负载的折算值

变压器二次侧匝数进行折算后,为保持二次侧电压的平衡和负载功率不变,负载的端电压以及负载阻抗也应进行如下折算:

$$\begin{cases} U_2' = kU_2 \\ Z_2' = k^2 Z_2 \end{cases} \tag{2-26}$$

即二次侧端电压应乘以 k,负载阻抗应乘以 k^2。

2.2.4　折算后的基本方程和等效电路

折算后,基本方程组(2-21)可写成

$$\begin{cases} \dot{U}_1 = -\dot{E}_1 + \dot{I}_1 Z_1 \\ \dot{U}_2' = \dot{E}_2' - \dot{I}_2' Z_2' \\ -\dot{E}_1 = \dot{I}_0 Z_m \\ \dot{E}_1 = \dot{E}_2' \\ \dot{I}_1 = \dot{I}_0 + (-\dot{I}_2') \\ \dot{U}_2' = \dot{I}_2' Z_L' \end{cases} \tag{2-27}$$

式(2-27)用纯电路的形式,表示出变压器在负载运行时一次和二次及一、二次之间电和磁的相互关系,称之为变压器的等效电路。又因为电路参数 Z_1、Z_2' 和 Z_m 的连接形式如同英文大写字母"T",故常称它为 T 形等效电路,如图 2-10 所示。

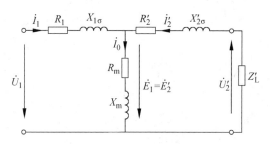

图 2-10　变压器的 T 形等效电路

T 形等效电路虽能完整地表达变压器内部的电磁关系,但运算较烦琐。如前所述,变压器的励磁电流与额定电流相比其值较小,因此,将励磁支路移至端点处,计算时引起的误差并不大,这种电路称为近似等效电路,如图 2-11 所示。

如采用近似等效电路,可将 R_1、R_2' 合并为一个电阻 $R_k(R_k = R_1 + R_2')$,同理,可将 $X_{1\sigma}$、$X_{2\sigma}'$ 合并为一个电抗 $X_k(X_k = X_{1\sigma} + X_{2\sigma}')$,$Z_k = R_k + jX_k$。$R_k$、$X_k$ 和 Z_k 分别称为短路电阻、短路电抗和短路阻抗,这些参数可通过短路实验求得。

如果进一步略去励磁电流,这时的等效电路称为简化等效电路,如图 2-12 所示。用简化等效电路进行计算有较大误差,常用于定性分析。

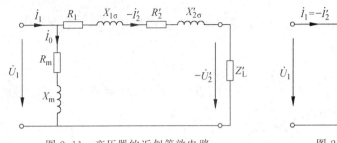

图 2-11　变压器的近似等效电路

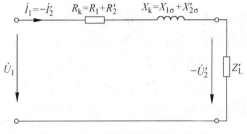

图 2-12　变压器的简化等效电路

2.2.5　相量图

变压器的电磁关系除了可用基本方程式和等效电路表示外,还可用相量图表示。相量图并未引进任何新的概念和原理,只是将所得到的表达式用相量图表示。

需强调指出的是,相量图的做法必须与方程式的写法一致,而方程式的写法又必须与所规定的正方向一致。

画相量图时,认为电路参数为已知,且负载亦已给定。具体作图步骤如下:

(1) 首先选定一个参考相量(只能有一个,常选定 $\dot{U}_2'$),根据给定的负载画出负载电流相量 $\dot{I}_2'$;

(2) 根据二次侧电压平衡式 $\dot{U}_2'=\dot{E}_2'-\dot{I}_2'Z_2'$ 可画出相量 $\dot{E}_2'$,由于 $\dot{E}_1=\dot{E}_2'$,因此也可以画出相量 $\dot{E}_1$;

(3) 主磁通 $\dot{\Phi}_\mathrm{m}$ 应超前 $\dot{E}_1$ 90°,励磁电流又超前 $\dot{\Phi}_\mathrm{m}$ 一铁耗角 α_Fe,$\alpha_\mathrm{Fe}=\arctan\dfrac{R_\mathrm{m}}{X_\mathrm{m}}$;

(4) 由电流平衡方程 $\dot{I}_1=\dot{I}_0+(-\dot{I}_2')$ 画出 $\dot{I}_1$;

(5) 由一次侧电压平衡式 $\dot{U}_1=-\dot{E}_1+\dot{I}_1Z_1$ 画出 $\dot{U}_1$。

图 2-13 是按感性负载画出的变压器相量图,从图中可以直观地看出各物理量的相位关系。

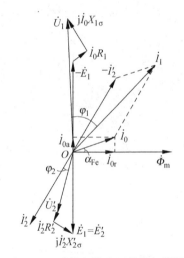

图 2-13　感性负载变压器的相量图

2.3　变压器的参数测定

2.3.1　短路实验

短路实验可用来测定参数 R_k 和 X_k。如将变压器的一侧短路,则外施电压全部落在变压器的内部阻抗上。由于 Z_k 很小,为了测量参数,短路实验应降低电压进行。正因为短路实验时外施电压很低,励磁电流便可略去不计,所以电磁关系可用简化等效电路分析。

短路实验通常在高压侧进行,实验电路接线图如图 2-14 所示。设所测得的数值均已化

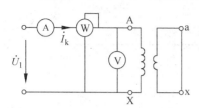

图 2-14　变压器短路实验接线图

为每相值,令 U_k 表示每相电压,I_k 表示每相电流,p_k 表示每相输入功率即等于每相短路损耗,则不论是单相变压器或三相变压器,均有相同的计算式:

$$\begin{cases} |Z_k| = \dfrac{U_k}{I_k}, \quad R_k = \dfrac{p_k}{I_k^2} \\ X_k = \sqrt{|Z_k|^2 - R_k^2} \end{cases} \tag{2-28}$$

如需分离一、二次侧电阻和漏电抗参数,通常认为一次侧电阻、漏电抗和二次侧电阻、漏电抗的折算值相等,即 $R_1 = R_2' = R_k/2$,$X_{1\sigma} = X_{2\sigma}' = X_k/2$。

电阻随温度而变化,而漏电抗与温度无关。如短路实验时的室温为 $\theta(℃)$,按照电力变压器标准规定应换算到标准温度 75 ℃时的值,如果绕组材料为铜线,则温度 θ 下的短路参数

$$R_{k(75℃)} = R_k \frac{234.5 + 75}{234.5 + \theta}, \quad |Z_{k(75℃)}| = \sqrt{R_{k(75℃)}^2 + X_k^2} \tag{2-29}$$

如在短路实验时,调整外施电压使短路电流恰为额定电流,这个短路电压用 U_{kN} 表示。短路电压以额定电压百分数表示时,称为阻抗电压,用 u_k 表示。它是一个很重要的数据,常标注在变压器铭牌上。其表达式为

$$u_k = \frac{U_{kN}}{U_{1N\phi}} \times 100\% = \frac{I_{1N\phi}|Z_{k(75℃)}|}{U_{1N\phi}} \times 100\% \tag{2-30}$$

阻抗电压可分为阻抗电压的有功分量 u_{ka} 和阻抗电压的无功分量 u_{kr} 两部分,即

$$u_{ka} = \frac{U_{kaN}}{U_{1N\phi}} \times 100\% = \frac{I_{1N\phi}R_{k(75℃)}}{U_{1N\phi}} \times 100\%$$

$$u_{kr} = \frac{U_{krN}}{U_{1N\phi}} \times 100\% = \frac{I_{1N\phi}X_k}{U_{1N\phi}} \times 100\%$$

2.3.2　空载实验

采用空载实验可测定变比 k、励磁电阻 R_m、励磁电抗 X_m 和空载损耗 p_0,接线图如图 2-15 所示。

空载实验通常在低压侧进行。令 U_0 为外施每相电压,I_0 为每相电流,U_{20} 为二次侧电压,p_0 为每相输入功率即等于每相的空载损耗。在变压器空载时,由于漏阻抗远小于励磁阻抗,因此可得

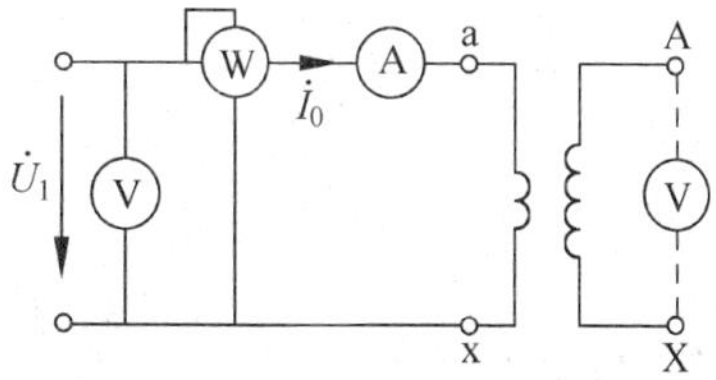

图 2-15　变压器空载实验接线图

$$k = \frac{U_{20}}{U_0}, \quad |Z_m| \approx \frac{U_0}{I_0}, \quad R_m \approx \frac{p_0}{I_0^2},$$

$$X_m = \sqrt{|Z_m|^2 - R_m^2} \tag{2-31}$$

需强调指出的是,励磁参数值随饱和程度而变化。由于变压器总是在额定电压或很接近于额定电压情况下运行,空载实验时应调整外施电压,使之等于额定电压,这时所求得的参数才真实反映了变压器运行时的磁路饱和情况。

例 2-1　三相变压器额定容量为 2500 kV·A,额定电压为 60 kV/6.3 kV,一、二次绕组分别采用星形/三角形接法,在室温 25 ℃时测得实验数据如表 2-1 所示。试求:

表 2-1　实验数据

实验类型	电压/V	电流/A	功率/W	备　注
短路	4800	20.46	26 500	在高压侧测量
空载	6300	11.46	7700	在低压侧测量

(1) 高压和低压侧的额定电压和电流。

(2) 等效电路参数的欧姆值和标幺值,并画出近似等效电路图。

(3) 阻抗电压。

解　(1) 高压绕组采用星形接法,则额定线电压

$$U_{1N} = 60 \text{ kV}$$

额定相电压

$$U_{1N\phi} = \frac{U_{1N}}{\sqrt{3}} = 34.64 \text{ kV}$$

额定相电流等于额定线电流:

$$I_{1N\phi} = I_{1N} = \frac{S_N}{\sqrt{3}U_{1N}} = \frac{25\,000 \times 10^3}{\sqrt{3} \times 60 \times 10^3}\text{A} = 24.06 \text{ A}$$

低压绕组采用三角形接法,则相电压和线电压相等:

$$U_{2N\phi} = U_{2N} = 6.3 \text{ kV}$$

额定线电流

$$I_{2N} = \frac{S_N}{\sqrt{3}U_{2N}} = \frac{25\,000 \times 10^3}{\sqrt{3} \times 6.3 \times 10^3}\text{A} = 229.11 \text{ A}$$

额定相电流

$$I_{2N\phi} = \frac{I_{2N}}{\sqrt{3}} = \frac{229.11}{\sqrt{3}}\text{A} = 132.28 \text{ A}$$

(2) 空载实验在低压侧测量,则线电流为 11.46 A,三相空载损耗为 7700 W,$p_0 = 7700/3$ W。可求得相电流

$$I_{20\phi} = \frac{I_{20}}{\sqrt{3}} = \frac{11.46}{\sqrt{3}}\text{A} = 6.62 \text{ A}$$

励磁电阻

$$R_m = \frac{p_0}{I_{20\phi}^2} = \frac{7700/3}{6.62^2}\Omega = 58.57 \text{ }\Omega$$

励磁阻抗

$$Z_m = \frac{U_{2N\phi}}{I_{20\phi}} = \frac{6.300 \times 10^3}{6.62}\Omega = 951.66 \text{ }\Omega$$

励磁电抗

$$X_m = \sqrt{Z_m^2 - R_m^2} = \sqrt{951.66^2 - 58.57^2} \text{ }\Omega = 949.86 \text{ }\Omega$$

折算至高压侧的值分别为

$$k = \frac{U_{1N\phi}}{U_{2N\phi}} = \frac{34.64}{6.3} = 5.5$$

$$Z'_m = k^2 Z_m = 5.5^2 \times 951.66\Omega = 28\,787.72 \text{ }\Omega$$

$$R'_{\mathrm{m}} = k^2 R_{\mathrm{m}} = 5.5^2 \times 58.57\ \Omega = 1771.74\ \Omega$$

$$X'_{\mathrm{m}} = k^2 X_{\mathrm{m}} = 5.5^2 \times 949.86\ \Omega = 28\ 733.27\ \Omega$$

短路实验在高压侧测量,高压侧采用星形接法,相电流和线电流都等于 24.06 A,线电压为 4800 V,三相短路损耗为 26 500 W,$p_{\mathrm{k}} = 26\ 500/3$ W。那么短路相电压

$$U_{\mathrm{k}\phi} = \frac{U_{\mathrm{k}}}{\sqrt{3}} = \frac{4800}{\sqrt{3}}\ \mathrm{V} = 2771.36\ \mathrm{V}$$

短路阻抗

$$Z_{\mathrm{k}} = \frac{U_{\mathrm{k}\phi}}{I_{\mathrm{k}\phi}} = \frac{2771.36}{24.06}\ \Omega = 115.18\ \Omega$$

短路电阻

$$R_{\mathrm{k}} = \frac{p_{\mathrm{k}}}{I_{\mathrm{k}\phi}^2} = \frac{26\ 500/3}{24.06^2}\ \Omega = 15.26\ \Omega$$

短路电抗

$$X_{\mathrm{k}} = \sqrt{Z_{\mathrm{k}}^2 - R_{\mathrm{k}}^2} = \sqrt{115.18^2 - 15.26^2}\ \Omega = 114.16\ \Omega$$

R_{k} 为 $t = 25℃$ 时测得的数值,应折算至 75℃时的电阻,即

$$R_{\mathrm{k}(75℃)} = R_{\mathrm{k}}\frac{234.5+75}{234.5+\theta} = 15.26 \times \frac{234.5+75}{234.5+25}\ \Omega = 18.20\ \Omega$$

折算至 75℃时的短路阻抗值

$$Z_{\mathrm{k}(75℃)} = \sqrt{R_{\mathrm{k}(75℃)}^2 + X_{\mathrm{k}}^2} = \sqrt{18.20^2 + 114.16^2}\ \Omega = 115.60\ \Omega$$

高压侧阻抗基值

$$Z_{1\mathrm{b}} = \frac{U_{1\mathrm{N}\phi}}{I_{1\mathrm{N}\phi}} = \frac{34\ 640}{24.06}\ \Omega = 1439.73\ \Omega$$

低压侧阻抗基值

$$Z_{2\mathrm{b}} = \frac{U_{2\mathrm{N}\phi}}{I_{2\mathrm{N}\phi}} = \frac{6300}{132.28}\ \Omega = 47.63\ \Omega$$

励磁阻抗标幺值

$$Z_{\mathrm{m}}^* = \frac{Z_{\mathrm{m}}}{Z_{2\mathrm{b}}} = \frac{951.66}{47.63} = 19.98$$

励磁电阻标幺值

$$R_{\mathrm{m}}^* = \frac{R_{\mathrm{m}}}{Z_{2\mathrm{b}}} = \frac{58.57}{47.63} = 1.23$$

励磁电抗标幺值

$$X_{\mathrm{m}}^* = \frac{X_{\mathrm{m}}}{Z_{2\mathrm{b}}} = \frac{949.86}{47.63} = 19.94$$

短路阻抗标幺值

$$Z_{\mathrm{k}}^* = \frac{Z_{\mathrm{k}}}{Z_{1\mathrm{b}}} = \frac{115.60}{1439.73} = 0.080$$

短路电阻标幺值

$$R_{\mathrm{k}}^* = \frac{R_{\mathrm{k}}}{Z_{1\mathrm{b}}} = \frac{18.20}{1439.73} = 0.013$$

短路电抗标幺值

$$X_k^* = \frac{X_k}{Z_{1b}} = \frac{114.16}{1439.73} = 0.079$$

可近似认为

$$R_1^* = R_2'^* = \frac{R_k^*}{2} = \frac{0.013}{2} = 0.0065$$

$$X_{1\sigma}^* = X_{2\sigma}'^* = \frac{X_k^*}{2} = \frac{0.079}{2} = 0.0395$$

至此,就可得到图 2-16 所示的本例变压器的近似等效电路图。

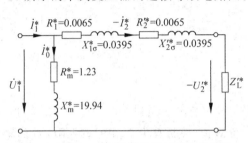

图 2-16　例 2-1 变压器的近似等效电路图

(3) 短路实验电流为额定值,阻抗电压为

$$u_k = \frac{U_{k\phi}}{U_{1N\phi}} \times 100\% = \frac{2771.36}{34\,640} \times 100\% = 8\%$$

阻抗电压与短路阻抗标幺值相等,即 $u_k = Z_k^*$,当然也有 $u_{ka} = R_k^*$,$u_{kr} = X_k^*$,这里不再赘述。

2.4　变压器运行时的特性指标

变压器运行性能的主要指标有电压变化率(又称电压调整率)和效率。

2.4.1　电压变化率

由于变压器内部存在着电阻和漏电抗,负载电流通过时会产生电阻压降和漏电抗压降,导致二次侧电压随负载电流变化而变化,电压变化程度通常用电压变化率表示。当一次绕组外施电压为额定值时,从空载到额定负载二次侧电压的变化量与二次侧电压额定值的比值(用百分数表示)称为电压变化率,即

$$\Delta U\% = \frac{U_{20} - U_2}{U_{2N}} \times 100\% = \frac{kU_{20} - kU_2}{kU_{2N}} \times 100\%$$

$$= \frac{U_{1N} - U_2'}{U_{1N}} \times 100\%$$

$$= (1 - U_2^*) \times 100\% \tag{2-32}$$

如略去励磁电流,便可用简化相量图分析,如图 2-17 所示,图中各线段均用标幺值表示。$U_{1N}^* = 1$,电阻压降标幺值为 $I_{1N}^* R_k^*$,电抗压降标幺值为 $I_{1N}^* X_k^*$,额定负载时 $I_1^* = I_{1N}^* = 1$,

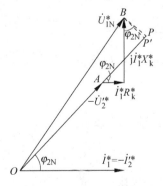

图 2-17　由简化相量图推导电压变化率

$I_2^* = I_{2N}^* = 1$。延长 $U_2'^*$ 顶点 A 到 P，$\overline{OP} = U_{1N}^*$，过 U_{1N}^* 的顶点 B 作 OP 的垂线交 OP 于点 P'，由相量图中几何关系可知，$\overline{PP'}$ 很小，可近似认为 $U_{1N}^* = \overline{OP'}$。因此 $U_{1N}^* = U_2'^* + I_1^* R_k^* \cos\varphi_{2N} + I_1^* X_k^* \sin\varphi_{2N}$，所以 $U_2'^* = 1 - R_k^* \cos\varphi_{2N} - X_k^* \sin\varphi_{2N}$，式(2-32)可改写为

$$\Delta U\% = (R_k^* \cos\varphi_{2N} + X_k^* \sin\varphi_{2N}) \times 100\% \tag{2-33}$$

式(2-33)是变压器额定运行时的情况，当变压器不在额定负载下运行时，$I_1^* = \beta I_{1N}^* = \beta$，$I_2^* = \beta I_{2N}^* = \beta$，$\beta$ 称为负载系数。电压变化率表达式为

$$\Delta U\% = \beta(R_k^* \cos\varphi_2 + X_k^* \sin\varphi_2) \times 100\% \tag{2-34}$$

由式(2-34)可见，ΔU 与负载系数、短路参数和负载功率因数有关。负载系数越大，ΔU 越大；短路阻抗越大，ΔU 也越大；当变压器带纯阻性或感性负载时，$\Delta U > 0$，输出电压降低；当带容性负载时，$\sin\varphi_2 < 0$，ΔU 将减小，当负载容性电流超前至一定程度时，ΔU 可能为负值，也就是说，在这种情况下，变压器二次侧的端电压将随负载电流的增加而上升。常用的电力变压器，功率因数为 0.8(滞后)时额定负载的电压变化率称为额定电压变化率，其值约为 5%～8%。

2.4.2 变压器的损耗和效率

变压器在能量转换过程中会产生损耗。变压器的损耗可分为铁损耗和铜损耗两大类，每类损耗又包括基本损耗和附加损耗两部分。

变压器的基本铁耗是指主磁通在铁芯中引起的磁滞损耗和涡流损耗。附加损耗包括由主磁通在油箱及其他构件中产生的涡流损耗和叠片之间的局部涡流损耗等，一般约为基本铁耗的 15%～20%。由于主磁通和电源频率基本不变，可近似认为铁损耗不随负载变化，称为不变损耗。

变压器的基本铜耗是指电流流过绕组时所产生的直流电阻损耗。附加铜耗主要指由于漏磁场引起的集肤效应使导线有效电阻增大而增加的铜耗、多股并绕导线的内部环流损耗，以及漏磁场在结构部件、油箱壁等处引起的涡流损耗。铜损耗与负载电流的平方成正比，称为可变损耗。

变压器的总损耗为

$$\sum p = p_{Cu} + p_{Fe} \tag{2-35}$$

输入功率为输出功率与全部损耗之和。效率定义为输出功率与输入功率之比，即

$$\eta = \frac{P_2}{P_1} \times 100\% = \frac{P_2}{P_2 + \sum p} \times 100\% = \left(1 - \frac{\sum p}{P_2 + \sum p}\right) \times 100\% \tag{2-36}$$

空载实验时因 I_0 和 R_1 均很小，可近似认为 $I_0^2 R_1 = 0$，即认为 $p_0 = I_0^2 R_m = p_{Fe}$。短路实验时因短路电压很低，可忽略 $I_m^2 R_m$，即认为 $p_{kN} = I_{1N}^2 R_1 + I_{1N}^2 R_2' = p_{CuN}$，当为任意负载时，$I_1 = \beta I_{1N}$，$p_{Cu} = \beta^2 p_{kN}$。而变压器的输出功率为

$$P_2 = U_2 I_2 \cos\varphi_2 \approx U_{2N} I_2 \cos\varphi_2 = U_{2N}\beta I_{2N} \cos\varphi_2 = \beta S_N \cos\varphi_2$$

由此可得变压器的效率公式为

$$\eta = \left(1 - \frac{\sum p}{P_2 + \sum p}\right) \times 100\% = \left(1 - \frac{p_0 + \beta^2 p_{kN}}{\beta S_N \cos\varphi_2 + p_0 + \beta^2 p_{kN}}\right) \times 100\% \tag{2-37}$$

式(2-37)是按单相变压器推导的,也适用于三相变压器,对三相变压器,S_N、p_{kN} 和 p_0 都应取三相值。

效率不是常数,它与负载电流的大小以及负载的性质有关。当负载的功率因数保持不

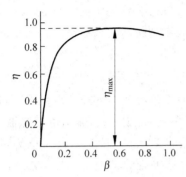

图 2-18 变压器效率曲线

变时,效率随负载电流而变化的关系称为效率曲线,如图 2-18 所示。仅在某一负载电流时,效率达到最大,为求得最大效率,对式(2-37)取 $\dfrac{\mathrm{d}\eta}{\mathrm{d}\beta}=0$,求得极值条件为 $p_0=\beta^2 p_{kN}$。说明当可变损耗等于不变损耗时效率达到最大。即最大效率发生在

$$\beta_m=\sqrt{\frac{p_0}{p_{kN}}} \qquad (2\text{-}38)$$

一般电力变压器的 $p_0/p_{kN}=1/3\sim1/4$,故最大效率发生在 $\beta=0.5\sim0.6$ 左右。变压器不设计成 $\beta=1$ 时效率最大,是因为变压器并非经常满载运行,负载系数随季节、昼夜而变化,因而铜耗也是随之变化的。而铁耗在变压器投入运行后总是存在的,故常设计成较小铁耗,这对提高全年的能量效率有利。

例 2-2 一台单相变压器,$S_N=1000\ \mathrm{kV\cdot A}$,$U_{1N}/U_{2N}=60\ \mathrm{kV}/6.3\ \mathrm{kV}$,$f_N=50\ \mathrm{Hz}$。空载实验测得 $p_0=5000\ \mathrm{W}$;短路实验测得 $R_k^*=0.017$,$X_k^*=0.057$,$p_{kN}=16\,950\ \mathrm{W}$。试计算:

(1) 满载且 $\cos\varphi_2=0.8(\varphi_2<0)$ 时的电压变化率;

(2) 满载且 $\cos\varphi_2=0.8(\varphi_2>0)$ 时的电压变化率及效率;

(3) 当 $\cos\varphi_2=0.8(\varphi_2>0)$ 时的最大效率。

解 (1) 满载 $\beta=1$,$\cos\varphi_2=0.8(\varphi_2<0)$ 时的电压变化率为

$$\begin{aligned}
\Delta u &= \beta(R_k^*\cos\varphi_2+X_k^*\sin\varphi_2)\\
&= 1\times(0.017\times0.8-0.057\times0.6)\\
&= -0.0206
\end{aligned}$$

说明在容性负载时,变压器二次侧电压出现了上升。

(2) 满载 $\beta=1$,$\cos\varphi_2=0.8(\varphi_2>0)$ 时的电压变化率为

$$\begin{aligned}
\Delta u &= \beta(R_k^*\cos\varphi_2+X_k^*\sin\varphi_2)\\
&= 1\times(0.017\times0.8+0.057\times0.6)\\
&= 0.0478
\end{aligned}$$

效率

$$\begin{aligned}
\eta &= \left(1-\frac{p_0+\beta^2 p_{kN}}{\beta S_N\cos\varphi_2+p_0+\beta^2 p_{kN}}\right)\times100\%\\
&= \left(1-\frac{5000+1^2\times16\,950}{1\times1000\times0.8\times1000+5000+1^2\times16\,950}\right)\times100\%\\
&= 97.32\%
\end{aligned}$$

(3) 最大效率时,负载系数为 $\beta_m=\sqrt{\dfrac{p_0}{p_{kN}}}=\sqrt{\dfrac{5000}{16\,950}}=0.543$,$p_0=\beta^2 p_{kN}$,最大效率为

$$\eta_{max} = \left(1 - \frac{2p_0}{\beta_m S_N \cos\varphi_2 + 2p_0}\right) \times 100\%$$
$$= \left(1 - \frac{2 \times 5000}{0.543 \times 1000 \times 0.8 \times 1000 + 2 \times 5000}\right) \times 100\%$$
$$= 97.75\%$$

小　结

变压器磁路中存在着主磁通和漏磁通。主磁通同时交链一、二次绕组,在一、二次绕组中产生感应电动势 E_1 和 E_2,由于一、二次绕组的匝数不同,从而实现了电压的变换。同时,主磁通在传递电磁功率过程中还起着媒介作用。漏磁通分别交链一次绕组或二次绕组,它对变压器电磁过程的影响是起漏抗压降作用,而不直接参与能量的传递。

在变压器中存在着一次绕组和二次绕组各自的电动势平衡关系和两绕组之间的磁动势平衡关系。当二次侧电流和磁动势变化时,将倾向于改变铁芯中的主磁通 Φ_m 及感应电动势 E_1,这就破坏了一次侧电动势的平衡关系。此时一次侧会自动增加电流分量 I_{1L} 和相应的磁动势 $I_{1L}N_1$ 以平衡二次侧磁动势的作用,使一次侧电动势达到新的平衡。通过电动势平衡关系与磁动势平衡关系,能量就从一次侧传递至二次侧。

在铁芯饱和时,为了得到正弦变化的磁通,励磁电流中必须含有高次谐波,尤其是三次谐波。在变压器分析中常采用等效正弦波电流来等值代替,考虑铁耗后,等效励磁电流超前主磁通一个角度 α_{Fe}。

变压器运行中既有电路问题,也有磁路问题。为了分析方便,将它转化为单纯的电路问题,因而引入了励磁阻抗 $R_m + jX_m$ 和漏电抗 $X_{1\sigma}$、$X_{2\sigma}$ 等参数,再将二次侧的量折算至一次侧,就可得到一、二次侧之间有电流联系的等效电路。

基本方程式、等效电路和相量图是分析变压器内部电磁关系的三种方式,其中基本方程式是变压器电磁关系的一组数学表达式,等效电路是从基本方程式出发用电路形式来模拟实际变压器,相量图是基本方程式的图形表示,三者是一致的。在实际应用时,定性分析采用相量图,定量计算采用等效电路。

变压器的电抗参数是和磁通对应的,X_m 和铁芯中的主磁通相对应,$X_{1\sigma}$、$X_{2\sigma}$ 分别和一、二次绕组的漏磁通相对应。主磁通在铁芯中流通、受磁路饱和影响,X_m 不是常数;而漏磁通路径介质主要为非磁性物质,所以 $X_{1\sigma}$ 和 $X_{2\sigma}$ 可看作常数。

变压器的主要性能指标是电压变化率 Δu 和效率 η,其数值受变压器参数和负载的大小及性质的影响。变压器工作时二次侧电压将随着负载系数和负载功率因数的变化而变化,同时在铁芯柱中产生铁芯损耗、在绕组中产生铜损耗和在金属构件中产生附加损耗等,所有损耗都转化为热量。

习　题

2-1　为什么要将变压器的磁通分成主磁通和漏磁通? 它们之间有哪些主要区别?

2-2　为了得到正弦形的感应电动势,当铁芯饱和与不饱和时,空载电流各呈什么波形? 为什么?

2-3 试述变压器励磁电抗和漏电抗的物理意义。它们分别对应什么磁通？对已制成的变压器，它们是否为常数？当电源电压降到额定值的一半时，它们如何变化？这两个电抗大好还是小好，为什么？这两个电抗哪个大哪个小，为什么？

2-4 变压器空载运行时，一次绕组加额定电压，这时一次绕组电阻 R_1 很小，为什么空载电流 I_0 不大？如将它接在同电压（仍为额定值）的直流电源上，会如何？

2-5 一台 380 V/220 V 的单相变压器，如不慎将 380 V 加在二次绕组上，会产生什么现象？

2-6 变压器负载时，一、二次绕组中各有哪些电动势或电压降？它们产生的原因是什么？

2-7 变压器铁芯中的磁动势，在空载和负载时有哪些不同？

2-8 试绘出变压器 T 形、近似和简化等效电路，说明各参数的意义。

2-9 变压器二次侧分别接电阻、电感和电容负载时，从一次侧输入的无功功率有何不同，为什么？

2-10 为什么变压器的空载损耗可近似看成铁耗，短路损耗可近似看成铜耗？负载时变压器真正的铁耗和铜耗与空载损耗和短路损耗有无差别，为什么？

2-11 一台单相变压器，$S_N = 20\ 000$ kV·A，$U_{1N}/U_{2N} = \dfrac{220}{\sqrt{3}}$ kV $\Big/$ 11 kV，$f_N = 50$ Hz，线圈为铜线。空载及短路实验数据如表 2-2 所示（实验时温度为 15℃），试求：

(1) 折算到高压侧的 T 形等效电路各参数的欧姆值及标幺值$\Big($假定 $R_1 = R_2' = \dfrac{R_k}{2}$，

$$X_{1\sigma} = X_{2\sigma}' = \dfrac{X_k}{2}\Big);$$

(2) 短路电压及各分量的标幺值；

(3) 在额定负载，$\cos\varphi_2 = 0.8$（$\varphi_2 > 0$）和 $\cos\varphi_2 = 0.8$（$\varphi_2 < 0$）时的电压变化率；

(4) 在额定负载，$\cos\varphi_2 = 0.8$（$\varphi_2 > 0$）时的效率；

(5) 当 $\cos\varphi_2 = 0.8$（$\varphi_2 > 0$）时的最大效率。

表 2-2 习题 2-11 变压器空载和短路实验数据表

实验类型	电压/V	电流/A	功率/kW	备　　注
空载实验	11 000	45.4	47	在低压侧测量
短路实验	9240	157.5	129	在高压侧测量

第 **3** 章

三相变压器

现代电力系统都采用三相制,因此实际上使用最广泛的变压器是三相变压器。本章主要讨论三相变压器的磁路系统、电路系统及多台三相变压器的并联运行问题。

3.1 三相变压器的磁路系统

3.1.1 三相变压器组

若将三个完全相同的单相变压器绕组按一定方式连接起来便构成三相变压器,称为三相变压器组,如图 3-1 所示。可见,三相变压器组的各相磁路是彼此独立的,各相主磁通以各自的铁芯作为磁路。因为各相磁路的磁阻相同,当三相绕组接对称的三相电压时,各相的励磁电流也相等。

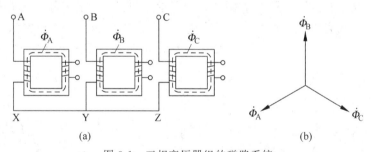

图 3-1 三相变压器组的磁路系统

(a) 三相变压器组磁路;(b) 三相对称磁通

3.1.2 三相芯式变压器

如果将图 3-1 所示的三个单相铁芯合并成如图 3-2(a) 所示的结构,那么通过中间芯柱的磁通便等于三相磁通的总和。当外施电压为对称三相电压时,三相磁通也对称,其总和 $\dot\Phi_A + \dot\Phi_B + \dot\Phi_C = 0$,即在任意瞬间,中间芯柱磁通为零。因此,在结构上可省去中间的芯柱,如图 3-2(b) 所示。这时,三相磁通的流通情形和星形接法的电路相似,在任一瞬间各相磁通均以其他两相为回路,仍满足了对称要求。为生产工艺简便,在实际制作时常将三个芯柱排列在同一平面上,如图 3-2(c) 所示。人们称这种变压器为三相三铁芯柱变压器,或简称为三相芯式变压器。可见,这种变压器的各相磁路是彼此相关的。三芯柱变压器中间相的磁路较短,即使外施电压为对称三相电压,三相励磁电流也不完全对称,其中间相励磁电流较其余两相小。但是与负载电流相比励磁电流很小,如负载对称,仍然可认为三相电流对称。

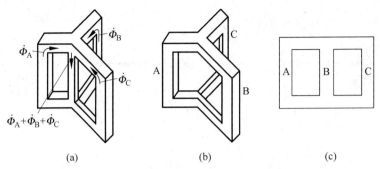

图 3-2　三相芯式变压器的磁路系统

(a) 四柱铁芯立体结构；(b) 三柱铁芯立体结构；(c) 三柱铁芯平行结构

3.2　三相变压器的电路系统

3.2.1　三相变压器绕组的接法

在三相变压器中,用大写字母 A、B、C 表示高压绕组的首端,用 X、Y、Z 表示高压绕组的末端;用小写字母 a、b、c 表示低压绕组的首端,用 x、y、z 表示低压绕组的末端。

对于电力变压器,不论是高压绕组或是低压绕组,我国电力变压器标准规定只采用星形接法或三角形接法。以高压绕组为例,将三相绕组的三个末端连在一起,而将它们的首端引出,便是星形接法,用字母 Y 表示,如图 3-3(a)所示。如将一相的末端和另一相的首端连接起来,顺序接成一闭合电路,便是三角形接法,用字母 D 表示。三角形接法有两种连接顺序,一种按 A→X→C→Z→B→Y 顺序,如图 3-3(b)所示;一种按 A→X→B→Y→C→Z 顺序,如图 3-3(c)所示。

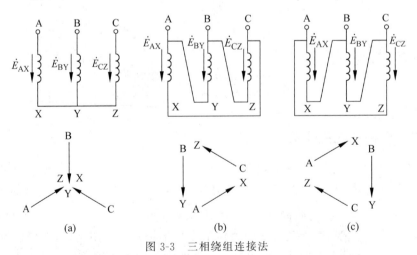

图 3-3　三相绕组连接法

(a) Y 连接法；(b) D 连接法,A→X→C→Z→B→Y；(c) D 连接法,A→X→B→Y→C→Z

因此,三相变压器可连接成如下几种形式:①Yy 或 YNy 或 Yyn;②Yd 或 YNd;③Dy 或 Dyn;④Dd。其中大写字母表示高压绕组接法,小写字母表示低压绕组接法,字母 N、n 是星形接法的中性点引出标志。

3.2.2 连接组别及标准连接组

如果将两台变压器或多台变压器并联,除了要知道一、二次绕组的连接方法外,还要知道一、二次绕组的线电动势之间的相位。连接组就是用来表示一、二次侧电动势相位关系的一种方法。

1. 单相变压器的连接组别

由于变压器的一、二次绕组与同一磁通交链,一、二次侧感应电动势有着相对极性。例如在某一瞬间高压绕组的某一端为正电位,在低压绕组上也必定有一个端点的电位也为正,人们将这两个正极性相同的对应端点称为同极性端,在绕组旁边用符号"·"表示。不管绕组的绕向如何,同极性端总是客观存在的,如图 3-4 所示。

由于绕组的首端、末端标志是人为标定的,如规定电动势的正方向为自首端指向末端,当采用不同标记方法时,一、二次绕组电动势间有两种可能的相位差。如将同极性端标记为相同的首端标志,即将标有同极性端符号"·"的一端作为首端,则二次侧电动势 $\dot{E}_{ax}$ 与一次侧电动势 $\dot{E}_{AX}$ 同相位,如图 3-5 所示。

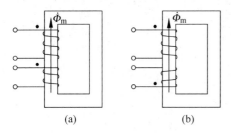

图 3-4 客观存在的同极性端
(a) 绕向相同;(b) 绕向相反

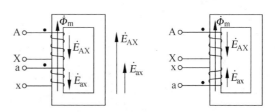

图 3-5 同极性端有相同首端标志

如将同极性端标记为相异的首端标志,即将一次绕组标有"·"号的一端作为首端,在二次绕组标有"·"号的一端作为末端,则二次侧电动势 $\dot{E}_{ax}$ 与一次侧电动势 $\dot{E}_{AX}$ 反向,如图 3-6 所示。

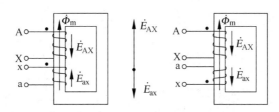

图 3-6 同极性端有相异首端标志

为了形象地表示一、二次侧电动势相量的相位差,电力系统中通常采用所谓时钟表示法。将高压电动势看作时钟的长针,低压电动势看作时钟的短针,将代表高压电动势的长针固定指向时钟 12 点(或 0 点),代表低压电动势的短针所指的时数作为绕组的组号。前一种情况一、二次侧电动势相位差为 0°,用时钟表示法便为 Ii0。后一种情况一、二次侧电动势相位差为 180°,用时钟表示法便为 Ii6。其中 Ii 表示一、二次都是单相绕组,0 和 6 表示组号。我国国家标准规定,单相变压器以 Ii0 作为标准连接组。

2. 三相变压器的连接组别

三相变压器的连接组别用一、二次绕组的线电动势相位差来表示,它不仅与绕组的接法有关,也与绕组的表示方法有关。

1) Yy 连接

Yy 连接有两种可能接法。如图 3-7(a)所示,图中同极性端有相同的首端标志,一、二次侧相电动势同相位,二次侧线电动势 $\dot{E}_{ab}$ 与一次侧线电动势 $\dot{E}_{AB}$ 也同相位,便标记为 Yy0。如图 3-7(b)所示,图中的同极性端有相异的首端标志,二次侧线电动势 E_{ab} 与一次侧线电动势 $\dot{E}_{AB}$ 相位差 180°,便标记为 Yy6。

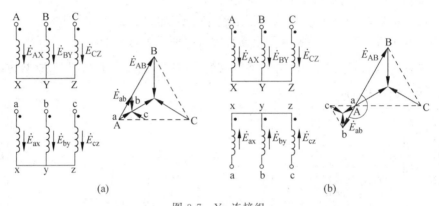

图 3-7 Yy 连接组

(a) Yy0 连接图和相量图;(b) Yy6 连接图和相量图

2) Yd 连接

在按 A—X—C—Z—B—Y 顺序的三角形连接中,图 3-8(a)中同极性端有相同的首端,$\dot{E}_{ab}$ 滞后 $\dot{E}_{AB}$ 330°,属于 Yd11 连接组。在图 3-8(b)中同极性端有相异的首端,$\dot{E}_{ab}$ 滞后 $\dot{E}_{AB}$ 150°,属于 Yd5 连接组。

此外,三相变压器还可接成 Dy 或 Dd 形式。

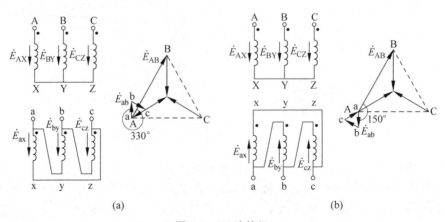

图 3-8 Yd 连接组

(a) Yd11 连接图和相量图;(b) Yd5 连接图和相量图

3. 标准连接组别

为统一制造方式,我国国家标准规定只生产五种标准连接组:① Yyn0;② Yd11;③YNd11;④YNy0;⑤Yy0。其中最常用的为前三种。

3.3　三相变压器的空载电动势波形分析

在分析单相变压器空载运行时已经提到,由于磁路饱和,磁化电流是尖顶波,即除有基波分量以外,还包含有各奇次谐波,其中以三次谐波最为显著。但是在三相系统中,三次谐波电流在时间上同相位,其能否流通与铁芯磁路结构和三相绕组的连接方法有关。

3.3.1　三相变压器组 Yy 连接

因一次侧为 Y 连接,励磁电流中的三次谐波电流分量不能流通,从磁化电流中减去三次谐波分量后近似为正弦波形。在这种情况下,借助作图法求得磁通波 Φ 近似于平顶波,如图 3-9(a)所示。将磁通波分解成基波磁通和各次谐波磁通,在各次谐波磁通中以三次谐波磁通幅度最大,影响也最大,图中只画出了基波磁通和三次谐波磁通。由基波磁通感应基波电动势 e_1,频率 f_1,相位滞后于 Φ_1 90°。由三次谐波磁通感应三次谐波电动势 e_3,频率 $f_3=3f_1$,相位滞后于 Φ_3 90°。将 e_1 和 e_3 逐点相加,合成电动势 e 为一尖顶波,如图 3-9(b)所示,其最高振幅等于基波振幅与三次谐波振幅之和,使相电动势波形畸变,相电动势畸变程度取决于磁路系统。三相变压器组的各相有独立磁路,三次谐波磁通与基波磁通有相同磁路,其磁阻较小,因此 Φ_3 较大,加之 $f_3=3f_1$,所以三次谐波电动势就相当大,其振幅可达基波振幅的 50%～60%,导致电动势波形严重畸变,所产生的过电压有可能危害线圈绝缘。因此,三相变压器组不能接成 Yy 形式运行。

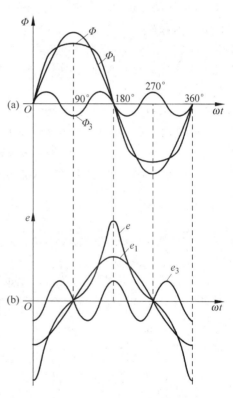

图 3-9　三相变压器组铁芯中的磁通波形和绕组中的电动势波形(Yy 连接)
(a)磁通波形;(b)电动势波形

需要指出的是,虽然相电动势中包含有三次谐波电动势,但因为二次侧是 y 连接,因此线电动势中不包含三次谐波电动势。

3.3.2　三相芯式变压器 Yy 连接

在 Yy 连接的三相芯式变压器中,三次谐波电流不能流通,三次谐波磁通也将存在,从性质上讲这与 Yy 连接的三相变压器组相同。但从量值来讲,由于三相芯式变压器的三相磁路彼此相关,又由于各相的三次谐波磁通在时间上是同相位的,不能像基波磁通那样以其他相铁芯为回归路线,三次谐波磁通只能经过铁芯周围的油、油箱壁和部分铁轭等形成回路,如图 3-10 所示。这条磁路的磁阻较大,故三次谐波磁通及其三次谐波电动势很小,相电动势接近于正弦波形,所以三相芯式变压器可接成 Yy 形式。同理也可接成 Yyn 形式。但因三次谐波磁通经过油箱壁等钢件,在其中感应电动势,产生涡流损耗,会引起油箱壁局部过热并降低变压器效率。国家标准规定,三相芯式变压器如按 Yyn 连接,其容量应限制在 1800 kV·A 以下。

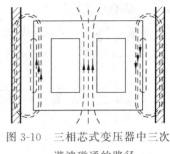

图 3-10　三相芯式变压器中三次谐波磁通的路径

3.3.3　三相变压器 Yd 连接

Yd 连接的三相变压器中,三次谐波电流在一次侧不能流通,一、二次绕组中交链着三次谐波磁通,感应有三次谐波电动势。与前两种情况相比,其性质是相同的,对于二次侧三角形接法的电路来讲,三次谐波电动势可看成短路,所产生的三次谐波电流便在三角形电路中环流。该环流对原有的三次谐波磁通起去磁作用,三次谐波电动势被削弱,量值很小,因此相电动势波形接近正弦波形。根据全电流定律解释,作用在主磁路上的磁动势为一、二次侧磁动势之和,在 Yd 接法中,一次侧提供了磁化电流的基波分量,二次侧提供了磁化电流的三次谐波分量,其作用与由一次侧单方面提供尖顶波磁化电流的作用是等效的,但略有不同。在 Yd 接法中,为维持三次谐波电流仍需有三次谐波电动势,但是量值甚微,对运行影响不大,这就是在高压线路中的大容量变压器需接成 Yd 接法的原因,无论三相变压器组或是三相芯式变压器均是如此。

3.4　三相变压器的并联运行

在变电站中,常由两台或两台以上的变压器并联运行以同时给负载供电,图 3-11 所示为两台变压器并联运行的接线图。变压器并联运行可减少备用容量,提高供电的可靠性,并可根据负载变化来调整投入运行的变压器台数,以提高运行的效率。

3.4.1　并联运行的理想状况

变压器有不同的容量和不同的结构形式。当变压器并联运行时,它们的一次绕组并联连接,故有共同的一次侧电压 $\dot{U}_1$,它们的二次绕组并联连接,因而有共同的二次侧电压 $\dot{U}_2$。也就是说,它们的一、二次侧双方都有相同的电压。变压器并联运行的理想状况是:

(1)空载时,各变压器相应的二次侧电压必

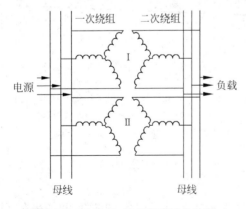

图 3-11　三相 Yy 连接变压器的并联运行接线图(三线图)

须相等且同相位。如此,则并联的各个变压器内部不会产生环流。

(2) 负载运行时,各变压器所分担的负载电流应该与它们的额定容量成正比。如此,则各变压器均可同时达到满载状态,使全部装置容量获得最大限度的利用。

(3) 各变压器的负载电流都应同相位,如此,则总的负载电流便是各负载电流的代数和。当总的负载电流为一定值时,每台变压器所分担的负载电流均为最小,因而每台变压器的铜耗为最小,运行较为经济。

3.4.2　并联运行的理想条件

为了满足第一项状况,首先,并联连接的各变压器必须有相同的电压等级,且属于相同的连接组。不同连接组的变压器不能并联运行,例如 Yy0 连接的变压器绝不容许与 Yd11 连接的变压器并联运行,因为它们的二次侧线电压间有 30°的相位差;Dy11 连接的变压器却可和 Yd11 连接的变压器并联运行,因为它们的二次侧线电压同相位。其次,各变压器都应有相同的线电压变比。设有几台变压器并联运行,即

$$k_\mathrm{I} = k_\mathrm{II} = k_\mathrm{III} = \cdots = k_n = k \tag{3-1}$$

这一条件是容易满足的。实用上所并联的各变压器变比间的差值要求限制在 0.5% 以内。

为满足第二项状况,保证各变压器所分担的负载电流与其额定容量成正比例,各变压器应有相同的短路电压,证明如下。

当各变压器并联运行时,它们有共同的一次侧电压 U_1 和二次侧电压 U_2,下面以单相变压器为例说明。如图 3-12(a)所示,因并联的各个变压器一、二次侧有共同电压,其阻抗压降相等,当各变压器变比相同且等于 k 时,根据图 3-12(b)可得

$$\frac{\dot{U}_1}{k} - \dot{U}_2 = \dot{I}_{2\mathrm{I}} Z_{k\mathrm{I}} = \dot{I}_{2\mathrm{II}} Z_{k\mathrm{II}} = \dot{I}_{2\mathrm{III}} Z_{k\mathrm{III}} = \cdots = \dot{I}_{2n} Z_{kn} \tag{3-2}$$

其中,$\dot{I}_{2\mathrm{I}}, \dot{I}_{2\mathrm{II}}, \dot{I}_{2\mathrm{III}}, \cdots, \dot{I}_{2n}$ 分别为各变压器的二次侧电流;$Z_{k\mathrm{I}}, Z_{k\mathrm{II}}, Z_{k\mathrm{III}}, \cdots, Z_{kn}$ 分别为各变压器的短路阻抗。

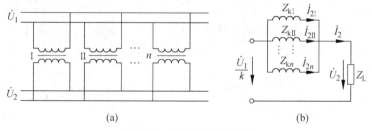

(a)　　　　　　　　　(b)

图 3-12　变压器并联运行

(a) 接线图;(b) 简化等效电路图

在应用简化等效电路时,已将励磁电流略去不计。

欲使各变压器同时达到满载,则式(3-2)应化作

$$\dot{I}_{N\mathrm{I}} Z_{k\mathrm{I}} = \dot{I}_{N\mathrm{II}} Z_{k\mathrm{II}} = \dot{I}_{N\mathrm{III}} Z_{k\mathrm{III}} = \cdots = \dot{I}_{Nn} Z_{kn} \tag{3-3}$$

如将上式的各项均除以共同的额定电压,则有

$$u_{k\mathrm{I}} = u_{k\mathrm{II}} = u_{k\mathrm{III}} = \cdots = u_{kn} \tag{3-4}$$

由式(3-3)和式(3-4)可知,各变压器的短路阻抗应和它们的额定电流或额定容量成反比,亦即各变压器应有相同的短路电压标幺值。

为满足第三项状况,使变压器负载电流同相,要求各变压器短路电阻与短路电抗的比值相等,亦即各变压器应有相同的短路电压有功分量和相同的短路电压无功分量。

综上所述,并联运行的变压器应满足以下三个条件:

(1) 一、二次侧额定电压分别相等,即变比相等;

(2) 联结组标号相同;

(3) 短路阻抗标幺值相等,阻抗角相等。

多台单相变压器并联运行时也需满足上述条件。

3.4.3 并联运行时负载分配的计算

当实际的变压器并联运行时,以上的第一、第三两项理想条件未必能完全满足。在以下的推导中,假设各变压器有相同的变比,但有不同的短路电压,这个假设是符合实际情况的。因为变比相同是容易做到的,而短路电压则随容量等级的不同而不相同,通常大容量变压器有较大的短路电压。

由式(3-2)可求得各变压器的负载电流为

$$
\begin{cases}
\dot{I}_{2\mathrm{I}} = \dfrac{\dfrac{\dot{U}_1}{k} - \dot{U}_2}{Z_{k\mathrm{I}}}, & \dot{I}_{2\mathrm{II}} = \dfrac{\dfrac{\dot{U}_1}{k} - \dot{U}_2}{Z_{k\mathrm{II}}} \\[4mm]
\dot{I}_{2\mathrm{III}} = \dfrac{\dfrac{\dot{U}_1}{k} - \dot{U}_2}{Z_{k\mathrm{III}}}, & \cdots, \quad \dot{I}_{2n} = \dfrac{\dfrac{\dot{U}_1}{k} - \dot{U}_2}{Z_{kn}}
\end{cases}
\tag{3-5}
$$

将式(3-5)的各式相加,得到总负载电流为

$$
\dot{I}_2 = \left(\frac{\dot{U}_1}{k} - \dot{U}_2 \right) \sum_{i=1}^{n} \frac{1}{Z_{ki}}
\tag{3-6}
$$

将式(3-6)与式(3-5)相比,并消去 $\left(\dfrac{\dot{U}_1}{k} - \dot{U}_2 \right)$,则得到各变压器负载电流分配关系式,分别为

$$
\begin{cases}
\dot{I}_{2\mathrm{I}} = \dfrac{\dfrac{1}{Z_{k\mathrm{I}}}}{\displaystyle\sum_{i=1}^{n} \dfrac{1}{Z_{ki}}} \dot{I}_2, & \dot{I}_{2\mathrm{II}} = \dfrac{\dfrac{1}{Z_{k\mathrm{II}}}}{\displaystyle\sum_{i=1}^{n} \dfrac{1}{Z_{ki}}} \dot{I}_2 \\[8mm]
\dot{I}_{2\mathrm{III}} = \dfrac{\dfrac{1}{Z_{k\mathrm{III}}}}{\displaystyle\sum_{i=1}^{n} \dfrac{1}{Z_{ki}}} \dot{I}_2, & \cdots, \quad \dot{I}_{2n} = \dfrac{\dfrac{1}{Z_{kn}}}{\displaystyle\sum_{i=1}^{n} \dfrac{1}{Z_{ki}}} \dot{I}_2
\end{cases}
\tag{3-7}
$$

式(3-7)的两边各乘以电压 $\dot{U}_2$,则得到各变压器承担的输出容量 $S_{\mathrm{I}}, S_{\mathrm{II}}, S_{\mathrm{III}}, \cdots, S_n$ 与并联系统的总输出容量 S 之间的关系,分别为

$$\begin{cases} S_{\mathrm{I}} = \dfrac{\dfrac{1}{Z_{\mathrm{k}\mathrm{I}}}}{\displaystyle\sum_{i=1}^{n} \dfrac{1}{Z_{ki}}} S, \quad S_{\mathrm{II}} = \dfrac{\dfrac{1}{Z_{\mathrm{k}\mathrm{II}}}}{\displaystyle\sum_{i=1}^{n} \dfrac{1}{Z_{ki}}} S \\[3em] S_{\mathrm{III}} = \dfrac{\dfrac{1}{Z_{\mathrm{k}\mathrm{III}}}}{\displaystyle\sum_{i=1}^{n} \dfrac{1}{Z_{ki}}} S, \quad \cdots, \quad S_{n} = \dfrac{\dfrac{1}{Z_{kn}}}{\displaystyle\sum_{i=1}^{n} \dfrac{1}{Z_{ki}}} S \end{cases} \tag{3-8}$$

式中, S 为并联系统的总容量; S_{I}, S_{II}, S_{III} 为各变压器承担的容量。

实用上 Z_{k} 可以绝对值 $|Z_{\mathrm{k}}|$ 代替。再假定各变压器的电流都同相, 则因为 $Z_{\mathrm{k}}^{*} = u_{\mathrm{k}}$, $Z_{\mathrm{k}} = Z_{\mathrm{k}}^{*} \dfrac{U_{\mathrm{N}}}{I_{\mathrm{N}}} = Z_{\mathrm{k}}^{*} \dfrac{U_{\mathrm{N}} U_{\mathrm{N}}}{I_{\mathrm{N}} U_{\mathrm{N}}} = u_{\mathrm{k}} \dfrac{U_{\mathrm{N}}^{2}}{S_{\mathrm{N}}}$, 故式(3-8)可写成以额定容量和短路电压表达的分配形式

$$\begin{cases} S_{\mathrm{I}} = \dfrac{\dfrac{S_{\mathrm{N}\mathrm{I}}}{u_{\mathrm{k}\mathrm{I}}}}{\displaystyle\sum_{i=1}^{n} \dfrac{S_{\mathrm{N}i}}{u_{ki}}} S, \quad S_{\mathrm{II}} = \dfrac{\dfrac{S_{\mathrm{N}\mathrm{II}}}{u_{\mathrm{k}\mathrm{II}}}}{\displaystyle\sum_{i=1}^{n} \dfrac{S_{\mathrm{N}i}}{u_{ki}}} S \\[3em] S_{\mathrm{III}} = \dfrac{\dfrac{S_{\mathrm{N}\mathrm{III}}}{u_{\mathrm{k}\mathrm{III}}}}{\displaystyle\sum_{i=1}^{n} \dfrac{S_{\mathrm{N}i}}{u_{ki}}} S, \quad \cdots, \quad S_{n} = \dfrac{\dfrac{S_{\mathrm{N}n}}{u_{kn}}}{\displaystyle\sum_{i=1}^{n} \dfrac{S_{\mathrm{N}i}}{u_{ki}}} S \end{cases} \tag{3-9}$$

或

$$S_{\mathrm{I}} : S_{\mathrm{II}} : S_{\mathrm{III}} = \frac{S_{\mathrm{N}\mathrm{I}}}{u_{\mathrm{k}\mathrm{I}}} : \frac{S_{\mathrm{N}\mathrm{II}}}{u_{\mathrm{k}\mathrm{II}}} : \frac{S_{\mathrm{N}\mathrm{III}}}{u_{\mathrm{k}\mathrm{III}}} \tag{3-10}$$

也可写成

$$\beta_{\mathrm{I}} : \beta_{\mathrm{II}} : \beta_{\mathrm{III}} = \frac{1}{u_{\mathrm{k}\mathrm{I}}} : \frac{1}{u_{\mathrm{k}\mathrm{II}}} : \frac{1}{u_{\mathrm{k}\mathrm{III}}} \tag{3-11}$$

式中, β_{I}、β_{II}、β_{III} 分别为第 I、第 II、第 III 台变压器的负载系数。

由此可见, 各变压器的负载分配与该变压器的额定容量成正比, 与短路电压成反比。各变压器的负载系数与短路电压成反比, 即多台变压器并联运行时, 短路电压小的变压器先达到满载。如果各变压器的短路电压都相同, 则变压器的负载分配只与额定容量成正比。在这种条件下, 意味着各变压器可同时达到满载, 总的装置容量能够得到充分利用。事实上, 各变压器的短路电压很难做到都相同。电力变压器的 u_{k} 一般在 $0.05 \sim 0.105$ 之间, 容量大的变压器 u_{k} 也较大。如果 u_{k} 不等, 则 u_{k} 较小的那台变压器将先达到满载。为了不使其过载, 其余的变压器均将达不到满载, 导致整个装置容量得不到充分利用。而 u_{k} 较小的常常是容量较小的变压器, 造成容量大的变压器达不到满载。在实用上, 为了使变压器总的装置容量能够得到较好利用, 要求投入并联运行的各变压器的容量尽可能接近, 最大容量与最小容量之比不要超出 $3:1$; 短路电压值尽可能接近, 其差值应限制不超过 10%。

例 3-1　某变电站有三台变压器, 连接组号相同, 数据如下:

变压器 I: $S_{\mathrm{N}} = 3200 \ \mathrm{kV \cdot A}$, $U_{1\mathrm{N}}/U_{2\mathrm{N}} = 35\,000/6300 \ \mathrm{V}$, $u_{\mathrm{k}} = 0.069$;

变压器 II: $S_{\mathrm{N}} = 5600 \ \mathrm{kV \cdot A}$, $U_{1\mathrm{N}}/U_{2\mathrm{N}} = 35\,000/6300 \ \mathrm{V}$, $u_{\mathrm{k}} = 0.075$;

变压器Ⅲ：$S_N = 3200\ kV \cdot A$，$U_{1N}/U_{2N} = 35\ 000\ V/6300\ V$，$u_k = 0.076$。

（1）当变压器 A 与 B 并联运行，输出的总负载为 8000 kV·A 时，各台变压器分担的负载容量分别为多少？

（2）若三台变压器并联运行，在不允许任何一台变压器过载的情况下，求该变压器组可能供给的最大的总负载。

解 （1）由式(3-10)可得

$$\frac{S_{\mathrm{I}}}{S_{\mathrm{II}}} = \frac{S_{\mathrm{NI}}/u_{k\mathrm{I}}}{S_{\mathrm{NII}}/u_{k\mathrm{II}}} = \frac{3200/0.069}{5600/0.075} = 0.6211$$

同时，S_{I} 和 S_{II} 还应满足 $S_{\mathrm{I}} + S_{\mathrm{II}} = 8000\ kV \cdot A$，解得 $S_{\mathrm{I}} = 3065\ kV \cdot A$，$S_{\mathrm{II}} = 4935\ kV \cdot A$。

（2）令短路阻抗最小的变压器 A 的 $\beta_{\mathrm{I}} = 1$，则

$$\beta_{\mathrm{II}} = \beta_{\mathrm{I}}\frac{u_{k\mathrm{I}}}{u_{k\mathrm{II}}} = 1 \times \frac{0.069}{0.075} = \frac{23}{25}$$

$$\beta_{\mathrm{III}} = \beta_{\mathrm{I}}\frac{u_{k\mathrm{I}}}{u_{k\mathrm{III}}} = 1 \times \frac{0.069}{0.076} = \frac{69}{76}$$

最大总负载

$$S_{\max} = \beta_{\mathrm{I}}S_{\mathrm{NI}} + \beta_{\mathrm{II}}S_{\mathrm{NII}} + \beta_{\mathrm{III}}S_{\mathrm{NIII}} = 11\ 257\ kV \cdot A$$

小　结

三相变压器的磁路系统分为各相磁路彼此独立的三相变压器组和各相磁路彼此相关的三相芯式变压器两种。

三相变压器的一次绕组、二次绕组可接成星形，也可接成三角形。三相变压器一、二次侧对应线电动势（或电压）间的相位关系与绕组绕向、标志和三相绕组的连接方法有关。其相位差均为 30°的倍数，通常用时钟表示法来表明其连接组别，共有 12 个组别。为了生产和使用方便，规定了标准连接组。

不同磁路结构和不同连接方法的三相变压器，其励磁电流中的三次谐波分量流通情况不同。对于 Yy 连接的三相变压器组而言，由于三次谐波电流无法流通，而三次谐波的磁通在铁芯中可畅通，造成三次谐波电动势幅值较大，导致相电动势波形畸变和相电压的升高。因此，三相变压器组不能接成 Yy 接法运行。

变压器并联运行时，如能满足变比相等、连接组别相同和短路电压有功分量及无功分量分别相等诸条件，则其并联运行的经济性最好，装置容量能够充分利用。而实际上最后一条件不易满足，但应做到尽量接近。

当各并联运行变压器短路阻抗标幺值不相同时，其负载容量分配按实用表达式计算。短路电压标幺值小的变压器将先达到满载。为了使各变压器的装置容量尽可能得到利用，要求各变压器的短路电压标幺值应尽可能相近。

习　题

3-1　三相芯式变压器与三相变压器组相比，具有什么优点？在测取三相芯式变压器空载电流时，为何中间一相电流小于旁边两相？

3-2 试说明三相变压器组为什么不采用 Yy 连接,而三相芯式变压器可以采用?

3-3 为什么大容量变压器常接成 Yd 而不接成 Yy 形式?

3-4 Yd 连接的三相变压器中,三次谐波电动势在 d 连接的绕组中能形成环流,基波电动势能否在 d 连接的绕组中形成环流?

3-5 Yy 接法的三相变压器组中,相电动势有三次谐波,线电动势中有无三次谐波? 为什么?

3-6 三相变压器的一、二次绕组的同极性端和端点的标志如图 3-13 所示。画出它们的电动势相量图并判断其连接组别。

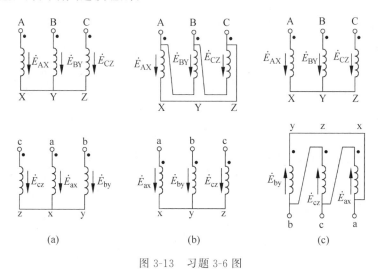

图 3-13 习题 3-6 图

3-7 当有几台变压器并联运行时,希望能满足哪些理想条件? 如何达到并联运行的理想状况?

3-8 并联运行的变压器如果变比不相同,将发生什么物理现象? 会带来什么后果?

3-9 设有两台变压器并联运行,变压器 I 的容量为 1000 kV·A,变压器 II 的容量为 500 kV·A,在不允许任一台变压器过载的条件下,试就下列两种情况求该变压器组可能供给的最大负载:

(1) 当变压器 I 的短路电压为变压器 II 的短路电压的 90% 时,即设 $u_{kI}=0.9u_{kII}$;

(2) 当变压器 II 的短路电压为变压器 I 的短路电压的 90% 时,即设 $u_{kII}=0.9u_{kI}$。

3-10 两台变压器并联运行,均为 Yd 连接,额定数据如下:

变压器 I:$S_N=1250$ kV·A,$U_{1N}/U_{2N}=35\,000$ V/10 500 V,$u_k=0.065$;

变压器 II:$S_N=3000$ kV·A,$U_{1N}/U_{2N}=35\,000$ V/10 500 V,$u_k=0.06$。

(1) 当输出的总负载为 3250 kV·A 时,各台变压器分担的负载容量分别为多少?

(2) 在不允许任何一台变压器过载的情况下,求该变压器组可能供给的最大总负载。

3-11 某工厂由于生产发展,用电量由 500 kV·A 增加到 800 kV·A,原有变压器的额定数据为 $S_N=560$ kV·A,$U_{1N}/U_{2N}=6300$ V/400 V,Yy0 连接,$u_k=0.05$。今有三台备用变压器,额定数据如下:

变压器 I:$S_N=320$ kV·A,$U_{1N}/U_{2N}=6300$ V/400 V,Yy0 连接,$u_k=0.05$;

变压器 Ⅱ：$S_N = 240 \text{ kV} \cdot A, U_{1N}/U_{2N} = 6300 \text{ V}/400 \text{ V}, \text{Yy4 连接}, u_k = 0.055$；

变压器 Ⅲ：$S_N = 320 \text{ kV} \cdot A, U_{1N}/U_{2N} = 6300 \text{ V}/400 \text{ V}, \text{Yy0 连接}, u_k = 0.055$。

(1) 在不允许任何一台变压器过载的情况下，选哪台变压器并联运行最为合适？

(2) 如果负载继续增加，要用三台变压器并联运行，再加哪一台合适？需作如何处理？这时最大总负载容量是多少？各台变压器的负载程度（负载系数）如何？

第 2 篇

直流电机

第**4**章

直流电机概览

4.1 直流电机的用途和基本工作原理

4.1.1 直流电机的用途

与变压器不同,直流电机是一种旋转电机,是最早得到实际应用的电机,它既可作电动机又可作发电机。

直流电动机具有良好的起动性能,能在宽广的范围内平滑、经济地调速,适合对调速性能和起动性能要求非常高的场合。例如,汽车用起动电机、挡风玻璃擦拭电动机、吹风机电动机,以及电动窗用电动机等,都是直流电动机在工业自动控制中最为经济的选择。在大功率驱动系统,例如城市轨道交通、钢厂轧钢机、挖掘设备、大型起重机等驱动系统中,直流电动机有着广泛的应用。

当然,直流电机也是一种逐渐被淘汰的电机种类。在高可靠、大功率、固态化的开关设备发展之前,直流电动机对所有变速驱动的运用场合来说,都是其主要的动力来源,另外,直流发电机也是提供直流电能的主要来源。随着电力电子技术和控制技术的发展,目前,直流发电机已基本上被静止整流装置替代。在电力传动领域,先进的异步电动机控制理论和新型大功率电力电子器件的结合,使得交流异步电动机的驱动系统正成为电气传动的发展趋势。

4.1.2 直流电机的基本工作原理

一般直流电机的直流励磁绕组设置在定子上,电枢绕组嵌放在转子铁芯槽内,为了引出直流电动势,旋转电枢必须装有换向器。图 4-1(a)所示为直流电机的模型示意图。

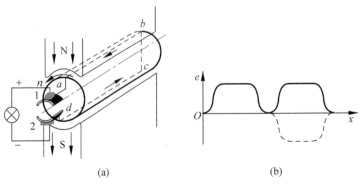

(a)   (b)

图 4-1 直流电机模型($p=1$)

(a)线圈接至换向器和电刷;(b)线圈中感应电动势的换向

当励磁绕组中流入直流电流后,电机主磁极产生恒定磁场,由原动机带动转子旋转,电枢导体切割主磁场产生感应电动势,它随时间的变化规律与气隙磁场空间分布规律一致,因此线圈 *abcd* 内产生交流电动势,线圈电动势随时间规律性变化,其波形与气隙磁通密度分布相同,通常为平顶波。然而线圈电动势不是直接引出的,而是通过换向器引出。电枢导体与换向片固定连接,换向片之间由绝缘体隔开,换向器随电枢旋转,而电刷是静止不动的,并与外电路相连,这样电刷接触的换向片是不断变化的。图 4-1(a)中电刷"1"总是与 N 极面下的导体-换向片接触,同时电刷"2"总是与 S 极面下的导体-换向片接触。根据右手定则,电刷 1 为"+"极,电刷 2 为"-"极,电刷极性保持不变,换向器的作用如同全波整流,电刷 1、2 之间的电动势经换向后为一有较大脉动分量的直流电动势,如图 4-1(b)所示。这就是直流发电机的基本原理。

当电刷两端接入直流电压后,转子电枢绕组中就有电流流过,定子励磁绕组由直流电流励磁,则带电电枢导体在磁场中受到电磁力的作用,产生电磁转矩,使电枢旋转,电磁转矩的方向与电机转向一致。由于电刷与换向器的作用使所有导体受力方向一致,此时直流电机作电动机运行。

一台直流电机既可作发电机运行,也可作电动机运行,这就是电机的可逆性原理。

4.2 直流电机的结构

直流电机主要由定子和转子两大基本结构部件组成。定子用来固定磁极和作为电机的机械支撑,转子中用来感应电动势从而实现能量转换的部件称为电枢,实现交流电变成直流电的部件称为换向器。

4.2.1 定子部分

直流电机的定子由主磁极、电刷装置、机座等组成,其结构如图 4-2 所示。

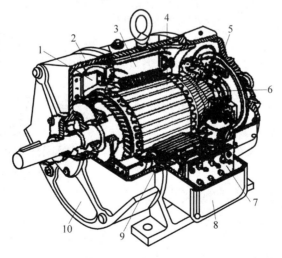

图 4-2　直流电机的结构

1—风扇;2—机座;3—电枢;4—主磁极铁芯;5—电刷装置;
6—换向器;7—接线板;8—接线盒;9—励磁绕组;10—端盖

主磁极的作用是产生主磁场。主磁极由磁极铁芯和套在铁芯上的励磁绕组构成，如图 4-3 所示。当励磁绕组中通有直流励磁电流时，气隙中会形成一个恒定的主磁场，如图 4-4 所示。图 4-3 中磁极下面截面较大的部分称为极靴，极靴表面沿圆周的长度称为极弧，极弧与相应的极距之比称为极弧系数，通常为 0.6～0.7。极弧的形状对电机运行性能有一定影响，它能使气隙中的磁通密度按一定规律分布。电枢旋转时齿、槽依次掠过极靴表面，使磁通密度发生变化，从而在铁芯中产生涡流和磁滞损耗。为减少损耗，主磁极铁芯通常用 1～1.5 mm 厚的导磁钢片叠压而成，然后固定在磁轭上。各主磁极铁芯上套有励磁绕组，励磁绕组之间可串联，也可并联。主磁极成对出现，沿圆周 N、S 极交替排列。

容量较大的直流电机还有换向极(位于两个主磁极之间的较小磁极)，如图 4-4 中 5 所示。换向极铁芯常用厚钢板或整块钢制成，其上装有换向极绕组，换向极下的空气隙较主磁极下的空气隙大。换向极数目一般与主磁极相同，但是小功率直流电机中，换向极的数目可少于主磁极，甚至不装换向极。

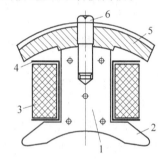

图 4-3　主磁极

1—主磁极铁芯；2—极靴；3—励磁绕组；

4—绕组绝缘；5—机座；6—螺杆

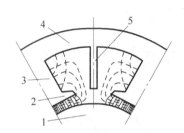

图 4-4　直流电机的剖面和磁场示意图

1—电枢铁芯；2—极靴；3—磁极铁芯；

4—磁轭；5—换向极

一般直流电机的机座既是电机的机械支撑，又是磁极外围磁路闭合的部分，即磁轭，因此用导磁性能较好的钢板焊接而成，或用铸钢制成。机座两端装有带轴承的端盖。电刷固定在机座或端盖上，一般电刷数等于主磁极数。电刷装置由电刷、刷握、刷杆、压紧弹簧和汇流条等组成，如图 4-5 所示。电刷一般用石墨制成，装于刷握中，并由弹簧压住，以保证电枢转动时电刷与换向器表面有良好的接触。电刷装置将电枢电流由旋转的换向器通过静止的电刷与外部直流电路接通。

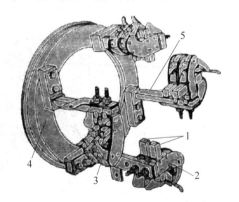

图 4-5　电刷装置

1—电刷；2—刷握；3—弹簧压板；4—座圈；5—刷杆

4.2.2　转子部分

转子由电枢铁芯、电枢绕组和换向器组成。电枢铁芯是主磁路的组成部分，为了减少电枢旋转时铁芯中磁通方向不断变化而产生的涡流和磁滞损耗，电枢铁芯通常用 0.5 mm 厚的硅钢片叠压而成，叠片间有一层绝缘漆，如

图 4-6 所示,图中环绕轴孔的一圈小圆孔为轴向通风孔。较大的电机还有径向通风系统,即将铁芯分为几段,段与段之间留有约 10 mm 的通风槽,构成径向通风道。电枢铁芯的外缘均匀地冲有齿和槽,一般为平行矩形槽。

电枢绕组由绝缘导体绕成线圈嵌放在电枢铁芯槽内,每一线圈有两个端头,按一定规律连接到相应的换向片上,全部线圈组成一个闭合的电枢绕组。电枢绕组是直流电机的功率电路部分,也是产生感应电动势、电磁转矩和进行机电能量转换的核心部件,绕组的构成与电机的性能关系密切。

换向器由许多彼此绝缘的换向片组合而成,如图 4-7 所示。它的作用是将电枢绕组中的交流电动势用机械换向的方法转变为电刷间的直流电动势,或反之。换向片可为燕尾形,升高部分分别焊入不同线圈的两个端点引线,片间用云母片绝缘,排成一个圆筒形,目前小型直流电机改用塑料热压成型,简化了工艺,节省了材料。

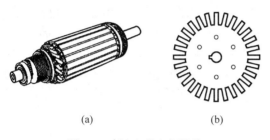

图 4-6 直流电机电枢铁芯

(a) 电枢铁芯装配图;(b) 电枢铁芯冲片

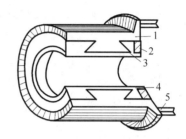

图 4-7 换向器结构图

1—换向片;2—垫圈;3—绝缘层;4—套筒;5—连接片

4.3 直流电机的励磁方式

直流电机的电路主要有两个部分,一个是套在主磁极铁芯上的励磁绕组,另一个是嵌在电枢铁芯槽中的电枢绕组,此外还有换向极绕组。电机的运行特性与励磁绕组获得励磁电流的方式,即励磁绕组与电枢绕组间的连接方式关系很大。直流电机按励磁方式可分为他励和自励两大类,自励式又可分为并励、串励和复励。直流电机的各种励磁方式如图 4-8 所示。

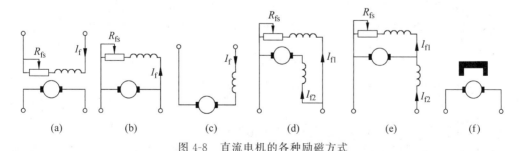

图 4-8 直流电机的各种励磁方式

(a) 他励;(b) 并励;(c) 串励;(d) 复励(长分接);(e) 复励(短分接);(f) 永磁式

1. 他励

他励式励磁绕组不与电枢绕组连接,而由另一个独立的直流电源对励磁绕组供电。

2. 并励

励磁绕组与电枢绕组并联,两个绕组上的电压相等,此即为电机的端电压。

3. 串励

励磁绕组与电枢绕组串联,两个绕组中电流相同。

4. 复励

励磁绕组分为两部分,一个与电枢绕组串联,另一个与电枢绕组并联。如串联绕组所产生的磁动势与并联绕组所产生的磁动势方向相同,则称为积复励;若两者相反,则称为差复励。通常应用的直流电机为积复励。先将串联绕组与电枢绕组串联,然后再与并联绕组并联,称长分接法复励;反之,先将并联绕组与电枢绕组并联,然后再与串联绕组串联,称短分接法复励。

5. 永磁式

永磁直流电机由永久磁铁提供固定磁通,不再需要外部的电励磁。永磁直流电机没有励磁绕组及相关的功率损耗,效率较高。永久磁铁所需要的空间比励磁绕组所需空间小,电机尺寸较小。但是永磁直流电机也会受到永磁材料所带来的限制,如气隙磁通密度较小且不可调,又如永磁材料对温度的敏感性较大等。但是随着新型永磁材料的发展,如钕铁硼材料的使用,限制会越来越小。

4.4 直流电机的额定值

直流电机的主要额定值如下:

(1) 额定功率 P_N:直流电机在额定运行条件下使用时输出功率保证值,电动机指输出机械功率,发电机指输出电功率,单位为 W 或 kW。

(2) 额定电压 U_N:电机在额定运行条件下出线端的电压保证值,单位为 V 或 kV。

(3) 额定电流 I_N:电机在额定电压运行、输出额定功率时的出线端电流,单位为 A 或 kA。

(4) 额定转速 n_N:电机在额定运行条件下的转子旋转速度,单位为 r/min。

(5) 额定励磁电流 I_{fN}:电机在额定运行时的励磁绕组电流,单位为 A 或 kA。

(6) 额定效率 η_N:电机在额定运行条件下,输出功率与输入功率比值的百分数。

此外,在电动机的铭牌上还标注有额定转矩、重量、绝缘等级、温升、防护等级等指标,以供安装和检修时参考。

小　　结

本章介绍了直流电机的基本构成、结构特点和励磁方式。

直流电机的结构特点是有一换向装置,其由一个换向器和一组电刷组成,通过它便能使旋转的电枢绕组中的交流感应电动势变换成静止的电刷间的直流电动势,故称之为机械换向结构。

直流电机由定子和转子两大结构部件组成,电枢绕组是直流电机的核心部件,当电枢绕组在磁场中旋转时就将产生感应电动势和电磁转矩。

直流电机的性能随着励磁方式的不同有很大差异。直流电机的励磁方式有他励、并励、串励、复励和永磁式。

直流电机的额定值是保证电机可靠工作和优良运行性能的依据。特别是运行人员要十分重视额定值的含义。

习　　题

4-1　简述直流电机的各主要部件。为什么电枢铁芯要用硅钢片叠成,而磁轭却可用铸钢或钢板制成?

4-2　"直流电机实质上是一台装有换向装置的交流电机",怎样理解这句话?

4-3　直流电机的励磁方式有哪些? 不同励磁方式下负载电流、电枢电流和励磁电流有什么关系?

4-4　一台直流电动机,额定功率 $P_N = 160\ \text{kW}$,额定电压 $U_N = 220\ \text{V}$,额定效率 $\eta_N = 90\%$,额定转速 $n_N = 1500\ \text{r/min}$,求该电动机的额定电流。

4-5　一台直流发电机,额定功率 $P_N = 145\ \text{kW}$,额定电压 $U_N = 230\ \text{V}$,额定效率 $\eta_N = 90\%$,额定转速 $n_N = 1450\ \text{r/min}$,求该发电机的额定电流。

第**5**章

直流电机的运行分析

本章主要介绍直流电机的空载和负载磁场分布、直流电机的电枢绕组、电枢绕组的感应电动势和电磁转矩、直流电机的换向问题和电机稳态运行时的基本方程。

5.1 直流电机的磁场

磁场是电机感应电动势和产生电磁转矩,从而实现机电能量转换的关键,电机的运行性能很大程度上取决于电机的磁场特性。

5.1.1 空载时直流电机的磁场

当直流电机空载运行时,电枢电流为零,直流电机的气隙磁场由主磁极绕组的励磁磁动势 F_f 建立,由于励磁电流是直流,所以气隙磁场是一个不随时间变化的恒定磁场。这一磁场在一个极面下的空间分布如图 5-1(a)所示,磁极面下气隙小且较均匀,故磁通密度较高,幅值为 B_δ,而两极之间的气隙增加,磁通密度显著降低,从磁极边缘至几何中心线处,磁通密度沿曲线快速下降。

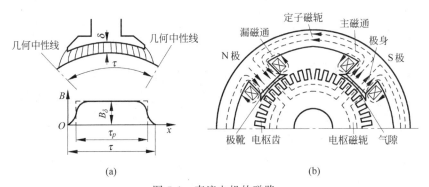

图 5-1　直流电机的磁路

（a）空载时极面下的磁通密度；（b）四极直流电机两极下的磁路

电机主磁极产生的磁通分成两部分,主磁通 Φ 通过气隙,同时交链电枢绕组和励磁绕组,使电机中产生感应电动势和电磁转矩的有效磁通。另外,由于磁极产生的磁通不可能全部通过气隙,总还有一小部分从磁极的侧面逸出,直接流向相邻的磁极,它只与励磁绕组交链,不与电枢绕组交链,故称磁极漏磁通 Φ_σ。

直流电机的主磁路包括以下部分:气隙、电枢齿、电枢磁轭、主磁极和定子磁轭。除气隙外,其他部分均由铁磁材料制成。主磁路和漏磁路如图 5-1(b)所示。

5.1.2 负载时电枢电流的磁场

当直流电机带有负载时,电枢绕组中有电流流过,电枢电流也将产生磁场,称作电枢磁场。为了分析方便,认为电枢表面光滑(无齿槽),磁场分析略去换向器,只画主磁极、电枢绕组和电刷。电机空载磁场、电枢反应磁场和两者的合成磁场分布图如图 5-2(a)~(c)所示,图 5-2(c)的扭曲磁通清楚地表明了电枢反应对磁通分布的影响。

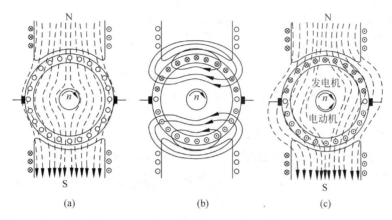

图 5-2 电枢反应对磁路分布的影响

(a) 空载时的磁场分布;(b) 电枢磁场分布;(c) 合成磁场分布

下面首先讨论主磁极磁场和电枢磁场,然后讨论由主磁极磁动势和电枢磁动势共同作用的合成磁场。

主磁极产生的气隙磁场分布图如图 5-3(a)表示,$B_0(x)$ 曲线的横坐标为沿圆周的距离,纵坐标为磁通密度。每极磁通 Φ 为一个极距内 $B_0(x)$ 曲线及横坐标间所包含的面积。

在实际电机中,电刷放在磁极中心线上的换向片上,该换向片所连的线圈边在两磁极中间,此处的气隙磁通密度为零,又称为几何中性线(交轴)。此时,在图 5-3(a)中使电刷位置落在交轴上,示意与其连接的线圈处于交轴位置。电枢绕组由许多线圈组成,每个线圈跨距近似为极距 τ,每两相邻线圈都移过一个齿距,线圈中流过电流 i_a 大小相同。取主磁极轴线(直轴)和电枢圆周表面的交点为横坐标原点,在一个极距的范围内,取关于直轴对称、经过 $+x$ 和 $-x$ 的一个闭合回路,如图 5-3(a)所示,则被此回路所包围的电枢导体总电流为 $\dfrac{N}{\pi D_a} 2x i_a$,其中 N 为电枢导体总数,D_a 为电枢外径。假设磁动势全部消耗在两个气

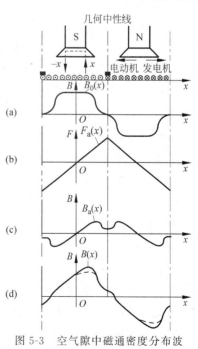

图 5-3 空气隙中磁通密度分布波

(a) 空载磁通密度;(b) 电枢磁动势;(c) 电枢磁通密度;(d) 合成磁通密度

隙上,则每个气隙所消耗的电枢磁动势为

$$F_{ax} = \frac{1}{2} \frac{N}{\pi D_a} 2x i_a = \frac{N i_a}{\pi D_a} x = Ax \tag{5-1}$$

式中,$A = \dfrac{N i_a}{\pi D_a}$,称为线负荷。

根据式(5-1)可画出电枢磁动势沿电枢圆周表面的分布,如图5-3(b)所示。正磁动势表示磁通方向由电枢到主极,负磁动势则相反。由图可见,电枢磁动势波叠加后的波形趋近于三角波。电枢磁场的轴线在交轴处,它和直轴轴线相差90°电角度。当 $x = \dfrac{\tau}{2}$ 时,即电刷位于交轴处,电枢磁动势为最大值,即 $F_a = \dfrac{1}{2} A\tau$。

5.1.3　交轴电枢反应

当直流电机负载运行时,就有主磁极磁动势和电枢磁动势同时作用在空气隙上。电枢磁动势的存在使空载磁场分布情况改变,即负载时电枢磁动势对主极磁场的影响称为电枢反应。通常电刷处于交轴处,由于电枢磁动势的轴线总是与电刷轴线重合,故称为交轴电枢反应。

由于直流电机定子为凸极,空气隙是不均匀的,极面下磁阻小且均匀,$B_a(x)$ 与 $F_a(x)$ 成正比,而在极尖以外,磁阻增大很多,尽管 $F_a(x)$ 在交轴处最大,但是 $B_a(x)$ 仍将下降,比极尖处低很多,故电枢电流产生的磁场分布波 $B_a(x)$ 与电枢磁动势分布波 $F_a(x)$ 有较大不同,$B_a(x)$ 曲线呈马鞍形,如图5-3(c)所示。

空气隙中的合成磁场 $B(x)$ 即为 $B_0(x)$ 与 $B_a(x)$ 之和,如图5-3(d)所示。由图可见,电枢磁动势使一半极面下(如图中所示的右半极面下)的磁通增加,而使另一半极面下的磁通减少。如不考虑磁路的饱和现象,上述一半磁极增加的磁通正好等于另一半磁极减少的磁通,故每一极面下的总磁通仍将保持不变,合成磁场的分布如图5-3(d)中实线所示。但是,实际上磁路中通常有饱和现象存在,由于增磁部分的磁通密度很大,磁路饱和程度增加,使 $B(x)$ 的高峰部分略有下降,如图5-3(d)中虚线所示,因此,使一半极面下所增加的磁通小于另一半极面下所减少的磁通,故每一极面的总磁通略有减少。交轴电枢反应对电机运行的影响有以下几个方面。

(1) 电枢反应的去磁作用将使每极磁通略有减少。由于电机中磁路饱和现象的存在,交轴电枢磁动势将产生一定的去磁作用,使每极面下的总磁通略有减少。

(2) 电枢反应使极面下的磁通密度分布不均匀。由图5-3(d)可知交轴电枢反应使一半极面下的磁通密度增大,而另一半极面下的磁通密度减少。将电枢进入极面的磁极极尖称为前极尖,电枢离开极面处的极尖称为后极尖。因此,在发电机状态,电枢反应使前极尖的磁通密度削弱,而使后极尖的磁通密度增强;电动机状态正好相反。这样会使导体切割最强的磁场所产生的感应电动势比一般的值高得多,造成换向片间的电动势分布不均匀,影响电机的换向,严重情况下会形成环火,烧坏电机的换向器和电枢。此外,电枢磁动势的存在使交轴处的磁场不为零,将妨碍线圈中的电流换向。

5.1.4 直轴电枢反应

若电刷不在几何中性线上,将电刷顺着发电机的旋转方向或逆着电动机的旋转方向移过角度 β,则电枢电流的分布也随之变化,电枢磁动势的轴线也随着电刷移动,如图 5-4 中的曲线 1。为了分析方便,可将电枢磁动势 F_{ax} 分为交轴电枢磁动势 F_{aqx} 和直轴电枢磁动势 F_{adx} 两个分量,如图 5-4 中曲线 2 和曲线 3 所示,曲线 1 为曲线 2 和曲线 3 之和。

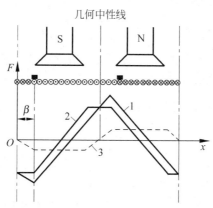

图 5-4 电刷不在几何中性线上时的电枢磁动势分布
1—电枢磁动势;2—交轴电枢磁动势;3—直轴电枢磁动势

在图 5-5 中,2β 角度内的磁动势,其轴线与主极轴线重合,称为直轴电枢磁动势。其余部分($\pi-2\beta$)角度内的磁动势,其轴线与主磁极轴线相正交,称为交轴电枢磁动势。图 5-5 (a)中的直轴电枢磁动势方向与主磁极极性相反,使主磁通减弱,呈去磁作用。图 5-5(b)中的电刷位置逆着发电机的旋转方向或顺着电动机的旋转方向移过了角度 β,此时直轴电枢磁动势方向与主磁极极性相同,故呈助磁作用。

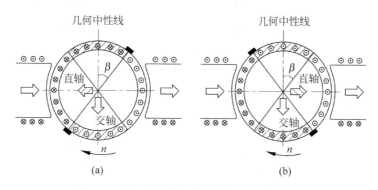

图 5-5 电枢反应分解为交轴分量和直轴分量
(a)直轴分量为去磁作用;(b)直轴分量为助磁作用

设电枢磁动势每极安匝数为 F_a,其作用轴线在电流换向处,即电刷所在位置。电枢磁动势中的直轴电枢磁动势的最大值 F_{ad} 与主极轴线一致,其大小与 2β 角度范围内导体数有关,

$$F_{ad} = F_a \frac{2\beta}{\pi} = A\tau \frac{\beta}{\pi} \qquad (5\text{-}2)$$

同理,电枢磁动势中交轴电枢磁动势的最大值为

$$F_{aq} = F_a \frac{\pi - 2\beta}{\pi} = A\tau \left(\frac{1}{2} - \frac{\beta}{\pi} \right) \qquad (5\text{-}3)$$

5.2　直流电机的电枢绕组

电枢绕组是直流电机的一个重要部件。线圈在磁场中转动产生感应电动势,同时通电线圈在磁场中受到力的作用,产生电磁转矩,从而实现机电能量转换。电枢绕组构成复杂、变化较多。本节仅介绍绕组的基本构成原则和两种基本绕组形式:单叠绕组和单波绕组。

5.2.1　电枢绕组的基本特点

1. 电枢绕组构成

直流电机的电枢绕组由结构和形状相同的线圈构成。线圈可以是单匝,也可以是多匝。线圈两端分别与两片换向片连接,如图 5-6(a)所示。

电枢绕组均为双层绕组,见图 5-6(b),一个线圈有两个线圈边分别处于不同极面下,一个线圈边放在电枢铁芯的槽上层位置,另一个必定在下层位置,跨距约等于一个极距。一般的小型电机,每一槽中仅有上、下两个线圈边,而大型电机每一槽中上层和下层并列嵌放几个线圈边,如图 5-6(c)所示,每层有 $u=3$ 个线圈边,每一对上、下层边组成一个虚槽。显然,虚槽数 Q_u 为电枢槽数 Q 的 u 倍,电枢绕组的线圈数 $S = Q_u = uQ$。设每个线圈有 N_c 匝,则电枢总的导体数 $N = 2N_c uQ$。

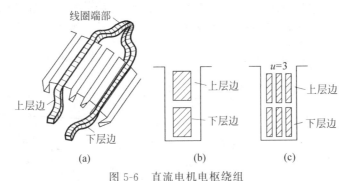

图 5-6　直流电机电枢绕组

(a) 单个线圈示意图;(b) 双层绕组示意图;(c) 并列线圈边示意图

2. 电枢绕组的节距

电枢绕组的连接规律可用线圈节距来表示,图 5-7(a)、(b)所示分别为单叠绕组和单波绕组的连接示意图。

图 5-7 中各绕组节距的含义如下:

(1) 第一节距 y_1:一个线圈的两个线圈边之间的距离,通常用虚槽数表示。为了获得较大的感应电动势,y_1 应等于或尽量接近于一个极距 $\tau = Q_u/2p$,且必须为整数,故

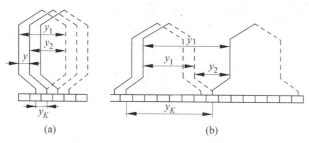

图 5-7 直流电枢绕组连接示意图

(a) 单叠绕组连接；(b) 单波绕组连接

$$y_1 = \frac{Q_u}{2p} + \varepsilon = 整数$$

式中，ε 是一个小于 1 的分数。如果 $\varepsilon = 0$，线圈为整距；如果 $\varepsilon < 0$，线圈为短距；如果 $\varepsilon > 0$，线圈为长距。一般取整距或短距绕组。

（2）第二节距 y_2：连接到同一换向片上的两个相邻线圈边之间的距离，即第一个线圈的下层线圈边与第二个线圈的上层线圈边之间的距离，也用虚槽数表示。

（3）合成节距 y：两个串联的相邻线圈对应边之间的距离，同样用虚槽数表示，且 $y = y_1 + y_2$。

（4）换向器节距 y_K：一个线圈的两端所连接的换向片之间在换向器表面上所跨的距离，用换向片数表示，而换向片数 K 与虚槽数 Q_u 相同，因此换向器节距等于合成节距，即 $y_K = y$。

以上跨距的值有正有负，正值表示向右的跨距，负值表示向左的跨距。

5.2.2 单叠绕组

单叠绕组是指一个绕组元件边相对于前一绕组元件边仅移过一个槽，同时每个线圈的出线端连在相邻的换向片上，如图 5-7(a) 所示。对单叠绕组有 $y = y_K = 1$。下面以一台极数 $2p = 4$，电枢槽数 $Q_u = Q = 16$ 的直流电机为例说明单叠绕组的连接。

该电机的极距 $\tau = \dfrac{Q_u}{2p} = 4$，绕组的第一节距 $y_1 = \dfrac{Q_u}{2p} = 4$，第二节距 $y_2 = y - y_1 = 1 - 4 = -3$。

根据以上数据及单叠绕组的特点，可将该单叠绕组连接成图 5-8(a) 所示的展开图。各槽、磁极均匀分布，四只电刷(电刷数等于磁极数)也均匀分布在换向器圆周上，电刷宽度等于或小于一个换向片的宽度。电刷放置的原则应使正、负极性的电刷间的感应电动势最大，通过换向片被电刷短路的线圈两边应位于相邻两个磁极之间的几何中性线处，该线圈的感应电动势为零或接近于零。因此，在线圈端部对称的情况下，电刷的中心线位于磁极中心线上。

按照图 5-8(a) 的连接次序，可画出相应线圈组成的并联支路图，如图 5-8(b) 所示。由此可见，单叠绕组是一个闭合绕组，通过电刷与外部电路相连，并形成了几个并联支路。各并联支路的感应电动势大小相等，不会在闭合回路形成循环电流。单叠绕组的每一条并联支路都是由同一个主磁极下的全部线圈串联而成的，因此并联支路数、电刷数和主磁极数均相等，即 $2a = 2p$(a 为并联支路对数)。

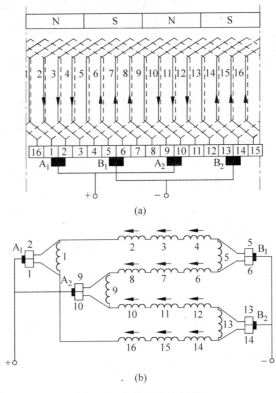

图 5-8　单叠绕组连接图

(a) 绕组展开图；(b) 并联支路图

5.2.3　单波绕组

单波绕组是指一个绕组元件边与相邻绕组对应元件边相距较远，即 y 接近于而不能等于 2τ，连接起来的线圈像波浪一样向前延伸，同时每个线圈的出线端连在相距 $y_K = y$ 的换向片上，如图 5-7(b) 所示。如果电机有 p 对极，则从某一个换向片出发，串联 p 个线圈即绕电枢一周后应回到与初始换向片相邻的换向片上，这样可再绕第二周、第三周、……最后将全部元件串联完毕，构成一闭合回路。

下面以一台极数 $2p = 4$，电枢槽数 $Q_u = Q = 15$ 的直流电机为例说明单波绕组的连接。该电机的极距 $\tau = \dfrac{Q_u}{2p} = 3.75$，绕组的第一节距 $y_1 = \dfrac{Q_u}{2p} + \varepsilon = 4$。

从与换向片 1 相连的第 1 个线圈开始，串联 $p = 2$ 个线圈后，线圈末端应与换向片 15(左行波绕组)或换向片 2(右行波绕组)相连，这样才能继续下去。因此，该单波绕组的换向器节距 $y_K = \dfrac{K \mp 1}{p} = \dfrac{15 \mp 1}{2} = 7$ 或 8，单波绕组常用左行绕组，故取 $y_K = y = 7$，第二节距 $y_2 = y - y_1 = 7 - 4 = 3$。

根据以上数据及单波绕组的特点，可将该单波绕组连接成图 5-9(a)所示的展开图。图中各槽、磁极均匀分布，电刷的数量和放置原则与单叠绕组相同。图 5-9(b)是相应线圈组成的并联支路图，从图中可见，单波绕组将所有 N 极下的线圈串联成了一个支路，S 极下的全部线圈串联成了另一个支路,因此单波绕组的并联支路数只有两条,而与 p 无关,即并联支路对数 $a=1$。

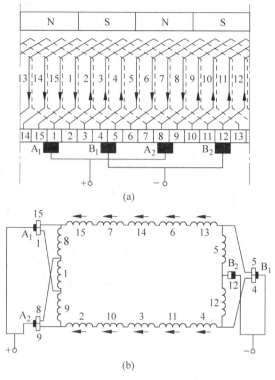

图 5-9　单波绕组连接图
（a）绕组展开图；（b）并联支路图

从理论上讲,单波绕组只需正、负极性的两只电刷即可正常工作,但在实际电机中,为减少电刷下的平均电流和电刷的面积,通常采用 $2p$ 只电刷(全额电刷)。

由以上分析可见,单波绕组与单叠绕组各有特点。单波绕组具有最少的并联支路数,因此电刷间的电动势较大,电枢电流较小,而单叠绕组正好相反。

直流电枢绕组除单叠和单波绕组外,还有复叠、复波和混合绕组。就运用效果而言,各种绕组的主要区别是并联支路数的多少。通常根据电机所需电流的大小和电压的高低来选择绕组的形式。实用电机中的电枢绕组还用低电阻导线(均压线)将绕组中理论上的等电位点连接起来,以确保绕组内部不产生循环电流和负载电流的平均分配。

5.3　电枢绕组的感应电动势与电机的电磁转矩

直流电机的运行情况可用基本方程式来分析,因此下面首先讨论电枢绕组的感应电动势和电磁转矩,进而推导出直流电机稳态运行时电压平衡式、功率平衡式和转矩平衡式。

5.3.1　电枢绕组的感应电动势

电枢绕组的感应电动势是指电机正、负电刷之间的电动势,即一条并联支路中各串联导体的电动势的总和。

当电机空载运行时,直流电机气隙磁通密度的分布曲线及其感应电动势如图 5-10 所

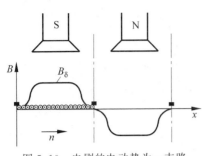

图 5-10 电刷的电动势为一支路
导体的感应电动势

示。当有一长度为 l 的导体以一定速度 v 切割磁场时,导体的感应电动势为 $e=Blv$。每条支路中各串联元件的元件边总是分布在磁极的不同位置上,各导体的感应电动势也不同。

设电枢绕组总导体数为 N,有 $2a$ 条并联支路,则每一条支路中的串联导体数为 $N/2a$,电刷之间的感应电动势为

$$E_a = \sum_{i=1}^{N/2a} e_i = \sum_{i=1}^{N/2a} B_i l v \tag{5-4}$$

式中,B_i 为导体所在处的气隙磁通密度,且各处的气隙磁通密度不尽相同。为简单起见,设每一磁极面下平均气隙磁通密度为 B_{av},它等于电枢表面各点气隙磁通密度的平均值,这样每一磁极的磁通量 $\Phi=B_{av}l\tau$。

每根导体的平均感应电动势为

$$e_{av} = B_{av} l v = \frac{\Phi}{l\tau} l 2p\tau \frac{n}{60} = 2p\Phi \frac{n}{60} \tag{5-5}$$

式中,n 为电枢旋转速度,r/min;Φ 为每一磁极的总磁通量,Wb。由此可得相邻电刷之间感应电动势为

$$E_a = \frac{N}{2a} e_{av} = \frac{p}{a} N \frac{n}{60} \Phi = C_e n \Phi \tag{5-6}$$

式中,$C_e = \dfrac{pN}{60a}$,为电动势常数。

式(5-6)为电刷在交轴且绕组为整距时直流电机感应电动势的计算公式,感应电动势与每极磁通量及转速的乘积成正比。如果绕组短距或电刷不在交轴处,支路中一部分导体的感应电动势将因磁场方向相反而反相,相互抵消,导致电刷间电动势减小。此外,负载时的交轴电枢反应使极面下磁通密度的分布发生畸变,又由于磁路饱和影响,产生的交轴电枢反应为去磁作用,电刷间的感应电动势虽与极面下磁通密度的分布情况无关,但是与极面下总磁通量成正比,这样负载时的感应电动势比空载时略小。

电刷间电动势为直流,但是电枢导体的感应电动势是交变的,其频率为 $f=\dfrac{pn}{60}$。

5.3.2 电枢绕组的电磁转矩

当电枢绕组中有电流流过时,电流与电机中气隙磁场相互作用,将产生电磁力,电枢受到一电磁转矩的作用。这个转矩表达式可用与推导绕组感应电动势表达式类似的方法导出。

设电枢绕组中某一导体的电磁力为 $f_i = B_i l I_i = B_i l \dfrac{I_a}{2a}$,其中 I_i 为导体中的电流,I_a 为电刷的电流,故 $I_i = \dfrac{I_a}{2a}$。因此导体 i 产生的电磁转矩为 $T_i = f_i \dfrac{D_a}{2} = B_i l \dfrac{I_a}{2a} \dfrac{D_a}{2}$,其中 D_a 为

电枢直径。

同样,为简单起见,设每一极面下平均气隙密度为 B_{av},则一根导体的平均电磁转矩为

$$T_{av} = B_{av} l \frac{I_a}{2a} \frac{D_a}{2} \tag{5-7}$$

设电枢绕组共有 N 根导体,电枢总的电磁转矩应为全部导体所产生的转矩之和,总电磁转矩

$$T = N T_{av} = N B_{av} l \frac{I_a}{2a} \frac{D_a}{2} \tag{5-8}$$

将 $\pi D_a = 2p\tau$ 和 $\Phi = B_{av} l\tau$ 代入式(5-8),则

$$T = N \frac{\Phi}{l\tau} l \frac{I_a}{2a} \frac{2p\tau}{2\pi} = \frac{1}{2\pi} \frac{p}{a} N \Phi I_a = C_T \Phi I_a \tag{5-9}$$

式中,T 为电枢绕组的电磁转矩,单位为 N·m;C_T 为转矩常数,$C_T = \frac{1}{2\pi} \frac{p}{a} N = 9.55 C_e$。

电磁转矩与每极磁通和电枢电流的乘积成正比。电磁转矩也可由电磁功率求得,即

$$T = \frac{P_{em}}{\Omega} = \frac{E_a I_a}{\Omega} = \frac{p}{a} N \frac{n}{60} \Phi I_a \frac{60}{2\pi n} = \frac{1}{2\pi} \frac{p}{a} N \Phi I_a = C_T \Phi I_a$$

以上为电刷在交轴处时导出的直流电机电磁转矩公式。同样,绕组不是整距、电刷位置移动以及气隙磁场变化等也会对电磁转矩产生影响。

5.4　直流电机运行的基本方程式

5.4.1　电压平衡方程式

1. 直流发电机的电压平衡方程式

对于直流电机,可按其接线方式,根据电路定律列出相关电压平衡方程式。现以并励发电机为例说明,其电路如图 5-11(a)所示。

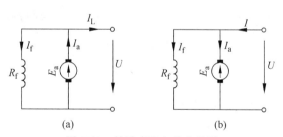

图 5-11　并励直流电机电路图
(a) 发电机;(b) 电动机

并励发电机的电枢电流 I_a 为

$$I_a = I_L + I_f \tag{5-10}$$

式中,I_L 为负载电流;I_f 为励磁电流。

发电机向负载供电,绕组的感应电动势应大于端电压,即 $E_a > U$,则

$$E_a = U + I_a R_a + 2\Delta U \tag{5-11}$$

式中,U 为端电压;$I_a R_a$ 为电枢回路中各串联绕组电阻的电压降;ΔU 为每一电刷的接触

电压降,通常可认为 ΔU 为常数,一般石墨电刷取 $\Delta U = 1\ V$,一对电刷压降为 $2\Delta U = 2\ V$。

此时,感应电动势与电流方向一致,电机输出电功率。绕组感应电动势 $E_a = C_e \Phi n$,发电机的转速取决于原动机,通常保持不变。

2. 直流电动机的电压平衡方程式

以并励直流电动机为例,其电路如图 5-11(b)所示。电源流入电动机的电流 I 为

$$I = I_a + I_f \tag{5-12}$$

在电动机中感应电动势的方向与电枢电流的方向相反,故称反电动势。反电动势较端电压小,即 $E_a < U$,则

$$E_a = U - I_a R_a - 2\Delta U \tag{5-13}$$

5.4.2 功率平衡方程式

1. 直流发电机的功率平衡方程式

将式(5-10)和式(5-11)相乘,可得并励直流发电机的电磁功率 P_{em} 为

$$P_{em} = E_a I_a = UI_L + UI_f + I_a^2 R_a + 2\Delta UI_a = P_2 + p_{Cuf} + p_{Cua} + p_{Cub} \tag{5-14}$$

式中,P_2 为输出电功率,$P_2 = UI_L$;p_{Cuf} 为励磁损耗,$p_{Cuf} = UI_f$;p_{Cua} 为电枢铜损耗,$p_{Cua} = I_a^2 R_a$;p_{Cub} 为电刷的电损耗,$p_{Cub} = 2\Delta UI_a$。

发电机输入的是机械功率,外施机械功率不能全部转化为电磁功率,因此,输入功率 P_1 为

$$P_1 = P_{em} + p_{mec} + p_{Fe} + p_{ad} \tag{5-15}$$

式中,p_{mec} 为机械损耗,包括轴承摩擦损耗、电刷和换向器的摩擦损耗、通风损耗,它们都与转速有关;p_{Fe} 为铁芯损耗,电机旋转时,电枢铁芯中的磁通是交变的,由此产生涡流和磁滞损耗,总称铁芯损耗;p_{ad} 为附加损耗,又称杂散损耗,$p_{ad} = (0.5\% \sim 1\%)P_2$。

将式(5-14)代入式(5-15),得

$$P_1 = P_2 + p_{Cuf} + p_{Cua} + p_{Cub} + p_{mec} + p_{Fe} + p_{ad} = P_2 + \sum p \tag{5-16}$$

式中,$\sum p = p_{Cuf} + p_{Cua} + p_{Cub} + p_{mec} + p_{Fe} + p_{ad}$ 为直流发电机的总损耗。

由此可画出并励直流发电机的功率流程图,如图 5-12 所示。图中机械损耗 p_{mec}、铁芯损耗 p_{Fe} 和附加损耗 p_{ad} 总称空载损耗 p_0。当负载变化时,它们的数值基本不变,故又称不变损耗。电枢绕组的铜损耗 p_{Cua} 和电刷接触压降损耗 p_{Cub} 是由负载电流引起的,称负载损耗,它们随负载电流大小而变化,故又称可变损耗。而空载时电枢电流很小,$I_a = I_f$,所引起的 p_{Cua} 和 p_{Cub} 可忽略不计。励磁损耗 p_{Cuf} 消耗的功率很小,一般 p_{Cuf} 仅为

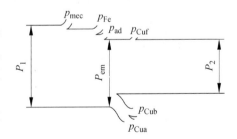

图 5-12 并励直流发电机的功率流程图

$(1\% \sim 3\%)P_{em}$。并励发电机的励磁损耗与负载电流大小无关,可认为是不变损耗。

输出功率 P_2 与输入功率 P_1 之比就是电机的效率,即

$$\eta = \frac{P_2}{P_1} = \frac{P_1 - \sum p}{P_1} = 1 - \frac{\sum p}{P_1} \tag{5-17}$$

2. 直流电动机的功率平衡方程式

以并励直流电动机为例进行分析。由电网供给的电功率为输入功率：

$$P_1 = UI = (E_a + I_a R_a + 2\Delta U)(I_a + I_f)$$
$$= E_a I_a + I_a^2 R_a + 2\Delta U I_a + I_f U = P_{em} + p_{Cua} + p_{Cub} + p_{Cuf} \tag{5-18}$$

直流电动机的输入电功率扣除电枢铜损耗、电刷的电损耗及励磁损耗后才是电枢绕组吸收的电磁功率 P_{em}。电磁功率再转换成机械功率，但是它并不是电动机轴上输出的有效机械功率 P_2，它们之间的关系是

$$P_{em} = P_2 + p_0 = P_2 + p_{Fe} + p_{mec} + p_{ad} \tag{5-19}$$

则直流电动机的功率平衡方程式为

$$P_1 = P_2 + p_{Fe} + p_{mec} + p_{ad} + p_{Cua} + p_{Cub} + p_{Cuf} = P_2 + \sum p \tag{5-20}$$

式中，$\sum p = p_{Fe} + p_{mec} + p_{ad} + p_{Cua} + p_{Cub} + p_{Cuf}$ 为直流电动机的总损耗。由此可画出并励直流电动机的功率流程图，如图 5-13 所示。

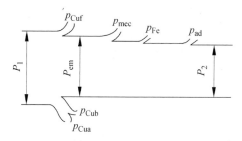

图 5-13 并励直流电动机的功率流程图

5.4.3 转矩平衡方程式

1. 直流发电机的转矩平衡方程式

由原动机供给的外施机械转矩为

$$T_1 = \frac{P_1}{\Omega} \tag{5-21}$$

式中，P_1 为输入机械功率，W；Ω 为角速度，s^{-1}；T_1 为输入机械转矩，N·m。

直流发电机的电磁转矩 T 是电磁作用使发电机转子制动的阻力转矩，即所谓反转矩，表示为

$$T = \frac{P_{em}}{\Omega} = C_T \Phi I_a \tag{5-22}$$

空载损耗 p_0 所引起的空载制动转矩为

$$T_0 = \frac{p_0}{\Omega} = \frac{p_{mec} + p_{Fe} + p_{ad}}{\Omega} \tag{5-23}$$

直流发电机的转矩平衡方程式为

$$T_1 = T_0 + T \tag{5-24}$$

2. 直流电动机的转矩平衡方程式

直流电动机的电磁转矩是用以带动机械负载的驱动转矩。电动机的转矩平衡方程式为

$$T = T_0 + T_2 \tag{5-25}$$

式中，T 为电磁转矩，$T = \dfrac{P_{em}}{\Omega}$；$T_2$ 为轴上的输出转矩，等于机械负载制动转矩 T_L，$T_2 = \dfrac{P_2}{\Omega}$；$T_0$ 是由机械损耗、铁芯损耗和杂散损耗引起的空载制动转矩，$T_0 = \dfrac{p_0}{\Omega} = \dfrac{p_{mec} + p_{Fe} + p_{ad}}{\Omega}$。

例 5-1 有一台并励直流发电机，额定功率 20 kW，额定电压 220 V，额定转速 1500 r/min，电枢绕组电阻 $R_a = 0.16\ \Omega$，电刷接触电压降 $2\Delta U = 2$ V，并励绕组回路电阻 $R_f = 78.3\ \Omega$，空载损耗 $p_0 = 1$ kW，略去附加损耗。试求额定负载时各绕组的铜损耗、电磁功率、电磁转矩、输入功率和效率。

解 负载电流

$$I_L = \frac{P_N}{U_N} = \frac{20 \times 10^3}{220}\ \text{A} = 90.91\ \text{A}$$

励磁电流

$$I_f = \frac{U_N}{R_f} = \frac{220}{78.3}\ \text{A} = 2.81\ \text{A}$$

电枢电流

$$I_a = I_L + I_f = (90.91 + 2.81)\,\text{A} = 93.72\ \text{A}$$

感应电动势

$$E_a = U_N + I_a R_a + 2\Delta U = (220 + 93.72 \times 0.16 + 2)\,\text{V} = 237\ \text{V}$$

电磁功率

$$P_{em} = E_a I_a = 93.72 \times 237\ \text{W} = 22\,211\ \text{W}$$

电枢绕组铜耗

$$p_{Cua} = I_a^2 R_a = 93.72^2 \times 0.16\ \text{W} = 1405.4\ \text{W}$$

并励绕组铜耗

$$p_{Cuf} = U I_f = 220 \times 2.81\ \text{W} = 618.2\ \text{W}$$

电刷的电损耗

$$p_{Cub} = 2\Delta U I_a = 2 \times 93.72\ \text{W} = 187.4\ \text{W}$$

输入功率

$$P_1 = P_{em} + p_0 = (22\,211 + 1000)\,\text{W} = 23\,211\ \text{W}$$

电磁转矩

$$T = \frac{P_{em}}{\Omega} = \frac{22\,211}{2\pi\dfrac{1500}{60}}\ \text{N} \cdot \text{m} = 141.4\ \text{N} \cdot \text{m}$$

效率

$$\eta = \frac{P_2}{P_1} \times 100\% = \frac{20\,000}{23\,211} \times 100\% = 86.17\%$$

5.5　直流电机的换向问题

5.5.1　换向过程

用机械方法强制改变直流电机的电路连接,使绕组元件在极短的时间内从一条支路经电刷短路后转入另一条支路,从而使该绕组元件中的电流改变方向,这种电流方向的变换称为换向。

图 5-14 表示出一个单叠绕组元件中电流的换向过程。图中粗线表示换向元件,它的两端分别与换向片 1 和 2 相连接,设换向片宽度和电刷宽度相同。图 5-14(a)为换向开始状态,该元件位于电刷右边的支路,元件内电流 i_a 为逆时针方向。随着电枢的旋转,电刷与换向片 1、2 同时接触,如图 5-14(b)所示,换向元件与两个换向片及电刷构成一个闭合的换向电路,其中的电流称换向电流。换向电流随时间变化的情况直接影响换向的好坏。图 5-14(c)表示换向元件已移入电刷左侧支路,元件中的电流方向变成顺时针方向,此刻该元件换向已结束。这一换向过程所经历的时间称为换向周期,通常用 T_c 表示。换向周期很短,通常约为 0.0005~0.002 s。

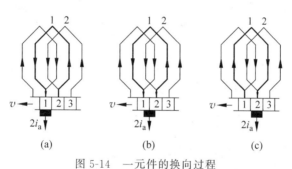

图 5-14　一元件的换向过程

（a）换向开始；（b）正在换向；（c）换向结束

换向是直流电机运行中的突出问题之一,如果换向不好将在电刷与换向片之间引起火花。火花超过一定限度,不仅影响电机的正常工作,还会引起无线电电磁的干扰。

换向元件在换向过程中产生电抗电动势和速度电动势两种电动势。当换向元件中有电流流过时,会产生交链该元件的漏磁通。当电流变化时,漏磁通便随之变化,将在该元件电路中产生一个称为电抗电动势的感应电动势 e_r,它的方向倾向于维持原来的电流不变,亦即阻碍换向电流 i 的变化,因此是阻碍换向的。电抗电动势又可分为自感电动势和互感电动势。自感电动势是由换向元件的漏磁通所产生的电动势;互感电动势是由于两换向元件的互感作用而产生的感应电动势。

速度电动势是指向元件的两个线圈边在换向周期内,切割电机交轴处磁通而感应的电动势。换向元件在交轴处切割的磁通有三种:主极磁场的边缘磁通、电枢磁场磁通和换向极磁通。交轴附近的主极磁场的边缘磁通是很微小的,但是如将电刷的交轴移过一个角度,便可使换向元件切割 N 极或 S 极的边缘磁通,所产生的速度电动势是阻碍换向还是促进换向,视电刷移动方向而定。电枢磁场的速度电动势,无论是电动机还是发电机运行,其方向总是阻碍换向的。为了促进换向,在电机交轴处特地设置了换向极,换向极产生的磁通总比电枢磁通略强而方向相反,这样换向元件在此情况下由换向极磁通和电枢磁通产生的总速度电动势 e_k(简称换向极速度电动势)与电抗电动势 e_r 反向,起到了帮助换向的作用。

5.5.2　改善换向的方法

分析直流电机运行时换向的好坏,往往通过观察电刷和换向片间的火花。引起火花的原因很多,电磁原因为重要原因,此外还有机械原因和电化学原因。直流电机运行时产生火花可分为 1 级、1.25 级、1.5 级、2 级、3 级共五个等级,只要火花被限制在一定程度内,一般电机在不超过 1.5 级时,不致影响换向器和电刷的连续正常工作。

改善换向的目的是减小或者消除电刷面下的火花。针对火花产生的原因,可采取相应的措施。本节介绍消除电磁原因产生火花的方法。

对换向电路进行分析可知,如回路中的 Δe 很小或接近于零,则换向过程便接近于理想的直线换向, $\Delta e = e_r + e_k$,减少电抗电动势 e_r 和增加换向极速度电动势 e_k(e_r、e_k 方向相反)是改善换向的重要方面。

设置换向极是改善直流电机换向的有效措施。换向极位于电机交轴,磁极上套有匝数不多的换向极绕组,并与电枢绕组相串联,如图 5-15 所示。其极性应使所产生的磁通与电枢磁场磁通方向相反。换向极磁动势的一部分 F_{aq} 用于抵消交轴处的电枢磁场磁动势,另一部分 F_{sk} 用于建立磁场,产生换向元件速度电动势 e_k。

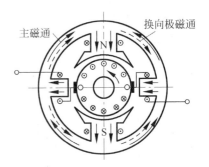

图 5-15　装换向极改善换向

如果 e_k 正好抵消电抗电动势 e_r,就能大大改善换向。由于电抗电动势 e_r 和电枢反应磁动势都与负载电流成正比,因此,要使换向极电动势也正比于负载电流,必须使换向极绕组与电枢绕组串联,且换向极磁路应是不饱和的,所以换向极极面下的空气隙比主磁极下的大得多。

换向好坏还与电抗电动势 e_r 的大小有关。电机转速较低,换向周期 T_c 较大和负载较轻、电流 i_a 较小时, e_r 较小,换向比较容易。

改善换向还可通过选择合适的电刷,相对减小 e_r 和 Δe 所起的作用实现。电刷所采用的材料是决定换向电路电阻 R_b 的主要因素。换向比较困难的电机,宜用接触电阻大的电刷,这样有利于换向,但是电刷接触电压较大对运行不利。

此外,移动电刷位置也能改善换向。将电刷从几何中性线上移开一个适当角度,使换向元件切割主磁极磁场产生的速度电动势 e_k 与电抗电动势 e_r 方向相反,相互抵消,可以达到改善换向的目的,但是移动电刷后会产生直轴去磁电枢反应,对电机其他性能产生不良影响,故这种方法现在已很少使用。

小　　结

本章介绍了直流电机的运行原理,包括电机空载和负载运行时的气隙磁场,电枢绕组的构成和特点,电枢绕组的感应电动势和电磁转矩,直流电机稳定运行时的基本方程式和电机的换向等。

直流电机磁场的性质、大小和分布与电机的工作特性及换向关系密切。空载运行时,电机内部磁场由励磁绕组单独励磁,是一个恒定磁场。负载运行时,电机内部同时存在主极励磁磁动势和电枢磁动势,电枢反应使气隙磁场的大小和分布发生变化,对电机运行的影响主要是:磁场畸变将使每极总磁通有所减少;磁场畸变后,使交轴处磁场不为零,极面下磁通密度分布不均,从而使换向片间电动势分布也不均,对换向不利。每一主极面下磁场一半被削弱,另一半被加强;当电刷偏离几何中性线时,电机不仅发生交轴电枢反应,还发生直轴电枢反应。

电枢绕组是直流电机产生感应电动势和电磁转矩的重要部件。单叠绕组和单波绕组是直流电机中两种常见的绕组形式。无论电枢绕组采用何种形式,都是将各线圈通过相应的换向片依次连接起来构成闭合回路,绕组通过电刷引入或引出电流,并在正、负电刷间形成并联支路。对于单叠绕组,并联支路对数 $a=p$;对于单波绕组,$a=1$。

直流电机电枢绕组的感应电动势 $E_a=C_e n\Phi$,即感应电动势正比于每极磁通量和转速。在发电机中,感应电动势与电枢电流同方向,且 $E_a>U$,电压平衡方程式为 $U=E_a-I_a R_a-2\Delta U$;在电动机中,感应电动势为反电动势,感应电动势与电枢电流方向相反,且 $E_a<U$,电压平衡方程式为 $U=E_a+I_a R_a+2\Delta U$。由此还可以推出功率平衡方程式,得到直流电机在发电机状态和电动机状态下的功率流程图。

直流电机电枢绕组的电磁转矩 $T=C_T\Phi I_a$,即电磁转矩正比于每极磁通量和电枢电流。在发电机中,电磁转矩是制动转矩,转矩与转速方向相反,转矩平衡方程式为 $T_1=T+T_0$;在电动机中,电磁转矩是驱动转矩,转矩与转速方向相同,转矩平衡方程式为 $T=T_0+T_2$。直流电机的电磁功率可写成 $P_{em}=T\Omega=E_a I_a$,它显示了电机内部机械功率与电功率之间的转换关系。

换向是直流电机运行中的特殊问题。本章对火花产生的电磁原因、换向极和补偿绕组的作用,以及改善换向的方法等进行了简要阐述。

习　题

5-1　电枢反应磁动势与主磁极磁动势有何不同?

5-2　交轴电枢反应和直轴电枢反应对电机性能会产生哪些影响?

5-3　直流电机负载时的电枢绕组电动势与空载时是否相同? 计算电枢绕组电动势 E_a 时,所用的磁通 Φ 指什么?

5-4　电磁转矩的大小与哪些因素有关? 气隙中磁场的分布波形对其有无影响?

5-5　电刷之间的感应电动势与某一导体的感应电动势有什么不同?

5-6　直流电机作为发电机运行与作为电动机运行时,感应电动势起着怎样不同的作用? 电磁转矩又起着怎样不同的作用?

5-7　直流电机稳态运行时,磁通是不变的,试问其铁芯损耗是否存在,为什么?

5-8　直流发电机与直流电动机的功率流程图有何异同之处?

5-9　造成电机换向不良的主要电磁原因是什么? 采取什么措施来改善换向?

5-10　一台他励发电机的转速提高 20%,空载电压会提高多少(励磁电阻保持不变)? 若是一台并励发电机,则电压升高得多还是少(励磁电阻保持不变)?

5-11 设有一台 20 kW、4 极直流发电机,转速为 1000 r/min,电枢共有 37 槽,每槽并列线圈边数 $u=3$,每线圈元件匝数 $N_c=2$。若电枢绕组原为单波绕组,端电压为 230 V,求电机的额定电流及电枢绕组各项数据;电枢绕组改为单叠绕组,求电机的额定电压、电流及电枢绕组各项数据。

5-12 设有一台 10 kW、230 V、4 极、2850 r/min 的直流发电机,额定效率为 85.5%,电枢有 31 槽,每槽有 12 个导体,电枢绕组为单波绕组。

(1) 求该电机的额定电流;

(2) 求该电机的额定输入转矩;

(3) 额定运行时电枢绕组回路电压降为端电压的 10%,求每极磁通;

(4) 求电枢导体中感应电动势的频率。

5-13 已知一台 4 极、1000 r/min 的直流电机,电枢有 42 槽,每槽中有 3 个并列线圈边,每元件有 3 匝,每极磁通为 $\Phi=0.0175$ Wb,电枢绕组为单叠绕组。

(1) 试求电枢绕组的感应电动势;

(2) 若电枢电流 $I_a=15$ A,求电枢的电磁转矩。

5-14 有一台并励发电机,额定容量 $P_N=9$ kW,$U_N=115$ V,$n_N=1450$ r/min,电枢电阻 $R_a=0.07$ Ω,电刷接触压降 $2\Delta U=2$ V,并励回路电阻 $\sum R_f=33$ Ω,额定时电枢铁耗 $p_{Fe}=400$ W,机械损耗 $p_{mec}=110$ W。

(1) 试求额定负载时的输入功率和效率;

(2) 试求额定负载时的电磁功率和电磁转矩;

(3) 画出功率流程图。

5-15 有一台并励电动机,额定电压 $U_N=220$ V,电枢电流 $I_{aN}=75$ A,额定转速 $n_N=1000$ r/min,电枢回路电阻(包括电刷接触电阻)$R_a=0.12$ Ω,励磁回路电阻 $\sum R_f=92$ Ω,铁芯损耗 $p_{Fe}=600$ W,机械损耗 $p_{mec}=180$ W。

(1) 试求额定负载时的输出功率和效率;

(2) 试求额定负载时的输出转矩;

(3) 画出功率流程图。

第6章

直流电机的运行特性

6.1 直流发电机的运行特性

直流发电机稳态运行时的主要变量有端电压 U、励磁电流 I_f、负载电流 I_L 和电机转速 n。通常,运行时转速保持不变,其他三个变量间的关系便为运行特性,常用曲线表示。

第一个特性为负载特性,其为在某一负载电流情况下,端电压随励磁电流变化的特性。如果 $I_L = 0$,这个特性称空载特性,即电机的磁化曲线,是反映该电机磁路特性的重要曲线。

第二个特性为外特性,又称为电压调整特性,其为当励磁电流不变,端电压随负载电流变化的特性。

第三个特性为调节特性,又称调整特性,其为当负载变化时,为维持端电压一定,励磁电流的调节规律。

发电机的特性曲线将随着电机励磁方式的不同而不同。以下对各种励磁方式的发电机特性进行讨论。

6.1.1 他励发电机的特性

1. 空载特性

空载特性是一条负载电流为零的负载特性曲线。即 $n = n_N =$ 常数,$I_L = 0$ 时,$U_0 = f(I_f)$ 曲线。此时端电压 U_0 等于感应电动势 E_0,空载特性可写成 $E_0 = f(I_f)$。它可通过磁路计算获得,也可通过空载实验获得。

由于 $U_0 = E_0 = C_e \Phi n$,当 $n =$ 常数时,E_0 正比于 Φ,且励磁磁动势 F_f 与励磁电流 I_f 成正比,所以空载特性 $E_0 = f(I_f)$ 与电机的磁化曲线 $\Phi = f(F_f)$ 的形状完全相似,它们的坐标之间仅相差一个比例常数,因此空载特性实质上就是电机的磁化曲线。由此可分析电机磁路的性质,判别电机工作点的饱和程度。

利用空载实验求取空载特性和利用空载特性分析问题时应注意,空载特性是指在某一特定转速下的数据,通常 $n = n_N$。当转速不同时,曲线将随转速变化而成正比地上升或下降。此外,空载实验调节励磁电流时应单方向调节,这样作出上升与下降两条支线,这是由铁芯的磁滞现象形成的,其平均值为空载特性曲线,如图 6-1 所示。当 $I_f = 0$ 时,磁路中还会有剩磁,由此感应的电压为剩磁电压,为额定电压的 $2\% \sim 4\%$。

由于空载特性是反映电机磁路特性的曲线,因此并励、串励和复励发电机的空载特性均可由他励的方法来求取。

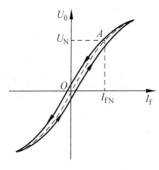

图 6-1 空载特性曲线

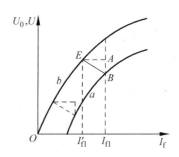

图 6-2 负载特性曲线

2. 负载特性

负载特性是当 $n=n_N=$ 常数，$I_L=$ 常数时，$U=f(I_f)$ 曲线，如图 6-2 所示。为便于分析比较，在同一图中还绘出了空载特性曲线。由图 6-2 可见，当励磁电流增加时，两条曲线都是上升的，但在同一励磁电流下，两条曲线所对应的电压不相等，负载特性低于空载特性。其原因是：

(1) 电枢反应的去磁作用，相当于图 6-2 中三角形的 EA 段。

(2) 电枢回路内总电阻引起的压降，相当于图中三角形的 AB 段。在某一负载电流时，负载特性和空载特性只相差一个特性三角形，三角形顶点 E 在空载特性曲线上移动，三角形的另一顶点 B 的轨迹就是负载特性曲线。

3. 外特性

他励发电机的外特性指 $n=n_N=$ 常数，$I_f=$ 常数，通常指额定励磁电流为 I_{fN} 时，$U=f(I_L)$ 的特性曲线。他励发电机的 $I_a=I_L$，根据发电机电压方程式和感应电动势公式，即 $U=E_a-I_aR_a-2\Delta U$ 和 $E_a=C_e\Phi n$，当负载电流流通时有两种因素影响其端电压：①电枢回路中的电压降，包括电枢绕组的电阻压降和电刷的接触电压降；②电枢反应的去磁作用，它将使每极磁通有所减少，因而使感应电动势略有降低。所以他励发电机的外特性是一条随负载电流增加端电压略有下降的曲线，如图 6-3 所示。

令 U_0 为空载时端电压，U_N 为额定负载时端电压，在外特性图上找出这两个特殊点，定义额定负载时电压变化率(或称电压调整率)为

$$\Delta U_N=\frac{U_0-U_N}{U_N}\times 100\% \tag{6-1}$$

他励发电机的 ΔU_N 为 5%～10%。可见负载变化后端电压变化不大，基本上是恒压的。

4. 调节特性

调节特性是指当 $n=n_N=$ 常数，且保持端电压 $U=$ 常数时，$I_f=f(I_L)$ 特性曲线。由以上分析可知，负载电流变化大时端电压有所下降，为维持端电压不变，当负载电流增大时，励磁电流应当相应地增加，以抵消电枢反应的去磁作用和电枢回路的电压降。所以调节特性是一条略有上翘的曲线，如图 6-4 所示。图中 I_{fN} 指电压为额定值、负载电流为额定值时的励磁电流。

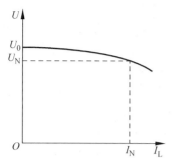

图 6-3　他励发电机的外特性

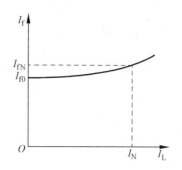

图 6-4　他励发电机的调节特性

6.1.2　并励发电机的特性

并励发电机的励磁绕组与电枢绕组并联,励磁电流由发电机电枢绕组自身供给。

1. 空载特性

空载时,电枢电流等于励磁电流,即 $I_{a0}=I_{f0}$。由于励磁电流很小,因而它流过电枢回路的电压降和电枢反应的影响是微不足道的,所以可认为并励发电机的空载特性就是它的磁化曲线。

2. 外特性

负载时,当并励发电机励磁回路的总电阻保持不变,即 $\sum R_f = R_f + R_{fs} =$ 常数,式中, R_f 为励磁绕组的电阻, R_{fs} 为励磁回路串入的电阻, 此时外特性曲线 $U=f(I_L)$ 如图 6-5 所示。与他励 发电机相比,并励发电机负载运行时,不仅有他励 电机外特性下降的两个原因,即电枢回路电压降和 电枢反应去磁作用,还会因端电压降低引起励磁电 流减少,从而加剧端电压的下降,所以并励发电机 的电压变化率要比他励发电机的大,约大 20%。

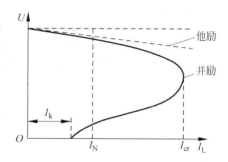

图 6-5　并励发电机的外特性

由并励发电机外特性曲线可以看出,它的负载 电流有一最大值(临界值 I_{cr}),而稳态短路电流并 不很大,曲线上出现了一个"拐点"。这是并励发电机 与其他发电机比较突出的区别。这种现象可这样解释:在外特性的上半部,电压较高,磁路 处于饱和状态下,电枢反应的去磁作用及电枢回路电阻压降使端电压下降较小,励磁电流还 能维持到一定的数值,达到临界电流 I_{cr} ;若进一步减小负载电阻,磁路已不饱和,电枢反应 的去磁作用致使端电压降得更多,负载电流无法再增大,相反地,还有所减小,如外特性的下 半部。临界电流为额定电流的 2~3 倍。

并励发电机的调节特性和他励发电机的相似,是一条略有上翘的曲线。

3. 并励发电机的电压建立

直流发电机的励磁可分为他励和自励两类,由于自励发电机不需要另外的直流电源供 给励磁,因此使用比较方便,其中并励发电机是最常用的一种。并励发电机励磁回路的励磁

电压 U_f 和电枢的端电压 U 相等。当电机由原动机拖动旋转起来后,起动初始 $U=0$,励磁电流也为零,应使并励发电机自己产生稳定的励磁电流和端电压,这称为并励发电机的自励建压。

直流电机并励接线如图 6-6(a)所示。在直流电机的磁极铁芯中,即使励磁电流为零,或多或少总有些剩磁存在,当电枢由原动机拖动旋转时,剩磁的存在使得电枢绕组中感应出一微小的电动势,即相当于图 6-6(b)的纵坐标 Ob。这一微小电压加至并励绕组,使其产生一微小的励磁电流。若该磁场与剩磁磁场方向相同,则磁极的磁性增强,电枢的端电压也随之增加。如此反复,随着发电机端电压的上升,励磁电流也不断加大。随着励磁电流 I_f 的增加,端电压 U 继续增大,直至 a 点时,励磁电流停止增加,端电压才达到稳定值。

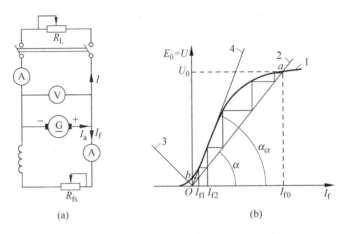

图 6-6 直流并励发电机的电压建立过程

(a) 直流电机并励接线图;(b) 并励直流发电机的自励过程

1—空载特性;2,3—场阻线;4—临界线

根据并励发电机的接线图和励磁回路的欧姆定律可知,空载端电压 U_0 与并励绕组中的励磁电流 I_f 满足 $U_0=I_f\sum R_f$,其中 $\sum R_f$ 为励磁回路的总电阻。这是一条通过原点的直线,如图 6-6(b)中直线 Oa,其斜率正比于场阻 $\sum R_f$,称为场阻线。同时,电机的感应电动势和励磁电流之间的关系曲线 $U_0=f(I_f)$,即电机的空载特性或磁化曲线,通常是一条饱和曲线,如图 6-6(b)中曲线 ba。两条线必然有一交点 a,a 的纵坐标即发电机电压建立后的空载电压,横坐标即发电机电压建立后的励磁电流。

由以上分析可见,为使并励发电机的电压能够建立,必须满足以下条件:

(1) 电机磁路有剩磁,磁化曲线有饱和现象。若无剩磁,可用外加直流电源向励磁绕组通电获得剩磁。电机磁路中有铁磁材料,其空载特性有饱和现象,这样才能使空载特性与场阻线有交点,这是自励的必要因素。

(2) 励磁绕组接法和电枢旋转方向应配合正确。最初的微小励磁电流必须能增强原有的剩磁,才能使感应电动势逐渐加大。如果最初的微小励磁电流所产生的磁动势方向与剩磁方向相反,则剩磁将被削弱,发电机的电压不能建立。

(3) 励磁回路的总电阻应小于发电机的临界电阻。临界电阻是指在某一转速下,与磁化曲线的直线部分重合的场阻线,不同转速下将有不同的临界电阻。

6.1.3 复励发电机的特性

复励发电机的励磁绕组分为两个部分,一部分是并励绕组,另一部分是串励绕组。用串励绕组的磁化作用去补偿电枢反应的去磁作用,这样并励绕组的磁动势起主要作用,以保证空载时产生额定电压,串励绕组起补偿作用。按照串励绕组的补偿程度,外特性可分为三种形式:如果串励绕组的磁化作用恰好补偿电枢反应的去磁作用和电枢电阻压降,使空载电压与额定负载时电压相等,即电压变化率为零,称为平复励;如果串励绕组的磁化作用较强,补偿作用有余,使空载电压比额定负载电压低,即电压变化率为负值,称为超复励;如果串励绕组的补偿作用较弱,使额定负载电压比空载电压低,即电压变化率为正值,但是比同一发电机用作并励发电机时电压变化率小,称为欠复励。复励和其他励磁方式直流发电机的外特性的综合比较见图 6-7。

由图 6-7 所见,对于要求电源电压基本不变的恒压系统,积复励最为适宜,且其应用比较广泛。差复励是一种串励绕组的磁化方向与并励绕组磁化方向相反,串励磁动势起去磁作用的接法,其发电机端电压随负载电流增加而急剧下降,所以差复励只能用于特殊情况,如直流电焊发电机。

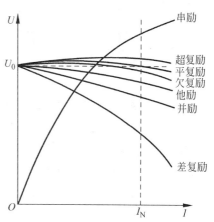

图 6-7 复励发电机与其他直流发电机的外特性对比图

例 6-1 有一台并励发电机,转速为 1450 r/min,电枢电阻 $R_a = 0.516\ \Omega$,电刷接触电压降 $\Delta U = 1\ V$,满载时的电枢电流为 40.5 A,满载时电枢反应的去磁作用相当于并励绕组励磁电流 0.05 A。当转速为 1450 r/min 时,测得的空载特性的数据见表 6-1。

表 6-1 例 6-1 的空载特性

I_{f0}/A	0.64	0.89	1.8	1.73	2.07	2.75
E_0/V	101.5	145	218	249	264	284

(1)若满载端电压为 230 V,问并励回路的电阻为多少?电压变化率为多少?

(2)若在每一磁极上加绕串励绕组 5 匝,则可将满载电压提升至 240 V,且场阻保持不变,问每一磁极上并励绕组有几匝?

解 (1)满载时的感应电动势
$$E_a = U + I_{aN}R_a + 2\Delta U = (230 + 40.5 \times 0.516 + 2)V = 252.9V$$
查空载特性(表 6-1),可得
$$I_{f0} = \left[1.73 + (2.07 - 1.73) \times \frac{252.9 - 249}{264 - 249}\right]A = 1.815A$$
考虑电枢反应去磁作用后的励磁电流,满载时的励磁电流
$$I_f = I_{f0} + 0.05 = (1.815 + 0.05)A = 1.865A$$
由此,可求得并励回路电阻

$$\sum R_{\mathrm{f}} = \frac{U}{I_{\mathrm{f}}} = \frac{230}{1.865}\Omega = 123.3 \ \Omega$$

估计空载电压在空载特性 264~284 V 之间，U_0 与 I_{f} 之间应符合下列关系式：

$$U_0 = \sum R_{\mathrm{f}} I_{\mathrm{f}} = 123.3 I_{\mathrm{f}}$$

$$\frac{U_0 - 264}{284 - 264} = \frac{I_{\mathrm{f}} - 2.07}{2.75 - 2.07}$$

联立求解得

$$I_{\mathrm{f}} = 2.163 \ \mathrm{A}, \quad U_0 = 266.75 \ \mathrm{V}$$

电压变化率

$$\Delta U = \frac{U_0 - U_{\mathrm{N}}}{U_{\mathrm{N}}} \times 100\% = \frac{266.75 - 230}{230} \times 100\% = 15.98\%$$

（2）当满载端电压为 240 V 时，

$$E_{\mathrm{a}} = U + I_{\mathrm{aN}} R_{\mathrm{a}} + 2\Delta U = (240 + 40.5 \times 0.516 + 2)\mathrm{V} = 262.9 \ \mathrm{V}$$

保持场阻不变，并励绕组实际励磁电流为

$$I_{\mathrm{f}} = \frac{U}{\sum R_{\mathrm{f}}} = \frac{240}{123.3} \ \mathrm{A} = 1.946 \ \mathrm{A}$$

由 E_{a} 查磁化曲线得对应的励磁电流

$$I_{\mathrm{f0}} = \left[1.73 + (2.07 - 1.73) \times \frac{262.9 - 249}{264 - 249}\right] \mathrm{A} = 2.045 \ \mathrm{A}$$

实际运行时，总的磁动势平衡式

$$I_{\mathrm{f0}} N_{\mathrm{f}} = I_{\mathrm{f}} N_{\mathrm{f}} + I_{\mathrm{a}} N_{\mathrm{s}} - F_{\mathrm{adq}}$$

$$2.045 N_{\mathrm{f}} = 1.946 N_{\mathrm{f}} + 5 \times 40.5 - 0.05 N_{\mathrm{f}}$$

解得，$N_{\mathrm{f}} = 1350$ 匝/极。

6.2 直流电动机的机械特性和工作特性

直流电动机的机械特性是指 $U = U_{\mathrm{N}}$，$I_{\mathrm{f}} = I_{\mathrm{fN}}$，电枢回路总电阻 $\sum R_{\mathrm{a}} =$ 常数时，转速与转矩之间的关系曲线 $n = f(T)$，又称转矩-转速特性，它是直流电动机的重要特性。

由电磁转矩公式和电压方程式可得

$$T = C_T \Phi I_{\mathrm{a}} = C_T \Phi \frac{U - 2\Delta U - C_{\mathrm{e}} \Phi n}{\sum R_{\mathrm{a}}}$$

整理得

$$n = \frac{U - 2\Delta U}{C_{\mathrm{e}} \Phi} - \frac{\sum R_{\mathrm{a}}}{C_{\mathrm{e}} C_T \Phi^2} T \tag{6-2}$$

直流电动机的工作特性是指 $U = U_{\mathrm{N}}$，励磁不变，电动机的转速、转矩、效率与电枢电流或输出功率的关系曲线。

6.2.1 并励电动机的特性

1. 转矩特性 $T = f(I_{\mathrm{a}})$

并励电动机的接线原理图如图 6-8 所示，图中 R_{as} 为调节变阻器。如果端电压不变，

$\sum R_f$ 不变,则 I_f 也不变。当负载电流很小时,电枢反应去磁作用也很小,可认为 $\Phi=$ 常数。根据式 $T=C_T\Phi I_a$,可知电磁转矩 T 和电枢电流 I_a 成正比,则 $T=f(I_a)$ 是通过坐标原点的直线。当负载电流较大时,由于电枢反应的去磁作用增大(可近似看成与负载电流成正比),使每极磁通减少,这时电磁转矩略有减小,如图 6-9 中的曲线 T 所示。

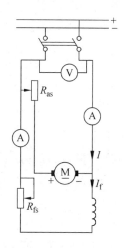

图 6-8 并励电动机的接线原理图

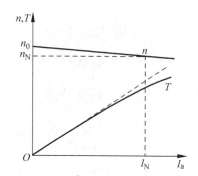

图 6-9 并励电动机的转速特性和转矩特性

2. 转速特性 $n=f(I_a)$

由感应电动势公式和电压方程式可得

$$n=\frac{E}{C_e\Phi}=\frac{U-I_a\sum R_a-2\Delta U}{C_e\Phi}=\frac{U-2\Delta U}{C_e\Phi}-\frac{\sum R_a}{C_e\Phi}I_a \tag{6-3}$$

由式(6-3)可以看出,空载时 I_a 很小,其影响可忽略不计,空载转速为 $n_0=\dfrac{U}{C_e\Phi_0}$,其中 Φ_0 为空载时由励磁电流产生的每极磁通。

当负载电流增大时,$I_a\sum R_a$ 增加,转速有减小的趋势。但是负载电流增加引起电枢反应的去磁作用将使每极磁通 Φ 减少,而使电机转速有上升的趋势。二者的影响是相反的,一般来说并励电动机的转速特性略有下降,如图 6-9 中曲线 n 所示。

转速变化的大小用转速变化率(或称转速调整率)Δn 来表示:

$$\Delta n=\frac{n_0-n_N}{n_N}\times100\% \tag{6-4}$$

式中,n_0 为电动机的空载转速;n_N 为电动机在额定状况运行下的转速。

并励电动机的 Δn 仅为 $3\%\sim8\%$。这种负载变化而转速变化不大的转速特性称为硬特性。

并励电动机运行时,应该注意切不可使励磁回路断路。这是因为,当励磁回路断路时,气隙中的磁通将骤然降至微小的剩磁,电枢回路中的感应电动势也将随之减小,这时外加电压将大部分加在小小的电枢电阻上,因而电枢电流将急剧增加。由于 $T=C_T\Phi I_a$,如负载为轻载,电动机转速将迅速上升,直至加速到危险的高值,造成"飞车";若负载为重载,电磁转矩克服不了负载转矩,电机可能停转,此时电流很大,超过额定电流好几倍,达到起动电流,这些都是不允许的。

3. 机械特性 $n = f(T)$

根据式(6-3)可知,并励电动机的机械特性是一条向下倾斜的直线,考虑电枢反应去磁作用的影响,随负载增大每极磁通略有减少,使机械特性的下降程度减小,甚至会成为水平或上翘的曲线。当电枢回路中没有另行接入调节电阻时,即 $\sum R_a = R_a$,所得的机械特性称为自然机械特性。如在电枢回路中接入调节电阻 R_{as},$\sum R_a = R_a + R_{as}$,则使机械特性的斜率 $\dfrac{\sum R_a}{C_e C_T \Phi^2}$ 增大。串入电阻 R_{as} 越大,斜率越大,如图 6-10 所示。

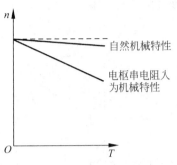

图 6-10　并励电动机的机械特性

6.2.2　串励电动机的特性

1. 转矩特性 $T = f(I_a)$

串励电动机的接线图如图 6-11 所示。负载电流

$$I = I_a = I_f \tag{6-5}$$

因而串励电动机的主磁场随负载在较大范围内变化。当负载电流很小时,它的励磁电流也很小,铁芯处于未饱和状态,其每极磁通与电枢电流成正比,即 $\Phi = KI_a$,代入转矩公式得

$$T = C_T \Phi I_a = C_T K I_a^2 = \frac{C_T}{K} \Phi^2 \tag{6-6}$$

电磁转矩和电枢电流的平方成正比,转矩特性为一抛物线。当负载电流较大时,铁芯已饱和,励磁电流增大,但是每极磁通变化不大,因此电磁转矩大致与负载电流成正比。

2. 转速特性 $n = f(I_a)$

当负载电流较小时,$\Phi = KI_a$,代入转速公式得

$$n = \frac{U - I_a \sum R_a - 2\Delta U}{C_e \Phi} = \frac{U - 2\Delta U}{C_e K I_a} - \frac{\sum R_a}{C_e K} \tag{6-7}$$

转速 n 与电枢电流 I_a 成反比,转速特性为一双曲线。当负载电流较大时,磁路已饱和,I_a 变大,Φ 变化不大,可见 I_a 增大,n 下降幅度减小了,如图 6-12 所示。

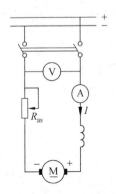

图 6-11　串励电动机的接线图

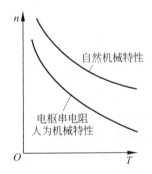

图 6-12　串励电动机的机械特性

串励电动机不允许空载运转,也不能带很轻的负载,否则由于此时励磁电流和电枢电流很小,气隙磁通很小,使电机转速急剧上升,过速将导致电机损坏。

鉴于上述原因,串励电动机的负载转矩一般不小于额定转矩的 1/4,其转速变化率定义为

$$\Delta n = \frac{n_{\frac{1}{4}} - n_{\mathrm{N}}}{n_{\mathrm{N}}} \times 100\% \tag{6-8}$$

式中,$n_{\frac{1}{4}}$ 为电动机输出 1/4 额定功率时的转速;n_{N} 为电动机输出额定功率时的转速。

3. 机械特性 $n = f(T)$

根据式(6-3)和式(6-6),得到串励电动机的机械特性公式

$$n = \frac{\sqrt{C_T}}{\sqrt{K}} \frac{U - 2\Delta U}{C_{\mathrm{e}}\sqrt{T}} - \frac{\sum R_{\mathrm{a}}}{C_{\mathrm{e}}K} = \frac{U - 2\Delta U}{a\sqrt{T}} - b \tag{6-9}$$

式中,$a = C_{\mathrm{e}}\sqrt{\dfrac{K}{C_T}}$;$b = \dfrac{\sum R_{\mathrm{a}}}{C_{\mathrm{e}}K}$。

按式(6-9)作出的串励电动机的机械特性也为一双曲线,n 与 $\sqrt{T}$ 成反比。当负载转矩增加时,转速下降很快,这种特性称为软特性。但当励磁电流较大时,铁芯饱和,Φ 变化已不大,转速随转矩增加而下降的程度较小。当电枢回路的调节电阻 $R_{\mathrm{as}} = 0$ 时,所得的机械特性称为自然机械特性,串入电阻 R_{as} 后,式(6-9)中的 b 增加,曲线见图 6-12。

由图 6-12 所示的曲线可见,串励电动机有很大的起动转矩,很强的过载能力,但是它不能在空载或很轻负载下运行。因此,串励电动机与所驱动的负载应直接耦合,不宜用皮带传动,以防皮带脱落,造成电机高速运转的危险。

6.2.3　复励电动机的特性

复励电动机的接线图如图 6-13 所示。常用的是积复励,这时串励绕组的磁动势与并励绕组的磁动势方向相同。积复励电动机的转速特性较并励电动机为"软",而较串励电动机为"硬",介于两者之间,如图 6-14(a)所示。同理,转矩特性和机械特性也是这样,并随并励磁动势和串励磁动势相对强弱的不同有所不同,如图 6-14(b)所示。若并励磁动势起主要作用,则特性接近于并励电动机;反之,如串励磁动势起主导作用,则特性接近于串励电动机。这样适当地选择并励和串励的磁动势的强弱,便可使复励电动机具有很好的负载适应性。其两组励磁绕组具有很好的互补性,由于串励磁动势的存在,当负载增加时,电枢电流和串励磁动势也随之增大,从而使主磁通增大,减小了电枢反应去磁作用的影响,因此复励电动机的性能比并励电动机的性能更优越;而由于有并励磁动势的存在,使复励电动机可在轻载和空载时运行,克服了串励电动机的这一缺点。

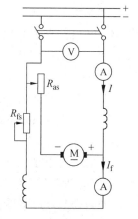

图 6-13　复励电动机接线图

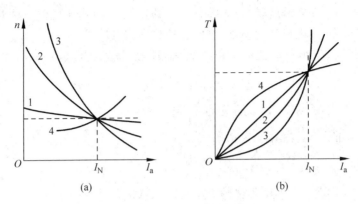

图 6-14 各种电动机的特性比较

(a) 转速特性；(b) 转矩特性

1—并励电动机；2—积复励电动机；3—串励电动机；4—差复励电动机

6.3 直流电动机的起动、调速与制动

6.3.1 直流电动机的起动

直流电动机的起动，应该满足下列两项基本要求。

(1) 有足够大的起动转矩。

(2) 起动电流限制在安全范围以内。此外，起动时间要短，起动设备要经济可靠。

起动过程是一个过渡过程，在起动瞬间电机接上电源，电枢仍保持静止状态，转速未变化，$n=0$，则 $E=C_e \Phi n=0$，这时的电枢电流称电机的起动电流，表示为

$$I_{st} = \frac{U}{\sum R_a} \tag{6-10}$$

通常电枢绕组电阻很小，如将额定电压直接施加至电枢的端点，则起动电流可达额定电流的 $10 \sim 20$ 倍，对电动机本身及电网均产生严重的影响。由 I_{st} 产生的电磁转矩称起动转矩 T_{st}，起动转矩与起动电流成正比，故起动转矩也很大，表达式为

$$T_{st} = C_T \Phi I_{st} \tag{6-11}$$

直流电动机的起动方法有直接起动、电枢回路中串变阻器起动和降压起动。

直接起动无须其他起动设备，操作简便，起动转矩大，但起动电流很大，只用于小容量电动机起动。

一般的直流电动机起动时在电枢回路中串入变阻器，以限制起动电流。当转速逐渐增加时，可将起动电阻逐级切除。直到转速接近额定值，将起动电阻全部切除。

串变阻器起动时的线路图如图 6-15 所示。起动过程中，起动电流 I_{st} 与转速 n 随时间的变化曲线如图 6-16 所示。其起动过程如下：先合上接触器 K_1，保证励磁电路先接通，再合上接触器 K_2，此时电枢电流 I_a 增加到最大值 $I_{a,max}$，即最大起动电流为 $U/(R_1+R_2+R_3+R_a)$，此电流产生足够大的转矩以使电机起动加速，转速按曲线 Oa 逐渐上升。当电流下降到 $I_{a,min}$ 时，将接触器 1 接通（即将 R_1 短路），此时电流上升到 $(U-e)/(R_2+R_3+R_a)$，

即从曲线 AA' 到曲线 BB'，此时转速按曲线 ab 上升。只要设置好电阻及接触器的闭合时刻，就可使后续过程电枢电流的最大值和最小值与上述相同。当起动电阻全部切除后，电机转速与电流趋于稳定，起动完毕。

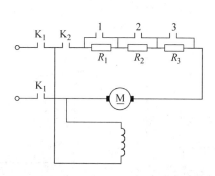

图 6-15　并励电动机串变阻器起动线路图

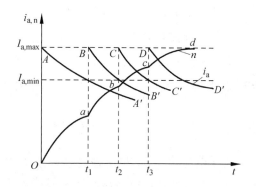

图 6-16　电动机串电阻起动时的电流与
转速随时间的变化曲线图

起动过程中，每切除一级起动电阻时，起动电流便将突然跃升，通常将起动电流限制在 $I_{a,max}$ 和 $I_{a,min}$ 之间。通常取起动电流最大值 $I_{a,max}=(1.1\sim1.75)I_N$，起动电流最小值 $I_{a,min}=(1.1\sim1.3)I_N$。

四点起动器是常用的人工手动起动装置中的一种，图 6-17 所示为四点起动器的接线图。起动时，将手柄从触点 0 拉到触点 1，此时，起动之初全部电阻串在电枢回路内，用以限制起动电流，同时并励回路与电源接通，电动机开始转动。移动手柄，起动变阻器便被逐级切除，当手柄移至触点 5 时，变阻器的全部电阻自电枢回路中切除，手柄被电磁铁 DT 吸住，保持不动。如电源断电或励磁回路断开，则电磁铁失去磁性，手柄由于弹簧作用返回起动前位置 0。该类起动所需设备不多，在中、小型直流电机中广泛应用；对于大容量电动机而言起动器较笨重，且能耗较大，一般不采用这种方法，而用降压起动。

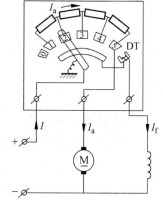

图 6-17　直流电动机的四点
起动器接线图

降压起动是降低起动电流的有效方法，通常采用他励方式。起动时励磁绕组电压不受压降的影响，以保证有足够的起动转矩，起动过程中可逐渐升高电源电压，升速平稳，能耗小；但是需要专用电源，投资较大。

6.3.2　直流电动机的调速

与交流电动机相比，直流电动机有良好的调速性能，其调速范围较广、调速连续平滑、经济性能好、设备投资少、调速损耗小、调速方法简便可靠。

以并励直流电动机为例，其转速公式可写成

$$n=\frac{U-I_a(R_a+R_{as})-2\Delta U}{C_e\Phi}$$

(6-12)

由式(6-12)可见，有如下三种调速方法：

（1）调节外施电源电压 U；

（2）电枢回路中串入可调电阻 R_{as}；

（3）调节励磁电流以改变每极磁通 Φ。

以下分别加以讨论。

1. 调节外施电源电压 U

由转速公式可知,在励磁电流一定的情况下,一般电机的电枢回路电压降很小,转速与外施电压近似成比。即

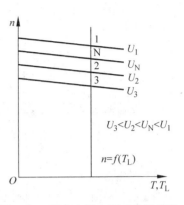

图 6-18 调节电源电压时机械特性

$$\frac{n_1}{n_2} = \frac{u_1}{u_2} \qquad (6-13)$$

改变电源电压,电机机械特性硬度不变,不同电源电压时的机械特性是一组与其自然机械特性相平行的直线,如图 6-18 所示。

调压调速需要专用的直流电源向电动机供电,专用的直流电源一种是用直流发电机与电动机组成发电机-电动机系统,另一种是可控硅整流供电。图 6-19 所示为改变外施电压调速接线图,被调速电动机 M_1 是一台他励电动机,由专用直流发电机 G_1 供电,发电机 G_1 由一台三相交流电动机 M_2 拖动;发电机 G_2 是一台专供 G_1 和 M_1 励磁的励磁发电机,通过改变发电机的 G_1 的励磁电流以调节其端电压,实现电动机 M_1 的变电压调速。当改变 G_1 或 M_1 的励磁电流方向时,还可改变电动机的转向。起动时还可降低发电机的端电压限制起动电流。这种调速方法通过调节小功率励磁电路完成,其优点是调节方便,操作灵活,损耗小,调速范围广(最低转速与最高转速之比可达 1:24 以上);其缺点是专用直流电源设备投资大。当不同转速负载转矩恒定不变时(如卷扬机、印刷机等),适合用这种调速方法。

2. 电枢回路中串可变电阻 R_{as}

电枢回路中串可变电阻 R_{as} 后,电枢电流流经 R_{as} 后有电压降,使电机电枢绕组的实际电压降低,因而也可达到降低转速的目的。从机械特性上看,电机端电压和每极磁通不变,理想空载转速 n_0 也不变,而电枢回路的总电阻 $(R_a + R_{as})$ 增加,则机械特性的斜率增加,如图 6-20 所示。若所带负载是恒转矩负载,则电枢回路中所串电阻越大,电机转速越低。

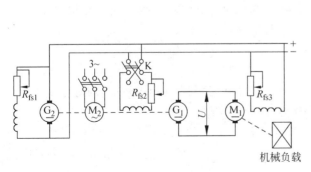

图 6-19 改变外施电压调速接线图

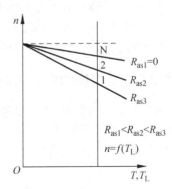

图 6-20 电枢回路串电阻时的机械特性

　　这种调速方法,当负载转矩不变时,电枢回路串电阻降低转速后,电机电磁转矩 $T=C_T\varPhi I_a$ 亦不变,流入电机的电流、电压和输入功率仍保持不变,则输出功率随之按正比例降低,因此,电动机的效率将明显降低,其消耗的能量较大主要是由于电枢回路中电流较大,所串的调节电阻 R_{as} 上的功耗较大所致。故此法是一种耗能较大的不经济调速方法,且调速电阻体积也较大,需按长期通过较大电流来设计。此外,这种调速方法在负载转矩较小时,电枢电流较小,调速效果也不大。因此,这种调速方法虽然简单可行,然而调速效率低,调速范围小,故常在不需经常调速的小容量电机,且机械特性要求较软的设备上采用。

　　以上串电阻调速方法分析主要针对并励电动机,对于他励、复励电动机调速方法相同。串励电动机的调速亦可在电枢回路中串联变阻器改变电枢端电压实现,还可在串励绕组的两端并接一可调分流电阻,来调节流入串励电动机的励磁电流,从而达到调速的目的,这与并励电动机在并励励磁回路中串磁场变阻器的作用是一样的。

3. 调节励磁电流以改变每极磁通 $\varPhi$

　　对于并励、他励电动机,调节励磁回路中的变阻器就能调节其励磁电流,从而改变电机每极磁通的大小,用磁场控制来调速,一般都是减少气隙磁通,故又称为弱磁调速。由式(6-3)可知,气隙磁通 $\varPhi$ 减小时,首先使空载转速 n_0 上升,同时使机械特性的斜率

$\dfrac{\sum R_a}{C_e C_T \varPhi^2}$ 增大,如图6-21所示。图中曲线 N 是自然机械特性曲线,曲线 1、2 是气隙磁通减小后的人为特性曲线。

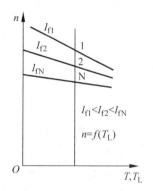

　　调速过程如下:当并励回路中变阻器的电阻增加时,则励磁电流减小,每极磁通 $\varPhi$ 减小,在最初瞬间电动机转速还没来得及变化,而反电动势 $E_a=C_e\varPhi n$,随 $\varPhi$ 减小而成正比例地减小。电动机外施电压 U 是常数,所以随着 E_a 的减小,电枢电流 I_a 将增大很多,增大的倍数远比 $\varPhi$ 减少的倍数大得多,这样电磁转矩 $T=C_T\varPhi I_a$ 将增加,使电动机加速,直到电磁转矩与负载转矩平衡为止,此时电机转速比原转速高。如每极磁通 $\varPhi$ 降低20%,若负载阻转矩保持不变,则电动机的电磁转矩 $T=C_T\varPhi I_a$ 也将不变。调速稳

图 6-21　减小每极磁通时的机械特性

定后电枢电流 I_a 为原值的1.25倍,如电枢回路中电阻压降原为5%,则调速后增到 $1.25\times0.05=0.0625$。这时的反电动势 $E_a=1-0.0625=0.9375$。按电动势公式 $E_a=C_e\varPhi n$,调速前后的各物理量分别用下标"1""2"表示,调速关系式为

$$\frac{n_2}{n_1}=\frac{E_2}{E_1}\times\frac{\varPhi_1}{\varPhi_2} \tag{6-14}$$

将以上数据代入,可得 $n_2=\dfrac{0.9375\times1}{0.95\times0.8}n_1=1.23n_1$,即转速增加为其1.23倍。由于电枢电阻压降较小,调节励磁前后 E_a 的变化很小,可认为基本不变,这样有

$$\frac{n_2}{n_1}=\frac{\varPhi_1}{\varPhi_2} \tag{6-15}$$

　　这种调速方法是通过调节励磁电流来调速的,而并励和他励电动机的励磁电流较小,所需控制功率较少,磁场变阻器的体积不大,在变阻器上消耗的功率不多,且便于连续平滑地

调节速度,转速近似与每极磁通成反比。但是励磁电流与每极磁通之间不是单纯的线性正比关系,它与磁路饱和程度有关,调速时应予以注意。从上例还可看到,励磁电流减小,每极磁通 Φ 减少至原来的 0.8,转速上升为其 1.23 倍,若负载转矩不变,则电枢电流增加为其 1.25 倍,输入功率与输出功率近似地按比例变化,电机的效率可基本不变,这是一种高效的调速方法。但是,调速时最高转速受到机械强度和换向的限制,最低转速受到励磁绕组自身电阻和磁路饱和的限制,因此调速比不能太大,一般最低转速与最高转速之比为 $1:2\sim 1:6$。

例 6-2 一台并励直流电动机,$P_N = 17\text{ kW}$,$U_N = 220\text{ V}$,$n_N = 3000\text{ r/min}$,$I_N = 88.9\text{ A}$,电枢回路总电阻 $R_a = 0.114\ \Omega$,励磁回路电阻 $R_f = 181.5\ \Omega$。忽略电枢反应的影响,求:

(1) 电动机的额定输出转矩;

(2) 额定负载时的电磁转矩;

(3) 额定负载时的效率;

(4) 在理想空载时($I_a = 0$)的转速;

(5) 当电枢回路中串入一电阻 R_{as}($R_{as} = 0.15\ \Omega$)时,在额定转矩下的转速。

解 (1) 额定输出转矩

$$T_N = 9550\frac{P_N}{n_N} = 9550 \times \frac{17}{3000}\text{ N}\cdot\text{m} = 54.1\text{ N}\cdot\text{m}$$

(2) 求额定负载时电磁转矩,先求励磁电流:

$$I_f = \frac{U_N}{R_f} = \frac{220}{181.5}\text{ A} = 1.21\text{ A}$$

电枢电流

$$I_a = I_N - I_f = (88.9 - 1.21)\text{A} = 87.7\text{ A}$$

则

$$C_e\Phi_N = \frac{U_N - I_aR_a}{n_N} = \frac{220 - 87.7 \times 0.114}{3000}\text{ V/(r/min)} = 0.07\text{ V/(r/min)}$$

$$T_N = C_T\Phi_N I_a = 9.55 C_e\Phi_N I_a = 9.55 \times 0.07 \times 87.7\text{ N}\cdot\text{m} = 58.63\text{ N}\cdot\text{m}$$

(3) 额定负载时的效率

$$\eta = \frac{P_N}{P_1} = \frac{P_N}{U_N I_N} = \frac{17\ 000}{220 \times 88.9} = 0.869$$

(4) 理想空载时的转速

$$n_0 = \frac{U_N}{C_e\Phi_N} = \frac{220}{0.07}\text{ r/min} = 3143\text{ r/min}$$

(5) 当电枢回路串入 R_{as}($= 0.15\ \Omega$)时,在 T_N 时的转速

$$n = \frac{U_N - I_a(R_a + R_{as})}{C_e\Phi_N} = \frac{220 - 87.7(0.114 + 0.15)}{0.07}\text{ r/min} = 2812\text{ r/min}$$

6.3.3 直流电动机的制动

直流电动机的制动是使电机转子产生一个与旋转方向相反的转矩,使电动机尽快停转,或由高速很快进入低速运行。本节介绍三种常用的制动方法:①能耗制动;②回馈制动;③反接制动。

1. 能耗制动

要使一台在运行中的直流电动机急速停转,仅切断电流是不够的。如果将电动机的电枢回路从电源断开后,立即接到一个制动电阻 R 上,电机的励磁电流保持不变,此时电动机依靠转子动能继续旋转,电机变成他励发电机运行,将储藏在转动部分的动能变为电能,在电阻负载中消耗掉,此时电枢电流所产生的电磁转矩的方向与转子的旋转方向相反,产生制动作用,使转速迅速下降,直至停转。这种制动方法称为能耗制动,或称动能制动,其接线原理如图 6-22 所示。

能耗制动常用于他励、并励和复励电动机,操作简便,但低速时产生的制动转矩很小,停转较慢,因而常与机械制动闸配合使用。

2. 回馈制动

为了防止电机转速过高,如电车下坡时,重力加速度使车速增高,需要限速制动。此时将电车的牵引电机由串励改为他励,电枢仍然接在电网上,励磁电流由其他电源供电,电动机的感应电动势随着转速增高而增大。当转速高于某一数值时,电枢的感应电动势 E_a 大于电压 U,则电机将进入发电机状态,它的电枢电流和电磁转矩的方向都将倒转,电磁转矩起制动作用。为限制转速的进一步提高,电枢电流方向倒转,电功率回馈至电网,故称为回馈制动。回馈电网的电功率来源于电车下坡时所释放的势能。

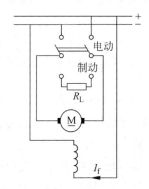

图 6-22 并励电动机能耗制动原理图

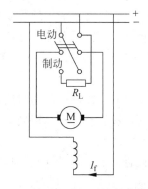

图 6-23 并励电动机反接制动接线图

3. 反接制动

如要使电动机迅速停转或限速反转,则可采用反接制动。图 6-23 所示为一台并励电动机采用一倒向开关将电枢回路与电网两端相接。

反接制动时,励磁回路的连接保持不变,磁通的方向没有变,倒向开关使电枢电流的方向倒向了,电磁转矩的方向也随之反向。反接制动初瞬,电枢电流很大,因为此时外施电压和感应电动势同方向,$I_a = (-U - E_a)/r_a$,随之产生很大的电磁转矩,使电动机迅速减速并停转,如果继续反接,电动机将反方向旋转。为了避免反接初瞬电流过大,在反接制动时的电枢回路中应接入适当的限流电阻 R_{as},制动结束后切除。

小　结

直流发电机的运行特性与其励磁方式有关。外特性是其主要的运行特性,反映端电压随负载电流变化的情况,标志输出电压的质量。负载特性表示在某一负载电流下,端电压随着励磁电流而变化的情况。当负载电流为零时,该特性曲线称为空载特性,它是反映该电机磁路性能的重要曲线。调节特性表示维持端电压为一常值时,励磁电流随着负载电流而变化的情况,可用于调节发电机的励磁。直流发电机的主要性能参数有电压变化率和效率。自励发电机能自己建立起稳定端电压是其一大优点,但是它必须满足自励条件。

直流电动机的运行特性最重要的是机械特性,即转矩-转速特性:

$$n = \frac{U - 2\Delta U}{C_e \Phi} - \frac{\sum R_a}{C_e C_T \Phi^2} T$$

因主磁通 Φ 随负载电流而变化的情况依励磁方式的不同而不同,故各种不同励磁方式的电机特性差别很大,也确定了它们的应用范围。他励电动机在负载变化时,转速略有下降。运行时,励磁绕组绝对不能开路。串励电动机的转速随负载的增加而快速下降,在空载或轻载时会有飞车的危险。复励电动机具有并励和串励电动机的特点。

直流电动机的工作特性还有转速特性 $n = f(I_a)$,转矩特性 $T = f(I_a)$。转速变化率是表征电动机转速随负载变化的重要参数。

直流电动机有较好的起动性能,起动设备比较简单。直流电动机起动转矩与起动电流成正比,所以起动转矩比较大。为了限制起动电流,常用电枢回路串电阻起动和降压起动的方法。

直流电动机有良好的调速性能,常用调节励磁电流、外施电压和电枢回路中串电阻三种方法。其中并励电动机可直接调节励磁电流进行弱磁调速,调节性能好,又不需要昂贵复杂的调速设备。

直流电动机制动时,需产生与转速方向相反的电磁转矩。能耗制动转矩较反接制动转矩小,两者都消耗较多的电能。回馈制动是最为经济的制动方法,适用于限制电动机升速运行的场合。

习　题

6-1　用什么方法可改变他励发电机输出端的极性?

6-2　用什么方法可改变并励发电机输出端的极性?

6-3　试描述并励发电机电压的建立过程。

6-4　一台并励发电机不能自励,若采用以下措施,该机能否自励建压,为什么?

(1) 改变原动机转向;

(2) 提高原动机转速。

6-5　如何用实验方法判别复励发电机是积复励还是差复励? 并分别写出其磁动势平衡方程式。

6-6　并励发电机在下列情况下,空载电压如何变化?

(1) 磁通减少 10%;

（2）励磁电流 I_f 减少 10%；

（3）励磁回路电阻减少 10%。

6-7　综合比较他励发电机、并励电动机、积复励发电机的外特性和电压变化率。

6-8　在什么情况下并励电动机的转速是下降特性？在什么情况下为上升特性？为什么宁可要下降特性，也不要上升特性？

6-9　如何改变并励电动机的旋转方向？

6-10　并励电动机运行时励磁回路发生断路将会出现什么现象？

6-11　串励电动机为什么不能空载运行？复励电动机能否空载运行？

6-12　设正常运行时，一直流电动机电阻压降为外施电压的 5%，现将励磁回路断路，试就下列两种情况判断该电机将减速还是加速：

（1）当剩磁为每极磁通的 10% 时；

（2）当剩磁为每极磁通的 1% 时。

6-13　他励电动机带恒转矩负载，分别采用减少每极磁通、降低电源电压和电枢回路中串电阻三种方法调速，其空载转速 n_0、额定转速 n_N 和电枢电流 I_a 将如何变化？

6-14　讨论直流电动机各种调速方法的优缺点，并说明它们的应用范围。

6-15　设有一 9 kW 的直流并励发电机，额定电压 $U_N = 116$ V，电枢电阻 $R_a = 0.08\ \Omega$，电刷接触电压降 $2\Delta U = 2$ V，并励绕组每极为 1650 匝。在额定转速时测得的空载特性曲线的数据见表 6-2。

表 6-2　习题 6-15 用表

I_{f0}/A	1.0	2.0	2.5	3.0	3.5	4.0	4.5
E_0/V	50	90	107	118	125.5	130	133

试求：

（1）当励磁回路的电阻 $\sum R_f = 33\ \Omega$ 时的空载电压；

（2）设场阻不变，满载电压为 116 V 时，电枢反应的去磁安匝数。

6-16　设有一直流并励发电机，额定功率 $P_N = 2.5$ kW，电压 $U_N = 230$ V，转速 $n_N = 2850$ r/min，每一极上的并励绕组有 4800 匝，电枢电阻 $R_a = 1.14\ \Omega$，$\Delta U = 2$ V，在满载时电枢反应的去磁安匝数为 235。当转速为 1500 r/min 时，测得的空载特性曲线的数据见表 6-3。

表 6-3　习题 6-16 用表

I_{f0}/A	0.10	0.22	0.32	0.40	0.55	0.70
E_0/V	50	100	120	130	140	147

试求：

（1）该机在额定运行时，励磁回路中的电流和电阻；

（2）该机的空载电压和电压变化率；

（3）该机改为他励，励磁电压为 220 V，励磁回路电阻保持前值不变情况下，空载电压、满载电压和电压变化率。

6-17 一台他励电动机，$U_N = 220$ V，$I_N = 100$ A，$n_N = 1150$ r/min，电枢电阻 $R_a = 0.095$ Ω。试求：

(1) 不计电枢反应的影响，空载转速和转速变化率；

(2) 若满载时电枢反应的去磁作用使每极磁通下降 15%，空载转速和转速变化率（额定转速保持不变）。

6-18 设有一并励电动机，额定功率 $I_N = 22$ A，$U_N = 220$ V，效率 80%，电枢电阻 $R_a = 0.82$ Ω，起动时，将起动电流限制在 26~40 A 的上下限之间。

(1) 求直接起动时的起动电流；

(2) 设计一起动变阻器，算出应有级数及每级电阻之值。

6-19 有一台直流电动机，电枢回路中电阻电压降占外施电压的 6%，调节励磁电流调速，使每极磁通减至原有数值的 75%，设调速前后负载转矩不变，试求满载时：

(1) 调速初瞬电枢电流为原有电流的多少倍，电磁转矩是原值的多少倍；

(2) 调速稳定后转速为原有转速的多少倍。

第 3 篇

异步电机

第7章

异步电机概览

7.1 异步电机的用途

根据电机的可逆原理,异步电机既可用作电动机,也可用作发电机。但其作发电运行时性能较差,故很少采用。而作电动机运行时具有较好的工作特性,故其主要用作电动机。异步电动机结构简单、价格低廉、运行可靠、坚固耐用、易于控制,因而是电动机中应用得最为广泛的一种。厂矿企业、交通运输、娱乐、科研、农业生产,以及日常生活中都离不开异步电动机。据统计,在现代电网的动力负载中,异步电动机占近85%。例如,机床、轧钢设备、采矿设备、起重运输设备、水泵、鼓风机、农副产品加工设备等,大部分都是用三相异步电动机来拖动;而许多家用电器,例如洗衣机、甩干机、电风扇、电冰箱以及空调等,采用的都是单相异步电动机。

由于异步电动机在运行过程中必须从电网吸收感性无功功率,因此其功率因数较差,总是小于1。此外,异步电动机空载电流大,起动和调速性能都不够理想。这些是异步电机的主要缺点。

7.2 异步电机的分类与基本结构

7.2.1 异步电机的分类

异步电动机的种类很多,从不同的角度考虑,有不同的分类方法。

按相数来分,有单相异步电动机、三相异步电动机。大功率机械拖动时一般都用三相异步电动机,日常生活和工业控制装置则多用单相异步电动机。

按转子结构分,有鼠笼式异步电动机和绕线式异步电动机两种。其中,鼠笼式异步电动机又分为单鼠笼式异步电动机、双鼠笼式异步电动机和深槽式异步电动机。

按机壳的保护方式分,有防护式异步电动机、封闭式异步电动机,以及防爆式异步电动机。

7.2.2 三相异步电动机的基本结构

异步电动机的种类很多,但各类异步电动机的基本结构不尽相同。与所有的旋转电动机一样,异步电动机有一个静止部分(称为定子)和一个旋转部分(称为转子),其间有一个很小的空气隙。此外,还有端盖、轴承、机座、接线盒和风扇等部件,如图7-1所示。

图 7-1　三相异步电动机典型结构图

1—定子；2—轴承端盖；3—转子；4—轴承；5—风扇；6—机座；7—接线盒

1. 定子

异步电动机的定子主要由机座、定子铁芯和定子绕组三部分组成。

1）机座

机座的作用是保护和固定三相异步电动机的定子铁芯。为了保证有足够的机械强度，机座一般用铸铁或铸钢浇铸成型，大型电机则采用钢板焊成。异步电动机的机座上还有两个端盖，用以支撑转子。通常，要求电机的散热性能好，所以机座的外表一般都有散热片。

2）定子铁芯

定子铁芯装在机座内，是异步电机磁路的一部分。由于铁芯处于交变磁场中，为了减少定子铁芯中的涡流和磁滞损耗，铁芯一般采用导磁良好，比损耗小的 0.35～0.5 mm 厚的薄硅钢片叠压而成，且其表面涂有绝缘漆，如图 7-2 所示。受到硅钢片材料的限制，当铁芯直径大于 1 m 时，通常利用扇形片来拼成圆形。

铁芯的内圆上开有均匀分布形状相同的槽（如图 7-3 所示），称为定子槽，用以嵌放定子绕组。常用的槽形有三种：一种是半闭口槽，多用于小型电机；另一种是半开口槽，多用于 500 V 以下的中型电机；还有一种是开口槽，多用于高压大、中型电机。

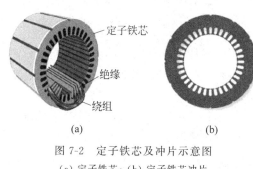

（a）　　　　　　　　（b）

图 7-2　定子铁芯及冲片示意图

（a）定子铁芯；（b）定子铁芯冲片

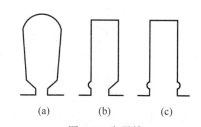

（a）　　（b）　　（c）

图 7-3　定子槽

（a）半闭口槽；（b）半开口槽；（c）开口槽

3）定子绕组

定子绕组是定子的电路部分，其主要作用是感应电动势和通过电流，以实现机电能量转换。定子绕组由定子线圈通过不同的方式连接而成，而定子线圈则用绝缘铜导线或铝导线绕制。中、小型三相电动机多采用圆漆包线,大、中型三相电动机的定子线圈则采用较大截面的绝缘扁铜线,或者扁铝线绕制后,做成如图 7-4 所示的成型线圈,再按一定规律嵌入定子铁芯槽内。

三相绕组由三个彼此独立的线圈组组成,其在空间互差 120°电角度。定子的三相绕组的六个出线端都引至接线盒上,根据需要可接成星形连接或三角形连接。

2. 转子

异步电动机的转子由转子铁芯、转子绕组和转轴组成。

1）转子铁芯

与定子铁芯一样,转子铁芯也是异步电动机磁路的一部分,一般也用 0.35～0.5 mm 厚、表面涂有绝缘漆的薄硅钢片叠压而成。在铁芯外圆的周围开有均匀分布的转子槽,槽内装有转子绕组的导体。转子铁芯可直接固定在转轴上,也可通过支架套在转轴上。

2）转子绕组

转子绕组是转子的电路部分,在交变的磁场中感应电动势、流过电流并产生电磁转矩。异步电动机的转子绕组有两种类型:绕线式和鼠笼式。

绕线式异步电动机的转子绕组与定子绕组相似。它用绝缘导线嵌于转子槽内,绕组相数和极对数均与定子绕组相等。其三个出线端接在转轴一端的三个滑环上,通过三个滑环滑动接触静止的电刷,与外电路相连。这样,绕线式异步电动机可通过滑环和电刷在转子绕组回路中接入附加电阻,用以改善起动和调速性能。其接线图如图 7-5 所示。

图 7-4　成型的定子线圈

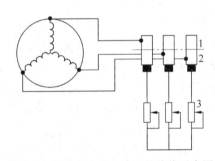

图 7-5　绕线式异步电动机的接线示意图
1—滑环；2—电刷；3—附加电阻

鼠笼式转子绕组的每一槽内都装有铝或铜制的导体。导体的两端各有一个端环将其短接,形成一个自行短路的绕组。若将其中的转子绕组抽出来看,其形状就像一个"鼠笼",所以称为笼形转子。如图 7-6 所示,鼠笼式绕组既可采用铜棒加工,也可采用金属铝铸造而成。在铸铝转子中,其转子导条、端环和风扇叶片用铝液一次浇铸形成。铸铝笼形转子结构简单、制造方便、经济耐用,故应用最为广泛。

3. 气隙

与其他旋转电机一样,三相异步电动机的定子与转子之间有一空气隙,它比同容量的直流电动机的气隙要小得多。在中、小型异步电动机中,气隙一般仅为 0.2～1.5 mm。气隙太大,电动机的功率因数低;气隙太小,则装配困难,可靠性差,谐波损耗大。

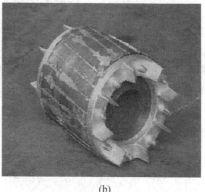

(a)　　　　　　　　　　　　　　(b)

图 7-6　鼠笼形转子照片

(a) 铜条绕组转子；(b) 铸铝绕组转子

4. 其他部分

其他部分包括端盖和风扇等。端盖可以起防护作用，另外其上还装有轴承，用以支撑转子轴；风扇则用于电动机的通风冷却。

7.3　三相异步电动机的铭牌和额定值

三相异步电动机的机座上钉有一块金属牌，称为铭牌。铭牌上注明了该电动机的型号和主要技术数据（额定数据），是电动机选择、安装、使用和修理（包括重绕绕组）的重要依据。

7.3.1　三相异步电动机的型号

电动机产品的型号一般由大写的汉语拼音字母和阿拉伯数字、英文字母组成。其中，汉语拼音字母为电动机全称中有代表意义的汉字中的第一个字母。例如 Y 系列三相异步电动机表示如下：

Y　112　S-6

极数：6极

铁芯长度代号：S表示短机座，L表示长机座

规格代号：机座高112 mm

产品代号：异步电动机

7.3.2　三相异步电动机的额定值

异步电动机的额定值标注在铭牌上，一般包括以下数据。

（1）额定功率 P_N：指电动机在额定运行时，转轴输出的机械功率，单位为 kW。

对于三相异步电动机，额定功率为

$$P_N = \sqrt{3} U_N I_N \eta_N \cos \varphi_N \tag{7-1}$$

式中，η_N、$\cos \varphi_N$ 分别为额定运行时的效率和功率因数。

（2）额定电压 U_N：指电动机在额定运行时，外加于定子绕组上的线电压，单位为 V。三相异步电动机的额定电压有 380 V、3000 V 及 6000 V 等多种。

（3）额定电流 I_N：指电动机在额定电压、额定频率下，转轴上输出额定功率时，定子绕组中的线电流，单位为 A。

（4）额定转速 n_N：指电动机在额定电压、额定频率下，转轴上输出额定功率时，电机转子的转速，单位为 r/min。

（5）额定频率 f_N：我国规定电网频率为 50 Hz。

（6）额定功率因数 $\cos \varphi_N$：指电动机额定运行时，定子侧的功率因数。

（7）绝缘等级和温升。

此外，铭牌上还标明电动机定子绕组的连接方法和相数等。对绕线型异步电动机，还常标明转子绕组的连接方法、转子额定电压（定子加额定电压，转子开路时滑环间的线电压），以及额定运行时转子额定线电流 I_{2N} 等技术数据。

三相异步电动机定子绕组可接成星形（Y）连接，或者三角形（D）连接，如图 7-7 所示。为方便起见，通常将六个接头均引到接线板上，以便于选用以上两种不同的接法。

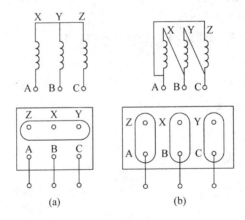

图 7-7　三相异步电动机的接线板

（a）星形连接；（b）三角形连接

小　结

异步电动机由定子和转子两部分组成，定、转子之间是气隙。其主要部件包括作为磁路的定、转子铁芯和作为电路的定、转子绕组。铁芯由硅钢片叠压而成，铁芯槽中按一定规律放置交流绕组，转子绕组自身短路或通过串入附加电阻而短路。气隙长度对电机性能有重要影响。

异步电动机的转子有绕线型和鼠笼型两种。

额定值是保证异步电机可靠运行的重要依据，应重视各额定值的含义。

习 题

7-1 试述异步电动机的基本工作原理。异步电动机和同步电动机的基本区别是什么？

7-2 简述异步电动机的各主要部件。为什么定、转子铁芯要用硅钢片叠成？

7-3 简述异步电动机的优、缺点。说明三相异步电动机为什么在工业企业中得到最为广泛的应用？

7-4 一台三相异步电动机，额定功率 $P_N = 55$ kW，额定电压 $U_N = 380$ V，额定效率 $\eta_N = 91.5\%$，额定功率因数为 $\cos \varphi_N = 0.89$，求该电动机的额定电流。

第 8 章 三相异步电动机的运行原理

8.1 三相异步电动机定子绕组及其电动势

8.1.1 三相交流绕组的一般概念

三相异步电动机定子绕组,与后叙的三相同步电机的定子绕组基本相同,统称为三相定子交流绕组。

交流电机的绕组是电机的一个重要部件,在电机工作时绕组将感应电动势,流过电流和产生电磁转矩,进而实现机电能量转换。可见,交流电机的绕组是电机的枢纽和心脏,所以常称其为电枢绕组。

此外,绕组制造要花费大量工时,其所用导电材料和绝缘材料价格较高。由于各种原因,绕组又是电机中最易损坏的部分。因此,对交流绕组的设计和制造应给予重视。

通常,对交流绕组的要求如下:

(1) 在导体数一定时,产生较大的基波磁动势和尽可能小的谐波磁动势(即磁动势波形力求接近正弦分布);

(2) 在三相绕组中,各相的电动势、电阻、电抗要对称;

(3) 铜(铝)的用量要少;

(4) 机械强度和绝缘性能可靠、散热条件好、制造和检修方便。

下面以三相异步电动机的定子绕组为例,介绍三相定子交流绕组。首先,介绍如图 8-1 所示的最简单的情况。

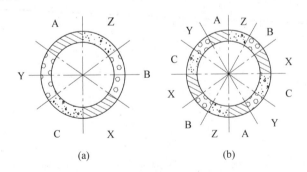

图 8-1　60°相带的三相绕组的排列

(a) 两极;(b) 四极

图 8-1 中,三相交流定子绕组按 A→Z→B→X→C→Y 相序排列。其中 A 为一组线圈

边,分布在相邻的一些槽内。Z、B、X、C、Y 和 A 类似,如图 8-1(a)所示。这样,只要将其按顺序连接起来,便可得到一个两极的三相定子绕组。若再有一套 A—Z—B—X—C—Y 线圈组,则可得如图 8-1(b)所示的四极绕组。其他各极数的情况同理可得。但无论极数多少,每对极在空间的电角度均为 360°。如若将其均分为六等份,则每等份占 60°电角度,称之为绕组的 60°相带,普通三相异步电动机均采用这种绕组。

8.1.2　交流绕组的基础知识

1. 线圈

线圈是构成绕组的元件。绕组就是将一部分线圈按一定规律排列和连接而成的。线圈可分为多匝线圈和单匝线圈,每个线圈含有效边和端部两部分,如图 8-2 所示。

图 8-2　线圈

2. 极距 τ

极距 τ 为沿定子铁芯内圆每个磁极所占的范围,用宽度 D 表示为

$$\tau = \frac{\pi D}{2p} \tag{8-1}$$

或用槽数 Z 表示为

$$\tau = \frac{Z}{2p} \tag{8-2}$$

3. 线圈节距 y

电枢绕组的连接规律可用线圈的节距来表示,如图 8-6 所示。

(1) 第一节距 y_1:一个线圈的两个有效线圈边之间所跨过的槽数。为了获得较大的感应电动势,y_1 应等于或尽量接近于一个极距 $Z/2p$。当 $y_1 < \tau$ 时,称为短距线圈;当 $y_1 = \tau$ 时,称为整距线圈;当 $y_1 > \tau$ 时,称为长距线圈(一般不用)。单层绕组均为整距线圈,双层绕组通常为短距线圈。

(2) 合成节距 y:两个串联线圈对应边之间的距离。

(3) 第二节距 y_2:元件的下层边与其相连接的下一元件上层边之间的距离,$y_2 = y - y_1$。

4. 空间电角度(或电角度)

空间电角度定义为

空间电角度 = 电机极对数 p × 机械角度　　　(8-3)

转子铁芯的横截面为一个圆(如图 8-3 所示),其机械(几何)角度为 360°。从电磁角度看,一对 N、S 极便构成一个磁场周期,即一对极为 360°电角度。电机的极对数为 p 时,气隙圆周的电角度数为 $p \times 360°$。

5. 槽距角 α

槽距角 α 为用电角度表示的相邻两槽间的距离,表示如下:

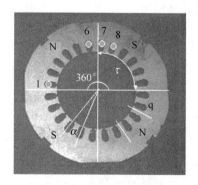

图 8-3　转子铁芯横截面

$$\alpha = \frac{p \times 360°}{Z} \tag{8-4}$$

式中,p 为电机的极对数;Z 为电枢槽数。

6. 每极每相槽数 q

每极每相槽数 q 为每一极下每相绕组所占的槽数,可表示如下:

$$q = \frac{Z}{2pm} \tag{8-5}$$

7. 槽电动势星形图

将电枢上各槽内导体按正弦变化的电动势用相量表示时,这些相量便构成一个辐射的星形,称为槽电动势星形图,如图 8-4 所示。槽电动势星形图是分析绕组的一种有效方法,特别是对于复杂的绕组。下面以具体例子说明。

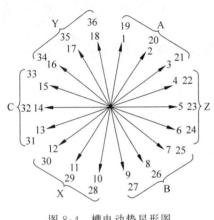

图 8-4 槽电动势星形图

例 8-1 一台三相交流电机定子交流绕组,在槽内沿定子圆周均匀分布。已知 $2p=4,Z=36$,试绘出槽电动势星形图。

解 由于整个电枢圆周为 $360°$ 机械角度,以电角度计算时,一对极距范围为 $360°$ 电角度。当电机极对数为 p 时,则电枢圆周为 $p \times 360°$ 电角度。因而槽距角为

$$\alpha = \frac{p \times 360°}{Z} = \frac{2 \times 360°}{36} = 20°$$

由图 8-4 可以看出,槽 1~槽 18 占 $360°$ 电角度,即对应一对 N、S 极;槽 19~槽 36 占另一 $360°$ 电角度,对应另一对 N、S 极。若将槽电动势星形图中的这 36 个槽中导体所产生电动势的相量组成三个合成电动势,使其幅值相等,互差 $120°$ 电角度,便可将 1、2、3、19、20、21 号槽定为 A 相。又由于 10、11、12、28、29、30 号槽中的相位正好与之相反,定为 -10、-11、-12、-28、-29、-30,也定为 A 相。这样,12 个相量集中地分布在三个相量方向上。同理可定出 B、C 两相的相量,这样便构成了如图 8-4 所示的槽电动势星形图。

8.1.3 交流绕组的类型

交流绕组的形式,按不同的分类方式有以下几种:

(1) 按相数分为单相、两相、三相和多相绕组;

(2) 按槽内层数分为单层、双层、单双层绕组;

(3) 按每极每相槽数分为整数槽、分数槽绕组。

限于篇幅,下面介绍交流电机两种常用的绕组形式。

8.1.4 单层和双层绕组

1. 单层绕组

单层绕组每个槽内只有一个线圈边。这种绕组嵌线方便,且没有层间绝缘,因此槽的利用率高。单层绕组的每个线圈的节距均相等,为整距。故其磁动势的波形较差,只适用于小

功率的异步电动机。

例 8-2 已知一台四极 24 槽电机，$Z=24$，$2p=4$，$a=1$，采用 $60°$ 相带，试绘制其三相单层绕组展开图(展开图是指将定子内表面沿轴向切开，并展开在平面上，以展示绕组的排列与连接的平面图)。

解 (1) 先求每极每相槽数：

$$q=\frac{Z}{m\cdot 2p}=\frac{24}{3\times 4}=2$$

(2) 计算极距和节距：

$$\tau=\frac{Z}{2p}=\frac{24}{2\times 2}=6$$

$$y_1=\tau=6(整距)$$

(3) 按图 8-1(b)分配各相带的槽号，得表 8-1。

表 8-1 按图 8-1(b)分配各相带的槽号表

磁极＼相带	A	Z	B	X	C	Y
第一对极	1,2	3,4	5,6	7,8	9,10	11,12
第二对极	13,14	15,16	17,18	19,20	21,22	23,24

A 相所属槽号有：1、2、7、8、13、14、19、20。将第一对极下的 1、2 和 7、8 槽中的线圈边依次连接起来，构成一个线圈组。再将第二对极下的 13、14 和 19、20 槽内线圈边依次连接，构成另一个线圈组。该两线圈组串联成一路，或并联成两路便可构成 A 相绕组。串联时所得相电动势较大，相电流较小；并联时所得相电流较大，相电动势较小。

(4) 绘制绕组展开图。先画 24 根平行短线，代表 24 个槽，编上槽号。其次按 $q=2$ 进行分相，本例采用 $60°$ 相带，故共有 $3\times 4=12$ 个相带。每个相带有 $q=2$ 个槽。相带分配：A、Z、B、X、C、Y。然后按 $y_1=6$ 组成 A 相的线圈，按 $q=2$ 连出 A 相绕组的 p 个线圈组。最后按所需并联支路数 a 将 p 个线圈组串联、并联或串并联，连成一相(A 相)绕组，这样所得出的单层绕组如图 8-5 所示。

B、C 相的线圈可同理得出。

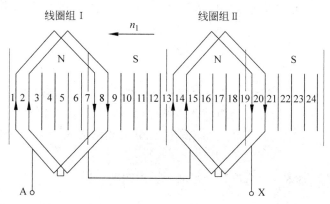

图 8-5 三相单层 A 相绕组展开图

也可将这些槽内的导体按不同要求,连接成其他形式绕组。但无论采用哪种形式,其绕组均由两个相差 180°电角度的相带中的线圈边组成,其本质上均为整距($y_1 = \tau$)。单层绕组每相在每对极下只有一个线圈组,故其最大可能的并联支路数 $a_{\max} = p$。

2. 双层绕组

双层绕组在每一槽内分为上层和下层,线圈的一个有效边嵌在某槽的下层,另一有效边嵌在另一槽的上层。故全部绕组的线圈数等于电机的槽数。

双层绕组的主要优点是可选择最佳节距 y_1。由于线圈的两条边放在上下两层,所有的线圈都有相同的节距,因此不管 y_1 取多少都不会影响线圈的排列。双层绕组一般安排为短距绕组($y_1 < \tau$),以改善磁动势和感应电动势的波形。因此,三相交流电机多采用双层绕组。双层绕组又分为叠绕组和波绕组两种,如图 8-6 所示。

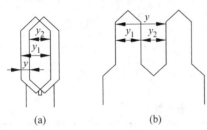

图 8-6 叠绕组和波绕组

(a) 叠绕组;(b) 波绕组

1) 叠绕组

叠绕组的连接规律是,相邻两线圈的后一线圈叠在前一线圈之上。然后将同一相绕组的所有线圈依次串联起来,便形成一相绕组。

例 8-3 已知一台四极 24 槽电机,$Z = 24$,$2p = 4$,$y_1 = \dfrac{5}{6}\tau$,试绘制一个并联支路数 $a = 1$ 的三相双层叠绕组展开图。

解 (1) 计算槽距角:

$$\alpha = \frac{p \times 360°}{Z} = \frac{2 \times 360°}{24} = 30°$$

(2) 计算每极每相槽数:

$$q = \frac{Z}{m \cdot 2p} = \frac{24}{3 \times 4} = 2$$

(3) 计算极距和节距:

$$\tau = \frac{Z}{2p} = \frac{24}{2 \times 2} = 6, \quad y_1 = 5(短距)$$

由 $\alpha = 30°$ 画出槽电动势星形图,然后由 $q = 2$ 标出按 60°相带的分相情况,顺序为 A—Z—B—X—C—Y。

(4) 画展开图

以 A 相为例,根据槽电动势星形图(过程略),A 相共有四个线圈组,上层边分别在 1、2,7、8、13、14、19、20 号槽中。每个线圈组合成的电动势大小相等,方向相同或相反。因此,每个线圈组可独立成为一条支路。所以就一般情况而言,由于双层叠绕组每极每相下面有一个线圈组,$2p$ 个极下每相便共有 $2p$ 个线圈组,因此每相的最大并联支路数为

$$a_{\max} = 2p \qquad\qquad (8\text{-}6)$$

但本例要求的并联支路数 $a = 1$,故其绕组展开图如图 8-7 所示。

2) 波绕组

交流绕组的波绕组与直流绕组的波绕组相似。其绕组节距也分为第一节距 y_1 和第二

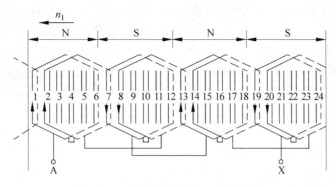

图 8-7　三相双层叠绕组一相展开图

节距 y_2，如图 8-6(b)所示。与直流波绕组一样，用合成节距 y 来表征波绕组的连接规律，以说明每串联一个线圈时，沿绕制方向前进了多少槽。绕制时通常取合成节距 y 为一对极的极距，即

$$y = y_1 + y_2 = \frac{Z}{p} = 2\tau = 2mq（槽）$$

即每次前进约一对极。所以，波绕组连接的特点是依此将同极性下的线圈串联起来。但如若沿电枢绕完整一周，绕组便会回到起始的槽而形成闭合回路，这样，其他线圈便无法接入。为使线圈能继续往下连接，每绕完一周后便人为地后退（或前进）一个槽。

波绕组与叠绕组的相带分配方法相同。下面举例说明。

例 8-4　已知 $Z = 36$，$2p = 4$，试绘制一个三相双层波绕组展开图。

解　绘制波绕组展开图的步骤与绘制叠绕组展开图的步骤完全相同。

(1) 计算槽距角：

$$\alpha = \frac{p \times 360°}{Z} = \frac{2 \times 360°}{36} = 20°$$

(2) 计算每极每相槽数：

$$q = \frac{Z}{m \cdot 2p} = \frac{36}{3 \times 4} = 3$$

(3) 计算极距和节距：

$$\tau = \frac{Z}{2p} = \frac{36}{2 \times 2} = 9$$

绘制波绕组展开图前，首先计算各种节距。设合成节距选定如下：

$$y = \frac{Z}{p} = \frac{36}{2} = 18（槽）$$

采用短距绕组，取 $y_1 = 7$，则

$$y_2 = y - y_1 = 18 - 7 = 11$$

由 $\alpha = 20°$，画出槽电动势星形图（见图 8-4）。而后由 $q = 3$ 标出按 $60°$ 相带的分相情况（见图 8-4），顺序为 A—Z—B—X—C—Y。

(4) 画展开图

根据线圈计算的节距，便可将各相的线圈连成绕组。现以 A 相为例来说明具体接法。

首先,从第一个 S 极下的第 3 槽开始,按节距 y_1、y_2、y 进行连接,如图 8-8 所示。连接顺序如下:A_1—(3 上)—(3＋7＝10 下)—(10＋11＝21 上)—(21＋7＝28 下)。这样,越过两对极后,便在电枢表面绕过一周。如若此时第二节距 y_2 仍采用 11 槽,则将连接到 28＋11＝39＝36＋3,即回到 3 号槽的上层边而自行闭合。这样,绕组便无法连接下去了。如若在绕过第二周时,将第二节距缩短一槽(y_2＝10),令第二周从 2 号槽的上层边开始往下绕,即(2上)—(2＋7＝9 下)—(9＋11＝20 上)—(20＋7＝27 下);随后,第三周从 1 号槽的上层开始,(1 上)—(1＋7＝8 下)—(8＋11＝19 上)—(19＋7＝26 下)—A_2,至此,便将所有上层边在 S 极之下、属于 A 相的六个线圈连接好了。

以上为 A 相的前一半,后一半在 N 极之下,方法同上。其绕制顺序如下:X_1—(12上)—(19 下)—(30 上)—(36＋1 下)—(11 上)—(18 下)—(29 上)—(36 下)—(10 上)—(17 下)—(28 上)—(35 下)—X_2。这样,便将所有上层边在 N 极之下、属于 A 相的六个线圈也绕制好了。

由于 A_1—A_2 与 X_1—X_2 的电动势方向相反,因此串联成一条支路时,应采取"尾接尾"的方法,即将 A_2 与 X_2 连接。这样,便得波绕组 A 相展开图,如图 8-8 所示。

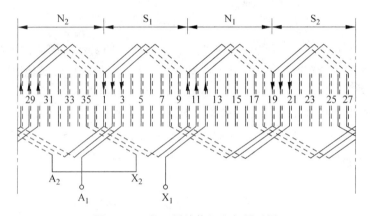

图 8-8　三相双层波绕组一相展开图

从图 8-8 中可以看出,当波绕组采用 $y＝2\tau$ 时的连接规律是:将所有上层边在 S 极下属于同一相的线圈依次串联起来,构成相绕组的一半;然后再将所有上层边在 N 极下也属于该相的线圈依次串联起来,构成该相绕组的另一半。这两半绕组既可串联也可并联,视所需支路数 a 而定。串联时 $a＝1$,并联时 $a＝2$。

由以上分析可以看出,在整数槽绕组中,无论是采用波绕组还是叠绕组,其每相最大并联支路数都是 $a_{max}＝2p$。

8.1.5　三相电枢绕组的电动势

与三相变压器一样,三相异步电动机每相绕组上的感应电动势也是由电磁感应现象产生的,其计算公式大致相同。但是,变压器绕组是整距集中绕组,而异步电动机绕组一般为短距分布绕组,故计算公式又略有差别,其差别就表现在绕组系数上。

1. 短距系数、分布系数和绕组系数的含义及计算

1) 短距系数

对整距线圈而言,组成线圈的两根导体在空间的位置正好相差一个极距 τ。若一根线圈有效边处在 N 极的中心线上,则另一根正好处在 S 极的中心线上,如图 8-9(a)中的实线所示,两者所处的磁场位置在空间相差 180°电角度,两导体的感应电动势 $\dot{E}_c$ 和 $\dot{E}'_c$ 在时间相位上也必相差 180°电角度,其瞬时值大小相等而方向相反,则线圈电动势为

$$\dot{E}_t = \dot{E}_c - \dot{E}'_c = 2\dot{E}_c$$

相量图如图 8-9(b)所示。

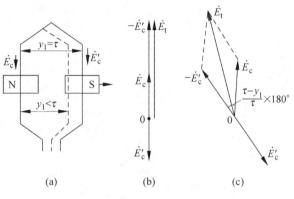

图 8-9 线圈感应电动势

对短距线圈而言,组成线圈的两导体在空间的距离小于一个极距 τ,如图 8-9(a)中的虚线所示。若一线圈边正好处于 N 极的中心线上,另一线圈边处在比 S 极中心线短 $\dfrac{\tau - y_1}{\tau} \times 180°$ 的位置,其相量图如图 8-9(c)所示,则此时的线圈电动势有效值为

$$E_t = 2E_c \cos \frac{\tau - y_1}{\tau} \times 90° = 2E_c \sin \frac{y_1}{\tau} \times 90°$$

可见,由于短距的原因,线圈电动势比整距时要小。短距绕组的电动势与整距绕组的电动势之比称为绕组的短距系数,用 k_y 表示,其表达式为

$$k_y = \sin \frac{y_1}{\tau} \times 90° \tag{8-7}$$

在单层绕组中,无论哪种形式,绕组都由两个互差 180°电角度的相带中的导体所组成,其电磁本质均为整距,故 k_y 都等于 1。

2) 分布系数

如前所述,每相处于同一主极下的 q 个线圈串联成一个线圈组。若采用集中绕组,这 q 个线圈集中在一槽当中,各个线圈的感应电动势大小相等、相位相同,则线圈组的电动势有效值 E_q 等于 q 个线圈电动势的代数和,即

$$E_q = qE_t$$

实际上,三相异步电动机的绕组都为分布绕组,其 q 个线圈分布在相邻的槽中。相邻两线圈的电动势在相位上相差 α 角。此时,一相绕组的电动势等于 q 个线圈电动势的相量和。设 $q=3$,则其相量图如图 8-10(a)所示。

将图 8-10(a)中的相量图转化为图 8-10(b)的形式,q 个线圈电动势相量组成一个正多边形的一部分,O 为多边形外接圆的圆心,R 为半径,则

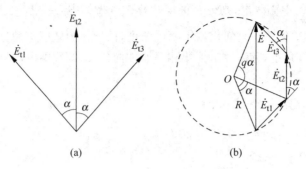

图 8-10　分布绕组电动势相量图

$$R = \frac{E_t}{2\sin\dfrac{\alpha}{2}}$$

故

$$E = 2R\sin\frac{q\alpha}{2} = E_t\,\frac{\sin\dfrac{q\alpha}{2}}{\sin\dfrac{\alpha}{2}} = qE_t\,\frac{\sin\dfrac{q\alpha}{2}}{q\sin\dfrac{\alpha}{2}}$$

分布绕组的电动势与集中绕组的电动势之比称为绕组的分布系数,用 k_q 表示,其表达式为

$$k_q = \frac{\sin\dfrac{q\alpha}{2}}{q\sin\dfrac{\alpha}{2}} \tag{8-8}$$

分布绕组的 k_q 总是小于 1。

3)绕组系数

绕组的短距系数 k_y 和分布系数 k_q 的乘积称为绕组系数,用 k_N 表示,即

$$k_N = k_y k_q \tag{8-9}$$

2. 相绕组的电动势

如上所述,可得三相异步电动机每相绕组的电动势有效值大小为

$$E = 4.44 N k_N f \Phi \tag{8-10}$$

式中,Φ 为磁场的每极磁通;N 为每相绕组的匝数;$N k_N$ 可看作将短距分布绕组等效为整距集中绕组后的有效匝数。

8.2　三相异步电动机定子绕组的磁动势

在异步电动机中,定子三相绕组的磁动势是由三个单相绕组共同产生的。因此,在讨论三相绕组的磁动势之前,需先分析单相绕组的磁动势。

8.2.1　单相电枢绕组的磁动势

以一台两极电机为例,如图 8-11(a)所示,假定每相中有 N 匝线圈,其有效匝数为 $N k_N$

（绕组采用短距和分布形式，其对磁动势产生的影响与对电动势产生的影响效果是相同的，因此绕组系数的大小相同），线圈中电流为 i。

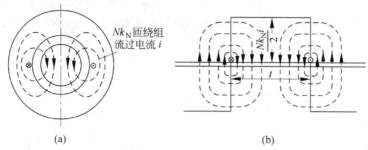

图 8-11　单相电枢绕组

(a) 单相电枢磁动势分布；(b) 单相电枢磁动势分布展开图

由安培定律可知，磁动势 $F_A = Nk_N i$，单位为安匝。忽略铁芯中所消耗的磁动势，将全部磁动势看成仅消耗在两段气隙上。这样，在沿气隙圆周的每点上的磁动势均相等，其数值为 $\frac{1}{2}Nk_N i$。若规定从转子穿过气隙进入定子的气隙磁动势为正，可画出磁动势沿气隙圆周分布的波形图，如图 8-11(b) 所示。可见，该磁动势是一个高度为 $\frac{1}{2}Nk_N i$ 的矩形波，导体所在位置是其方向改变的转折点。

由于施加的是交变电流，$i = \sqrt{2} I \cos \omega t$（$I$ 为电流有效值），其电流的大小和方向都随时间而变化。可见，矩形波磁动势的大小也随时间而变化。

由以上分析可知，任何瞬间，单相电枢绕组产生的磁动势在空间为矩形分布，但其幅值随时间按电流频率作正弦规律变化。这种空间位置固定，幅值大小随时间变化的磁动势称为脉振磁动势。

以上分析的是两极电机的情况。在多极电机中，每对极的情况相同，仅极数增加而已。在 p 对极的磁场中，气隙磁动势等于绕组磁动势的 $\frac{1}{2p}$，故其表达式为

$$f_A = \frac{1}{2}\sqrt{2}\,\frac{IN}{p}k_N \cos \omega t = F_\phi \cos \omega t \tag{8-11}$$

式中，F_ϕ 为每相磁动势幅值；k_N 为绕组系数，其计算方法与电动势中的绕组系数一样。

对空间矩形分布的脉振磁动势进行傅里叶分解，可得一基波和一系列谐波，其基波分量为

$$f_{A1}(x,t) = \frac{4}{\pi}\frac{\sqrt{2}}{2}\frac{IN}{p}k_{N1}\cos \omega t \cos \frac{\pi x}{\tau} = 0.9\frac{IN}{p}k_{N1}\cos \omega t \cos \frac{\pi x}{\tau}$$

$$= F_{\phi1}\cos \omega t \cos \frac{\pi x}{\tau} \tag{8-12}$$

式中，k_{N1} 为基波绕组系数；x 为定子内表面沿气隙方向距线圈轴线的距离；τ 为极距（相邻两极间距离）。

其谐波分量可同理分析。在三相交流电机中，基波磁动势是主要的。正是由于有基波磁动势，交流电机才得以实现定转子之间的能量传递。谐波磁动势仅占很小的一部分，不参

与定转子之间的能量传递,其对电机的影响,以及对其的处理方法与变压器类似。

8.2.2 三相电枢绕组的基波旋转磁动势

首先,假设在三相对称交流绕组中通入三相对称正弦交流电。这样,每相电枢绕组产生的磁动势在空间是正弦分布的,且三相磁动势在空间上互差120°电角度。于是有

$$\begin{cases} f_{A1}(x,t) = F_{\phi 1}\cos\omega t\cos\dfrac{\pi x}{\tau} \\[2mm] f_{B1}(x,t) = F_{\phi 1}\cos\left(\omega t - \dfrac{2}{3}\pi\right)\cos\left(\dfrac{\pi x}{\tau} - \dfrac{2\pi}{3}\right) \\[2mm] f_{C1}(x,t) = F_{\phi 1}\cos\left(\omega t + \dfrac{2}{3}\pi\right)\cos\left(\dfrac{\pi x}{\tau} + \dfrac{2\pi}{3}\right) \end{cases} \tag{8-13}$$

运用三角函数积化和差公式: $\cos x\cos y = \dfrac{1}{2}\cos(x+y) + \dfrac{1}{2}\cos(x-y)$,式(8-13)可写为

$$\begin{cases} f_{A1}(x,t) = \dfrac{1}{2}F_{\phi 1}\cos\left(\dfrac{\pi x}{\tau} - \omega t\right) + \dfrac{1}{2}\cos\left(\dfrac{\pi x}{\tau} + \omega t\right) \\[2mm] f_{B1}(x,t) = \dfrac{1}{2}F_{\phi 1}\cos\left(\dfrac{\pi x}{\tau} - \omega t\right) + \dfrac{1}{2}\cos\left(\dfrac{\pi x}{\tau} + \omega t + \dfrac{2}{3}\pi\right) \\[2mm] f_{C1}(x,t) = \dfrac{1}{2}F_{\phi 1}\cos\left(\dfrac{\pi x}{\tau} - \omega t\right) + \dfrac{1}{2}\cos\left(\dfrac{\pi x}{\tau} + \omega t - \dfrac{2}{3}\pi\right) \end{cases} \tag{8-14}$$

定子中的合成磁动势之值,即为式(8-14)中三式相加。由于各等式中最后一项在空间上互差120°电角度,故三相之和为零。所以三相绕组的基波合成磁动势为

$$f_1(x,t) = \dfrac{3}{2}F_{\phi 1}\cos\left(\dfrac{\pi}{\tau}x - \omega t\right) \tag{8-15}$$

其基波幅值为

$$F_{m1} = \dfrac{3}{2}F_{\phi 1} = \dfrac{3}{2}\dfrac{4}{\pi}\dfrac{\sqrt{2}}{2}\dfrac{IN}{p}k_{N1} = 1.35\dfrac{IN}{p}k_{N1}$$

对式(8-15)进行分析可知:

(1) 当 $t=0$ 或 $\omega t=0$ 时, $f_1(x,0) = F_{m1}\cos\dfrac{\pi}{\tau}x$,为一个幅值为 F_{m1} 的正弦波,其幅值在 $x=0$ 处;

(2) 当 $t=\dfrac{T}{4}$ 或 $\omega t=\dfrac{\pi}{2}$ 时, $f_1\left(x,\dfrac{T}{4}\right) = F_{m1}\cos\left(\dfrac{\pi}{\tau}x - \dfrac{\pi}{2}\right)$,可见此时幅值出现在 $\dfrac{\tau}{2}$ 处。

根据上面的分析可画出相应曲线,如图8-12所示。

由图8-12可见,当时间 $t=0$ 变化到 $t=\dfrac{T}{4}$ 时,电流变化了 $\dfrac{1}{4}$ 周期。此时,磁动势沿横轴正方向移动 $\dfrac{\tau}{2}$ 空间电角度。同理,电流变化一个周期 T ,磁动势将移动 2τ ,即一个波长。每分钟电流变化 $60f$ 个周期。这样,磁动势波每分钟移动

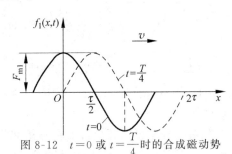

图 8-12 $t=0$ 或 $t=\dfrac{T}{4}$ 时的合成磁动势

$60f$ 个波长,设电机气隙、圆周共有 p 个波长,则磁动势为一个以转速

$$n_1 = \frac{60f}{p} \qquad (8\text{-}16)$$

沿气隙圆周旋转的行波,其波长为

$$\lambda = 2\tau \qquad (8\text{-}17)$$

由于在异步电机中其转子转速不可能与该转速同步,而在同步电机中其转子转速与该转速同步,故磁动势转速 n_1 便称为同步转速。

从式(8-13)和式(8-15)中还可看出,当某相电流达到最大值时,三相合成磁动势基波的幅值就落在该相绕组的轴线上。例如,当 $\omega t = 0$ 时,如图 8-13(a)所示,A 相电流值达到最大,$i_A = I_m$,$i_B = i_C = -\frac{1}{2}I_m$,磁动势 $f_1 = F_{m1}\cos\left(\frac{\pi x}{\tau}\right)$,即三相绕组的合成磁动势基波的幅值,落在 A 相绕组的轴线上;当 $\omega t = \frac{2\pi}{3}$ 时,如图 8-13(b)所示,B 相电流达到最大值,$i_B = I_m$,$i_A = i_C = -\frac{1}{2}I_m$,此时 $f_1 = F_{m1}\cos\left(\frac{\pi x}{\tau} - \frac{2\pi}{3}\right)$,幅值在 $\frac{\pi}{\tau}x = \frac{2\pi}{3}$ 处,即三相绕组的合成磁动势基波的幅值落在 B 相绕组的轴线上;当 $\omega t = \frac{4\pi}{3}$ 时,如图 8-13(c)所示,C 相电流达到最大,三相绕组的合成磁动势基波的幅值便落在 C 相绕组的轴线上。

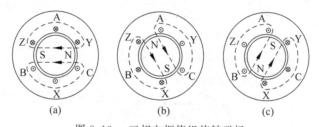

图 8-13　三相电枢绕组旋转磁场

(a) $\omega t = 0$; (b) $\omega t = \frac{2\pi}{3}$; (c) $\omega t = \frac{4\pi}{3}$

根据以上分析,可得三相绕组基波旋转磁场的基本特点如下:

(1) 三相对称绕组加上三相对称电流时,三相合成基波磁动势为一个旋转磁动势,其幅值为单相磁动势幅值的 $\frac{3}{2}$ 倍,同步转速为 $n_1 = \frac{60f}{p}$,单位为 r/min。

(2) 当某相电流达到最大值时,旋转磁动势的波幅刚好转到该相绕组的中心线上。

(3) 旋转磁场方向是从超前电流的相转向带有滞后电流的相。即若电流相序为 A—B—C—A,则磁场旋转方向为 A 轴—B 轴—C 轴。因此,若要改变旋转磁场方向,只需改变电流相序,即将三相绕组任意两相对调即可。

8.3　三相异步电动机的工作原理

8.3.1　三相异步电动机运行时的基本电磁过程

三相异步电动机运行时的基本电磁过程主要分为以下三个阶段。

定子绕组接到三相电源上,其中将流过三相对称电流,便在气隙中建立基波圆形旋转磁

动势,从而产生基波旋转磁场。其转速为同步转速 $n_1 = \dfrac{60f}{p}$,单位为 r/min,转向与定子电流相序一致。

若转子不转,该气隙磁场与转子绕组有相对运动,便切割转子绕组,转子绕组产生电动势,其方向可由右手定则判断。由于转子电路是闭合的,则在转子绕组中产生相应的电流,电流的有功分量的方向与电动势同相。

转子带电导体在变化的磁场中会受电磁力的作用,受力方向可用左手定则判断。因此便产生电磁转矩,方向与旋转磁动势相同。这样,转子便在该方向上旋转起来。转子旋转起来后,转速为 n。只要 $n < n_1$,转子导条与磁场之间仍有相对运动,产生与转子不转时相同方向的电动势、电流和电磁转矩。转子继续旋转,直至电磁转矩与负载转矩平衡,才进入稳定运行状态。

由于电动机转速 n 与旋转磁场 n_1 不可能同步,故称为异步电动机。又因为异步电动机转子感应电动势和电流是通过电磁感应作用产生的,所以又称为感应电动机。

8.3.2 转差率与同步转速

根据以上分析可知,异步电动机只有在 $n \neq n_1$ 时才能工作,故引入一个与之相关的概念,即转差率 s。它表示转子转速与旋转磁场的同步转速相差的程度,公式为

$$s = \frac{n_1 - n}{n_1} \tag{8-18}$$

转差率 s 是一个没有量纲的量,为异步电机运行的重要参数。对于异步电动机,在起动瞬间,$n = 0$,$s = 1$;当转子转速接近于同步转速 n_1 时(空载运行),$n = n_1$,$s = 0$。由此可见,异步电动机的转速在 $0 \sim n_1$ 范围内变化,其转差率在 $1 \sim 0$ 之间变化。即亦可表示为

$$n = (1 - s)n_1 \tag{8-19}$$

正常运行时,额定转差率 s_N 在 $0.01 \sim 0.06$ 之间,故异步电动机转速 n 略低于同步转速 n_1,通常转子转速 n 随负载的变化而变化。而在电源频率不变的条件下,同步转速 n_1 由异步电动机的极对数 p 决定,如表 8-2 所示。

表 8-2　三相异步电动机的同步转速

极对数	每一电流周期磁场转过的空间角度/(°)	同步转速 n_1($f = 50$ Hz)/(r/min)
$p = 1$	360	3000
$p = 2$	180	1500
$p = 3$	120	1000

例 8-5　一台三相异步电动机,其额定转速 $n_N = 975$ r/min,电源频率 $f_1 = 50$ Hz。试问:(1)该电动机的极对数是多少?

(2)额定负载下的转差率是多少?

(3)转速方向与旋转磁场方向一致时,转速分别为 950 r/min、1040 r/min 时的转差率是多少?

（4）转速方向与旋转磁场方向相反时，转速为 500 r/min 时的转差率是多少？

解　（1）已知转差率很小，异步电动机转速略低于同步转速 n_1，故 $n_1 = 1000$ r/min，则

$$p = \frac{60 f_1}{n_1} = \frac{60 \times 50}{1000} = 3$$

（2）额定转差率

$$s_N = \frac{n_1 - n_N}{n_1} \times 100\% = \frac{1000 - 975}{1000} \times 100\% = 0.025$$

（3）转速方向与旋转磁场方向一致时，若 $n = 950$ r/min，则

$$s = \frac{n_1 - n}{n_1} \times 100\% = \frac{1000 - 950}{1000} \times 100\% = 0.05$$

若 $n = 1040$ r/min，则

$$s = \frac{n_1 - n}{n_1} \times 100\% = \frac{1000 - 1040}{1000} \times 100\% = -0.04$$

（4）转速方向与旋转磁场方向相反时，若 $n = 500$ r/min，则

$$s = \frac{n_1 - n}{n_1} \times 100\% = \frac{1000 - (-500)}{1000} \times 100\% = 1.5$$

8.3.3　异步电机的三种运行状态

1. 电动机运行状态

当转子的转向与旋转磁场一致，但小于同步转速 n_1（即 $0 < n < n_1$ 或 $1 > s > 0$）时，电磁转矩与转速 n 同向，为驱动转矩性质。此时，异步电机为电动机运行状态，如图 8-14（a）所示。

2. 发电机运行状态

若用原动机拖动异步电机的转子加速，使 $n > n_1$，此时，转差率 $s < 0$，转子切割磁场的方向与电动机状态时相反，故转子绕组感应电动势和感应电流的方向也与电动机状态时相反。这样电磁转矩 T 的方向也随之改变，即 T 与 n 反向，T 对电机起制动作用。这时，转子从原动机吸收机械能。另一方面，由于转子感应电流方向改变，定子绕组上的电流也随之改变方向。此时，定子感应电动势应与电流方向相同，即定子绕组向电网输出电功率，为发电机运行状态，如图 8-14（b）所示。

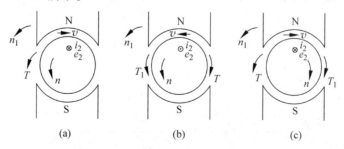

图 8-14　异步电机的三种运行状态

（a）电动机运行状态；（b）发电机运行状态；（c）电磁制动运行状态

T—电磁转矩；T_1—原动机提供的转矩；v—绕组相对磁场的切割速度

3. 电磁制动运行状态

如果用一外力拖动电机转子向着旋转磁场的反方向转动,即 $n<0$,转子相对旋转磁场的转速为 $n_1-n=|n_1|+|n|$,则 $s>1$,以高于同步转速的速度切割磁场。此时其方向与电动机状态时相同,所以各电动势、电流和电磁转矩 T 的方向均与电动机状态时相同,故从电网吸收电功率;而另一方面,此时转子转向与电动机状态时相反,电磁转矩为制动性质的转矩,从外界吸收机械功率。此时电机既从电网吸收电功率,同时又由转子从外界吸收机械功率。这两部分功率均转化为电机内部的损耗,以热能形式散发。这种状态称为电磁制动运行状态,如图 8-14(c)所示。

由以上分析可知,异步电机的转差率 s 反映出电机的不同运行状态,如表 8-3 所示。

表 8-3　异步电动机的三种运行状态

状　态	电　动　机	发　电　机	电 磁 制 动
实现方法	定子绕组接对称电源	外力使转子快速旋转	外力使转子沿磁场反方向旋转
n 与 s 的关系	$n<n_1,0<s<1$	$n>n_1,s<0$	n 与 n_1 反向,$n<0,s>1$
E_1	反电动势	电源电动势	反电动势
T	驱动	制动	制动
能量转换	电能→机械能	原动机机械能→电能	电＋机械能→内部损耗

8.4　三相异步电动机转子堵转时的电磁关系

为了便于分析,首先分析转子静止,即转子被堵住不转时的情形(异步电动机短路实验时就是这种情形)。

8.4.1　正方向假定

一台定转子绕组都为 Y 连接的绕线式三相异步电动机,其定子绕组接于三相对称交流电源上,转子短路,各有关电量的正方向如图 8-15 中的箭头所假定。图中,$\dot{U}_1$、$\dot{I}_1$、$\dot{E}_1$ 分别为定子绕组相电压、相电流、相电动势;$\dot{U}_2$、$\dot{I}_2$、$\dot{E}_2$ 分别为转子绕组相电压、相电流、相电动势。

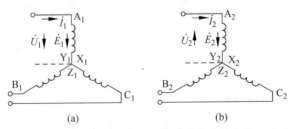

(a)　　　　　　　　　　　　(b)

图 8-15　转子绕组短路时绕线型三相异步电动机各物理量正方向

(a) 异步电动机定子侧;(b) 异步电动机转子侧

正方向假定：以定转子 A 相绕组轴线分别作为定、转子空间坐标轴的纵轴。磁动势、磁通和磁通密度的方向，以出定子而进转子的方向为正方向。

8.4.2　电磁过程

如前所述，当三相异步电动机定子绕组加上三相对称电源时，定子绕组中便有三相对称电流流过，在气隙中产生一个圆形基波旋转磁动势。该磁动势为 $f(x_1, t) = F_{m1} \cos\left(\omega t - \dfrac{\pi}{\tau} x\right)$，

其幅值为 $F_{m1} = 1.35 \dfrac{I_1 N_1}{p} k_{N1}$（此处 k_{N1} 为定子绕组的基波绕组系数）。

磁场旋转方向与定子电流的相序相同。其旋转速度为同步转速：$n_1 = \dfrac{60 f_1}{p}$ r/min。

1. 转子磁动势

由定子绕组中的电流所产生的旋转磁场会分别切割定、转子绕组，并产生相应的感应电动势 $\dot{E}_1$、$\dot{E}_2$。由于转子为一个闭合回路，故而在转子绕组中便会产生一对称的三相转子电流，其也会在空间产生转子基波旋转磁动势。其幅值为

$$F_{m2} = 1.35 \frac{I_2 N_2}{p} k_{N2} \tag{8-20}$$

式中，N_2 为转子一相绕组串联的匝数；k_{N2} 为转子绕组的基波绕组系数；I_2 为转子绕组电流的有效值。

该磁场的旋转方向与转子内感应产生的电动势及电流的相序相同。定子旋转磁场逆时针旋转时，由于转子内感应电流的相序为 A_2—B_2—C_2，因而转子磁场旋转方向也为 A_2—B_2—C_2。磁场相对转子绕组的旋转速度为

$$n_2 = \frac{60 f_2}{p} = \frac{60 f_1}{p} = n_1 \tag{8-21}$$

据分析可知，定、转子旋转磁动势相对定子都以相同的方向和转速旋转，在空间是相对静止的，二者共同作用于电机磁路上。

2. 合成磁动势

运用相量加法，可以得到合成磁动势 $\overline{F}_m$，表示为

$$\overline{F}_1 + \overline{F}_2 = \overline{F}_m$$

或改写为

$$\overline{F}_1 = (-\overline{F}_2) + \overline{F}_m \tag{8-22}$$

即将定子磁动势 $\overline{F}_1$ 看成两个分量，一个分量与 $\overline{F}_2$ 大小相等、方向相反，用以抵消 $\overline{F}_2$ 的去磁作用；另一个分量 $\overline{F}_m$ 为励磁磁动势，用以产生主磁通 Φ_m。

如图 8-16 所示，该旋转磁场中与定、转子同时交链的基波磁场所对应的磁通称为主磁通，用 Φ_m 表示，其占总磁通的绝大部分。电机中定、转子之间的能量传递，主要是依靠这部分磁通来实现的。

在磁通中有极少部分仅与定子绕组交链，然后自行闭合，该部分磁通称为定子漏磁通 $\Phi_{1\sigma}$。同理也存在转子漏磁通 $\Phi_{2\sigma}$。

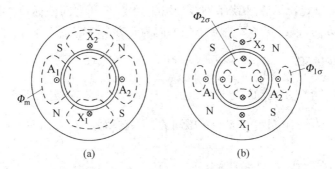

图 8-16　主磁通与漏磁通

(a) 主磁通；(b) 漏磁通

8.4.3　异步电动机转子堵转时的电动势平衡关系

如前所述，主磁通 Φ_m 是旋转磁场，分别与定、转子绕组交链。从绕组磁链的观点看来，其与变压器是相同的。用类似的方法，可得出异步电动机的主磁通 Φ_m 在定、转子绕组中感应的电动势 E_1 和 E_2 分别为

$$\begin{cases} E_1 = 4.44 f_1 N_1 k_{N1} \Phi_m \\ E_2 = 4.44 f_1 N_2 k_{N2} \Phi_m \end{cases} \tag{8-23}$$

式中，因转子是静止的，故 E_1 和 E_2 的频率都是 f_1。如前所述，k_{N1}、k_{N2} 分别为定、转子基波绕组系数，它表示考虑短距和分布的影响时，感应电动势应打的折扣。

由式(8-23)可得

$$\frac{E_1}{E_2} = \frac{N_1 k_{N1}}{N_2 k_{N2}} = k_e \tag{8-24}$$

式中，k_e 为异步电机的电动势变比。

若用相量 $\dot{E}_1$、$\dot{E}_2$ 表示式(8-23)中的电动势，其分别滞后 $\dot{\Phi}_m$ 90°电角度。与上面分析类似，可得异步电动机的定、转子绕组感应电动势的相量表达式分别为

$$\begin{cases} \dot{E}_1 = -j4.44 f_1 N_1 k_{N1} \dot{\Phi}_m \\ \dot{E}_2 = -j4.44 f_1 N_2 k_{N2} \dot{\Phi}_m \end{cases} \tag{8-25}$$

同理，定、转子绕组的漏磁通在各自的绕组中感应得到定子漏磁通电动势 $E_{1\sigma}$ 和转子漏磁通电动势 $E_{2\sigma}$，且各漏磁通电动势分别与其相应的电流成正比。仿照变压器的分析方法，得

$$\begin{cases} \dot{E}_{1\sigma} = -j\dot{I}_1 X_{1\sigma} \\ \dot{E}_{2\sigma} = -j\dot{I}_2 X_{2\sigma} \end{cases} \tag{8-26}$$

式中，$X_{1\sigma}$、$X_{2\sigma}$ 分别为定、转子每相漏电抗，主要包括槽漏抗、端部漏抗，以及谐波漏电抗。

根据图 8-15 中规定的各物理量的正方向和电路定律，可得定、转子的电动势方程为

$$\begin{cases} \dot{U}_1 = -\dot{E}_1 + \dot{I}_1 R_1 + j\dot{I}_1 X_{1\sigma} = -\dot{E}_1 + \dot{I}_1 (R_1 + jX_{1\sigma}) = -\dot{E}_1 + \dot{I}_1 Z_1 \\ 0 = \dot{E}_2 - \dot{I}_2 (R_2 + jX_{2\sigma}) = \dot{E}_2 - \dot{I}_2 Z_2 \end{cases} \tag{8-27}$$

式中，$Z_1 = R_1 + \mathrm{j}X_{1\sigma}$，为定子每相漏阻抗；$Z_2 = R_2 + \mathrm{j}X_{2\sigma}$，为转子每相漏阻抗。

由式(8-27)可以看出，转子电流 $\dot{I}_2$ 滞后于转子电动势 $\dot{E}_2$ 的相位角为

$$\varphi_2 = \arctan\frac{X_{2\sigma}}{R_2} \tag{8-28}$$

与变压器一样，定子电动势 $\dot{E}_1$ 可用阻抗电压降表示为

$$\dot{E}_1 = -\dot{I}_\mathrm{m}(R_\mathrm{m} + \mathrm{j}X_\mathrm{m}) = -\dot{I}_\mathrm{m}Z_\mathrm{m} \tag{8-29}$$

8.4.4 转子绕组的折算

异步电动机的定、转子之间只有磁的耦合而没有电的联系，这与变压器的情况非常类似。为了得到异步电动机的等效电路，此处仍采用折算的方法，将转子侧的各量折算到定子侧，换上一个新的转子，其原相数 m_2、每相串联匝数 N_2 以及绕组系数 k_{N2} 分别折算成定子侧的量，即为 m_1、N_1、k_{N1}。折算的条件是：转子旋转磁动势 $\bar{F}_2$ 的大小和相位不变，转子上各种功率(包括损耗)也保持不变，即电机中电磁本质及能量转换关系均保持不变。折算后与定子有关的物理量($\dot{E}_1$、$\dot{I}_1$、$\bar{F}_1$、$\bar{F}_\mathrm{m}$、$\dot{\Phi}_\mathrm{m}$ 等)也应完全不受影响，折算后转子上各物理量的值右上角均加"′"，以示区别。

下面讨论折算后的转子边各物理量。

1. 转子电流

折算前后应保持转子磁动势 F_2 的大小不变，因此应满足下式：

$$\frac{\sqrt{2}}{\pi}m_1\frac{N_1 k_{N1}}{p}I'_2 = \frac{\sqrt{2}}{\pi}m_2\frac{N_2 k_{N2}}{p}I_2$$

可得

$$I'_2 = \frac{m_2 N_2 k_{N2}}{m_1 N_1 k_{N1}}I_2 = \frac{1}{k_i}I_2 \tag{8-30}$$

式中

$$k_i = \frac{m_1 N_1 k_{N1}}{m_2 N_2 k_{N2}} \tag{8-31}$$

称为电流变比。

根据前面磁动势平衡方程(8-22)有 $\bar{F}_1 + \bar{F}_2 = \bar{F}_\mathrm{m}$，由于

$$F_1 = \frac{\sqrt{2}m_1}{\pi}\frac{I_1 N_1}{p}k_{N1}$$

$$F_2 = \frac{\sqrt{2}m_2}{\pi}\frac{I_2 N_2}{p}k_{N2}$$

$$F_\mathrm{m} = \frac{\sqrt{2}m_1}{\pi}\frac{I_\mathrm{m} N_1}{p}k_{N1}$$

式(8-22)在转子绕组折算后也可写成

$$\frac{\sqrt{2}m_1}{\pi}\frac{\dot{I}_1 N_1}{p}k_{N1} + \frac{\sqrt{2}m_1}{\pi}\frac{\dot{I}'_2 N_1}{p}k_{N1} = \frac{\sqrt{2}m_1}{\pi}\frac{\dot{I}_\mathrm{m} N_1}{p}k_{N1}$$

可得

$$\dot{I}_1 + \dot{I}'_2 = \dot{I}_m$$

或

$$\dot{I}_1 = \dot{I}_m + (-\dot{I}'_2) \tag{8-32}$$

上式可理解为用电流表示的磁动势平衡方程式。其物理意义是：定子电流 $\dot{I}_1$ 可分解为两部分，一部分是励磁分量 $\dot{I}_m$，另一部分就是负载分量 $\dot{I}'_2$。

2. 转子电动势

折算前后的定转子磁动势不变，所以气隙中主磁通 Φ_m 不变，故 E_2 与 E'_2 之间的关系为

$$\frac{E'_2}{E_2} = \frac{N_1 k_{N1}}{N_2 k_{N2}} = k_e$$

可得

$$E'_2 = k_e E_2 \tag{8-33}$$

3. 转子阻抗

由于转子绕组进行了折算，绕组相数、匝数和绕组系数都变化，且折算后电动势和电流均已变化，所以阻抗值也将作相应变化。设折算后的阻抗为 Z'_2，利用式(8-27)可将转子电压方程变为

$$0 = E'_2 - I'_2(R'_2 + jX'_{2\sigma})$$

则

$$Z'_2 = R'_2 + jX'_{2\sigma} = \frac{E'_2}{I'_2} = \frac{k_e E_2}{\dfrac{I_2}{k_i}} = k_i k_e Z_2 = k_i k_e (R_2 + jX_{2\sigma})$$

即

$$\begin{cases} R'_2 = k_e k_i R_2 \\ X'_{2\sigma} = k_e k_i X_{2\sigma} \end{cases} \tag{8-34}$$

因而阻抗角

$$\varphi'_2 = \arctan \frac{X'_{2\sigma}}{R'_2} = \arctan \frac{k_e k_i X_{2\sigma}}{k_e k_i R_2} = \varphi_2 \tag{8-35}$$

此外，折算后的转子铜耗为

$$m_1 I'^2_2 R'_2 = m_1 \left(\frac{I_2}{k_i}\right)^2 k_e k_i R_2 = m_1 \left(\frac{I_2}{k_i}\right)^2 \frac{m_2}{m_1} k_i^2 R_2 = m_2 I_2^2 R_2 \tag{8-36}$$

折算后转子漏抗上的无功功率为

$$m_1 I'^2_2 X'_{2\sigma} = m_1 \left(\frac{I_2}{k_i}\right)^2 k_e k_i X_{2\sigma} = m_1 \left(\frac{I_2}{k_i}\right)^2 \frac{m_2}{m_1} k_i^2 X_{2\sigma} = m_2 I_2^2 X_{2\sigma} \tag{8-37}$$

可见，折算前后的转子铜耗和无功功率均未发生变化。

8.4.5　基本方程式、等效电路与相量图

综上所述，转子堵转时，将转子上各量均进行折算后，可得异步电动机的基本方程为

$$\begin{cases} \dot{U}_1 = -\dot{E}_1 + \dot{I}_1(R_1 + jX_{1\sigma}) \\ \dot{E}_1 = -\dot{I}_m(R_m + jX_m) \\ \dot{E}_1 = \dot{E}'_2 \\ \dot{E}'_2 = \dot{I}'_2(R'_2 + jX'_{2\sigma}) \\ \dot{I}_1 + \dot{I}'_2 = \dot{I}_m \end{cases} \tag{8-38}$$

折算后的电路图如图 8-17(a)所示,由于 $\dot{E}_1 = \dot{E}'_2$,即点 a 与 a′、b 与 b′为等电位点,故其间可连起来而并不对电路造成任何影响。这样可得转子堵转时的等效电路,如图 8-17(b)所示。

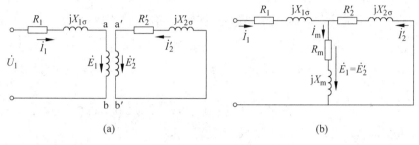

(a)　　　　　　　　　　　　　　(b)

图 8-17　转子堵转时的电路图及等效电路

与变压器一样,异步电动机的电磁关系除了可用基本方程式和等效电路表示外,还可用相量图表示。根据式(8-38),可画出如图 8-18 所示的堵转时的相量图。

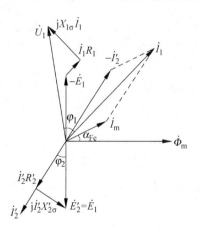

图 8-18　三相异步电动机堵转时的相量图

8.5　三相异步电动机转子旋转时的电磁关系

8.5.1　转子旋转时的电磁关系

1. 定子电动势平衡关系

旋转后,定子侧的电动势平衡关系仍然为

$$\dot{U}_1 = -\dot{E}_1 + \dot{I}_1 Z_1$$

2. 转子电动势平衡关系

转子以转速 n 旋转时,旋转磁场不再以同步转速 n_1 切割转子绕组,转子侧感应电动势的大小和频率都已改变。

此时,磁场切割转子绕组的速度为 $n_1 - n$,故转子绕组中感应电动势频率为

$$f_2 = \frac{p(n_1 - n)}{60} = \frac{n_1 - n}{n_1} \frac{p n_1}{60} = s f_1 \qquad (8\text{-}39)$$

可见,转子侧频率 f_2 与转差率 s 成正比。当转子静止时 $n = 0$,$s = 1$,$f_2 = f_1$,即为转子堵转时的情况。

异步电动机在正常运行时,s 很小,故转子侧频率 f_2 也很小,一般 $f_2 = 0.5 \sim 2.5\ \text{Hz}$,此时转子铁芯中主磁通交变频率很低。因此,转子铁耗通常很小,常常可忽略不计。

上节中 $\dot{E}_2$ 表示转子不动时的每相感应电动势,现用 $\dot{E}_{2s}$ 表示转子旋转时的每相电动势,且

$$E_{2s} = 4.44 f_2 N_2 k_{N2} \Phi_m = s\, 4.44 f_1 N_2 k_{N2} \Phi_m = s E_2 \qquad (8\text{-}40)$$

转子绕组漏电抗的大小与转子频率 f_2 成正比,故

$$X_{2s} = \omega_2 L_{2\sigma} = 2\pi f_2 L_{2\sigma}$$

式中,$L_{2\sigma}$ 为转子不动时的转子漏感抗。频率变化时转子绕组漏抗也随之发生变化,而 $f_2 = s f_1$,故

$$X_{2s} = s X_{2\sigma} \qquad (8\text{-}41)$$

式中,$X_{2\sigma}$ 为转子不动时的转子漏抗;X_{2s} 为转子旋转时的转子漏抗。

若不计集肤效应和温度变化的影响,一般认为转子电阻 R_2 不发生变化。这样,转子旋转时转子电动势平衡方程式为

$$\dot{E}_{2s} = \dot{I}_{2s}(R_2 + jX_{2s}) = \dot{I}_{2s} Z_{2s} \qquad (8\text{-}42)$$

故转子电流为

$$\dot{I}_{2s} = \frac{\dot{E}_{2s}}{R_2 + jX_{2s}} \qquad (8\text{-}43)$$

由于转子电流 $\dot{I}_{2s}$ 由转子电动势 $\dot{E}_{2s}$ 产生,所以 $\dot{I}_{2s}$ 的频率应与 $\dot{E}_{2s}$ 的频率相同,为 $f_2 = s f_1$。转子功率因数角为

$$\varphi_2 = \arctan \frac{X_{2s}}{R_2} \qquad (8\text{-}44)$$

3. 定转子磁动势及其相互关系

1) 定子磁动势

当三相异步电动机转子旋转时,与转子不转时一样,其定子绕组中电流仍为 $\dot{I}_1$,产生的旋转磁场仍为 $\bar{F}_1$。

2) 转子磁动势

当三相异步电动机以转速 n 旋转时,转子电流为 $\dot{I}_{2s}$,则产生的旋转磁动势 $\bar{F}_2$ 的幅

值为

$$F_2 = \frac{\sqrt{2}\,m_2}{\pi}\,\frac{N_2 k_{N2}}{p}\,I_{2s} = 1.35\,\frac{N_2 k_{N2}}{p}\,I_{2s} \tag{8-45}$$

当转子旋转时,气隙磁场切割转子绕组时的旋转方向并没有发生变化,仅仅是切割速度发生了变化,以 $n_1 - n$ 的速度切割转子绕组。因此,产生电流的相序仍为 $A_2 - B_2 - C_2$,其转子电流产生的旋转磁动势(相对转子绕组)仍为逆时针方向,即 $A_2 - B_2 - C_2$。

对转子绕组而言,转速

$$n_2 = \frac{60 f_2}{p} = \frac{60 s f_1}{p} = s n_1 \tag{8-46}$$

故对于定子绕组,其转速为

$$n_2 + n = s n_1 + n = \frac{n_1 - n}{n_1} n_1 + n = n_1 \tag{8-47}$$

可见 $\overline{F}_2$ 仍以转速 n_1 旋转,与定子磁动势 $\overline{F}_1$ 保持相对静止,故可运用相量加法将这两磁动势相加,从而得到一个合成磁动势 $\overline{F}_m$,即

$$\overline{F}_1 + \overline{F}_2 = \overline{F}_m$$

与如前所述的堵转情况一样,该合成磁动势便在气隙中产生每极主磁通 $\dot{\Phi}_m$。

8.5.2　转子绕组频率的折算

根据前面的分析可知,转子以转速 n 旋转时,定、转子磁动势仍保持相对静止。也就是说,此时电机内部的电磁过程与转子静止时的一样,只是转子电动势和电流频率从转子静止时的 $f_2 = f_1$ 变为转子旋转时的 $f_2 = s f_1$。因此转子旋转后,异步电动机中除了采用上一节中提到的绕组折算外,还要进行频率折算。转子频率折算的目的,就是要使等效转子中的频率与定子的频率相等。折算的原则是保持转子旋转磁动势的大小不变,因而对定子的影响不发生变化。折算方法是用一个静止的转子来模拟旋转的转子。

如前所述,转子旋转后的电流表达式为式(8-43),将其进行变换可得如下表达式:

$$\dot{I}_{2s} = \frac{\dot{E}_{2s}}{R_2 + \mathrm{j}X_{2s}} = \frac{s\dot{E}_2}{R_2 + \mathrm{j}sX_{2\sigma}} = \frac{\dot{E}_2}{\dfrac{R_2}{s} + \mathrm{j}X_{2\sigma}} = \dot{I}_2 \tag{8-48}$$

式中,$\dot{E}_{2s}$、$\dot{I}_{2s}$、X_{2s} 分别为转子旋转时异步机一相的电动势、电流、电抗;$\dot{E}_2$、$\dot{I}_2$、$X_{2\sigma}$ 分别为转子不动时异步机一相的电动势、电流、电抗。

由以上分析可以看出,转子电流的大小没有变化,但由式(8-48)求得的电流所对应的电动势 $\dot{E}_2$ 和电抗 X_2 的频率为 f_1,而不是 f_2。此外,电流相位为

$$\varphi_2 = \arctan\frac{X_{2\sigma}}{\dfrac{R_2}{s}} = \arctan\frac{sX_{2\sigma}}{R_2} = \arctan\frac{X_{2s}}{R_2} \tag{8-49}$$

可见,其电流相位也没有发生变化。

由上面的推导过程可见,其电阻如若由一个与转差率有关的等效电阻 R_2/s 来替换,或者说若用一个阻值为 R_2/s 的等效静止转子去替代电阻为 R_2 的实际旋转的转子,那么定转

子边的情况不会发生任何变化。这就是通常所说的转子的频率折算。此时的 $\bar{F}_2$ 与实际转子的磁动势相同,对应电路如图8-19(a)所示。

对实际转子进行频率折算后,可得图8-19(b)所示电路,转子电阻由 R_2 变为 R_2/s。由于 $R_2/s=R_2+(1-s)R_2/s$,所以将 R_2 转换成 R_2/s,也可看成是在转子电路中串入一个附加电阻 $(1-s)R_2/s$。从其物理意义上来说,该附加电阻是用来模拟异步电动机轴上总机械功率的等效电阻,即用电阻上产生的功率 $I_2^2(1-s)R_2/s$ 来等效机械功率。

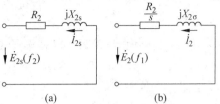

图 8-19 转子频率折算

(a) 实际转子一相电路;(b) 频率折算后一相电路

它是转差率 s 的函数,可反映出不同转速时的机械功率的大小。

再采用与转子堵转时相同的方法,将转子绕组相数、匝数以及绕组系数都折算到定子侧,则转子回路电动势方程转化为

$$\dot{E}'_2 = \dot{I}'_2 \left(\frac{R'_2}{s} + jX'_{2\sigma} \right) \tag{8-50}$$

8.5.3 基本方程式、等效电路图和相量图

转子旋转时的异步电动机与转子堵转时的相比,其基本方程式中,只是转子电压方程有所不同,故异步电动机旋转时的基本方程式为

$$\begin{cases} \dot{U}_1 = -\dot{E}_1 + \dot{I}_1 Z_1 = -\dot{E}_1 + \dot{I}_1(R_1 + jX_{1\sigma}) \\ -\dot{E}_1 = \dot{I}_m Z_m = \dot{I}_m(R_m + jX_m) \\ \dot{E}_1 = \dot{E}'_2 \\ \dot{I}_1 + \dot{I}'_2 = \dot{I}_m \\ \dot{E}'_2 = \dot{I}'_2 \left(\frac{R'_2}{s} + jX'_{2\sigma} \right) = \dot{I}'_2 \left(Z'_2 + \frac{1-s}{s} R'_2 \right) \end{cases} \tag{8-51}$$

根据上述方程组,便可得三相异步电动机负载时的 T 形等效电路,如图8-20所示。从图中可以看出,这与变压器的等效电路形式完全一样,只是变压器中的 Z'_L 变为 $\frac{1-s}{s}R'_2$ 了。也可采用与变压器中相同的方法,得到简化 τ 形等效电路,如图8-21所示。

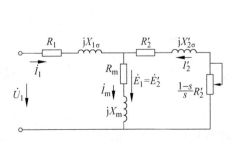

图 8-20 异步电动机 T 形等效电路图

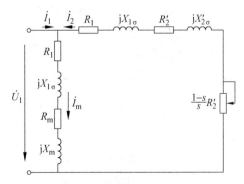

图 8-21 异步电动机简化 τ 形等效电路图

与变压器一样,异步电动机的电磁关系除了可用基本方程式和等效电路表示外,还可用相量图表示。作图的简单过程如下:

(1) 首先选定一个参考相量(常以 $\dot{\Phi}_\mathrm{m}$ 为参考相量),将其画在横轴正方向上,再逆时针转过 α_Fe 角,画出产生 $\dot{\Phi}_\mathrm{m}$ 所需的励磁电流 $\dot{I}_\mathrm{m}$;

(2) 滞后 $\dot{\Phi}_\mathrm{m}90°$ 位置,画出定、转子电动势 $\dot{E}_1 = \dot{E}_2'$;

(3) 由转子每相的电阻 R_2' 和漏抗 $X_{2\sigma}'$ 计算出 $\varphi_2 = \arctan\dfrac{X_{2\sigma}}{R_2/s}$,画出转子相电流 $\dot{I}_2'$,其滞后 $\dot{E}_2'\varphi_2$ 角度,根据 $\dot{E}_2' = \dot{I}_2'\left(\dfrac{R_2'}{s}+\mathrm{j}X_{2\sigma}'\right)$,则电压三角形的另外两边:$\dot{I}_2'\dfrac{R_2'}{s}$ 与 $\dot{I}_2'$ 同相位, $\mathrm{j}\dot{I}_2'X_{2\sigma}'$ 超前 $\dot{I}_2'90°$;

(4) 将 $\dot{I}_2'$ 转 180° 便得 $-\dot{I}_2'$,将 $-\dot{I}_2'$ 与 $\dot{I}_\mathrm{m}$ 合成便得定子相电流 $\dot{I}_1$;

(5) 将 $\dot{E}_1$ 转 180° 得 $-\dot{E}_1$,根据 $\dot{U}_1 = -\dot{E}_1' + I_1(R_1+\mathrm{j}X_{1\sigma})$, 用相量叠加,在 $-\dot{E}_1$ 上加上 $\dot{I}_1R_1$(与 $\dot{I}_1$ 同相)和 $\mathrm{j}\dot{I}_1X_{1\sigma}$(超前 $\dot{I}_190°$)便得定子每相端电压 $\dot{U}_1$,随之可求得 $\dot{U}_1$ 与 $\dot{I}_1$ 之间的夹角 φ_1,从而计算出异步电机的功率因数 $\cos\varphi_1$。

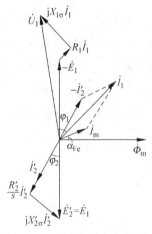

图 8-22 即为异步电动机的相量图。该图较直观地显示了各物理量的相位关系,可用于异步电动机的定性分析。

图 8-22 异步电动机相量图

例 8-6 一台三相 4 极异步电动机,定子绕组三角形连接,$P_\mathrm{N}=10\ \mathrm{kW}$,$U_{1\mathrm{N}}=380\ \mathrm{V}$,$n_\mathrm{N}=1455\ \mathrm{r/min}$,$f_\mathrm{N}=50\ \mathrm{Hz}$,定子每相电阻 $R_1=1.375\ \Omega$,漏抗 $X_{1\sigma}=2.43\ \Omega$,励磁电阻 $R_\mathrm{m}=8.34\ \Omega$,电抗 $X_\mathrm{m}=82.6\ \Omega$,转子电阻 $R_2'=1.047\ \Omega$,漏抗 $X_{2\sigma}'=4.4\ \Omega$,求额定负载运行时的定子相电流、转子电流的频率、额定功率因数和效率。

解 采用 T 形等效电路计算如下:

转差率

$$s_\mathrm{N}=\frac{n_1-n_\mathrm{N}}{n_1}=\frac{1500-1455}{1500}=0.03$$

$$Z_1=R_1+\mathrm{j}X_{1\sigma}=1.375+\mathrm{j}2.43=2.79\angle 60.5°$$

$$Z_\mathrm{m}=R_\mathrm{m}+\mathrm{j}X_\mathrm{m}=8.34+\mathrm{j}82.6=83\angle 84.2°$$

$$Z_2'=\frac{R_2'}{s_\mathrm{N}}+\mathrm{j}X_{2\sigma}'=\frac{1.047}{0.03}+\mathrm{j}4.4=35.18\angle 7.2°$$

取 $\dot{U}_{1\mathrm{N}}=380\angle 0°$ 作为参考量,定子额定相电流为

$$\dot{I}_{1\mathrm{nP}}=\frac{\dot{U}_{1\mathrm{N}}}{Z_1+\dfrac{Z_\mathrm{m}Z_2'}{Z_\mathrm{m}+Z_2'}}=\frac{380\angle 0°}{2.79\angle 60.5°+\dfrac{83\angle 84.2°\times 35.18\angle 7.2°}{83\angle 84.2°+35.18\angle 7.2°}}$$

$$= \frac{380 \angle 0°}{2.79 \angle 60.5° + 30.06 \angle 27.83°} = 11.7 \angle -30.49°$$

当 $n = 1455$ r/min 时,转子电流频率为

$$f_2 = s f_1 = 0.03 \times 50 \text{ Hz} = 1.5 \text{ Hz}$$

额定功率因数

$$\cos \varphi_{1N} = \cos 30.49 = 0.862$$

额定输入功率

$$P_{1N} = 3 U_{1N} I_{1nP} \cos \varphi_{1N} = 3 \times 380 \times 11.7 \times 0.862 \text{ W} = 11\,497 \text{ W}$$

额定效率

$$\eta_N = \frac{P_2}{P_1} = \frac{10 \times 10^3}{11\,497} = 86.98\%$$

例 8-7 三相 4 极绕线式异步电动机,在定子上加额定电压,从转子滑环上测得电压为 100 V,转子绕组 Y 连接,每相电阻 $R_2 = 0.6$ Ω,每相漏抗 $X_{2\sigma} = 3.2$ Ω,当 $n = 1450$ r/min 时,求转子电流的大小和频率、总机械功率。

解 转差率

$$s = \frac{n_1 - n}{n_1} = \frac{1500 - 1450}{1500} = 0.033$$

开路时,转子电动势

$$E_2 = \frac{100}{\sqrt{3}} \text{ V} = 57.74 \text{ V}$$

当 $n = 1450$ r/min 时,转子电流频率为

$$f_2 = s f_1 = 0.033 \times 50 \text{ Hz} = 1.65 \text{ Hz}$$

转子电流

$$\dot{I}_2 = \frac{\dot{E}_{2s}}{R_2 + jX_{2s}} = \frac{s\dot{E}_2}{R_2 + jsX_{2\sigma}} = \frac{\dot{E}_2}{\dfrac{R_2}{s} + jX_{2\sigma}}$$

$$= \frac{57.74}{\dfrac{0.6}{0.033} + j3.2} = 3.11 \angle -9.83°$$

总机械功率

$$P_{\text{mec}} = 3 I_2^2 R_2 \frac{1-s}{s} = 3 \times 3.11^2 \times 0.6 \times \frac{1 - 0.033}{0.033} \text{ W} = 510 \text{ W}$$

小　结

在本章中,首先介绍了交流电机的共同理论——交流绕组的一些基本问题。

槽电动势星形图是分析交流绕组有效的工具和基本方法,有了槽电动势星形图便可划分各相所属槽号,形成绕组的连接图。

交流绕组的形式很多,应掌握它们的连接规律。一般来说,大、中型电机多采用双层绕组,10 kW 以下的异步电机多采用单层绕组,绕线式异步电机的定子多采用双层绕组。单层

绕组都是整距绕组,而双层绕组为了改善电动势和磁动势波形、削弱其谐波多安排为短距绕组。

交流绕组产生的磁动势的性质、大小和波形是分析交流电机的最基本的理论基础之一。单相绕组磁动势为脉振磁动势,对称的多相绕组通以对称的多相电流产生的基波合成磁动势是圆形旋转磁动势。

异步电动机基本电磁关系和分析方法,是异步电动机原理的核心部分。从基本原理来看,异步电动机和变压器相似,所以采用的分析方法也类似。首先分析内部电磁过程,建立磁动势和电动势平衡关系式,然后得出等效电路图和相量图。两者的区别在于:

(1) 与变压器相比,异步电动机的磁通须穿过高磁阻的气隙,因而使异步电动机的励磁电抗减小,漏电抗增加;

(2) 由于异步电动机的转子是旋转的,定、转子绕组之间存在着相对运动,故 $f_2 = sf_1$;

(3) 异步电动机的转子绕组总是短路的。

此外,还应注意:

(1) 在异步电动机中,不论转子是静止还是旋转的,定、转子磁动势基波总是相对静止的,这是产生电磁转矩实现机电能量转化的重要特点。

(2) 由于异步电动机用于带动生产机械,其负载是纯有功功率,故等效电路中的负载用一纯电阻 $\dfrac{1-s}{s}R_2'$ 来表示,其为总机械功率的等效电阻,且为转差率 s 的函数。

(3) 绕线型异步电动机中,转子绕组极数必须设计得与定子绕组一样;而鼠笼型异步电动机无论转子导条数多少,转子极数总是自动地与定子绕组一样。

习　　题

8-1　在三相绕组中,将通入三相负序电流和通入幅值相同的三相正序电流进行比较,旋转磁场有何区别?

8-2　一对称三相绕组,在 A、B 相绕组之间通入电流 $i = I\sin\omega t$。

(1) 分别写出 A、B 相基波磁动势表达式;

(2) 写出合成基波磁动势表达式。

8-3　一台 4 极、$Z=36$ 的三相交流电机,采用双层叠绕组,并联支路数 $a=1$,$y=\dfrac{7}{9}\tau$,每个线圈匝数 $N_c=20$,每极气隙磁通 $\Phi_1=7.5\times10^{-3}$ Wb,试求每相绕组的感应电动势。

8-4　总结交流电机三相合成基波圆形旋转磁动势的性质、它的幅值大小、幅值空间位置、转向和转速各与哪些因素有关。这些因素中哪些是由构造决定的,哪些是由运行条件决定的?

8-5　三相异步电动机转子为什么会转? 怎样改变它的转向?

8-6　为什么异步电机的功率因数总是滞后的? 为什么异步电机的气隙比较小?

8-7　何谓异步电动机的转差率? 在什么情况下转差率为正,什么情况下为负,什么情况下转差率小于 1 或大于 1? 如何根据转差率的不同来区别各种不同运行状态?

8-8　异步电机中,主磁通和漏磁通的性质和作用有什么不同?

8-9   当异步电动机运行时,定子电动势的频率是多少?转子电动势的频率为多少?由定子电流产生的旋转磁动势以什么速度截切定子,又以什么速度截切转子?由转子电流产生的旋转磁动势以什么速度截切转子,又以什么速度截切定子?它与定子旋转磁动势的相对速度是多少?

8-10   说明转子绕组折算和频率折算的意义。折算是在什么条件下进行的?

8-11   假如一台定子星形连接的异步电动机在运行中突然切断三相电流,同时将任意两相定子绕组立即接入直流电源,这时异步电动机的工作状况如何?试分析之。

8-12   设有一台 50 Hz、8 极的三相异步电动机,额定转差率 $s_N = 0.043$,问该电动机的同步转速是多少?额定转速是多少?当该电动机运行在 700 r/min 时,转差率是多少?当该电动机运行在 800 r/min 时,转差率是多少?该电动机在起动时,转差率是多少?

8-13   一台三相异步电动机,$P_N = 4.5$ kW,YD 连接,380/220 V,$\cos \varphi_N = 0.8$,$\eta_N = 0.8$,$n_N = 1450$ r/min,试求:

(1) Y 连接或 D 连接时的定子额定电流;

(2) 同步转速 n_1 及定子磁极对数 p;

(3) 带额定负载时转差率 s_N。

8-14   一台 8 极异步电动机,电源频率 $f = 50$ Hz,额定转差率 $s_N = 0.04$。

(1) 求额定转速 n_N;

(2) 在额定工作时,将电源相序改变,求反接瞬时的转差率。

8-15   已知 Y90S-4 型异步电动机的技术数据如下:1.1 kW、50 Hz、380 V、三角形连接,$\eta_N = 0.78$,$\cos \varphi = 0.78$,$n_N = 1400$ r/min。试求:

(1) 线电流和相电流的额定值;

(2) 电磁转矩额定值;

(3) 转差率和转子频率的额定值。

8-16   异步电动机等效电路中的附加电阻 $(1-s)R_2'/s$ 的物理意义是什么?能否用电感或电容来代替,为什么?

8-17   一台三相异步电动机,已知定子绕组三角形连接,$U_{1N} = 380$ V,$n_N = 1426$ r/min,$f_N = 50$ Hz,$R_1 = 2.865$ Ω,$X_{1\sigma} = 7.71$ Ω,励磁电阻 R_m 忽略不计,电抗 $X_m = 202$ Ω,$R_2' = 2.82$ Ω,$X_{2\sigma}' = 11.75$ Ω。

(1) 求电动机极数;

(2) 求同步转速;

(3) 额定负载时,求转差率和转子电流频率;

(4) 绘出等效电路图,并计算额定负载时,I_1、P_1、$\cos \varphi_1$ 和 I_2'。

第9章 三相异步电动机的运行特性

9.1 三相异步电动机的功率与转矩

9.1.1 异步电动机的功率关系

在外施电压的作用下,电网输入异步电动机定子的功率 P_1 为

$$P_1 = 3U_1 I_1 \cos \varphi_1 \tag{9-1}$$

式中,U_1 为定子绕组相电压;I_1 为定子绕组相电流;$\cos \varphi_1$ 为电机的功率因数。

电动机工作时,输入功率 P_1 的一小部分将消耗在定子绕组的电阻上,其为定子铜耗,即

$$p_{\text{Cu1}} = 3I_1^2 R_1 \tag{9-2}$$

还有一小部分将消耗在定子铁芯中,称为铁芯损耗,即

$$p_{\text{Fe}} = 3I_{\text{m}}^2 R_{\text{m}} \tag{9-3}$$

扣除消耗在定子上的铜耗 p_{Cu1} 和铁芯损耗 p_{Fe} 之后,剩下的大部分即为传递到气隙的功率,记为 P_{em},表示为

$$P_{\text{em}} = P_1 - p_{\text{Cu1}} - p_{\text{Fe}} \tag{9-4}$$

由于 P_{em} 是借助气隙磁场通过电磁感应作用传递到转子的,因此称 P_{em} 为电磁功率,故 P_{em} 也可表示为

$$P_{\text{em}} = m_2 E_2 I_2 \cos \varphi_2 = 3E_2' I_2' \cos \varphi_2 \tag{9-5}$$

式中,$\cos \varphi_2$ 为转子的功率因数。由等效电路图 8-20 可见,P_{em} 是纯电阻 R_2'/s(转子回路全部电阻)中的电功率,因此

$$P_{\text{em}} = 3I_2'^2 \frac{R_2'}{s} \tag{9-6}$$

由于正常运行时,转子侧频率很低,转子铁耗很小,故可忽略不计。因此电磁功率 P_{em} 扣除转子绕组中的铜耗 p_{Cu2} 之后,余下的功率全部转化为机械功率 P_{mec},称为总机械功率,即

$$P_{\text{mec}} = P_{\text{em}} - p_{\text{Cu2}} \tag{9-7}$$

式中

$$p_{\text{Cu2}} = 3I_2'^2 R_2' = sP_{\text{em}} \tag{9-8}$$

在等效电路中

$$P_{\text{mec}} = 3I_2'^2 \frac{1-s}{s} R_2' \tag{9-9}$$

由 P_{em}、P_{mec}、p_{Cu2} 的计算公式,可得各物理量之间的关系为

$$\begin{cases} \dfrac{p_{Cu2}}{P_{em}} = \dfrac{R_2'}{\dfrac{R_2'}{s}} = s \\[4mm] \dfrac{P_{mec}}{P_{em}} = \dfrac{\dfrac{1-s}{s}R_2'}{\dfrac{R_2'}{s}} = 1-s \end{cases} \tag{9-10}$$

整理可得下面的重要关系式:

$$\begin{cases} p_{Cu2} = sP_{em} \\ P_{mec} = (1-s)P_{em} \end{cases} \tag{9-11}$$

式(9-11)说明,若电磁功率一定,转差率 s 越小,机械功率越大,转子铜损耗越小,则电动机效率越高;反之,转差率 s 越大,则电磁功率消耗在转子上的分量就越大。此外,还可看出总机械功率 P_{mec} 为电磁功率 P_{em} 中的一大部分(因为正常运行时,s 很小,一般为 $0.01 \sim 0.05$),而转子铜耗 p_{Cu2} 与电磁功率 P_{em} 之比为转差率 s,因此有时也称 p_{Cu2} 为转差功率。

总机械功率 P_{mec} 为与负载相对应的电阻 $(1-s)R_2'/s$ 上的功率,再扣除由轴承以及风阻等摩擦阻转矩引起的机械(旋转)损耗 p_{mec} 和附加损耗 p_{ad} 后,才是电动机轴上真正输出的功率,用 P_2 表示:

$$P_2 = P_{mec} - p_{mec} - p_{ad} = P_{mec} - p_0 \tag{9-12}$$

式中,$p_0 = p_{mec} + p_{ad}$。由于其在空载时就存在,故称为空载损耗。

综上所述,异步电动机运行时,从电网输入电功率 P_1 到转轴上输出机械功率 P_2 的全过程,用公式表示为

$$P_2 = P_1 - p_{Cu1} - p_{Fe} - p_{Cu2} - p_{mec} - p_{ad} = P_1 - \sum p$$

式中,$\sum p = p_{Cu1} + p_{Fe} + p_{Cu2} + p_{mec} + p_{ad}$。

图 9-1(a)为异步电动机的等效电路图,异步电动机功率传递过程的功率流程图如图 9-1(b)所示。

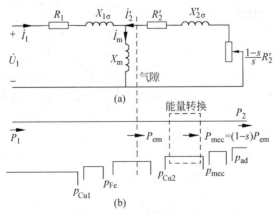

图 9-1 异步电动机的等效电路和功率流程图

(a) 等效电路图;(b) 功率流程图

9.1.2　异步电动机的转矩关系

由力学知识可知,旋转物体的机械功率等于转矩乘以机械角速度,所以将式(9-12)即 $P_2 = P_{mec} - p_0$ 两边除以机械角速度 $\Omega\left(\Omega = \dfrac{2\pi n}{60} \text{ rad/s}\right)$,便可得异步电动机的转矩平衡方程式

$$T_2 = T - T_0 \tag{9-13}$$

式中,T_2 为负载转矩,是生产机械施加于电机轴上的制动转矩;T 为电磁转矩,是主磁通与转子电流有功分量作用产生的拖动转矩;T_0 为空载制动转矩,是机械损耗和附加损耗产生的制动转矩,空载时就存在。

当电机稳定运行时,拖动转矩一定与制动转矩相平衡。

根据转矩的定义可知

$$\begin{cases} T = \dfrac{P_{mec}}{\Omega} \\[2mm] T_2 = \dfrac{P_2}{\Omega} \\[2mm] T_0 = \dfrac{p_0}{\Omega} \end{cases} \tag{9-14}$$

将式(9-14)中的电磁功率和电磁转矩的关系加以转换,用 P_{em} 来表示 P_{mec},则表达式可写为

$$T = \frac{P_{mec}}{\Omega} = \frac{(1-s)P_{em}}{\dfrac{2\pi n}{60}} = \frac{P_{em}}{\dfrac{2\pi n}{(1-s)60}} = \frac{P_{em}}{\dfrac{2\pi n_1}{60}}$$

即

$$T = \frac{P_{em}}{\Omega_1} \tag{9-15}$$

式中,Ω_1 为同步角速度。

式(9-15)说明,电磁转矩既可用总机械功率 P_{mec} 除以转子机械角速度 Ω 计算,也可用电磁功率 P_{em} 除以同步角速度 Ω_1 来计算。前者是依据转子本身产生机械功率的概念,后者是依据旋转磁场对转子传递的功率这个概念。

例 9-1　已知一台 4 极三相异步电动机的数据为 $P_N = 10 \text{ kW}$,$U_N = 380 \text{ V}$,定子三角形连接,$f_N = 50 \text{ Hz}$,$p_{Cu1} = 557 \text{ W}$,$p_{Cu2} = 314 \text{ W}$,$p_{Fe} = 276 \text{ W}$,$p_{mec} = 77 \text{ W}$,$p_{ad} = 200 \text{ W}$,试计算此电机的:

(1) 额定转速;

(2) 负载制动转矩;

(3) 空载制动转矩;

(4) 电磁转矩。

解　(1) 由于 $p = 2$,$f = 50 \text{ Hz}$,则同步速

$$n_1 = \frac{60f}{p} = \frac{60 \times 50}{2} \text{ r/min} = 1500 \text{ r/min}$$

机械功率和电磁功率分别为

$$P_{mec} = P_N + p_{mec} + p_{ad} = (10 + 0.077 + 0.2)\text{kW} = 10.277 \text{ kW}$$

$$P_{em} = P_{mec} + p_{Cu2} = (10.277 + 0.314)\text{kW} = 10.591\text{ kW}$$

额定转差率为

$$s_N = \frac{p_{Cu2}}{P_{em}} = \frac{0.314}{10.591} = 0.029\,65$$

故,额定转速

$$n_N = (1 - s_N)n_1 = (1 - 0.029\,65) \times 1500\text{ r/min} = 1455.5\text{ r/min}$$

（2）负载制动转矩

$$T_2 = \frac{P_2}{\Omega} = \frac{10 \times 10^3}{2\pi \times \dfrac{1455.5}{60}}\text{ N} \cdot \text{m} = 65.64\text{ N} \cdot \text{m}$$

（3）空载制动转矩

$$T_0 = \frac{p_{mec} + p_{ad}}{\Omega} = \frac{77 + 200}{2\pi \times \dfrac{1455.5}{60}}\text{ N} \cdot \text{m} = 1.818\text{ N} \cdot \text{m}$$

（4）电磁转矩

$$T = T_2 + T_0 = (65.64 + 1.818)\text{N} \cdot \text{m} = 67.46\text{ N} \cdot \text{m}$$

或

$$T = \frac{P_{em}}{\Omega_1} = \frac{10.591 \times 10^3}{2\pi \times \dfrac{1500}{60}}\text{ N} \cdot \text{m} = 67.46\text{ N} \cdot \text{m}$$

或

$$T = \frac{P_{mec}}{\Omega} = \frac{10.277 \times 10^3}{2\pi \times \dfrac{1455.5}{60}}\text{ N} \cdot \text{m} = 67.46\text{ N} \cdot \text{m}$$

可见,三种方法计算的电磁转矩 T 结果都一样。

9.2　三相异步电动机的机械特性与工作特性

9.2.1　电磁转矩的两种表达方式

1. 物理表达式

如前所述,电磁转矩等于电磁功率 P_{em} 除以同步角速度 Ω_1,在此基础之上根据异步电动机的 T 形等效电路图 8-20,电磁转矩表达式可写为

$$T = \frac{P_{em}}{\Omega_1} = \frac{m_2 E_2 I_2 \cos\varphi_2}{2\pi\dfrac{n_1}{60}} = \frac{m_2 (4.44 f_1 N_2 k_{N2} \Phi_m) I_2 \cos\varphi_2}{2\pi\dfrac{f_1}{p}}$$

$$= \frac{4.44 m_2 p N_2 k_{N2}}{2\pi}\Phi_m I_2 \cos\varphi_2 = C_T \Phi_m I_2 \cos\varphi_2 = C_T \Phi_m I_{2a} \tag{9-16}$$

式中, $C_T = \dfrac{4.44 m_2 p N_2 k_{N2}}{2\pi}$,为与电机结构有关的常数; I_{2a} 为转子电流的有功分量, $I_{2a} = I_2 \cos\varphi_2$ 。

式(9-16)表明：三相异步电动机的电磁转矩是由主磁通 Φ_m 与转子电流的有功分量 $I_2\cos\varphi_2$ 相互作用产生的。或者说，其电磁转矩是转子中各载流导体在旋转磁场的作用下，受到电磁力所形成的转矩之总和。

2. 参数表达式

式(9-16)直观地反映了电磁转矩产生的物理概念，但并没有明显地将电磁转矩 T 与转差率 s 的关系表示出来。而在实际计算中，往往需要知道 T 与 s 之间的关系。下面推导这一关系。

已知

$$T = \frac{P_{em}}{\Omega_1}$$

又知

$$P_{em} = 3I_2'^2\frac{R_2'}{s}$$

可见，只要求出 I_2' 就可得到所需要的结果。由三相异步电动机简化 τ 形等效电路可知

$$I_2' = \frac{U_1}{\sqrt{\left(R_1 + \dfrac{R_2'}{s}\right)^2 + (X_{1\sigma} + X_{2\sigma}')^2}} \tag{9-17}$$

而

$$\Omega_1 = \frac{2\pi n_1}{60} = \frac{2\pi n_1}{60} \times \frac{p}{p} = \frac{2\pi}{p} \times \frac{pn_1}{60} = \frac{2\pi f_1}{p} \tag{9-18}$$

将 I_2' 和 Ω_1 的表达式代入电磁转矩的表达式得

$$T = \frac{P_{em}}{\Omega_1} = \frac{m_1 I_2'^2\dfrac{R_2'}{s}}{\dfrac{2\pi f_1}{p}} = \frac{3pU_1^2\dfrac{R_2'}{s}}{2\pi f_1\left[\left(R_1 + \dfrac{R_2'}{s}\right)^2 + (X_{1\sigma} + X_{2\sigma}')^2\right]} \tag{9-19}$$

这就是机械特性的参数表达式。

9.2.2　三相异步电动机的机械特性

在电网电压、频率和电机参数为定值的条件下，电磁转矩 T 与转速(或转差率 s)之间的函数关系，称为异步电动机的机械特性。

1. 机械特性(T-s)曲线

由式(9-19)可知，在电网电压、频率和电机参数为定值的情况下，电磁转矩仅为转差率 s 的函数。因此给定不同的 s，便可将这个 $T=f(s)$ 的函数画成 T-s 曲线，这便是机械特性曲线。

三相异步电动机在电压、频率均为额定值并保持不变，定、转子回路不串入任何电路元件条件下的机械特性，称为固有机械特性，如图 9-2 所示。

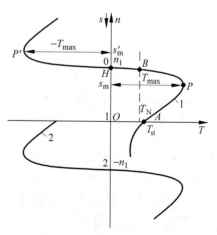

图 9-2　异步电动机机械特性曲线

图中,曲线 1 为电动机正向旋转时的固有机械特性曲线,曲线 2 为反向旋转时的固有机械特性曲线。固有特性上电动机的运行段特性较硬。

从图 9-2 中可以看出,三相异步电动机的固有机械特性不是一条直线,图中曲线 1 同时画出了异步电动机三种运行状态下的机械特性,当 $n_1 \geqslant n \geqslant 0$,即 $0 \leqslant s \leqslant 1$ 时,曲线处在第 Ⅰ 象限。此时,电磁转矩 T 和转速 n 均为正(从规定正方向判断),电磁转矩 T 与转速 n 同方向,此时,称为电动机的电动状态。当 $n > n_1$,即 $s < 0$ 时,曲线处在第 Ⅱ 象限。此时,电磁转矩 T 与转速 n 方向相反为负值,其为制动性质转矩。此时,称为电动机的发电状态。当 $n < 0$,即 $s > 1$ 时,曲线处在第 Ⅳ 象限。此时,电磁转矩 $T > 0$,但与转速 n 方向相反,故 T 也为制动性质,此时,称为电动机的电磁制动状态。

下面讨论曲线中的几个特定点的情况。

1) 额定电磁转矩 T_N

当电动机运行在额定电压下,其对应转速为额定转速 n_N(转差率为额定转差率 s_N),输出额定功率 P_N 时,电机转轴上输出的电磁转矩为 T_N(图 9-2 中 B 点对应的转矩)。

从三相异步电动机铭牌数据查得额定功率 P_N(单位为 kW)和额定转速 n_N,可用下式求得额定电磁转矩:

$$T_N \approx T_2 = \frac{P_N}{\dfrac{2\pi n_N}{60}} = 9550 \times \frac{P_N}{n_N} \tag{9-20}$$

2) 最大转矩 T_{max}

T_{max}(图 9-2 中 P 点对应的转矩)可由参数表达式(9-19)求得,计算时认为电机参数不变。将式(9-19)对 s 求导,并令

$$\frac{\mathrm{d}T}{\mathrm{d}s} = 0$$

便可求得对应于 T_{max} 的转差率,称为临界转差率,用 s_m 表示,其结果如下:

$$s_m = \pm \frac{R_2'}{\sqrt{R_1^2 + (X_{1\sigma} + X_{2\sigma}')^2}} \tag{9-21}$$

式中,"+"用于电动机状态;"−"用于发电机状态。将 s_m 值代入式(9-19),便可求出最大电磁转矩为

$$T_{max} = \pm \frac{3pU_1^2}{4\pi f_1 [\pm R_1 + \sqrt{R_1^2 + (X_{1\sigma} + X_{2\sigma}')^2}]} \tag{9-22}$$

电动机运行取"+"号,发电机运行取"−"号。

一般情况下,$R_1 \ll (X_{1\sigma} + X_{2\sigma}')$,因此可忽略 R_1,这样,得其简化公式为

$$\begin{cases} s_m = \pm \dfrac{R_2'}{X_{1\sigma} + X_{2\sigma}'} \\[3mm] T_{max} = \pm \dfrac{3pU_1^2}{4\pi f_1 (X_{1\sigma} + X_{2\sigma}')} \end{cases} \tag{9-23}$$

可见,发电机状态与电动机状态 T_{max} 的绝对值,可近似认为相等。也就是说,机械特性(T-s 曲线)具有对称性。

式(9-23)表明:①当电源频率 f_1 不变时,最大电磁转矩 $T_{max} \propto U_1^2$;②最大电磁转矩的

大小与转子回路电阻无关；③当电源电压和频率一定时，$T_{max} \propto 1/(X_{1\sigma} + X'_{2\sigma})$，漏抗越大，$T_{max}$ 越小；④当电源电压和电机参数一定时，T_{max} 随电源频率的增加而减少；⑤对应于最大电磁转矩的临界转差率 $s_m \propto R'_2$，$s_m \propto 1/(X_{1\sigma} + X'_{2\sigma})$，且与 U_1 的大小无关。

最大转矩 T_{max} 对电动机具有重要意义。在电动机运行的情况下，若负载短时突然增大，只要总制动转矩 $(T_2 + T_0)$ 不超过最大转矩，电动机仍可恢复稳定运行；如果 $T_2 + T_0$ 大于最大转矩，则电动机会停转。可见，最大转矩越大，电机的过载能力愈强，最大转矩与额定转矩的比值越大。因此该比值称为过载能力，用 k_M 表示，即

$$k_M = \frac{T_{max}}{T_N} \tag{9-24}$$

过载能力是异步电动机的重要性能指标之一。对一般三相异步电动机，$k_M = 1.6 \sim 2.5$，供起重和冶金用的异步电动机，$k_M = 2.5 \sim 3.7$。

3）起动转矩 T_{st}

起动转矩是指电动机转动瞬间，$n = 0$，$s = 1$ 时的电磁转矩，用 T_{st}（图 9-2 中 A 点对应的转矩）表示。将 $s = 1$ 代入式（9-19）便可得起动转矩，为

$$T_{st} = \frac{3p U_1^2 R'_2}{2\pi f_1 [(R_1 + R'_2)^2 + (X_{1\sigma} + X'_{2\sigma})^2]} \tag{9-25}$$

分析式（9-25），可得起动转矩的变化规律：①当电源频率和电机参数不变时，起动转矩与电源电压平方成正比，即 $T_{st} \propto U_1^2$；②电源频率越高，起动转矩越小，即 $T_{st} \propto 1/f_1$；③当电源电压和频率一定时，漏抗 $(X_{1\sigma} + X'_{2\sigma})$ 越大，起动转矩愈小；④在绕线式异步电动机中，忽略定子电阻，随转子回路电阻增大，起动转矩先增大后减小。当转子回路每相串入附加起动电阻 R'_{st}，使 $R'_2 + R'_{st} = X_{1\sigma} + X'_{2\sigma}$ 时，$s_m = 1$，起动转矩达到最大值，即 $T_{st} = T_{max}$。

起动转矩也是异步电动机的重要性能指标之一。起动转矩与额定转矩的比值，称为起动转矩倍数，用 k_{st} 表示，即

$$k_{st} = \frac{T_{st}}{T_N} \tag{9-26}$$

对于普通异步电动机，$k_{st} = 1.0 \sim 2.0$。

例 9-2　一台三相 4 级笼型异步电动机，已知 $P_N = 10$ kW，$U_{1N} = 380$ V，$n_N = 1455$ r/min，$f_N = 50$ Hz。定子三角形连接，$R_1 = 1.375\ \Omega$，$X_{1\sigma} = 2.43\ \Omega$，$R'_2 = 1.047\ \Omega$，$X'_{2\sigma} = 4.4\ \Omega$，起动时由于集肤效应和漏磁路饱和的影响，使 $X_{1\sigma} = 1.8\ \Omega$，$X'_{2\sigma} = 2.73\ \Omega$，$R'_2 = 1.12\ \Omega$，试计算异步电动机的：

（1）额定电磁转矩；

（2）最大电磁转矩和过载能力（求 T_{max} 时的参数取与正常运行时相同）；

（3）起动转矩及其倍数。

解　（1）因

$$n_1 = \frac{60f}{p} = \frac{60 \times 50}{2}\ \text{r/min} = 1500\ \text{r/min}$$

则，额定转差率为

$$s_N = \frac{n_1 - n_N}{n_1} = \frac{1500 - 1455}{1500} = 0.03$$

额定电磁转矩为

$$T_N = \frac{P_N}{\dfrac{2\pi n_N}{60}} = \frac{10 \times 10^3 \times 60}{2\pi \times 1455} \, \text{N} \cdot \text{m} = 65.63 \, \text{N} \cdot \text{m}$$

或

$$T_N = \frac{m_1 p U_1^2 \dfrac{R_2'}{s_N}}{2\pi f_1 \left[\left(R_1 + \dfrac{R_2'}{s_N} \right)^2 + (X_{1\sigma} + X_{2\sigma}')^2 \right]}$$

$$= \frac{3 \times 2 \times 380^2 \times \dfrac{1.047}{0.03}}{2\pi \times 50 \times \left[\left(1.375 + \dfrac{1.047}{0.03} \right)^2 + (2.43 + 4.4)^2 \right]} \, \text{N} \cdot \text{m}$$

$$= 66.77 \, \text{N} \cdot \text{m}$$

(2) 最大电磁转矩为

$$T_{\max} = \frac{m_1 p U_1^2}{4\pi f_1 \left[R_1 + \sqrt{R_1^2 + (X_{1\sigma} + X_{2\sigma}')^2} \right]}$$

$$= \frac{3 \times 2 \times 380^2}{4\pi \times 50 \times \left[1.375 + \sqrt{1.375^2 + (2.43 + 4.4)^2} \right]} \, \text{N} \cdot \text{m}$$

$$= 158 \, \text{N} \cdot \text{m}$$

则过载能力

$$k_M = \frac{T_{\max}}{T_N} = \frac{158}{65.63} = 2.41$$

(3) 可计算起动转矩为

$$T_{st} = \frac{m_1 p U_1^2 R_2'}{2\pi f_1 \left[(R_1 + R_2')^2 + (X_{1\sigma} + X_{2\sigma}')^2 \right]}$$

$$= \frac{3 \times 2 \times 380^2 \times 1.12}{2\pi \times 50 \times \left[(1.375 + 1.12)^2 + (1.83 + 2.37)^2 \right]} \, \text{N} \cdot \text{m}$$

$$= 111.78 \, \text{N} \cdot \text{m}$$

则起动转矩倍数为

$$k_{st} = \frac{T_{st}}{T_N} = \frac{111.78}{65.63} = 1.7$$

2. 异步电动机的人为机械特性

改变电源电压 U_1、电源频率 f_1、定子极对数 p、定子和转子回路的电阻及电抗等参数，可得不同的人为机械特性。

1) 降低定子电压 U_1 时的人为特性

如前所述，最大转矩 $T_{\max}$ 及起动转矩 T_{st} 均与 U_1^2 成正比，而 s_m 与 U_1 无关，故可画出降低定子电压 U_1 时的人为特性，如图 9-3 所示。

2) 转子回路串电阻时的人为机械特性

如前所述，最大转矩 $T_{\max}$ 的大小与转子回路电阻无关，且 s_m 随转子串联电阻增大而增加。当在转子回路串入三相对称的电阻时，可画出如图 9-4 所示的转子回路串电阻时的人为机械特性。

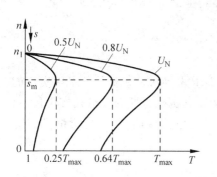

图 9-3　改变定子电压 U_1 的人为机械特性

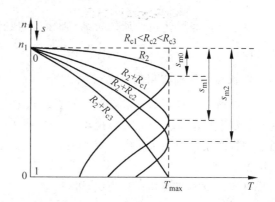

图 9-4　转子回路串电阻时的人为机械特性

由图 9-4 可知,对于绕线式异步电动机,若在转子回路串入三相对称附加起动电阻 $R'_{st}=R'_{c3}$,转子回路总电阻的折算值就等于电机的总漏抗(忽略定子电阻),即 $R'_2+R'_{st}=X_{1\sigma}+X'_{2\sigma}$,电动机起动时可获得最大转矩,即 $T_{st}=T_{max}$,此时 $s_m=1$。若串入的电阻继续增大,则 $s_m>1$,起动转矩反而会随之减小。由此可见,对于绕线式异步电动机,在一定范围内增加转子回路电阻可增大起动转矩,改善起动性能。

3. 机械特性的稳定运行区域

所谓稳定运行,是指电力拖动机组在受到暂时的外界干扰后,能自动恢复到原来的运行状态。否则,即为不稳定运行。该概念已在直流电机中介绍过,现据此判断异步电动机的稳定运行区域。

如图 9-5 所示,曲线 2 表示恒转矩负载的机械特性 $n=f(T_L)$。异步电动机拖动机械负载稳定运行时,电磁转矩应与总负载转矩相平衡,即 $T=T_L$。由图可见,此时有两个运行点 A 和 B。先分析图中 A 点情况:正常运行时,$T=T_L$。但若由于外界干扰,负载转矩突然增大到 $T_L+\Delta T_L>T$,使电机转速降低,由电机机械特性可知,随着 n 降低,电磁转矩 T 便增大。其力图与总负载转矩 $T_L+\Delta T_L$ 相平衡,直至运行于 A' 点。与 A 点时相比,此时只是转速较前低了一些。当干扰消失,负载转矩恢复正常,此时 $T>T_L$,电机加速,又恢复到 A 点稳定运行。所以 A 点

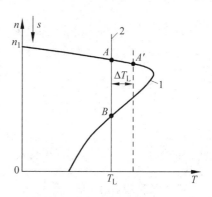

图 9-5　异步电动机的稳定运行

为稳定运行点。如果电机运行于图 9-5 中 B 点,则负载转矩突然增大,使电机转速 n 降低。从图中可以看出,随着 n 降低,电机的电磁转矩 T 越来越小。最后电机拖不动负载,最终停车。可见 B 点是不稳定运行点。将以上对特定点的分析推广,可得出如下结论:三相异步电动机拖动恒转矩负载时,满足 $T=T_L$ 和 $dT/dn<0$ 的条件,电机运行是稳定的,而当 $\dfrac{dT}{dn}>0$ 时,电机运行是不稳定的。

对于其他非恒转矩性质的负载(如泵类、风机等),满足条件 $T = T_L$ 和 $\dfrac{\mathrm{d}T}{\mathrm{d}n} < \dfrac{\mathrm{d}T_L}{\mathrm{d}n}$,电机就能稳定运行。具体分析不再详述。

4. 机械特性的实用表达式

用电动机参数表示的电磁转矩的表达式来分析计算电动机的机械特性是很实用的。但这些参数不易求得。在电动机拖动工作中,往往希望将其机械特性的表达式实用化,只需利用电动机产品目录中所给出的技术数据 P_N、n_N、k_M 等就可求解。这就是所谓机械特性的实用表达式。

将式(9-19)与式(9-22)相比,可得

$$\frac{T}{T_{\max}} = \frac{2R_2'\left[R_1 + \sqrt{R_1^2 + (X_{1\sigma} + X_{2\sigma}')^2}\right]}{s\left[\left(R_1 + \dfrac{R_2'}{s}\right)^2 + (X_{1\sigma} + X_{2\sigma}')^2\right]}$$

由式(9-21)可得

$$\sqrt{R_1^2 + (X_{1\sigma} + X_{2\sigma}')^2} = \frac{R_2'}{s_m}$$

代入上式,经整理得

$$\frac{T}{T_{\max}} = \frac{2R_2'\left(R_1 + \dfrac{R_2'}{s_m}\right)}{s\left[\dfrac{R_2'^2}{s_m^2} + \dfrac{R_2'^2}{s^2} + 2\dfrac{R_1 R_2'}{s}\right]} = \frac{2\left(1 + \dfrac{R_1}{R_2' s_m}\right)}{\dfrac{s}{s_m} + \dfrac{s_m}{s} + 2\dfrac{R_1}{R_2'}s_m}$$

由于 s_m 很小,$2\dfrac{R_1}{R_2'}s_m$ 可忽略不计,因此得

$$\frac{T}{T_{\max}} = \frac{2}{\dfrac{s}{s_m} + \dfrac{s_m}{s}}$$

或

$$T = \frac{2T_{\max}}{\dfrac{s}{s_m} + \dfrac{s_m}{s}} \tag{9-27}$$

式(9-27)便是三相异步电动机机械特性的实用表达式。

若忽略空载转矩,则 $\dfrac{T_{\max}}{T} = \dfrac{T_{\max}}{T_N} = k_M$,将上式变换后得

$$\frac{T_N}{T_{\max}} = \frac{2}{\dfrac{s_N}{s_m} + \dfrac{s_m}{s_N}}$$

又可化为

$$\frac{1}{k_M} = \frac{2}{\dfrac{s_N}{s_m} + \dfrac{s_m}{s_N}}$$

解得

$$s_m = s_N(k_M + \sqrt{k_M^2 - 1}) \tag{9-28}$$

这样，便可先从产品目录中查得 P_N、n_N、k_M 等值，再进行以下运算：

（1）由 n_N 求得 s_N；

（2）将 k_M 和 s_N 代入式(9-28)，求得 s_m；

（3）将 P_N 代入式(9-20)，求得 T_N；

（4）由 $T_{max} = k_M T_N$，便可写出如式(9-27)所示的机械特性的实用表达式。

例 9-3　从产品目录上查得一台三相笼型异步电动机的技术数据为 $P_N = 30$ kW，$f_N = 50$ Hz，$n_N = 715$ r/min，$k_M = 2.5$。试求：

（1）s_N 与 s_m；

（2）T_{max}；

（3）T_{st}；

（4）转矩-转差率的简化表达式。

解　（1）正常运行时 $s = 0.02 \sim 0.05$，$p = 4$ 的电机的同步速

$$n_1 = \frac{60 f_1}{p} = \frac{60 \times 50}{4} \text{ r/min} = 750 \text{ r/min}$$

比 n_N 略高，故确定该电机的 $p = 4$，则

$$s_N = \frac{n_1 - n_N}{n_1} = \frac{750 - 715}{750} = 0.0467$$

$$s_m = s_N (k_M + \sqrt{k_M^2 - 1}) = 0.0467 \times (2.5 + \sqrt{2.5^2 - 1}) = 0.224$$

（2）$T_N = \dfrac{P_N \times 60}{2\pi n_N} = \dfrac{30 \times 10^3 \times 60}{2\pi \times 715} \text{ N} \cdot \text{m} = 400.7 \text{ N} \cdot \text{m}$

$T_{max} = k_M T_N = 2.5 \times 400.7 \text{ N} \cdot \text{m} = 1001.75 \text{ N} \cdot \text{m}$

（3）起动时 $s = 1$，故

$$T_{st} = \frac{2 T_{max}}{\dfrac{s}{s_m} + \dfrac{s_m}{s}} = \frac{2 \times 1001.75}{\dfrac{1}{0.224} + 0.224} \text{ N} \cdot \text{m} = 427.3 \text{ N} \cdot \text{m}$$

（4）转矩-转差率简化表达式为

$$T = \frac{2 T_{max}}{\dfrac{s}{s_m} + \dfrac{s_m}{s}} = \frac{2003.5}{\dfrac{s}{0.224} + \dfrac{0.224}{s}}$$

9.2.3　三相异步电动机的工作特性

1. 三相异步电动机的基本性能指标

（1）效率 η：反映电动机在运行时损耗的大小。

（2）功率因数 $\cos \varphi_1$：反映电动机从电网吸收滞后无功功率的大小。

（3）起动转矩 T_{st}：反映电动机的起动能力，技术标准规定了电动机的起动转矩倍数 k_{st}。

（4）起动电流 I_{st}：异步电动机在起动时电流一般较大，会产生诸多不良影响，应将其限制在一定范围之内。

（5）过载能力（最大转矩倍数）k_M：代表电动机所能承受的冲击负载的能力。

2. 三相异步电动机的工作特性

异步电动机的工作特性是指 $U_1 = U_N$，$f_1 = f_N$ 时，异步电动机的转差率 s（或转速 n）、

定子电流 I_1、功率因数 $\cos\varphi_1$、电磁转矩 T、效率 η 等与输出功率 P_2 的关系曲线。

1) 转差率特性 $s=f(P_2)$

已知

$$s=\frac{p_{\mathrm{Cu2}}}{P_{\mathrm{em}}}$$

空载时，$P_2=0$，由于转子开路电流 $I_2=0$，则 $p_{\mathrm{Cu2}}=0$，$s=0$。随着负载 P_2 的增加，转子电流 I_2 增大。此时 p_{Cu2} 增大，P_{em} 也增大，但 p_{Cu2} 增加（$p_{\mathrm{Cu2}}\propto I_2^2$）比 P_{em} 增加（$P_{\mathrm{em}}\propto I_2$）得更快。故随着负载 P_2 的增大转差率也增大，即 $s=f(P_2)$ 是一条上翘的曲线，如图 9-6 所示。

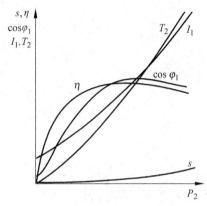

图 9-6　异步电动机的工作特性

2) 效率特性 $\eta=f(P_2)$

根据效率的定义可得

$$\eta=\frac{P_2}{P_1}=1-\frac{\sum p}{P_1} \qquad (9\text{-}29)$$

式中

$$\sum p=p_{\mathrm{Cu1}}+p_{\mathrm{Fe}}+p_{\mathrm{Cu2}}+p_{\mathrm{mec}}+p_{\mathrm{ad}}$$

从空载到额定负载时，因 Φ_{m} 和 n 变化不大，可认为铁损耗 p_{Fe} 和机械损耗 p_{mec} 基本不变，称为不变损耗；而 p_{Cu1}、p_{Cu2} 和 p_{ad} 随负载变化，称为可变损耗。

空载时，输出功率 $P_2=0$，故效率 $\eta=0$。随着负载 P_2 增加，总损耗 $\sum p$ 增加较慢，则 η 上升较快。当负载增大到可变损耗与不变损耗相等时，η 达到最大值。随着负载 P_2 继续增大，由于铜损耗增加很快（$p_{\mathrm{Cu1}}\propto I_1^2$，$p_{\mathrm{Cu2}}\propto I_2'^2$，而 $P_1\propto I_1$），η 反而下降，如图 9-6 所示。

3) 定子电流特性 $I_1=f(P_2)$

空载时，$P_2=0$，由于转子开路电流 $I_2=0$，则 $I_1=I_{\mathrm{m}}$，故 I_1 很小。当负载 P_2 增大时，转差率增大，转子电流 I_2 增大。根据磁动势平衡关系，定子电流 I_1 随着负载的增大也增大。故定子电流特性是一条不过原点的上翘曲线，如图 9-6 所示。

4) 功率因数特性 $\cos\varphi_1=f(P_2)$

三相异步电动机运行时，需从电网吸收滞后的无功功率建立磁场。空载时，$I_1=I_{\mathrm{m}}$，其定子电流基本上为无功的励磁电流（$\dot{I}_1\approx\dot{I}_{\mathrm{m}}$），此时的功率因数很低。随着负载 P_2 增大，转子电流 I_2' 增大，定子电流中的有功分量增加，使得电动机的功率因数提高。一般而言，在额定负载附近，功率因数达到最大值，若进一步增大负载，转速降低，转差率 s 增大，转子电流继续上升。但因转子侧功率因数角 $\varphi_2=\arctan\dfrac{sX_{2\sigma}}{R_2}$ 增大，使得转子电路的功率因数下降较快，从而使得定子的功率因数趋于下降，如图 9-6 所示。

5) 转矩特性 $T_2=f(P_2)$

异步电动机的输出转矩的表达式为

$$T_2=\frac{P_2}{\Omega}=\frac{P_2}{\dfrac{2\pi n}{60}}$$

由此可见，当电动机空载时 $P_2=0$，转矩 $T_2=0$。随着负载 P_2 增大，转矩 T_2 增大，由于从空载到额定负载,转速 n 仅略有减小,所以转矩特性是一条近似直线,但略有上翘,如图 9-6 所示。

9.3 三相异步电动机的参数测定

在运用等效电路来分析异步电动机的工作特性时,首先须知道电机的参数。该参数可计算求得,也可通过实验来测定,本节介绍用实验测定参数的方法。与变压器一样,通过做空载和短路(堵转)两个实验,就能求出异步电动机的参数。

9.3.1 空载实验

空载实验的目的是测定励磁阻抗 R_m、X_m 和机械损耗 p_{mec}。实验是在额定频率、转子轴伸端不加负载(即为空载)的情况下进行的。电动机在实验前先空转一段时间,使其各项损耗和温度达到稳定值。用调压器调节加在电动机定子绕组上的电压,使其从 $(1.1 \sim 1.3)U_N$ 开始,逐渐降低电压,直到电动机的转速发生明显的变化,电流开始回升为止。记录电动机的端电压 U_1、空载电流 I_0、空载时输入功率 P_0 和转速 n。根据实验数据,画出曲线 $I_0 = f(U_1)$ 和 $P_0 = f(U_1)$,即得异步电动机的空载特性,如图 9-7 所示。

由于异步电动机处于空载状态,转子电流很小,转子里的铜损耗可忽略不计,所以,此时的输入功率 P_0 全部消耗在定子铜耗 p_{Cu1}、铁耗 p_{Fe}、机械损耗 p_{mec} 和附加损耗 p_{ad0} 中,即

$$P_0 = 3I_0^2 R_1 + p_{Fe} + p_{mec} + p_{ad0} \tag{9-30}$$

从 P_0 中扣除定子铜耗后得

$$P_0' = P_0 - 3I_0^2 R_1 = p_{Fe} + p_{mec} + p_{ad0} \tag{9-31}$$

要从 P_0' 中将 p_{mec} 分离出来,可采用电压平方法。由于 $p_{Fe} + p_{ad0}$ 的大小近似与外加的电压平方成正比,当 $U_1 = 0$ 时,$p_{Fe} + p_{ad0} = 0$。但机械损耗 p_{mec} 与电压无关,仅与转速有关。在整个空载实验中电机的转速无明显变化,则可认为 p_{mec} 是常数。这样,便可作出 $P_0' = f(U_1^2)$ 的关系曲线,如图 9-8 所示,为一条直线。

在图 9-8 中,将直线延长到与纵坐标轴相交(即 $U_1 = 0$),其交点记为点 A,则交点以下部分即为机械损耗。过点 A 作一水平虚线,将曲线的纵坐标分成两部分。由于机械损耗 p_{mec} 仅与转速有关,电动机空载时,转速接近于同步转速几乎不变,故对应的机械损耗也为一不变值。在 $U_1^2 = U_{1N}^2$ 处取对应的 P_0' 值,其中水平虚线与横坐标轴之间的部分即表示机械损耗 p_{mec},其余部分便为额定电压下的铁损耗和空载附加损耗。

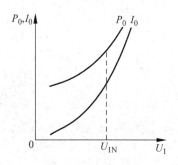

图 9-7 异步电动机的空载特性

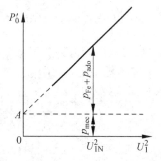

图 9-8 机械损耗的求取

根据实验数据，取 $U_1 = U_{1N}$ 时的 I_0 和 P_0，则可计算出

$$
\begin{cases}
Z_0 = \dfrac{U_1}{I_0} \\[2mm]
R_0 = \dfrac{P_0 - p_{\text{mec}}}{3 I_0^2} \\[2mm]
X_0 = \sqrt{Z_0^2 - R_0^2}
\end{cases}
\tag{9-32}
$$

式中，端电压 U_1、空载电流 I_0 均为相值。

由于是空载，$n \approx n_1$，$I_2 \approx 0$，转子可认为是开路，故

$$
\begin{cases}
R_{\text{m}} = R_0 - R_1 \\
X_{\text{m}} = X_0 - X_{1\sigma}
\end{cases}
\tag{9-33}
$$

式中，R_1、$X_{1\sigma}$ 可由短路实验求得。

9.3.2　短路实验（堵转实验）

短路实验又叫堵转实验，与变压器类似，短路实验的目的是测定其短路阻抗 Z_{K}。短路实验是在将转子堵住（即 $s = 1$）的情况下进行的，其短路时的等效电路如图 9-9 所示。

由于 $|R_2 + jX_{2\sigma}'| \ll |R_{\text{m}} + jX_{\text{m}}|$，因此励磁支路可略去不计。这样，堵转运行时的输入阻抗便为

$$
Z_{\text{K}} = R_1 + R_2' + j(X_{1\sigma} + X_{2\sigma}')
$$

这与如前所述的变压器短路实验是类似的。

实验时，为了不出现过电流，应降低外施电压。一般先从零逐渐升压，使短路电流为 1.2 倍额定电流，再逐渐降压，使短路电流至 0.3 倍额定电流为止。在该范围内读取定子相电压 U_{K}、相电流 I_{K} 和输入总功率 P_{K}。根据实验数据，画出异步电动机堵转（短路）特性曲线 $I_{\text{K}} = f(U_{\text{K}})$，$P_{\text{K}} = f(U_{\text{K}})$，如图 9-10 所示。

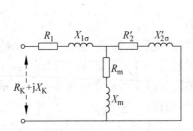

图 9-9　异步电动机短路时的等效电路图

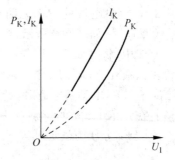

图 9-10　三相异步电动机短路特性

实验时，因电压较低，p_{Fe} 可忽略不计。又因 $n = 0$，机械损耗 $p_{\text{mec}} = 0$，则定子全部的输入功率 P_{K} 都消耗于定、转子电阻上。根据实验数据，可求得异步电动机短路阻抗 Z_{K}、短路电阻 R_{K}、短路电抗 X_{K} 分别为

$$
\begin{cases}
Z_{\text{K}} = \dfrac{U_{\text{K}}}{I_{\text{K}}} \\[2mm]
R_{\text{K}} = \dfrac{P_{\text{K}}}{3 I_{\text{K}}^2} \\[2mm]
X_{\text{K}} = \sqrt{Z_{\text{K}}^2 - R_{\text{K}}^2}
\end{cases}
\tag{9-34}
$$

下面用短路参数 R_K 和 X_K 求取等效电路中的 R_1、R'_2、$X_{1\sigma}$ 和 $X'_{2\sigma}$。其中,定子电阻 R_1 可用电桥测出。根据短路时的等效电路图,一般 $Z_m \gg Z'_2$,励磁支路可近似认为开路。对于大中型异步电机,可近似认为 $X_{1\sigma} = X'_{2\sigma}$。此时,$R'_2$、$X_{1\sigma}$ 和 $X'_{2\sigma}$ 可用以下简化公式计算:

$$\begin{cases} R'_2 = R_K - R_1 \\ X_{1\sigma} = X'_{2\sigma} = \dfrac{1}{2} X_K \end{cases} \tag{9-35}$$

9.4 三相异步电动机的起动、调速与制动

9.4.1 三相异步电动机的起动

当异步电动机加上对称三相电压后,若电磁转矩大于负载转矩,电动机从静止状态过渡到稳定运行状态,该过程称为起动,故也称为全压起动。在起动过程中,对异步电动机起动性能的基本要求应包括:起动电流尽量小,以减小对电网的冲击;起动转矩尽量大,以使负载快速达到稳定运行状态;起动设备应简单、经济、可靠。其中最重要的是起动转矩和起动电流的大小。一般希望在起动电流比较小的情况下,能获得较大的起动转矩。

1. 三相笼型转子异步电动机的起动

三相笼型异步电动机的起动有两种方式:一种是直接起动,即将额定电压直接加在电动机定子绕组两端直接起动;另一种是降压起动,即在电动机起动时降低定子绕组上的外施电压,从而降低起动电流。起动结束后,将外加电压升高为额定电压,进入运行状态。这两种方法各有优缺点,应视具体情况选用。

1) 直接起动

将额定电压直接加到定子绕组上,称为直接起动。该起动方法简单,不需复杂的起动设备,操作也很方便。

直接起动时,起动瞬间的转速 $n = 0$,转差率 $s = 1$,短路阻抗 Z_K 很小,因而起动电流很大。这会引起电动机发热,影响其寿命,且过大的起动电流也会引起供电电压的波动并会产生损耗。因此,只有小功率的异步电动机才可采用直接起动。

一般规定,小于 $7.5\ \text{kW}$ 的鼠笼式异步电动机或容量满足

$$\frac{I_{st}}{I_N} \leqslant \frac{1}{4} \left[3 + \frac{\text{电源总容量}(\text{kV} \cdot \text{A})}{\text{起动电动机容量}(\text{kV} \cdot \text{A})} \right]$$

时,才允许直接起动。

异步电动机在额定电压下起动时,其输出电流值通常为铭牌值(额定电流)的 $5 \sim 6$ 倍。

2) 降压起动

降压起动方式是指在起动过程中,采用降低电机端电压的方法来限制起动电流。待起动结束之后,再切换到额定电压下运行。由于异步电动机的起动转矩与端电压的平方成正比,因此降压起动时,起动转矩也随之减少。可见,该起动方法只适用于对起动转矩要求不高的场合。降压起动又可分为以下几种方式。

(1) 自耦变压器起动

该起动方式是利用一台降压的自耦变压器(又称起动补偿器),为起动的电动机提供供

电电压,如图 9-11(a)所示。起初,接触器的触头 K_1 打开,K_2 闭合,供电电压降低后再加到电机的定子绕组上,此时的电路图如图 9-11(b)所示。起动完毕后,K_2 打开,K_1 闭合,将电动机直接接在电网上,在满压下运行。

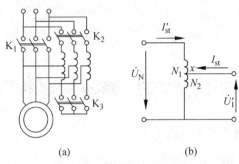

图 9-11   自耦变压器起动

(a) 自耦变压器起动接线图;(b) 自耦变压器起动的一相线路

设自耦变压器电压变比为 k_A,则经自耦变压器降压后,加在电动机上的端电压为

$$U_1' = U_x = \frac{U_N}{k_A}$$

电动机的起动电流 I_{st} 为

$$I_{st} = \frac{\dfrac{U_N}{k_A}}{Z_K} = \frac{1}{k_A} I_{stN}$$

但该起动电流 I_{st} 为电机定子绕组中的电流,即自耦变压器副边电流。自耦变压器原边电流才是由电网提供的起动电流,用 I_{st}' 表示:

$$I_{st}' = \frac{1}{k_A} I_{st}$$

可见起动时,自耦变压器从电源吸收的电流为

$$I_{st}' = \frac{1}{k_A^2} I_{stN} \tag{9-36}$$

同时,由于电机端电压降为 U_N/k_A,故经自耦变压器降压后,电机的起动转矩也减小,将其用 T_{st} 表示,有

$$\frac{T_{st}}{T_{stN}} = \frac{U_x^2}{U_N^2} = \frac{1}{k_A^2} \tag{9-37}$$

由以上分析可见,采用自耦变压器起动时,若电压降到额定电压的 $1/k_A$,起动电流和起动转矩都为直接起动时的 $1/k_A^2$。

起动时,自耦变压器的输出电压可通过选择不同的抽头自由选择。实际线路中,起动与运行之间的开关切换动作是通过一继电接触器来完成的。

(2) Y-D(星-三角)起动

正常运行时,定子绕组为三角形连接的电动机,可采用 Y-D 起动的方法,其接线如图 9-12 所示。在起动时定子绕组接成 Y 连接,待起动完毕再接成 D 连接。

设电动机每相短路阻抗 Z_K 为常数,当定子绕组为 D 连接时[如图 9-13(a)所示],电动机直接起动的线电流 I_{stD} 为

$$I_{stD} = \sqrt{3}\frac{U_N}{Z_K} \tag{9-38}$$

式中，U_N 为电动机额定线电压。

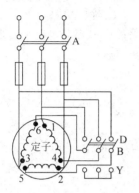

图 9-12　Y-D 起动接线图

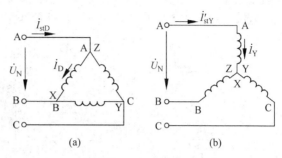

图 9-13　Y-D 起动原理图

采用 Y-D 起动时，起动时定子绕组为 Y 连接［如图 9-13(b)所示］，加在定子绕组上的每相起动电压为 $U_Y = U_N/\sqrt{3}$，则起动电流 I_{stY} 为

$$I_{stY} = \frac{U_Y}{Z_K} = \frac{\frac{1}{\sqrt{3}}U_N}{Z_K} \tag{9-39}$$

将式(9-39)除以式(9-38)，可得

$$\frac{I_{stY}}{I_{stD}} = \frac{\frac{U_N}{\sqrt{3}Z_K}}{\sqrt{3}\frac{U_N}{Z_K}} = \frac{1}{3} \tag{9-40}$$

由上式可见，Y-D 起动时，电源供给的起动电流仅为 D 连接直接起动时的 $\frac{1}{3}$。

由于起动转矩与相电压的平方成正比，因此 Y 连接起动时的转矩，也减小为 D 连接直接起动时转矩的 1/3。

（3）电力电子装置起动

随着功率半导体技术的不断进步，如图 9-14 所示的电力电子起动装置在异步电动机的起动中得到越来越广泛的应用。其具体装置及线路将在后续课程中讲述。

2. 绕线型转子异步电动机的起动

三相绕线型异步电动机的起动，通常有下面两种方法。

1）转子回路串电阻起动

三相绕线型异步电动机转子中的三相绕组，可通过滑环

图 9-14　电力电子起动装置

和电刷串入外加电阻。如前所述，在绕线型转子异步电动机的转子回路串入适当的起动电阻，既可减小起动电流，又可提高起动转矩，效果十分理想（见图 9-15）。

起动时，通常将起动电阻分为几级，起动过程中采用逐段切除所串联电阻的方法。

起动时，定子加额定电压，转子每相串入的总起动电阻 $R_{st} = R_{st1} + R_{st2} + R_{st3}$。此时，电动机由图 9-16 中曲线 1 上 a 点起动，起动转矩为 T_1。随后，电磁转矩随着转速增大而减

小。为此,在整个起动过程中串入的电阻可分级自动切除。如图 9-16 中所示,当转速 $n = n'$ 时(图 9-16 中 b 点),$T = T_2$,为了加大起动转矩缩短起动过程,切除一部分电阻,则 T-s 曲线由 1 变为 2。忽略电动机的电磁惯性,只计拖动系统的机械惯性作用,这时运行点跳到 c 点。之后转速升高,当 $n = n''$ 时,运行点移动至图 9-16 中 d 点。此时再切除一部分电阻,运行点便跳至曲线 3 上的 e 点,其后又由 e 点到达 f 点。在切除最后一部分电阻后,则由 f 点跳至 g 点,而后沿该点所在的固有机械特性曲线运动至 i 点稳定运行。

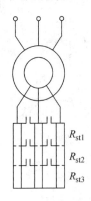

图 9-15　绕线型异步电动机转子
　　　　串电阻示意图

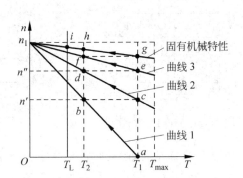

图 9-16　绕线型异步电动机串电阻
　　　　起动过程

如前所述,绕线型转子异步电动机转子回路串电阻起动,可在整个起动过程中都得到较大的起动转矩;但缺点是需要开关设备和起动电阻,设备庞大,操作维修不方便。

2) 转子串频敏变阻器起动

另一种效果较好的起动方法是采用频敏变阻器起动。其起动电阻在起动过程中随转速的变化而自动地改变,且变化更平滑。

频敏变阻器结构如图 9-17(a)所示,它实际上是一个三相铁芯线圈。铁芯由几片到十几片钢板或铁板制成,三个铁芯柱上绕有三相线圈。该线圈可等效为一个电阻 R_m 和电抗 X_m 串联的电路,此时的电路图如图 9-17(b)所示,形式上与变压器空载时的等效电路相同。等效电阻主要反映铁损耗大小,由于铁芯由几片钢板制成,涡流损耗很大,则等效电阻值也很大,而且其与转子电流的频率平方成正比。

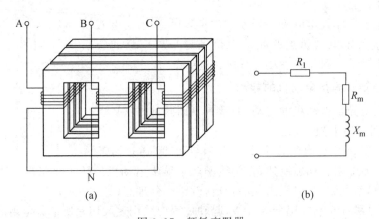

图 9-17　频敏变阻器
(a) 频敏变阻器结构;(b) 频敏变阻器一相等效电路图

电机起动开始时,转子电流的频率 f_2 很高,则频敏变阻器的铁损耗和等效电阻较大,可限制起动电流,增大起动转矩;随着转速升高,转子电流频率($f_2 = sf_1$)则逐渐降低,反映铁损耗的等效电阻也随之减小。当电机达到稳定转速时,f_2 很低,等效电阻很小,待起动完毕,应将集电环短接切除频敏变阻器。

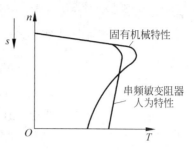

图 9-18　转子串频敏变阻器的机械特性

用频敏变阻器起动,只要适当选择反映铁损耗的等效电阻及铁芯线圈的等效电抗,就可得到在整个起动过程中转矩基本不变的特性,即所谓恒转矩特性,如图 9-18 所示。这样可缩短起动时间,对频繁起动的电机是比较好的。

9.4.2　三相异步电动机的调速

由三相异步电动机转速表达式

$$n = n_1(1-s) = \frac{60f_1}{p}(1-s)$$

可见,异步电动机的调速方法有下面三种类型。

(1) 变极调速:改变异步电动机定子绕组的极对数 p,便可改变旋转磁场的同步转速 n_1,此方法为有级调速。

(2) 变频调速:改变供电电源的频率 f_1,也即改变旋转磁场的同步转速 n_1,此方法为无级调速。

(3) 变转差率调速:即改变电动机转差率 s,此方法也为无级调速。

在恒转矩情况下调速,由电磁转矩参数关系式得

$$T = \frac{m_1 p U_1^2 \dfrac{R_2'}{s}}{2\pi f_1 \left[\left(R_1 + \dfrac{R_2'}{s}\right)^2 + (X_{1\sigma} + X_{2\sigma}')^2\right]}$$

可见,在 f_1 和 p 不变的情况下,改变转差率 s 可有以下几种方法:①改变定子绕组的端电压 U_1;②定子回路串入外加电阻或电抗,以改变 R_1 或 $X_{1\sigma}$;③转子回路串入外加电阻、电容或电抗,以改变 R_2' 或 $X_{2\sigma}'$;④转子回路引入 $f_2 = sf_1$ 的外加电动势;⑤电磁离合器调速。

1. 变极调速

在电源频率 f_1 不变时,改变电动机的极对数 p,电动机的同步转速 n_1 将发生变化,从而达到改变电动机转速 n 的目的。该调速方法只能一级一级地改变转速,绕组有多少种极对数,转速就有多少级,故只适用于对调速性能要求不高的场合。通常采用的方法是在定子上只装一套绕组,改变绕组的连接法,从而获取两种或多种极对数。若改变前后极数为成倍数关系,则该调速方法称为倍极比调速,如 2/4 极、4/8 极等;若不为倍数关系,则称为非倍极比调速,如 4/6 极、6/8 极。

由于变极调速要求定、转子极数同时改变,因此不适用于绕线式异步电动机。由于鼠笼式异步电动机能自动地保持定、转子极数相等的关系,故变极调速只适用于鼠笼式异步电动机。

150

下面简单介绍单绕组变极原理。

1) 倍极比

先以 2/4 极双速电动机为例来说明其原理。若变极前为 $2p=2$，$Z_1=24$ 槽的 60° 相带的三相双层对称绕组，如图 9-19 所示，为了变极，将线圈节距取得小一些，例如使 $y_1=\frac{1}{2}\tau$。

此时，每相有两个线圈组，每个线圈组用一个等效集中线圈来表示。以 A 相的两个线圈组为例，按正常 60° 相带双层绕组的连接法，该两个线圈应反接串联[图 9-19(b)]或反接并联[图 9-19(c)]。此时定子绕组产生两个极的磁场。不难看出，若将每相反接的第二个线圈组改为顺接，如图 9-20(b)和(c)所示，则第二个线圈中的电流方向便改变了。此时，气隙中形成一个四极磁场，如图 9-20(a)所示。

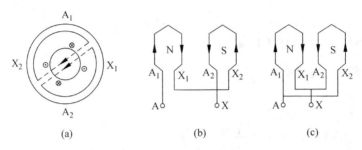

图 9-19　$2p=2$ 一相绕组连接

(a) 二极磁场；(b) 两个半相绕组串联；(c) 两个半相绕组并联

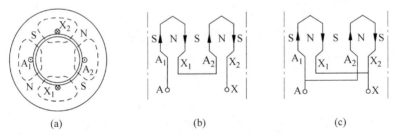

图 9-20　$2p=4$ 一相绕组连接

(a) 四极磁场；(b) 两个半相绕组串联；(c) 两个半相绕组并联

由此可见，为使极数增加一倍，可将每相绕组分成两半，每一半称为半相绕组，只要改变半相绕组中电流的方向，便可达到变极的目的。这种方法称为"反向法"。

2) 非倍极比

与倍极比变极原理一样，非倍极比也可采用"反向法"变极，将每相绕组等分成两个半相绕组，改变半相绕组电流的方向，便可达到非倍极比变极调速的目的。

单绕组变极除采用"反向法"外，在变极时还可打破线圈相属界线，重新进行组合和分相以提高分布系数。该方法称为"换相法"，因接线复杂较少采用。

2. 变频调速

若改变供电电源的频率 f_1，异步电动机的转速 $n=(1-s)n_1=(1-s)\dfrac{60f_1}{p}$ 将随 f_1 而

变化。变频调速可平滑地调节异步电动机的转速,但是需要具有调频兼调压功能的变频装置。随着电子技术的发展,人们已制造出各种性能良好和工作可靠的变频调速装置,促进了变频调速的应用。

变频调速时,希望气隙磁通 Φ_m 不变。因 Φ_m 过大,将引起磁路过分饱和,使励磁电流增加;若 Φ_m 太小,则电机不能得到充分利用。若忽略定子漏阻抗压降,可得

$$U_1 \approx E_1 = 4.44 f_1 N_1 k_{N1} \Phi_m$$

若要保持 Φ_m 不变,则

$$\frac{U_1}{f_1} = \sqrt{2}\,\pi N_1 k_{N1} \Phi_m = 常数 \tag{9-41}$$

这说明在改变频率 f_1 的同时必须改变端电压 U_1,以保持 Φ_m 不变。

此外,在变频调速时,也希望电动机的过载能力 k_M 保持不变。由于定、转子漏抗与频率成正比,设 $X_{1\sigma} + X'_{2\sigma} = K f_1$,当忽略定子电阻时,由式(9-24)可得

$$k_M = \frac{T_{max}}{T_N} \approx \frac{m_1 p U_1^2}{4\pi f_1 (X_{1\sigma} + X'_{2\sigma}) T_N} = \frac{m_1 p U_1^2}{4\pi f_1^2 K T_N} \tag{9-42}$$

要保持 k_M 不变,应有

$$\frac{m_1 p U_1^2}{4\pi f_1^2 K T_N} = \frac{m_1 p U'^2_1}{4\pi f'^2_1 K T'_N}$$

由此可得

$$\frac{U'_1}{U_1} = \frac{f'_1}{f_1} \sqrt{\frac{T'_N}{T_N}} \tag{9-43}$$

下面,根据三种不同负载的性质来讨论电压随频率调节的规律。

1) 恒转矩调速

该方法适用于带恒转矩负载调速。此时负载不随转速变化,即 $T'_N = T_N$,由式(9-43)可得

$$\frac{U'_1}{U_1} = \frac{f'_1}{f_1}$$

此式与式(9-41)的要求也相符合,说明对于恒转矩调速,只要 U_1 与 f_1 成正比变化,既可满足过载能力 k_M 不变,又可满足 Φ_m 不变的要求。

2) 恒功率调速

该方法适用于带恒功率负载调速,例如轧钢机和卷纸机等。其负载转矩与转速成反比。此时 $P_N = T'_N \Omega' = T_N \Omega$,由此可得

$$\frac{T'_N}{T_N} = \frac{\Omega}{\Omega'} = \frac{f_1}{f'_1}$$

将此式代入式(9-43)可得

$$\frac{U'_1}{U_1} = \sqrt{\frac{f'_1}{f_1}}$$

这说明,当 $U_1/\sqrt{f_1} = $ 常数时,可获得恒功率调速,但此时 Φ_m 将发生变化。

3) 负载转矩随转速平方成正比变化的调速

此时希望 $\dfrac{T'_N}{T_N} = \left(\dfrac{n'}{n}\right)^2 = \left(\dfrac{f'_1}{f_1}\right)^2$,例如鼓风机和泵类机械的调速。将上述关系代入

式(9-43)可得

$$\frac{U'_1}{U_1}=\left(\frac{f'_1}{f_1}\right)^2$$

此式说明,施加在电动机上的电压,必须随频率的平方成正比改变。

从平滑性、调速范围、调速时电动机的性能是否改变等各方面来看,变频调速都很优越,但需要有一专门的变频电源,设备投资较高。

3. 改变转差率调速

改变转差率 s 调速方法有很多种,转子回路串电阻是常采用的改变转差率 s 的调速方式,其接线图与起动时相同。从图9-4中可以看出,增大转子回路电阻,T-s 曲线向下移动。当为恒转矩负载时,由于转子回路串入调速电阻 R_c 使 s_m 增大,机械特性向下移动,相应地转差率增大,转速则降低,从而达到调速目的。

在恒转矩调速时,$T=T_2+T=$ 常数。由式(9-19)可见,欲保持 T 不变,则应使 R'_2/s 保持不变,即

$$\frac{R'_2}{s_1}=\frac{R'_2+R'_c}{s_2}=常数$$

这说明,恒转矩调速时转差率 s,将随转子回路总电阻 $(R'_2+R'_c)$ 成比例变化。

此时,转子电流的大小和相位都不变。因而 I_1、P_1、$\cos\varphi_1$ 和 P_{em} 均不变,只是转差率 s 随调速电阻 R_c 增大而增大。这样,转子铜损耗 $p_{Cu2}=sP_{em}$ 也相应增大,致使电动机运行效率降低。因此,这种调速方法的经济性不是很好。

9.4.3 三相异步电动机制动

在电力拖动中,为了满足生产的需要,要求电动机有制动功能。如起重机下放重物时、电气机车下坡时都需要制动。制动可分为机械制动和电气制动两种,此处仅讨论电气制动。常用的制动方法有以下三种。

1. 能耗制动

将运行中的异步电动机从电网上断开,同时在定子两相绕组中通入直流励磁电流,使定子产生一个静止磁场,其原理图如图9-21所示。

旋转的转子导体切割静止的磁场,产生感应电动势和电流。该感应电流与静止磁场作用产生电磁转矩,该电磁转矩与转子旋转方向相反,致使机组转速迅速下降。制动过程中,电机的动能转变成电能消耗在转子的铜耗和铁耗中,故称为能耗制动。

2. 反接制动

实现反接制动的方法有两种。

1) 转速反向反接制动

带位能性恒转矩负载的电动机,当在其转子电路中串入较大电阻 R_t 后,便会出现转速反向的反接制动,如图9-22(a)所示。

由异步电动机转子串电阻的人为特性可知,临界转子转差

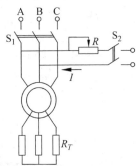

图9-21 能耗制动原理图

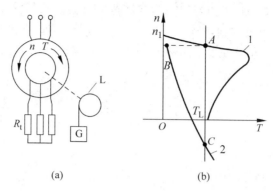

图 9-22　转速反接制动

(a) 转速反接制动原理图；(b) 转速反接制动特性

率 s_m 与转子电阻成正比。当转子回路串入电阻较大时，其机械特性由图 9-22(b)中的固有特性曲线 1 变为转子串电阻时的特性曲线 2。转子回路串入电阻的瞬间，由于惯性作用，电动机由运行点 A 跳变到运行点 B。此时 $T < T_L$，电动机转速由 n 降低至 0。若此时不采取其他措施，在负载的作用下，转子转速继续减小。随后进入反向旋转，直至运行点 C 稳定运行。故也称此方法为倒拉反转反接制动。

2) 定子两相反接制动

要使运行于电动机状态的异步电动机停止或反转，可将定子所加三相电源任意两相对调。此时，定子电压的相序改变，旋转磁场方向相反，转速为 $-n_1$。在改变两相接线的瞬间，由于惯性作用，运行点由图 9-23 中点 A 跳变至点 B。在制动转矩作用下，转速 n 降低直到为 0。若不采取其他措施，电动机同样也将反向旋转。

3. 回馈制动

异步电动机正常运行时(此时 $n < n_1$)，如若由于外力因素使转子转速 n 超过同步转速(即 $n > n_1$)，则电机进入回馈制动状态。此时，转差率 $s = \dfrac{n_1 - n}{n_1} < 0$，转子感应电动势 $\dot{E}_{2s} = s\dot{E}_2$ 反向，转子电流有功分量为

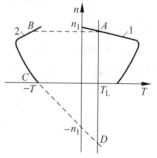

图 9-23　两相反接制动
机械特性曲线

$$I'_{2a} = I'_2 \cos \varphi_2 = \frac{sE'_2}{\sqrt{R'^2_2 + (sX'_{2\sigma})^2}} \frac{R'_2}{\sqrt{R'^2_2 + (sX'_{2\sigma})^2}}$$

$$= \frac{sE'_2 R'_2}{R'^2_2 + (sX'_{2\sigma})^2} < 0 \tag{9-44}$$

转子电流无功分量为

$$I'_{2r} = I'_2 \sin \varphi_2 = \frac{sE'_2}{\sqrt{R'^2_2 + (sX'_{2\sigma})^2}} \frac{sX'_{2\sigma}}{\sqrt{R'^2_2 + (sX'_{2\sigma})^2}}$$

$$= \frac{s^2 E'_2 R'_2}{R'^2_2 + (sX'_{2\sigma})^2} > 0 \tag{9-45}$$

可见，当 s 变为负以后，转子电流有功分量的方向改变了，而无功分量的方向没有改变。

因此,电磁转矩 $T = C_T \Phi I_2' \cos \varphi_2$ 改变方向,与转速 n 反向,为制动性质转矩。此时,轴上总机械功率 $P_{mec} = T\Omega$ 也为负,故此时轴上应通过外力输入功率。又因为 $s < 0$,此时电机为发电机运行状态,其将轴上输入的机械功率转化为电能回馈给电网,故称此制动方式为回馈制动。

小　结

　　本章由等效电路导出了异步电动机运行时的功率和转矩的平衡方程式,各个功率和转矩,及其相互间的关系,必须牢固掌握,这些是分析三相异步电动机运行特性的基础。

　　电磁转矩是电机进行机电能量转化的关键。文中导出了电磁转矩的物理表达式、电磁转矩与转差率,以及电机参数的关系式(其实质是电机的机械特性)。在电磁转矩的分析中着重分析了 T_{st} 和 T_{max} 的特点,介绍了起动转矩倍数 k_{st} 和过载能力 k_M,这些都是异步电动机的重要性能指标。在实际运用中还经常用到电磁转矩的简化公式。

　　异步电动机的运行特性分为工作特性和机械特性。机械特性是指 $U_1 = U_N$,$f_1 = f_N$ 时,电磁转矩 T 与转差率 s 的关系。异步电动机的工作特性是指 $U_1 = U_N$,$f_1 = f_N$ 时,电动机的转速 n、定子电流 I_1、功率因数 $\cos\varphi_1$、电磁转矩 T、效率 η 等与输出功率 P_2 的关系曲线。

　　与变压器一样,异步电动机的参数可通过空载和短路实验求取。

　　文中最后介绍了异步电动机的起动、调速和制动方法。异步电动机的起动性能的主要指标是起动转矩倍数和起动电流倍数,通常希望起动转矩倍数大而起动电流倍数小。异步电动机的调速性能比直流电动机差,但仍有许多调速的方法,要注意这些方法各自的特点和应用范围。异步电动机制动方法与直流电动机的十分相似,应了解其实现能耗制动、反接制动和回馈制动的方法和运行情况。

习　题

9-1　一台三相 6 极异步电动机,额定功率 $P_N = 28$ kW,$U_N = 380$ V,$f_1 = 50$ Hz,$n_N = 950$ r/min。额定负载时,$\cos\varphi_1 = 0.88$,$p_{Cu1} + p_{Fe} = 2.2$ kW,$p_{mec} = 1.1$ kW,$p_{ad} = 0$,计算在额定负载时的 s_N、p_{Cu2}、η_N、I_1 和 f_2。

9-2　一台三相 4 极异步电动机,额定功率 $P_N = 5.5$ kW,$f_1 = 50$ Hz。在某运行情况下,定子侧输入的功率为 6.32 kW,$p_{Cu1} = 341$ W,$p_{Cu2} = 237.5$ W,$p_{Fe} = 167.5$ W,$p_{mec} = 45$ W,$p_{ad} = 29$ W,试绘出该电机的功率流程图,标明电磁功率、总机械功率和输出功率的大小,并计算在该运行情况下的效率、转差率、转速及空载转矩、输出转矩和电磁转矩。

9-3　一台三相 6 极异步电动机,额定电压为 380 V,定子三角形连接,频率为 50 Hz,额定功率为 7.5 kW,额定转速为 960 r/min,额定负载时 $\cos\varphi_1 = 0.8$,定子铜耗为 474 W,铁耗为 231 W,机械损耗为 45 W,附加损耗为 37 W。在额定负载时,试计算:

(1) 转差率 s;

(2) 转子电流的频率 f_2;

（3）转子铜耗 p_{Cu2}；

（4）效率 η；

（5）定子线电流。

9-4 简述异步电动机机械负载增加时定、转子各物理量的变化过程。

9-5 异步电动机带额定负载运行时，设负载转矩不变，若电源电压下降过多，对电动机的 T_{max}、T_{st}、Φ_m、I_1、I_2、s 及 η 有何影响？

9-6 漏抗的大小对异步电动机的运行性能（包括起动转矩、最大转矩、功率因数）有何影响，为什么？

9-7 三相异步电动机，额定功率 $P_N = 10$ kW，额定转速 $n_N = 1450$ r/min，起动能力 $T_{st}/T_N = 1.4$，过载系数 $k_M = 2.0$，效率为 87.5%。求额定转矩、起动转矩、最大转矩及额定输入功率。

9-8 一台三相绕线式异步电动机，如果：（1）转子电阻增加；（2）转子漏抗增加；（3）定子电压大小不变，而频率由 50 Hz 变为 60 Hz，试分析以上几种情况分别对最大转矩和起动转矩有何影响？

9-9 一台鼠笼式异步电动机，原来转子是铜条，后因损坏改成铸铝。如输出同样功率，在通常情况下，s_N、$\cos\varphi_1$、η_1、I_{1N}、s_m、T_{max}、T_{st} 有何变化？

9-10 三相异步电动机，额定功率 $P_N = 10$ kW，额定转速 $n_N = 1450$ r/min，起动能力 $T_{st}/T_N = 1.2$，过载系数 $k_M = 1.8$。试求：

（1）额定转矩 T_N；

（2）起动转矩 T_{st}；

（3）最大转矩 T_{max}；

（4）用 Y-D 方法起动时的 T_{st}。

9-11 一台三相、150 kW、3300 V、星形连接的异步电动机，若等效电路的每相参数为 $R_1 = R_2' = 0.8$ Ω，$X_{1\sigma} = X_{2\sigma}' = 3.5$ Ω，风磨损耗为 3 kW。假定励磁损耗与杂散损耗不计，试求：在保持额定负载转矩不变的情况下，使其转差率增加为上述的 3 倍，需在定子电路内串入多大的电阻。

第 4 篇
同步电机

　　同步电机与异步电机一样,也是利用电磁感应原理的一种交流旋转电机。与异步电机不同的是,同步电机转子转速 n 与定子电流频率 f 之间维持严格不变的关系,即

$$n = \frac{60f}{p}$$

第10章

同步电机概览

10.1　同步电机的用途和分类

10.1.1　同步电机的用途

同步电机主要作为发电机运行。在现代电力系统中,几乎全部交流电能均由同步发电机发送。

同步电机还可作为电动机使用,用以拖动生产机械,尤其在不要求调速的大功率生产机械中,同步电动机用得很多,可通过调节其励磁电流来改善电网的功率因数。同步电机还可作为同步调相机使用。同步调相机实质上是接在交流电网上空载运行的同步电动机,能向电网发出感性的无功功率,满足电网对无功功率的要求。

10.1.2　同步电机的基本类型

同步电机的分类有多种。如按用途来分,有发电机、电动机和调相机。按励磁来分,有电励磁同步电机和永磁同步电机。按结构形式分,有旋转电枢式(图 10-1)和旋转磁极式(图 10-2)两种。前者在某些小容量同步电机中得到应用,后者广泛用于高电压、中大容量的同步电机,并成为同步电机的基本结构形式。

旋转磁极式同步电机按磁极形状又可分为隐极同步电机和凸极同步电机两种[图 10-2(a)、(b)]。隐极同步电机的气隙是均匀的,转子成圆柱形;凸极同步电机的气隙是不均匀的,极弧下气隙较小,极间部分气隙较大。

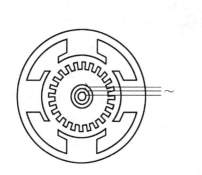

图 10-1　旋转电枢式同步电机

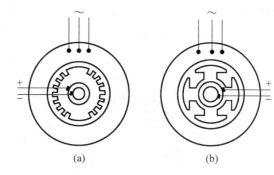

图 10-2　旋转磁极式同步电机

(a)隐极式;(b)凸极式

我国电网的标准频率是 50 Hz,同步电机的最高转速为 3000 r/min。对于高速的同步电机,从转子的机械强度和固定转子绕组来考虑,采用隐极式结构较为合理。而当转子的周速和离心力较小时,采用结构简单、制造方便的凸极式更合适。

按发电机的原动机来分,有汽轮发电机、风力发电机、水轮发电机和内燃机拖动的发电机之分,拖动它们的原动机分别为汽轮机(或燃气轮机)、风力机、水轮机和柴油机等。由于汽轮机是高速的原动机,故火电站中的汽轮发电机转子一般做成二极隐极式。水轮机是低速原动机,所以水轮发电机转子一般都做成凸极式。由内燃机拖动的同步发电机、同步电动机和同步调相机的转子一般都做成凸极式。还可按通风方式、冷却方式及电动机带动的负载性质来进行分类。

10.2　同步电机的基本结构

10.2.1　隐极同步发电机的基本结构

隐极同步发电机由定子、转子、端盖和轴承等部件构成。

1. 定子

定子由铁芯、绕组、机座以及固定这些部分的其他构件组成。为了减少定子铁芯的铁耗,定子铁芯由 0.5 mm 的硅钢片叠成,每叠厚约 3～6 cm 不等,叠间留出宽 1 cm 的通风槽,以增加定子铁芯的散热面积。当定子铁芯外径大于 1 m 时,用扇形的硅钢片来拼成一个整圆,叠装时将每片的接缝错开,扇形片的表面涂上绝缘漆,以减少铁芯的涡流损耗。在定子铁芯的两端用非磁性的压板夹紧成整体,整个铁芯固定在机座上。

定子机座为钢板焊接结构,除了支撑定子铁芯外,还应设置通风路径,以满足通风散热的需要。因此,它应有足够的强度和刚度,以承受在加工、运输、起吊和运行等各种过程中的冲击。

定子铁芯的内圆开有槽,槽内放置定子绕组。定子槽形一般为开口槽,以便于嵌放线圈和保证绕组绝缘质量。隐极同步发电机定子绕组一般均为三相双层短距叠绕组。由于隐极同步发电机(汽轮发电机)容量大,为了避免电流太大,定子绕组选用较高的电压,一般取 6.3 kV、10.5 kV 或 13.8 kV。由于每根导线面积大,为了减少集肤效应引起的涡流损耗,每根导线通常用多股相互绝缘的截面积为 15 mm² 以下的扁平铜线并联组成,而且在槽内直线部分进行编织换位,以减小因漏磁通引起的股线间的电位差和涡流。

2. 转子

转子是隐极同步发电机(汽轮发电机)很关键的一部分,由于转速很高,转子所受的离心力很大,为了很好地固定励磁绕组,因此采用隐极式。由于转子受离心力的影响,故对其直径有一定的限制,要求必须小于 1.5 m。为增大电机容量,只能增加转子长度,因此转子做成细长圆柱形。

转子由转子铁芯、励磁绕组、护环、中心环、滑环及风扇等部件组成。

转子铁芯既要固定励磁绕组,又是电机磁路的一部分。由于高速旋转且承受很大的机械应力,所以一般都采用整块的具有高机械强度和良好导磁性能的合金钢锻成,与转轴做成一个整体。

沿转子铁芯表面全长铣有槽,槽内放置励磁绕组。槽的排列形状有辐射式［图 10-3(a)］和平行式

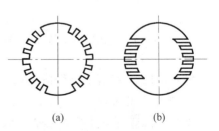

图 10-3　汽轮发电机的转子槽
(a) 辐射式排列；(b) 平行式排列

[图 10-3(b)]两种,前者用得比较普遍。从图中可见,在一个极距内约有 1/3 部分没有开槽,叫大齿,开槽部分的齿叫小齿,大齿的中心实际上就是磁极的中心。

励磁绕组使用扁铜线绕成同心式线圈,各线匝间有绝缘垫,线圈与铁芯之间要有可靠的"对地绝缘"。

由于转子的圆周速度很高,因此励磁绕组的固定是个很重要的问题。槽内需采用不导磁并有高机械强度的硬铝楔来压紧。端部的导体必须采用护环和中心环来可靠地固定。

集电环装在转轴上,通过引线接到励磁绕组,并借电刷装置和外面的直流电源构成回路。

10.2.2 凸极同步发电机的基本结构

凸极同步发电机有卧式和立式两类。大多数同步发电机、调相机和内燃机或冲击式水轮机拖动的发电机采用卧式结构,低速、大型水轮发电机和大型水泵电动机则采用立式结构。

水轮发电机由定子、转子、机架和推力轴承等部件组成。

1. 定子

大型的水轮发电机直径很大,为了方便运输,将定子铁芯连同机座一起分成数瓣,将分瓣的定子运到工地后再拼成一个整圆定子。

2. 转子

水轮发电机的转子由磁极、磁轭、励磁线圈、转子支架和轴承等部件组成。

磁极由厚 1～1.5 mm 的钢板冲成冲片,用铆钉装成一体。磁极上套有励磁线圈,励磁线圈由扁铜线绕成。一般在磁极的极靴上装有阻尼绕组。阻尼绕组是将一根根的裸铜条放在极靴的阻尼槽中,然后在两端面用铜环焊在一起,形成一个短接的回路,如图 10-4 所示。阻尼绕组可以减小发电机并联运行时转子振荡的幅值,还可以作为同步电动机的起动绕组用。

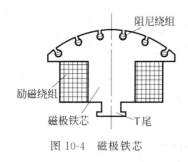
图 10-4 磁极铁芯

磁极固定在磁轭上,有 T 尾和螺栓几种固定方式。磁轭一般用 2～5 mm 厚的钢板冲成扇形片,交错叠成整圆,用拉紧螺杆紧固。磁轭通过转子支架与转轴连接,由于需要传递轴上的力矩,所以转子支架应有足够的强度。

转轴用来传递转矩,并承受转动部分的重量和水轮机的轴向水推力,通常用高强度钢整体锻成,常做成空心的,以减轻重量和便于检查锻件质量。

10.3 同步电机的额定值

同步电机的额定值(铭牌值)如下:

1) 额定容量 S_N

额定容量是指在铭牌规定运行条件下电机出线端的视在功率,一般以 kV·A 为单位。

2) 额定功率 P_N

额定功率是指发电机在额定运行时出线端输出的有功功率,或指电动机在额定运行时轴上输出的有效机械功率,一般以 kW 或 MW 为单位。对于同步调相机,则用线端的额定无功功率来表示其容量,以 kvar 或 Mvar 为单位。

3）额定电压 U_N

额定电压是额定运行时定子绕组出线端的线电压有效值,单位为 V 或 kV。

4）额定频率 f_N

额定频率是额定运行时定子电枢绕组电气量的频率,我国规定的标准频率为 50 Hz。

5）额定电流 I_N

额定电流是额定运行时定子绕组的线电流有效值,单位为 A。

6）额定功率因数 $\cos\varphi_N$

额定功率因数是额定运行时定子绕组侧的功率因数。

7）额定效率 η_N

发电机的额定效率是额定运行时定子绕组输出的电功率(额定功率)与转轴输入的机械功率(额定输入功率)的比值。电动机的额定效率是额定运行时转轴输出的机械功率(额定功率)与定子绕组输入的电功率(额定输入功率)的比值。

8）额定转速 n_N

额定转速是同步发电机额定运行时的转速,是与额定频率相对应的转速,单位为 r/min。

9）额定励磁电流 I_{fN} 和额定励磁电压 U_{fN}

额定励磁电流 I_{fN} 和额定励磁电压 U_{fN} 是指电励磁同步发电机在额定运行情况下,转子励磁绕组外施的直流励磁电流和直流励磁电压。

对三相交流发电机,

$$P_N = S_N\cos\varphi_N = \sqrt{3}\,U_N I_N\cos\varphi_N \tag{10-1}$$

对三相交流电动机,

$$P_N = \sqrt{3}\,U_N I_N\cos\varphi_N\eta_N \tag{10-2}$$

同步电机的各个物理量一般也用标幺值表示,各量的基值规定如下:

(1) 容量基值 $S_N = mU_{N\phi}I_{N\phi}$,单位为 V·A。

(2) 相电压基值 $U_{N\phi}$(额定相电压),单位为 V 或 kV。

(3) 相电流基值 $I_{N\phi}$(额定相电流),单位为 A。

(4) 阻抗基值 $Z_N = \dfrac{U_{N\phi}}{I_{N\phi}}$,单位为 Ω。

(5) 转子角速度基值 $\Omega_N = \dfrac{2\pi n_N}{60}$,单位为 rad/s(式中 n_N 为额定转速,单位为 r/min)。

(6) 励磁电流基值 I_{f0},单位为 A,根据运行情况来定。对于稳态对称运行工况,定、转子之间没有耦合关系,转子中的各物理量基值的选取与定子基值无关,可根据应用方便的原则来选取,实用上常取 $E_0 = U_N$ 时的励磁电流 I_{f0} 作为其基值。

小　　结

同步电机是利用电磁感应原理制造的一种交流旋转电机,它的特点是转子转速与定子电流频率维持严格不变的关系。而感应电机的转速是可以变化的。

　　火电站中的汽轮发电机由于转速高、容量大,一般做成二极隐极式结构。且转子直径不能太大,各部分机械强度要求高。水轮机是低速原动机,所以水轮发电机一般都做成凸极式结构,且体积大,极数很多。

　　同步电机的额定值主要有:额定容量、额定功率、额定电压、额定频率、额定电流、额定功率因数、额定效率、额定转速、额定励磁电流和额定励磁电压。为了便于计算和比较,同步电机各物理量可以采用标幺值表示。采用标幺值时,基值选取的一般原则为:以额定容量作为容量基值,额定相电压作为相电压基值,额定相电流作为相电流基值,额定相电压与额定相电流的比值作为阻抗基值。

习　　题

10-1　什么叫同步电机? 其频率、极对数和同步转速之间有什么关系? 一台 $f=50$ Hz, $n=3000$ r/min 的汽轮发电机极数是多少? 一台 $f=50$ Hz, $2p=100$ 的水轮发电机转速是多少?

10-2　为什么现代的大容量同步电机都做成旋转磁极式?

10-3　试比较汽轮发电机和水轮发电机的结构特点,为什么有这样的特点?

10-4　为什么同步电机的气隙比同容量的异步电机要大些?

10-5　同步电机和异步电机在结构上有哪些异同之处?

10-6　同步电机各物理量的基值是如何规定的?

10-7　一台三相同步发电机的 $S_N=10$ kV·A, $\cos\varphi_N=0.8$(滞后), $U_N=400$ V。试求其额定电流 I_N,以及额定运行时的有功功率 P_N 和无功功率 Q_N。

第**11**章

同步发电机的运行分析

三相同步发电机在对称负载下稳定运行是其主要运行方式,此时电机的每相电压和电流是对称的。本章首先研究三相同步发电机在对称负载下稳定运行时其内部的电磁过程,并由此导出基本方程式、相量图和等效电路;然后进一步分析同步发电机在对称负载下的运行特性。这一章所提供的基本理论和分析方法,可以为研究电机的各种运行方式以及解决同步电机制造中的许多问题提供理论基础。

11.1 同步发电机的空载运行

11.1.1 空载特性

原动机将同步发电机拖动到同步转速,转子绕组通入直流励磁电流,而定子绕组开路运行,称为空载运行。此时定子电流为零,电机中只有励磁电流 I_f 单独产生的励磁磁动势 F_f。由励磁磁动势建立励磁磁场,励磁磁动势的基波 $\bar{F}_{f1}$ 在空间沿气隙圆周按正弦函数分布。由励磁磁动势产生的磁通密度基波 $\bar{B}_{f1}$ 在空间也按正弦函数分布,其随转子一起以同步旋转角速度旋转。旋转的励磁磁场产生的既交链转子绕组,又经过气隙交链定子绕组的磁通称为主磁通,即空载时的气隙磁通,其基波分量的每极磁通量用 Φ_0 表示。而只交链转子绕组,并不与定子绕组相交链的磁通称为主极漏磁通,其不参与电机定、转子之间的能量转换。

当转子以同步转速 n_1 旋转时,主磁通切割三相对称的定子绕组,感应出频率为 $f = \dfrac{pn_1}{60}$ 的三相对称空载基波电动势,其有效值为

$$E_0 = 4.44 f N_1 k_{N1} \Phi_0 \tag{11-1}$$

式中,N_1 为定子每相绕组的串联匝数;k_{N1} 为基波电动势的绕组系数;Φ_0 为每极基波磁通幅值,单位为 Wb。

改变励磁电流 I_f 以改变主磁通,就可得到不同的空载电动势 E_0 值。其关系曲线 $E_0 = f(I_f)$ 称为发电机的空载特性(图 11-1)。

由于 $E_0 \propto \Phi_0$,$F_f \propto I_f$,因此采用适当的比例尺后,空载特性曲线 $E_0 = f(I_f)$ 也可表示励磁磁通基波 Φ_0 和励磁磁动势 F_f 的关系,即 $\Phi_0 = f(F_f)$,这便成了电机的磁化曲线。这就说明两个特性之间具有本质上的内在联系,空载特性曲线实质就是磁化曲线。

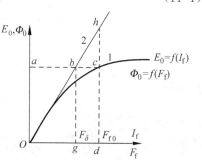

图 11-1 同步发电机空载特性
曲线(磁化曲线)

一台电机制成后,其磁化曲线就确定不变,因而空载特性曲线也就确定不变。

空载特性曲线(磁化曲线)开始一段为一直线,延长后所得直线(图 11-1 中曲线 2)称为气隙线;设 $\overline{Oa}$ 代表额定电压,则求得电机磁路的饱和系数为

$$k_\mu = \frac{\overline{ac}}{\overline{ab}} = \frac{\overline{Od}}{\overline{Og}} = \frac{\overline{dh}}{\overline{dc}} \tag{11-2}$$

普通电机空载额定电压时的 k_μ 值为 1.1~1.15。由式(11-2)可见:$\overline{dc} = \dfrac{\overline{dh}}{k_\mu}$,即空载磁路饱和后,由励磁磁动势建立的磁通和感应电动势都下降至未饱和时的 $1/k_\mu$。

11.1.2 时空相(向)量图

在空间向量图中,任意一个沿空间按正弦规律分布的物理量都可用一空间向量来表示,向量的长度表示该物理量的幅值,向量的位置表示该物理量正波幅所在的位置。

图 11-2 所示为同步发电机空载时的时空相(向)量图,励磁磁动势的基波 $\overline{F}_{f1}$ 和由它产生的气隙磁通密度的基波 $\overline{B}_{f1}$,皆为在空间按正弦规律分布。在不考虑磁滞涡流效应的情况下,两者空间上同相位,其正波幅均处在转子直轴正方向上,且与转子一起以同步转速旋转[图 11-2(a)],与此相对应的向量 $\overline{F}_{f1}$ 和 $\overline{B}_{f1}$ 示于图 11-2(b)中。图中直轴与 $\overline{F}_{f1}$、$\overline{B}_{f1}$ 三者重合,并一起以同步电角速度 $\omega_1 = 2\pi f$ 旋转。磁通密度波与定子任意一相绕组(折算为等效的整距集中绕组)相交链的磁通量是一随时间按正弦规律交变的量,用相量 $\dot{\Phi}_0$ 表示,其最大值即为每极基波磁通量 Φ_0。而由 $\dot{\Phi}_0$ 感应出的该相电动势可用相量 $\dot{E}_0$ 表示。将空间向量和时间相量画在一起,便构成同步发电机空载时的时空相(向)量图[图 11-2(b)]。当转子处在图 11-2(a)所示位置时,直轴正方向超前 A 相相轴的正方向 90°空间电角度。此时,在 A 绕组中感应的电动势瞬时值为正的最大值。当将定子各相的时间参考轴(简称时轴)都取在各自的相绕组轴线(简称相轴)时,在时空相(向)量图 11-2(b)中,相量 $\dot{\Phi}_0$ 与空间向量 $\overline{B}_{f1}$ 一定重合,而相量 $\dot{E}_0$ 又应滞后 $\dot{\Phi}_0$ 90°,即可得出 $\dot{E}_0$ 的位置。

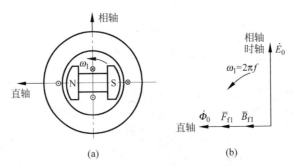

图 11-2 同步发电机空载时的时空相(向)量图

11.2 同步发电机对称负载时的电枢反应

空载时,同步电机中只有一个以同步转速 n_1 旋转的转子磁场,即励磁磁场。其在电枢绕组中感应出对称的三相电动势,每相电动势的有效值为 E_0,称为励磁电动势,定子每相电

压为 $U=E_0$。当定子接上三相对称负载后,三相绕组中流过三相对称电流,定子绕组中会产生一个电枢磁动势。电枢磁动势和励磁磁动势相互作用形成气隙中的合成磁动势,并建立负载时的气隙磁场。这时即使不改变励磁电流,由于气隙磁场已不同于空载时的励磁磁场,因而电枢绕组的每相感应电动势也不再是 E_0 了。本节的主要任务就是研究对称负载时电枢磁动势的基波对主极磁场基波的影响,称作对称负载时的电枢反应。

电枢反应其实就是电枢磁动势对励磁磁动势作用的影响,这与它们之间的空间相对位置有关,因此首先分析这两个磁动势的转速和转向关系。

如前所述,对称三相绕组中流过三相对称电流时,所产生的电枢磁动势基波是一个旋转磁动势波,其转速 n 取决于电枢电流的频率 f 和电枢绕组的极对数 p(设计电机时必须使它等于转子磁极的极对数),即 $n=60f/p$。而 $f=pn_1/60$,代入上式便得到 $n=n_1$,亦即电枢磁动势基波的转速与励磁磁动势的转速(即电机转子转速)一定相等。同时,电枢磁动势基波的转向,取决于电枢三相电流的相序。而电枢三相电流的相序又取决于转子磁极的转向,因而可推出电枢磁动势基波的转向一定与转子磁极的转向一致。这样,电枢磁动势基波与励磁磁动势基波同极数、同转向、同转速,两者在空间始终保持相对静止,因此可将两个磁动势合成。该合成磁动势在电机中建立数值稳定的气隙磁场,产生平均电磁转矩,实现机-电能量转换。这种"定、转子磁动势相对静止"实际上是一切电磁感应型旋转电机能够正常运行的基本条件。

下面分析电枢反应的性质。

电枢反应的性质(助磁、去磁或交磁),取决于电枢磁动势基波与励磁磁动势的空间相对位置。分析表明,磁动势的空间相对位置,又与励磁电动势 $\dot{E}_0$ 和电枢电流 $\dot{I}$ 之间的相位差 ψ 角有关。下面分几种情况,分别讨论电枢反应的性质。

11.2.1　$\dot{I}$ 和 $\dot{E}_0$ 同相($\psi=0°$)时的电枢反应

图 11-3(a)所示为同步发电机对称负载时 $\psi=0°$ 时的电枢反应空间相量图,为简便起见,定子绕组每一相都用一个等效整距集中线圈表示。并按从末端指向首端,运用右手螺旋定则,画出了三相绕组的相轴正方向。磁极画成凸极式,图示转子直轴正方向超前 A 相轴正方向 $90°$ 空间电角度。励磁磁动势基波 $\bar{F}_{f1}$ 和励磁磁场基波 $\bar{B}_{f1}$ 同在转子的直轴(d 轴)正方向上,并以同步转速 n_1 沿逆时针方向旋转。旋转的励磁磁场在定子三相绕组中感应对称的三相电动势 $\dot{E}_{0A}、\dot{E}_{0B}、\dot{E}_{0C}$。设对称的三相电流分别为 $\dot{I}_A、\dot{I}_B、\dot{I}_C$,如各相电动势和电流的正方向都取为末端指向首端,则三相电动势和电流的相量图如图 11-3(b)所示,三相电流的瞬时值及方向示于图 11-3(a)中。图示瞬间,A 相电动势和电流达到最大值。三相电流产生的电枢磁动势 $\bar{F}_a$ 的基波波幅在 A 相绕组的相轴上,即处在滞后直轴(d 轴)$90°$ 空间电角度的转子交轴(q 轴)上,并以同步转速 n_1 沿逆时针方向旋转。由此可见,$\dot{I}$ 和 $\dot{E}_0$ 同相时,电枢磁动势 $\bar{F}_a$ 的轴线总是和转子磁极轴线(d 轴)相差 $90°$ 空间电角度,而和转子的交轴(q 轴)重合。因此,将这种电枢反应称为交轴电枢反应,而将这时的电枢磁动势 $\bar{F}_a$ 称为交轴电枢磁动势 $\bar{F}_{aq}$。

显然,图 11-3(a)中的两个相差 $90°$ 的空间向量 $\bar{F}_{f1}$ 和 $\bar{F}_a$,可用向量法相加得出气隙合

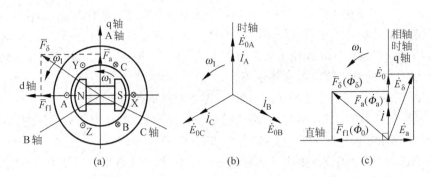

图 11-3 $\psi = 0°$ 时的电枢反应

(a) 空间向量图；(b) 时间相量图；(c) 时空相(向)量图

成磁动势向量 $\overline{F}_\delta$。这样，便可得到如图 11-3(a)所示的空间向量图。图中三相的相轴互差 120°，静止不动，而三个空间向量 $\overline{F}_{f1}$、$\overline{F}_a$、$\overline{F}_\delta$ 以同步电角速度 $\omega_1 = 2\pi f$ 旋转。

已知气隙合成磁动势 $\overline{F}_\delta$，可求得由它产生的气隙磁通密度 $\overline{B}_\delta$(图 11-3 中未画出)，并进一步求出 $\overline{B}_\delta$ 波与定子任一相交链的磁通 $\dot{\Phi}_\delta$ 和感应于该相的电动势 $\dot{E}_\delta$。如果不考虑铁芯饱和的影响，则可由 $\overline{F}_{f1}$ 和 $\overline{F}_a$ 分别求出电动势 $\dot{E}_0$ 和 $\dot{E}_a$，即 $\overline{F}_{f1} \rightarrow \overline{B}_{f1} \rightarrow \dot{\Phi}_0 \rightarrow \dot{E}_0$，和 $\overline{F}_a \rightarrow \overline{B}_a \rightarrow \dot{\Phi}_a \rightarrow \dot{E}_a$。这时应有 $\dot{\Phi}_0 + \dot{\Phi}_a = \dot{\Phi}_\delta$ 和 $\dot{E}_0 + \dot{E}_a = \dot{E}_\delta$。必须指出：此处所有的时间相量都是指定子某一相的物理量。由于三相对称，每一相中各物理量之间的关系都相同，因此没有必要指明是哪一相。

运用时空相(向)量图的概念，可得出时空相(向)量图[图 11-3(c)]。建立时空相(向)量图的原则为：当各相的时轴都取在各自的相轴上时，时空相(向)量图中存在下列关系：

(1) 磁通相量应与产生它的磁通密度向量重合，当忽略铁芯中的磁滞、涡流影响时，对隐极电机可认为磁通相量与产生它的磁动势向量重合。

(2) 电枢磁动势基波向量 $\overline{F}_a$ 应与产生它的电枢电流 $\dot{I}$ (时间相量)重合。

(3) 当磁通及其感应电动势的正方向符合右手螺旋定则时，电动势 $\dot{E}$ 滞后于产生它的磁通 $\dot{\Phi}$ 90°。图 11-3 中所有的向量以及 d 轴、q 轴都以 $\omega_1 = 2\pi f$ 的电角度旋转，但相轴和时轴都静止不动，一般只画出 A 相的相轴，B 相和 C 相的相轴省略不画。由图 11-3(c)可见，因 $\overline{F}_a$ 与 $\dot{I}$ 重合，$\dot{I}$ 与 $\dot{E}_0$ 同相，$\dot{E}_0$ 从 $\overline{F}_{f1}$ 向后移动 90°，因此 $\overline{F}_a$ 滞后 $\overline{F}_{f1}$ 90°，故为交轴电枢反应。

由图 11-3 可见，交轴电枢反应使合成磁场轴线从空载时的直轴处逆转向后移了一个锐角，幅值也有所增加。

11.2.2 $\dot{I}$ 滞后 $\dot{E}_0$ 90°($\psi = 90°$)时的电枢反应

图 11-4 中画出了 $\dot{I}$ 滞后 $\dot{E}_0$ 90°时的情况。此时，定子三相的励磁电动势和电枢电流的相量图如图 11-4(b)所示，三相电流的瞬时值及方向示于图 11-4(a)中。由此图可见，电

枢磁动势的轴线滞后于励磁磁动势的轴线 180°电角度,因此 $\overline{F}_a$ 和 $\overline{F}_{f1}$ 两个空间向量始终保持相位相反、同步旋转的关系。相应的时空相(向)量图见图 11-4(c),从图中可以看出:$\overline{F}_a$ 与 $\dot{I}$ 重合,$\dot{I}$ 滞后 $\dot{E}_0$ 90°,$\dot{E}_0$ 滞后 $\overline{F}_{f1}$ 90°,因此 $\overline{F}_a$ 滞后 $\overline{F}_{f1}$ 180°。

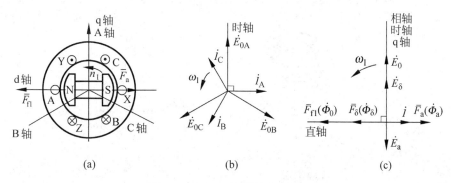

图 11-4　$\psi=90°$时的电枢反应

由图 11-4(a)、(c)可见,$\dot{I}$ 滞后 $\dot{E}_0$ 90°时,电枢磁动势 $\overline{F}_a$ 的方向总是和励磁磁动势 $\overline{F}_{f1}$ 的方向相反,两者相减可以得到气隙中的合成磁动势 $\overline{F}_\delta$。因此,气隙磁场被削弱了,电枢反应的性质是纯去磁的。由于这时的电枢磁动势 $\overline{F}_a$ 位于直轴(d 轴)上,因此称为直轴电枢磁动势 $\overline{F}_{ad}$。

11.2.3　$\dot{I}$ 超前 $\dot{E}_0$ 90°($\psi=-90°$)时的电枢反应

图 11-5 中画出了 $\dot{I}$ 超前 $\dot{E}_0$ 90°时的情况。此时,$\overline{F}_a$ 和 $\overline{F}_{f1}$ 两个空间向量始终保持相位相同、同步旋转的关系。

由图 11-5(a)、(c)可见,$\dot{I}$ 超前 $\dot{E}_0$ 90°时,电枢磁动势 $\overline{F}_a$ 的方向总是和励磁磁动势 $\overline{F}_{f1}$ 的方向相同,两者相加可以得到气隙中的合成磁动势 $\overline{F}_\delta$。因此,气隙磁场被加强了,电枢反应的性质是纯助磁的。此时电枢磁动势 $\overline{F}_a$ 同样也称为直轴电枢磁动势 $\overline{F}_{ad}$。

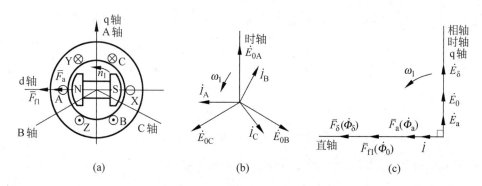

图 11-5　$\psi=-90°$时的电枢反应

11.2.4 $\dot{I}$ 滞后 $\dot{E}_0$ 一个锐角 ψ 时的电枢反应

一般情况下，$0°<\psi<90°$，即电枢电流滞后于励磁电动势一个锐角 ψ，此时的电枢反应如图 11-6 所示。

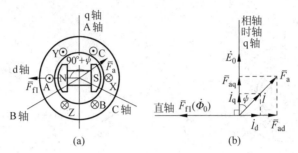

图 11-6 $0°<\psi<90°$时的电枢反应

图 11-6(a)中所示的瞬间，A 相励磁电动势达到正的最大值。设以此时作为时间起点，即 $t=0$。由于 $\psi\neq0°$，故 $t=0$ 时 A 相电流并未达到正最大值，电枢磁动势 $\overline{F}_a$ 的正波幅也就不在 A 相轴线上。必须经过一段时间，等转子转过 ψ 空间电角时，A 相电流才达到正最大值，$\overline{F}_a$ 的轴线才转到 A 相轴线上。所以 $t=0$ 时，$\overline{F}_a$ 的轴线应在 A 相轴线后面 ψ 电角度的位置上，如图 11-6(a)所示。由图可见，当 $\dot{I}$ 滞后 $\dot{E}_0$ 一个锐角 ψ 时，电枢磁动势 $\overline{F}_a$ 滞后励磁磁动势 $\overline{F}_{f1}$ $90°+\psi$ 电角度，这时的电枢反应既非纯交磁性质也非纯去磁性质，而是兼有两种性质。与其对应的时空相(向)量图为图 11-6(b)。由图可见，$\overline{F}_a$ 与 $\dot{I}$ 重合，$\dot{I}$ 滞后 $\dot{E}_0$ 锐角 ψ，$\dot{E}_0$ 滞后 $\overline{F}_{f1}$ $90°$，因而同样可得出 $\overline{F}_a$ 滞后 $\overline{F}_{f1}$ $90°+\psi$ 电角度。

将 $\overline{F}_a$ 分解为直轴和交轴两个分量，即

$$\overline{F}_a = \overline{F}_{ad} + \overline{F}_{aq} \tag{11-3}$$

式中

$$\begin{cases} F_{ad} = F_a \sin\psi \\ F_{aq} = F_a \cos\psi \end{cases} \tag{11-4}$$

由图 11-6(b)可见，如果将每一相的电流 $\dot{I}$ 都分解成 $\dot{I}_d$ 和 $\dot{I}_q$ 两个分量，即

$$\dot{I} = \dot{I}_d + \dot{I}_q \tag{11-5}$$

式中

$$\begin{cases} I_d = I \sin\psi \\ I_q = I \cos\psi \end{cases} \tag{11-6}$$

$\dot{I}_q$ 与电动势 $\dot{E}_0$ 同相位，它们(指电流的三相交轴分量，即 $\dot{I}_{qA}$、$\dot{I}_{qB}$、$\dot{I}_{qC}$)产生式(11-3)中的交轴电枢磁动势 $\overline{F}_{aq}$，因此将分量 $\dot{I}_q$ 叫作 $\dot{I}$ 的交轴分量；而 $\dot{I}_d$ 滞后电动势 $\dot{E}_0$ $90°$，它们(指电流的三相直轴分量，即 $\dot{I}_{dA}$、$\dot{I}_{dB}$、$\dot{I}_{dC}$)产生式(11-3)中的直轴电枢磁动势 $\overline{F}_{ad}$，因此将分量 $\dot{I}_d$ 叫作 $\dot{I}$ 的直轴分量。此时，交轴分量 $\dot{I}_q$ 产生的电枢反应与图 11-3 的一样，对气隙磁场起交磁作用，使气隙合成磁场逆转向位移一个角度；而直轴分量 $\dot{I}_d$ 产生的电枢反应与

图 11-4 中的一样,对气隙磁场起去磁作用。

由上述的分析过程可见,利用时空相(向)量图来分析同步电机的电枢反应,能由电流、电动势、磁通等时间相量的相位关系,直接求得电枢磁动势和励磁磁动势等空间向量的相位关系,方法简单、概念明确、理论完整。

11.3　隐极同步发电机的对称负载运行分析

本节分析对称负载下隐极同步发电机的电动势方程式和相量图。由于气隙磁场的饱和程度将影响电机的运行情况,因此区分为不考虑饱和及考虑饱和两种情况来分析。

11.3.1　不考虑饱和时的情况

不考虑饱和时,可利用叠加原理,分别求出 $\bar{F}_{f1}$ 和 $\bar{F}_a$ 单独作用时产生于定子每一相的磁通和电动势,再求出电枢漏磁场对每一相产生的漏磁通 $\dot{\Phi}_\sigma$ 和漏电动势 $\dot{E}_\sigma$,其关系如下:

$$I_f \dashrightarrow \bar{F}_{f1} \to \dot{\Phi}_0 \to \dot{E}_0$$

$$\dot{I}(\text{定子三相}) \begin{cases} \longrightarrow \bar{F}_a \to \dot{\Phi}_a \to \dot{E}_a \\ \dashrightarrow \dot{\Phi}_\sigma \to \dot{E}_\sigma \end{cases}$$

按照图 11-7 所示的方向,假定各个物理量的正方向:A 相绕组的正方向为末端 X 指向首端 A,A 相电动势和电流的正方向与 A 相绕组的正方向相同,A 相各磁通的正方向与 A 相相轴正方向相同,磁通与电动势的正方向符合右手螺旋定则。

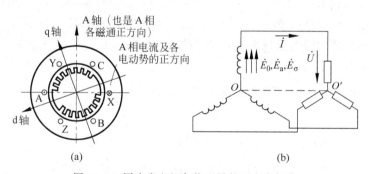

图 11-7　同步发电机各物理量的正方向规定

按照上述假定的正方向,根据基尔霍夫定律,对电枢(定子)任意一相可得电动势方程式

$$\sum \dot{E} = \dot{E}_0 + \dot{E}_a + \dot{E}_\sigma = \dot{U} + \dot{I} R_a \tag{11-7}$$

式中,$\dot{U}$ 为电枢一相绕组的端电压;$\dot{I} R_a$ 为电枢一相绕组的电阻压降。由于电枢三相绕组是对称的,所以只需列出一相的电动势方程即可。

根据电磁感应定律,$e = -N \dfrac{\mathrm{d}\Phi}{\mathrm{d}t}$,所以 $\dot{E}_0$、$\dot{E}_a$ 和 $\dot{E}_\sigma$ 分别滞后于产生它们的磁通 $\dot{\Phi}_0$、$\dot{\Phi}_a$ 和 $\dot{\Phi}_\sigma$ 90°相角。将相量 $\dot{E}_0$、$\dot{E}_a$ 和 $\dot{E}_\sigma$ 相加,等于 $\dot{U}$ 加上 $\dot{I} R_a$,于是得到电动势方程式(11-7)的相量图,如图 11-8 所示。图中还画出了与 $\dot{I}$ 同相的 $\bar{F}_a$,因此其也为一时空相

（向）量图。当忽略电枢铁耗（磁滞、涡流损耗）时，$\dot{\Phi}_a$ 与 $\bar{F}_a$ 同相位，由此可见 $\dot{E}_a$ 滞后 $\dot{I}$ 90° 相角。

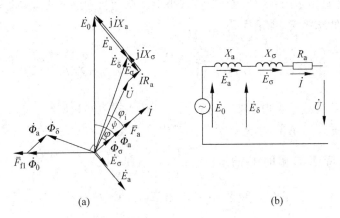

图 11-8　不考虑饱和时隐极同步发电机的相量图和等效电路图

由于 $E_a \infty \Phi_a$，不考虑饱和及电枢铁耗时 $\Phi_a \infty F_a$，再由 $F_a \infty I$，可见 $E_a \infty I$，即 E_a 正比于 I。前已证明，在时间相位上 $\dot{E}_a$ 滞后 $\dot{I}$ 90° 相角；因此 $\dot{E}_a$ 可写成负电抗压降的形式，即

$$\dot{E}_a = -j\dot{I}X_a \tag{11-8}$$

式中 X_a 称为电枢反应电抗。它就是 E_a 与 I 的比例常数，即 $X_a = E_a/I$。因此，X_a 就是对称负载下，单位电流系统产生的磁场在一相绕组中感应的电枢反应电动势值。从式（11-8）的推导过程来看，虽然 $\dot{E}_a$、$\dot{I}$、X_a 都是某一相的物理量，但 X_a 应理解为三相对称电流的合成电枢反应磁场所感应于一相中的电动势和电流的比值，其实际上综合反映了三相对称电枢电流所产生的电枢反应磁场 $\bar{B}_a$ 对于一相的影响。从物理本质上说，其相当于感应电机中的励磁电抗 X_m。

同样，漏电动势 $\dot{E}_\sigma$ 也可写成负漏抗压降的形式，即

$$\dot{E}_\sigma = -j\dot{I}X_\sigma \tag{11-9}$$

式中 X_σ 称为定子漏抗，于是式（11-7）便可写成

$$\dot{E}_0 = \dot{U} + \dot{I}R_a + j\dot{I}X_\sigma + j\dot{I}X_a = \dot{U} + \dot{I}R_a + j\dot{I}X_t \tag{11-10}$$

式中 X_t 称为隐极同步发电机的同步电抗，其等于电枢反应电抗和定子漏抗之和，即

$$X_t = X_\sigma + X_a \tag{11-11}$$

同步电抗是表征对称稳态时电枢旋转磁场和电枢漏磁场的一个综合参数，是三相对称电枢电流所产生的全部磁通在定子某一相中所感应的总电动势（$E_a + E_\sigma$）与相电流的比值。

图 11-8 中同时示出了将 $\dot{E}_a$ 和 $\dot{E}_\sigma$ 作为负电抗压降处理的情况。

式（11-10）对应的相量图和等效电路如图 11-9 所示。从电路的观点看，隐极同步发电

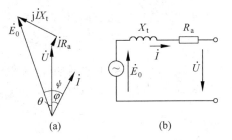

图 11-9　用励磁电动势和同步电抗表示时隐极同步发电机的相量图和等效电路图

机就相当于励磁电动势 $\dot{E}_0$ 和同步阻抗 $Z_t = R_a + jX_t$ 的串联电路。由于该等效电路简单,物理意义又比较清楚,故在工程分析中被广泛应用。

不考虑饱和时,将励磁磁通和电枢反应磁通叠加(相量相加),即可得到负载时气隙中的合成基波磁通,简称气隙磁通,用符号 $\dot{\Phi}_\delta$ 表示:

$$\dot{\Phi}_\delta = \dot{\Phi}_0 + \dot{\Phi}_a \tag{11-12}$$

气隙磁通在电枢绕组内感应的电动势称为气隙电动势,用符号 $\dot{E}_\delta$ 表示,故得

$$\dot{E}_\delta = \dot{E}_0 + \dot{E}_a = \dot{U} + \dot{I}R_a + j\dot{I}X_\sigma \tag{11-13}$$

11.3.2　考虑饱和时的情况

实际的同步电机都在接近于饱和区域(磁化曲线的膝部)运行。此时磁路为非线性,叠加原理不再适用。因而必须先求出作用在主磁路上的合成磁动势 $\overline{F}_\delta$,然后利用电机的磁化曲线(空载特性),求出负载时的气隙合成磁通 Φ_δ 和气隙合成电动势 E_δ,其关系为

$$
\begin{array}{l}
I_f \to \overline{F}_{f1} \to \\
\dot{I}(三相) \to \overline{F}_a \to
\end{array}
\Big\rangle
\begin{array}{l}
\overline{F}_\delta \dashrightarrow \dot{\Phi}_\delta \dashrightarrow \dot{E}_\delta \\
\dot{\Phi}_\sigma \dashrightarrow \dot{E}_\sigma = -j\dot{I}X_\sigma
\end{array}
$$

此时气隙中合成磁动势的基波分量(简称气隙磁动势) $\overline{F}_\delta$ 为

$$\overline{F}_\delta = \overline{F}_{f1} + \overline{F}_a \tag{11-14}$$

根据电路定律,电枢某一相的电动势方程式为

$$\dot{E}_\delta = \dot{U} + \dot{I}R_a + j\dot{I}X_\sigma \tag{11-15}$$

在饱和的情况下,由磁动势求对应的电动势,必须使用空载特性。空载特性为励磁电流 I_f 或励磁磁动势的最大值 $F_f = N_f I_f$(其中 N_f 为转子每极匝数)产生的电动势,而式(11-14)中的 F_{f1}、F_a 和 F_δ 均为基波磁动势。因此,必须将 F_a 和 F_δ 折算成等效的励磁磁动势,才能使用空载特性求相应的电动势。折算的原则是折算前后磁动势波中所包含的基波幅值相同,因此折算前后的磁动势在定子一相绕组中产生的基波感应电动势大小也相同。设折算系数为 k_a,F_{f1}、F_a 和 F_δ 的折算值分别为 $F_f'(F_f' = F_f)$、F_a'、F_δ',式(11-14)中每一项都乘以 k_a,得

$$\overline{F}_\delta' = \overline{F}_f + \overline{F}_a' \tag{11-16}$$

式中,从大小上说,$F_f = k_a F_{f1}$,$F_a' = k_a F_a$,$F_\delta' = k_a F_\delta$;从相位上说 F_f、F_a'、F_δ' 分别与 F_{f1}、F_a 和 F_δ 同相位。这样,由式(11-16)求得 F_δ' 之后,便可直接从空载特性 $E_0 = f(F_f)$ 曲线用 $F_f = F_\delta'$ 查出 E_δ。因此,实际上只要将 F_a 折算为 F_a',用它和 F_f 向量相加便得到 F_δ'。

由式(11-14)~式(11-16),可得出考虑饱和时隐极同步发电机的时空相(向)量图,如图11-10(a)所示。显然,图中 $\overline{F}_{f1}$、$\overline{F}_a$ 和 $\overline{F}_\delta$ 组成的三角形与由 $\overline{F}_f$、$\overline{F}_a'$ 和 $\overline{F}_\delta'$ 组成的三角形是相似的,其间彼此一一对应,只是在数值上后者为前者的 k_a 倍。

由图11-10可见,当考虑饱和时,图11-10(a)中的漏抗压降的延长线,将不与空载电动势 $\dot{E}_0$ 的端点闭合,即 $\dot{E}_0$ 不再等于 $\dot{U} + \dot{I}R_a + j\dot{I}X_t$。其原因是:空载时气隙磁场的饱和程度由 F_f 决定,而负载时则由 F_δ' 决定。由于在感性负载下,$F_f > F_\delta'$ 使空载时主磁路的饱和

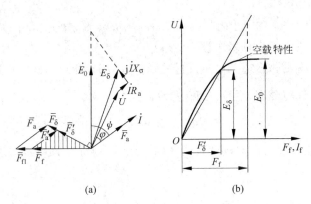

图 11-10　考虑饱和时隐极同步发电机的相量图

程度比负载时高得多,因而同样大小的 F_f 产生的实际空载电动势 E_0 要比负载时的假想空载电动势低得多。

例 11-1　有一台三相汽轮发电机,$P_N = 25\,000\ \text{kW}$,$U_N = 10.5\ \text{kV}$,$\cos\varphi_N = 0.8$(滞后),Y 连接,同步电抗 $X_t^* = 2.13$,$R_a \approx 0$。试求额定负载下发电机的励磁电动势 E_0、$\dot{E}_0$ 与 $\dot{U}$ 之间的夹角 θ 及 $\dot{E}_0$ 与 $\dot{I}$ 之间的夹角 ψ。

解　方法一:

功率因数角

$$\varphi = \arccos 0.8 = 36.87°$$

将发电机相电压相量作为基准相量,即设 $\dot{U}^* = 1\angle 0°$,则

$$\dot{I}^* = 1\angle -36.87°$$

励磁电动势 $\dot{E}_0^*$ 为

$$\dot{E}_0^* = \dot{U}^* + j\dot{I}X_t^* = 1\angle 0° + j1\angle -36.87° \times 2.13 = 2.844\angle 36.8°$$

励磁电动势大小为

$$E_0 = E_0^* \times U_N/\sqrt{3} = 2.84 \times 10.5/\sqrt{3}\ \text{kV} = 17.25\ \text{kV}$$

$\dot{E}_0$ 与 $\dot{U}$ 之间的夹角 $\theta = 36.8°$,$\dot{E}_0$ 与 $\dot{I}$ 之间的夹角 $\psi = \theta + \varphi = 36.8° + 36.87° = 73.67°$。

方法二:

$$\begin{aligned}
E_0^* &= \sqrt{(U^* \cos\varphi)^2 + (U^* \sin\varphi + I^* X_t^*)^2} \\
&= \sqrt{0.8^2 + (0.6 + 1 \times 2.13)^2} = 2.845
\end{aligned}$$

故

$$E_0 = E_0^* \times U_N/\sqrt{3} = 2.845 \times 10.5/\sqrt{3}\ \text{kV} = 17.25\ \text{kV}$$

因为

$$\cos\psi = \frac{U^* \cos\varphi}{E_0^*} = \frac{0.8}{2.845} = 0.281$$

所以

$$\psi = \arccos 0.281 = 73.67°$$
$$\theta = \psi - \varphi = 73.67° - 36.87° = 36.8°$$

11.4　凸极同步发电机的对称负载运行分析

11.4.1　凸极同步发电机的双反应理论

对隐极发电机来说,由于气隙是均匀的,所以同一电枢磁动势作用在空间不同位置时,所产生的电枢反应磁场是相同的。

由于凸极同步电机的气隙是不均匀的,因此,同一电枢磁动势 $\overline{F}_a$ 作用在不同位置时电枢反应将是不一样的。图 11-11(b)、(c)所示为同样大小的电枢磁动势分别作用在直轴和交轴位置时电枢磁场的分布图。

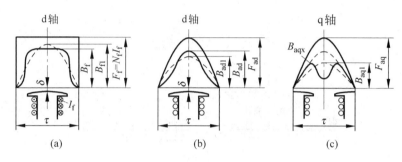

图 11-11　凸极同步发电机中的磁场
(a)励磁磁场;(b)直轴电枢磁场;(c)交轴电枢磁场

由图 11-11 可见,按正弦分布的电枢磁动势作用在直轴上时,在极轴处电枢磁场最强,然后向两边逐渐减弱,至极间区域最弱[图 11-11(b)]。当电枢磁动势作用在交轴位置时,由于极间区域气隙较大,故交轴电枢磁场较弱,产生的磁场形状是马鞍形[图 11-11(c)]。由于电枢反应的实质是电枢磁动势基波对励磁磁场基波的影响,由图 11-11(b)、(c)则不难看出,同样大小的电枢磁动势所产生的直轴磁场中的基波幅值 $\overline{B}_{ad1}$,比交轴磁场中的基波幅值 $\overline{B}_{aq1}$ 要大。即电枢反应的大小是不一样的。由图还可见,无论电枢磁动势对准直轴($\psi=90°$)还是交轴($\psi=0°$)位置,由于电枢磁场波形是对称的,所以电枢反应不难分析。但电机实际运行情况的 ψ 为一任意角度,此时电枢磁动势既不在直轴上,也不在交轴上,电枢磁场的分布是不对称的,其波形因 F_a 和 ψ 两个因素的大小而变化,无法用解析式来表达和求解,因此难以直接确定电枢反应的大小。

为了解决这一困难,勃朗德(Blondel)提出了双反应理论,其基本思想是:当电枢磁动势 $\overline{F}_a$ 的轴线既不在直轴又不在交轴时,可将电枢磁动势 $\overline{F}_a$ 分解为直轴分量 $\overline{F}_{ad}$ 和交轴分量 $\overline{F}_{aq}$,然后分别求出直轴和交轴磁动势的电枢反应,最后将它们的效果叠加起来。前面式(11-3)和式(11-4)就是双反应理论的数学描述。

实践证明,在不考虑饱和时,用双反应理论来分析凸极电机,结果令人满意。因此,双反应理论是分析各类凸极电机(凸极同步电机和直流电机)的基本方法。

11.4.2　不考虑饱和时的电动势相量图

不考虑饱和时,可运用双反应理论分别求出励磁磁动势、直轴和交轴电枢磁动势所产生

的基波磁通及其感应电动势,其关系为

$$I_f \dashrightarrow \bar{F}_{f1} \rightarrow \dot{\Phi}_0 \rightarrow \dot{E}_0$$

$$\dot{I}(三相) \begin{cases} \rightarrow \dot{I}_d \rightarrow \bar{F}_{ad} \rightarrow \dot{\Phi}_{ad} \rightarrow \dot{E}_{ad} \\ \rightarrow \dot{I}_q \rightarrow \bar{F}_{aq} \rightarrow \dot{\Phi}_{aq} \rightarrow \dot{E}_{aq} \\ \dashrightarrow \dot{\Phi}_\sigma \rightarrow \dot{E}_\sigma \end{cases}$$

各物理量的正方向假定与隐极同步发电机相同,故得电枢某一相的电动势方程式

$$\sum \dot{E} = \dot{E}_0 + \dot{E}_{ad} + \dot{E}_{aq} + \dot{E}_\sigma = \dot{U} + \dot{I} R_a \tag{11-17}$$

相应的电动势相量图如图 11-12(a)所示。

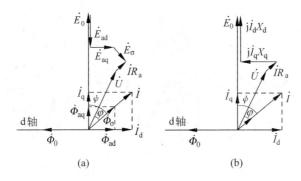

图 11-12 不计饱和时凸极同步发电机的相量图

与隐极电机相似,不考虑饱和时有如下关系:

$$E_{ad} \propto \Phi_{ad} \propto F_{ad} \propto I_d, \quad E_{aq} \propto \Phi_{aq} \propto F_{aq} \propto I_q$$

即 E_{ad} 正比于 I_d,E_{aq} 正比于 I_q。从相位上看,当不考虑铁耗时,$\dot{\Phi}_{ad}$ 和 $\dot{\Phi}_{aq}$ 分别与 $\bar{F}_{ad}$ 和 $\bar{F}_{aq}$ 同相位,$\dot{E}_{ad}$ 和 $\dot{E}_{aq}$ 分别滞后于 $\dot{I}_d$ 和 $\dot{I}_q$ 90°。因此 $\dot{E}_{ad}$ 和 $\dot{E}_{aq}$ 可用相应的负电抗压降的形式表示为

$$\dot{E}_{ad} = -j\dot{I}_d X_{ad} \tag{11-18}$$

$$\dot{E}_{aq} = -j\dot{I}_q X_{aq} \tag{11-19}$$

式中,X_{ad} 和 X_{aq} 分别称为直轴电枢反应电抗与交轴电枢反应电抗。它们表征对称负载下,单位直轴或交轴电流三相联合产生的基波电枢磁场,在一相绕组中感应的电动势值。

由前面的分析可知,因同样大小的电枢磁动势作用在直轴和交轴时产生的磁场 $B_{ad1} > B_{aq1}$,因而有 $\Phi_{ad} > \Phi_{aq}$(基波磁通),所以 $E_{ad} > E_{aq}$,在电机磁路不饱和时,总有 $X_{ad} > X_{aq}$。

将式(11-18)、式(11-19)代入式(11-17),并考虑到 $\dot{E}_\sigma = -j\dot{I}X_\sigma$,则电动势方程的形式变为

$$\dot{E}_0 - j\dot{I}_d X_{ad} - j\dot{I}_q X_{aq} - j\dot{I}X_\sigma = \dot{U} + \dot{I}R_a$$

或

$$\dot{E}_0 = \dot{U} + \dot{I}R_a + j\dot{I}_d X_{ad} + j\dot{I}_q X_{aq} + j\dot{I}X_\sigma \tag{11-20}$$

如将漏抗压降分解成直轴和交轴两个分量，即 $\mathrm{j}\dot{I}X_\sigma = \mathrm{j}\dot{I}_\mathrm{d}X_\sigma + \mathrm{j}\dot{I}_\mathrm{q}X_\sigma$，代入上式得

$$\dot{E}_0 = \dot{U} + \dot{I}R_\mathrm{a} + \mathrm{j}\dot{I}_\mathrm{d}(X_\mathrm{ad} + X_\sigma) + \mathrm{j}\dot{I}_\mathrm{q}(X_\mathrm{aq} + X_\sigma)$$

$$= \dot{U} + \dot{I}R_\mathrm{a} + \mathrm{j}\dot{I}_\mathrm{d}X_\mathrm{d} + \mathrm{j}\dot{I}_\mathrm{q}X_\mathrm{q} \tag{11-21}$$

式中，X_d 和 X_q 分别称为凸极同步发电机的直轴和交轴同步电抗，其表达式分别为

$$\begin{cases} X_\mathrm{d} = X_\mathrm{ad} + X_\sigma \\ X_\mathrm{q} = X_\mathrm{aq} + X_\sigma \end{cases} \tag{11-22}$$

　　凸极同步发电机的直轴和交轴同步电抗，表征在对称负载下单位直轴和交轴电流三相联合产生的电枢总磁场（包括在气隙中旋转的电枢反应磁场和漏磁场）在电枢一相绕组中感应的电动势。

　　由于气隙不均匀的缘故，凸极同步发电机有两个同步电抗，由于 $X_\mathrm{ad} > X_\mathrm{aq}$，所以 $X_\mathrm{d} > X_\mathrm{q}$，与式（11-21）对应的相量图如图 11-12(b) 所示。

11.4.3　相量图的实际作图法

　　图 11-12 的绘制是建立在 ψ 角已知的前提下的。但是，因为 ψ 角为励磁电动势 $\dot{E}_0$ 与电枢电流 $\dot{I}$ 之间的夹角，无法用仪表测出来。ψ 角测不出，也就无法将 $\dot{I}$ 分成 $\dot{I}_\mathrm{d}$ 和 $\dot{I}_\mathrm{q}$ 两个分量，整个相量图也就无法直接绘出。

　　若已知凸极电机的参数 R_a、X_d 和 X_q，又知道负载情况（即 $\dot{U}$、$\dot{I}$ 和负载功率因数角 φ），经过分析，便可绘出电动势相量图，如图 11-13 所示。

图中，从 R 点画垂直于 $\dot{I}$ 的直线与相量 $\dot{E}_0$ 交于 Q 点，得到线段 $\overline{RQ}$，显然线段 $\overline{RQ}$ 与相量 $\mathrm{j}\dot{I}_\mathrm{q}X_\mathrm{q}$ 间的夹角为 ψ，可得线段 $\overline{RQ}$ 的长度为

$$\overline{RQ} = \frac{I_\mathrm{q}X_\mathrm{q}}{\cos\psi} = IX_\mathrm{q} \tag{11-23}$$

由此可得出相量图的实际做法如下：

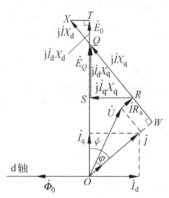

图 11-13　凸极同步发电机由电动势 $\dot{E}_Q$ 确定 ψ 角

　　（1）由已知条件，从 O 点开始，绘出 $\dot{U}$ 和 $\dot{I}$；

　　（2）画出相量 $\dot{E}_Q = \dot{U} + \dot{I}R_\mathrm{a} + \mathrm{j}\dot{I}X_\mathrm{q}$，确定出 Q 点，$\overline{OQ}$ 线段与 $\dot{I}$ 的夹角即为 ψ 角；

　　（3）根据求出的 ψ 角将 $\dot{I}$ 分解为 $\dot{I}_\mathrm{d}$ 和 $\dot{I}_\mathrm{q}$；

　　（4）从 R 点起依次绘出 $\mathrm{j}\dot{I}_\mathrm{q}X_\mathrm{q}$ 和 $\mathrm{j}\dot{I}_\mathrm{d}X_\mathrm{d}$ 得到末端 T，连接线段 $\overline{OT}$ 即得 $\dot{E}_0$。

　　由图 11-13 可见 $\triangle OWQ$、$\triangle RSQ$ 和 $\triangle QTX$（其中 $\overline{XT}$ 垂直于 $\overline{QT}$，$\overline{QX}$ 为 $\overline{RQ}$ 的延长线）均为直角三角形，并且

$$\overline{SQ} = (IX_\mathrm{q})\sin\psi = I_\mathrm{d}X_\mathrm{q}$$

故得

$$\psi = \arctan\frac{IX_\mathrm{q} + U\sin\varphi}{IR_\mathrm{a} + U\cos\varphi} \tag{11-24}$$

$$\dot{E}_0 = \dot{E}_Q + \mathrm{j}\dot{I}_\mathrm{d}(X_\mathrm{d} - X_\mathrm{q}) \tag{11-25}$$

$$\overline{RX} = \frac{\overline{ST}}{\sin\psi} = \frac{I_d X_d}{\sin\psi} = IX_d \tag{11-26}$$

于是作图方法也可改为过 R 点作 $j\dot{I}X_q$ 和 $j\dot{I}X_d$ 两个相量,从而定出 Q 和 X 两点,过 X 点作直线 $\overline{OQ}$ 的垂线交其延长线上的 T 点,得到 $\overline{OT} = \dot{E}_0$。

11.4.4　考虑饱和时的时空相(向)量图

考虑饱和时,气隙合成磁场应由总的合成磁动势来决定。此时,直轴的磁场除了主要取决于直轴上的合成磁动势外,还受到交轴磁动势的影响。通常为了简化计算,均不计直、交轴磁场之间的相互影响,先分别求出直轴和交轴上的合成磁动势的折算值,再利用空载特性曲线,分别求出直轴和交轴的感应电动势。其过程如下:

$$\dot{I} \begin{cases} I_f \rightarrow \overline{F}_{fl}(\overline{F}_f) \rightarrow \\ \rightarrow \dot{I}_d \rightarrow \overline{F}_{ad}(\overline{F}'_{ad}) \rightarrow \end{cases} \overline{F}_d(\overline{F}'_d) \rightarrow \dot{\Phi}_d \rightarrow \dot{E}_d$$

其中 $\overline{F}_{fl}$、$\overline{F}_{ad}$、$\overline{F}_{aq}$、$\overline{F}_d$ 均为实际的基波磁动势,而 $\overline{F}'_{ad}$、$\overline{F}'_{aq}$ 和 $\overline{F}'_d$ 则分别为 $\overline{F}_{ad}$、$\overline{F}_{aq}$、$\overline{F}_d$ 折算到励磁绕组的折算值。其中,$F'_{ad} = k_{ad}F_{ad}$,$F'_{aq} = k_{aq}F_{aq}$,$F'_d = k_{ad}F_d$,k_{ad}、k_{aq} 是把凸极同步电机 d、q 轴基波电枢磁动势 F_{ad}、F_{aq} 分别折合为实际波形的等效励磁磁动势时所使用的 d、q 轴电枢反应磁动势折合因数,$k_{ad} = \dfrac{k_d}{k_f}$,$k_{aq} = \dfrac{k_q}{k_f}$。在大小上,凸极电机中 $k_{ad} > k_{aq}$。$\overline{F}_f$ 在幅值上为用每极磁动势 $N_f I_f$ 来代替 $\overline{F}_{fl}$ 的幅值。

采用以上折算值后,可用 $\overline{F}'_d$ 和 $\overline{F}'_{aq}$ 查空载特性求 E_d 和 E_{aq}[图 11-14(b)],于是电枢某一相的电动势方程式为

$$\dot{E}_d + \dot{E}_{aq} + \dot{E}_\sigma = \dot{E}_\delta + \dot{E}_\sigma = \dot{U} + \dot{I}R_a \tag{11-27}$$

由于极间的气隙较大,$\overline{F}'_{aq}$ 小,因此,交轴磁路接近于线性。所以 X_{aq} 基本上是常数,故 $\dot{E}_{aq}$ 可表示为负电抗压降形式:

$$\dot{E}_{aq} = -j\dot{I}_q X_{aq}$$

将其代入式(11-27),并考虑到 $\dot{E}_\sigma = -j\dot{I}X_\sigma$,可得

$$\dot{E}_d = \dot{U} + \dot{I}R_a + j\dot{I}_q X_{aq} + j\dot{I}X_\sigma \tag{11-28}$$

式中 E_d 为直轴合成磁通所产生的直轴气隙电动势,如图 11-14(a)所示。

例 11-2　一台凸极同步发电机的直轴和交轴同步电抗的标幺值分别为 $X_d^* = 1.1$,$X_q^* = 0.55$,电枢电阻忽略不计。试计算同步发电机在额定电压、额定电流和额定功率因数 $\cos\varphi_N = 0.8$(滞后)下运行时的励磁电动势 E_0^* 和内功率因数角 ψ,并画出相量图。

解　方法一:

以电压 $\dot{U}$ 作为参考相量,即设 $\dot{U}^* = 1.0\angle 0°$,则 $\dot{I}^* = 1.0\angle -36.8°$。电动势 $\dot{E}_Q^*$ 为

$$\dot{E}_Q^* = \dot{U}^* + j\dot{I}^* X_q^* = 1.0\angle 0° + j1.0\angle -36.8° \times 0.55$$

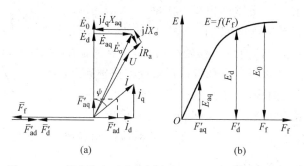

图 11-14　考虑饱和时凸极同步发电机的时空相(向)量图

$$= 1.40 \angle 18.3°$$

得

$$\psi = \theta + \varphi = 18.3° + 36.8° = 55.1°$$

可求出电枢电流的直轴分量和交轴分量分别为

$$\dot{I}_d^* = I^* \sin\psi \angle(18.3° - 90°) = 1 \times \sin 55.1° \angle -71.7° = 0.820 \angle -71.7°$$

$$\dot{I}_q^* = I^* \cos\psi \angle 18.3° = 1 \times \cos 55.1° \angle 18.3° = 0.572 \angle 18.3°$$

故励磁电动势为

$$\begin{aligned}
\dot{E}_0^* &= \dot{U}^* + j\dot{I}_d^* X_d^* + j\dot{I}_q^* X_q^* \\
&= 1.0 \angle 0° + j0.820 \times 1.1 \angle -71.7° + j0.572 \times 0.55 \angle 18.3° \\
&= 1.851 \angle 18.3°
\end{aligned}$$

方法二：

$$\begin{aligned}
\psi &= \arctan \frac{I^* X_q + U^* \sin\varphi}{U^* \cos\varphi} \\
&= \arctan \frac{1 \times 0.55 + 1 \times 0.6}{1 \times 0.8} \\
&= \arctan 1.435 = 55.1°
\end{aligned}$$

直轴电枢电流

$$I_d^* = I^* \sin\psi = 1 \times \sin 55.1° = 0.820$$

励磁电动势

$$\begin{aligned}
E_0^* &= U^* \cos(\psi - \varphi) + I_d^* X_d \\
&= 1 \times \cos(55.1° - 36.8°) + 0.820 \times 1.1 \\
&= 0.949 + 0.902 = 1.851
\end{aligned}$$

对应的相量图如图 11-15 所示。

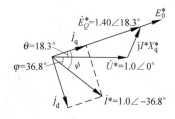

图 11-15　例 11-2 相量图

11.5　同步发电机的空载和短路特性

11.5.1　空载特性

　　用实验测取空载特性时,由于磁滞现象,当励磁电流由小变大,再由大变小时,将会得到不重合的上升和下降曲线。实际使用的空载特性,是在下降曲线的基础上适当地作了修正。

首先调节励磁电流,使空载电压升到 $U_0 \approx 1.3U_N$,然后逐渐减
小励磁电流一直到 $I_f = 0$,读取 U_0 和 I_f,作出图 11-16 所示
的空载特性。延长空载特性曲线与横轴相交,将交点的横坐
标绝对值作为校正量,加在所测空载特性每一点的横坐标上,
即得出通过原点的校正曲线,这便是电机实用的空载特性。

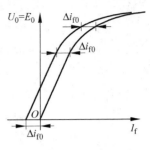

图 11-16　空载特性及校正

空载特性既可用实际值绘出,也可用标幺值绘出。后者
以额定相电压 $U_{N\phi}$ 作为电动势的基值,而以其对应的励磁电
流 I_{f0} 作为励磁电流的基值,故励磁电流的标幺值为 $I_f^* = \dfrac{I_f}{I_{f0}}$。

用标幺值表示的优点,是便于比较各台电机的饱和程度。不管电机容量的大小和电压的高
低如何,所有电机的空载特性都相交于 $E_0^* = \dfrac{E_0}{U_{N\phi}} = 1, I_f^* = 1$ 的一点。

11.5.2　短路特性

短路特性是发电机三相稳态短路时短路电流 I_k 与励磁电流 I_f 的关系,如图 11-17(a)
所示。

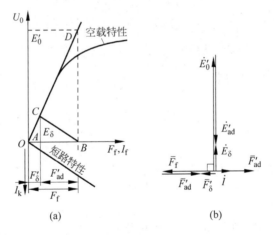

(a)　　　　　　　(b)

图 11-17　稳态短路的分析

图 11-17(b)所示为短路时发电机的相量图。因为 $U=0$,限制短路电流的仅为发电机
的同步阻抗。同步发电机的电枢电阻远小于同步电抗,故可认为短路电流是纯感性的,即
$\psi \approx 90°$;于是,电枢磁动势基本上是一个纯去磁作用的直轴磁动势,即 $\bar{F}_a = \bar{F}_{ad}$。由于各磁
动势向量都在一条直线上,因此气隙合成磁动势便为 $F_\delta' = F_f - F_{ad}'$。由 F_δ' 查空载特性曲
线,可求出气隙合成电动势 E_δ[图 11-17(a)]。

由于 $U=0$,所以

$$\dot{E}_\delta = \dot{U} + \dot{I}R_a + j\dot{I}X_\sigma \approx j\dot{I}X_\sigma \tag{11-29}$$

可见,短路时气隙合成电动势只等于漏抗压降。其对应的气隙合成磁通很小,电机的磁路处
于不饱和状态,相当于图 11-17(a)中的 C 点。因此,气隙合成磁动势 $F_\delta' \propto E_\delta \propto I$。由于
$F_{ad}' = k_{ad}F_{ad}$ 与 I 成正比,所以励磁磁动势 $F_f = F_\delta' + F_{ad}'$ 必然与 I 成正比,故短路特性是一条

直线。

图 11-17(a)中△ABC 称为同步发电机的特性三角形,三角形底边$\overline{AB}$ 为电枢反应磁动势,对边 AC 为漏抗压降。

11.5.3　X_d 不饱和值的确定

同步发电机的直轴同步电抗的不饱和值,可由空载和短路特性求出(图 11-18)。由图 11-17 可见,短路时气隙合成磁动势 F'_δ 很小,其工作在空载特性的直线部分产生很小的气隙电动势 E_δ 来与漏抗压降 IX_σ 平衡,此时的主磁路处于不饱和状态,因而可运用叠加原理分析。认为 F_f 和 F'_{ad} 单独按气隙线产生相应的电动势 E'_0 和 $E'_{ad}=I_kX_{ad}$,然后合成为 E_δ。此时的 X_{ad} 为不饱和值,对应的电动势方程式为

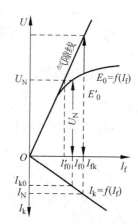

$$\dot{E}'_0+\dot{E}'_{ad}=\dot{E}'_0-\mathrm{j}\dot{I}_kX_{ad}=\dot{E}_\delta=\mathrm{j}\dot{I}_kX_\sigma$$

或

$$\dot{E}'_0=\mathrm{j}\dot{I}_k(X_\sigma+X_{ad})=\mathrm{j}\dot{I}_kX_d \tag{11-30}$$

式中 X_d 为不饱和值。

图 11-18　利用空载特性和短路特性确定 X_d 不饱和值和短路比

在图 11-18 中任取一励磁电流 I_{fk},在气隙线和短路特性上查出励磁电动势 E'_0 和短路电流 I_k,即可求出直轴同步电抗的不饱和值 $X_d=E'_0/I_k$。如空载特性和短路特性均用标幺值表示时,可得直轴同步电抗的标幺值为

$$X_d^*=\frac{E'^*_0}{I_k^*} \tag{11-31}$$

11.5.4　短路比

短路比为同步发电机的一项重要数据。它是在对应于空载额定电压的励磁电流下,三相稳态短路时的短路电流与额定电流之比。由于短路特性为一直线,故此定义可转化为产生空载额定电压($U_0=U_N$)与产生额定短路电流($I_k=I_N$)所需励磁电流之比。由图 11-18 可知短路比 k_c 为

$$k_c=\frac{I_{k0}}{I_N}=\frac{I_{f0(U=U_N)}}{I_{fk(I_k=I_N)}} \tag{11-32}$$

设 I'_{f0} 表示磁路不饱和(即运行于气隙线上)时产生空载额定电压所需的励磁电流,则式(11-32)可改写为

$$k_c=\frac{I_{f0(U=U_N)}}{I'_{f0(U=U_N)}}\times\frac{I'_{f0(U=U_N)}}{I_{fk(I_k=I_N)}}=k_\mu\frac{U_N}{E'_{0(I_f=I_{fk})}} \tag{11-33}$$

再将 $E'_{0(I_f=I_{fk})}=I_NX_{d(不饱和)}$ 代入上式,可得短路比

$$k_c=k_\mu\frac{U_N}{I_NX_{d(不饱和)}}=k_\mu\frac{1}{X^*_{d(不饱和)}} \tag{11-34}$$

因此,短路比等于直轴同步电抗不饱和值的标幺值的倒数,乘以空载额定电压时的主磁路饱

和系数 k_μ(一般 $k_\mu=1.1\sim1.25$),其为一考虑了饱和影响的电机参数。

短路比小,则负载变化时发电机的电压变化较大,且并联运行时发电机的稳定度较差,但电机的造价较便宜;增大气隙可减小 X_d,使短路比增大,电机性能变好,但因为励磁磁动势和转子用铜量增大,因此造价也相应提高。近年来,随着单机容量的增大,为了提高材料利用率,对短路比的要求值有所降低。就汽轮发电机而言,要求 $k_\mathrm{c}=0.4\sim1.0$;就水轮发电机而言,由于其输电距离长,稳定性问题较严重,要求有较大的短路比,一般要求 $k_\mathrm{c}=0.8\sim1.8$。

11.6 同步发电机的零功率因数负载特性

11.6.1 零功率因数负载特性

负载特性是指负载电流和功率因数为常值时,发电机的端电压与励磁电流之间的关系曲线 $U=f(I_\mathrm{f})$。这些曲线中以 $I=$ 常数,$\cos\varphi=0$ 时的零功率因数负载特性最有意义。

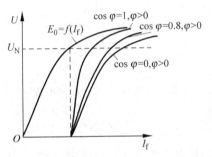

图 11-19 不同功率因数下的负载特性

零功率因数负载特性可用实验求出。实验时,将同步发电机拖到同步转速,电枢绕组接可变的三相纯电感负载,使 $\cos\varphi\approx0$。然后,同时调节励磁电流和负载电抗的大小,使负载电流保持常值(例如 $I=I_\mathrm{N}$)。这样发电机端电压 $U=IX$,将随电抗 X 成正比变化。记录不同励磁电流下发电机的端电压 U,即可得到零功率因数负载特性,如图 11-19 中所示的最右边的一根曲线。

当电机容量较大时,无法用电抗器做实验。此时可将发电机并入电网作空载过励运行,调节发电机的励磁电流使其发出的无功电流达到额定电流,即可得到零功率因数负载特性上 $U=U_\mathrm{N}$ 的一点[图 11-20(b)中的 D 点]。再做电机的稳态短路实验,测出对应 $I_\mathrm{k}=I_\mathrm{N}$ 的励磁电流 I_fk,则得到此特性上 $U=0$ 的另一点[图 11-20(b)中的 A 点]。实用中有这两点就够了。

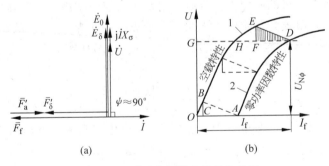

图 11-20 零功率因数负载特性分析

由于零功率因数负载 $\varphi=90°$,当忽略电枢电阻 R_a 时,此时 $\dot{E}_0$ 与 $\dot{I}$ 的夹角 $\psi\approx90°$,因而电枢反应的性质与短路时相似,电枢磁动势也为纯去磁的直轴磁动势。对应的时空相(向)量图如图 11-20(a)所示。因而,此时电动势之间和磁动势之间的相(向)量关系均简化

为代数加减关系,即

$$\begin{cases} E_\delta = U + IX_\sigma \\ F'_\delta = F_f - F'_a \end{cases} \tag{11-35}$$

在图 11-20(b)中,$\overline{OG}$表示额定电压 $U_{N\phi}$。空载时产生额定电压所需励磁电流为$\overline{GH}$,而在零功率负载时,所需励磁电流则增加到$\overline{GD}$。从空载特性作$\overline{GD}$的垂线$\overline{EF}$,使其等于定子的漏抗压降,即$\overline{EF}=IX_\sigma$,线段$\overline{HF}$是为克服定子漏抗压降所需增加的励磁电流,而线段$\overline{FD}=I_{fa}=\dfrac{F'_a}{N_f}=\dfrac{k_{ad}F_a}{N_f}$,为克服直轴电枢去磁磁动势须增加的励磁电流 I_{fa}。由以上分析可见,零功率因数负载特性和空载特性之间相差一个特性三角形 DEF。由于测取零功率因数负载特性时电流 I 为恒值,故该三角形大小不变。

既然空载特性与零功率因数负载特性之间夹着一个不变的特性三角形,那么反过来,若已知特性三角形和空载特性,则可得出零功率因数负载特性。具体做法是:将三角形 DEF 的底边保持水平位置,而顶点 E 在空载特性上移动,则其另一顶点 D 的轨迹即为零功率因数负载特性。其中三角形 ABC 的底边与横坐标重合时,点 A 处的端电压为 $U=0$,故 A 点便为短路点。

11.6.2　定子漏抗的确定

由上面分析可知,在空载特性与零功率因数负载特性[图 11-21(b)中特性 1 和特性 2 的实线]之间,夹着一个不变的特性三角形。若两个特性为已知,则能求出此特性三角形,从而求出定子漏抗。

假设在 $U=0$ 时的特性三角形 ABC,以及在 $U=U_N$ 时的特性三角形 $A'B'C'$ 均已求出,显然这是两个全等三角形。因此可作出三角形 $A'B'O'$ 和三角形 ABO 全等,则有$\overline{A'O'}=\overline{AO}$,$\angle A'O'B'=\angle AOB$,而在三角形 AOB 中,$\overline{AO}$ 和 $\angle AOB$ 为已知,因而可得出作图步骤为:在零功率因数负载特性上任取一点 A'(一般取额定电压点),过 A' 取水平线段$\overline{A'O'}=\overline{AO}$,过 O' 点作线段$\overline{OB}$(空载特性起始段)的平行线,交空载特性于 B' 点,连接 A' 和 B' 点得到三角形 $A'B'O'$,过 B' 点作垂线交$\overline{A'O'}$ 于 C' 点,即得到特性三角形 $A'B'C'$。则$\overline{B'C'}=I_N X_\sigma$,于是

$$X_\sigma = \frac{\overline{B'C'}}{I_N} \tag{11-36}$$

同样,图 11-21 中$\overline{BC}=I_N X_\sigma$。

11.6.3　保梯电抗

实践表明,由实验测得的零功率因数负载特性(图 11-21 中特性 2 的虚线),与前述由大小不变的特性三角形(实为短路时的特性三角形)用作图方法得出的特性(图 11-21 中特性 2 的实线)并不完全重合,其原因如下。

空载时,产生大小为 E_δ 的空载电动势 $E_\delta = E_0 =$

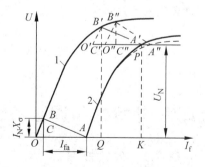

图 11-21　由空载特性和零功率因数负载特性求特性三角形

$\overline{QB'}$,其所需的励磁电流为 $I_f = I_{f\delta} = \overline{OQ}$。此励磁电流全部作为有效励磁电流,它除了主要产生气隙磁通外,还产生少量的主极漏磁通。当在纯电感负载下运行时,励磁电流为 $I_f = \overline{OK}$,扣除电枢反应对应的励磁电流 $I_{fa} = \dfrac{k_{ad}F_a}{N_f} = \overline{QK}$,产生气隙磁通的有效励磁电流仍为 $I_{f\delta} = \overline{OQ}$。那么能否认为此时电机的气隙电动势 E_δ 仍为 $\overline{QB'}$ 呢?前面的分析暂且认为是如此,因而认为在空载特性和零功率因数特性间夹着全等的特性三角形 $A'B'C'$ 和三角形 ABC,并有 $\overline{B'C'} = \overline{BC} = I_N X_\sigma$。然而这个结论并不准确。因为尽管在以上两种情况下气隙合成磁动势 F'_δ 相同,有效励磁电流都为 $I_{f\delta}$,但两种情况下的主极漏磁情况却不相同,空载时产生主极漏磁通的励磁电流为 $I_f = \overline{OQ}$,而零功率因数负载时,产生主极漏磁通的励磁电流却为 $I_f = \overline{OK}$。后者产生的主极漏磁通显著增大,从而使转子磁极和磁轭两段磁路更加饱和,磁阻增大,整个主磁路的磁阻也变大了。尽管气隙合成磁动势 F'_δ 不变,但后者产生的气隙磁通却因主磁路的磁阻增大而变小了,因而感生的气隙电动势 E_δ 也会有所减小,即 $E_\delta < \overline{QB'}$。于是在扣除漏抗压降 $I_N X_\sigma = \overline{B'C'}$ 后,所得的实际电压值为 $\overline{KP} < \overline{KA'}$,即 $U < U_N$。这说明在同样的励磁电流下,实际的零功率因数负载特性(图 11-21 中特性 2 的虚线)的电压值,要低于前述理想化特性(图 11-21 中特性 2 的实线)的电压值。

由于实测的零功率因数负载特性与理想化特性不同,因而按前述的方法作图时,对应于 $U = U_N$ 的点应是 A'' 点。尽管 $\overline{O''A''} = \overline{OA}$、$\angle A''O''B = \angle AOB$ 仍然成立,但得出的特性三角形 $A''B''C''$ 却不同于短路时的特性三角形 ABC。由图 11-21 可见,$\overline{B''C''} > \overline{BC} = I_N X_\sigma$,$\overline{A''C''} < \overline{AC} = I_{fa}$。即此时得出的电枢反应磁动势比实际值要小,而算出的漏抗值要比实际漏抗 X_σ 大,为了区别起见,用保梯电抗 X_p 来表示实际漏抗,即

$$X_p = \frac{\overline{B''C''}}{I_N} \tag{11-37}$$

由上述分析可见,当考虑转子漏磁影响时,在空载特性与零功率因数负载特性间夹着的特性三角形是逐渐变化的。在三相稳态短路时,特性三角形为 ABC,其纵边为 $I_N X_\sigma$,横边为 I_{fa},称为短路三角形。随着电压的增高,特性三角形的纵边逐渐伸长,横边逐渐缩短,在 $U = U_N$ 时的特性三角形成为保梯三角形,相应的漏抗成为保梯电抗 X_p。

保梯电抗 X_p 虽然不是漏抗 X_σ,但是一般负载都是电阻-电感性的居多,磁极铁芯都存在饱和现象,与 $\cos\varphi = 0$ 负载实验时类似。因而用保梯电抗代替漏抗 X_σ,反而会得出更准确的结果。

隐极电机极间漏磁较小,$X_p = (1.05 \sim 1.10)X_\sigma$;凸极电机间漏磁稍大,$X_p = (1.1 \sim 1.3)X_\sigma$。

11.7   外特性和调整特性

11.7.1   外特性

发电机在 $n = n_N$、$I_f = $ 常数和 $\cos\varphi = $ 常数时,端电压 U 和负载电流 I 的关系曲线 $U = f(I)$ 称为外特性。它既可由实验测出,也可用作图法间接求出。

图 11-22(a)表示出不同功率因数时发电机的外特性。在感性负载和纯电阻负载时，电枢反应有去磁作用，而且定子漏阻抗压降又使端电压减小，故外特性是下降的。在容性负载下外特性一般是上升的。

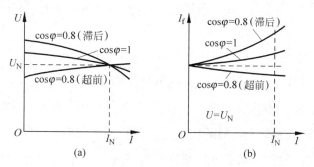

图 11-22　不同功率因数时发电机的外特性和调整特性

(a) 外特性；(b) 调整特性

由外特性可求出发电机的电压变化率(图 11-23)。调节发电机的励磁电流使其运行在额定负载($I = I_N$，$\cos \varphi = \cos \varphi_N$，$U = U_N$)，此时的励磁电流 I_{fN} 称为额定励磁电流。保持此励磁电流和转速不变，发电机由满载到空载(电动势为 E_0)，此时端电压升高的数值($E_0 - U_N$)与额定电压的比值就称为同步发电机的电压变化率，通常用百分值表示，即

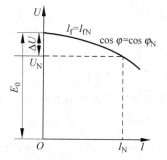

图 11-23　由外特性求电压变化率

$$\Delta U = \frac{E_0 - U_N}{U_N} \times 100\% \qquad (11\text{-}38)$$

电压变化率是同步发电机的一项重要运行数据，当发电机的端电压主要靠手动操作来调整时，对 ΔU 的数据则要求很严，以免电压波动太大。并联于现代电网的同步发电机都装有快速自动调压装置，可根据实际反馈电压过来的信号自动调整励磁电流以维持端电压基本不变，因而对 ΔU 的要求则大为放宽。但是为了防止因故障跳闸切断负载时电压上升太多而击穿绝缘，要求 ΔU 一般应小于 50%。近代水轮发电机的 ΔU 为 18%～30%，而汽轮发电机由于同步电抗 X_t^* 较大，故 ΔU 也较大，为 30%～48%(均指 $\cos \varphi = 0.8$ 滞后时的数值)。

11.7.2　调整特性

当发电机负载电流 I 发生变化时，为维持端电压不变，必须同时调节发电机的励磁电流。当 $n = n_N$，$U =$ 常数，$\cos \varphi =$ 常数时，励磁电流和负载电流间的关系曲线 $I_f = f(I)$ 称为发电机的调整特性，如图 11-22(b)所示。显然，它与外特性的变化趋势正好相反，在感性和纯电阻负载时是上升的，而在容性负载时可能下降。由图 11-22(b)的特性可见，为了在不同功率下当 $I = I_N$ 时均能得到 $U = U_N$，在感性和纯电阻负载下供给较大的励磁电流，此时称为发电机运行在过励状态；而在容性负载下可供给较小的励磁电流，称发电机运行在欠励状态。

小　　结

本章主要讨论了三相同步发电机对称负载运行时的电磁过程、各主要物理量之间的关系，以及运行特性。

电枢反应的性质(助磁、去磁、交磁)，取决于电枢磁动势基波与励磁磁动势的空间相对位置。而磁动势的空间相对位置，又与励磁电动势 $\dot{E}_0$ 和电枢电流 $\dot{I}$ 之间的相位差 ψ 角有关。当 $\psi=0$ 时，$\dot{I}$ 与 $\dot{E}_0$ 同相，$\bar{F}_a$ 滞后 $\bar{F}_{f1}$ 90°，故为交轴电枢反应，交轴电枢反应使合成磁动势轴线从空载时的直轴处逆转向后移了一个锐角，幅值也有所增加。当 $\psi=90°$ 时，$\dot{I}$ 滞后 $\dot{E}_0$ 90°，电枢磁动势 $\bar{F}_a$ 的方向总是和励磁磁动势 $\bar{F}_{f1}$ 的方向相反，两者相减得到气隙中的合成磁动势 $\bar{F}_\delta$，因此气隙磁场被削弱了，电枢反应的性质是纯去磁的。当 $\psi=-90°$ 时，$\dot{I}$ 超前 $\dot{E}_0$ 90°，电枢磁动势 $\bar{F}_a$ 的方向总是和励磁磁动势 $\bar{F}_{f1}$ 的方向相同，两者相加得到气隙中的合成磁动势 $\bar{F}_\delta$，因此气隙磁场被加强了，电枢反应的性质是纯助磁的。当 $\dot{I}$ 滞后 $\dot{E}_0$ 一个锐角 ψ 时，电枢磁动势有两个分量 $\bar{F}_{ad}$ 和 $\bar{F}_{aq}$，其中 $\bar{F}_{aq}$ 在交轴方向产生交磁的交轴电枢反应，$\bar{F}_{ad}$ 在直轴方向产生去磁的直轴电枢反应。

分析同步发电机的电磁过程时，利用时空相(向)量图是一种很重要的直观分析方法。当各相的时轴都取在各自的相轴上时，时空相(向)量图中存在下列关系：

(1) 磁通相量与产生它的磁通密度向量重合，当忽略铁芯中的磁滞、涡流影响时，对隐极电机可认为磁通相量与产生它的磁动势向量重合；

(2) 电枢磁动势基波向量 $\bar{F}_a$(空间向量)，应与产生它的电枢电流 $\dot{I}$(时间相量)重合；

(3) 当磁通及其感应电动势的正方向符合右手螺旋定则时，电动势 $\dot{E}$ 滞后于产生它的磁通 $\dot{\Phi}$ 90°。

在不考虑饱和时，分析隐极同步发电机和凸极同步发电机内部的电磁关系可以采用叠加原理，即将励磁磁动势和电枢反应磁动势分开考虑，分别产生各自的磁通和感应电动势，然后再叠加。对于隐极同步发电机，反映电枢反应强弱的参数为电枢反应电抗 X_a，电枢反应电抗和定子漏抗之和为同步电抗 X_t。对于凸极同步发电机，由于气隙不均匀，采用双反应理论来分析电枢反应，即将电枢磁动势 $\bar{F}_a$ 分解为直轴分量 $\bar{F}_{ad}$ 和交轴分量 $\bar{F}_{aq}$，然后分别求出直轴和交轴磁动势的电枢反应，最后将它们的效果叠加起来。与凸极同步发电机电枢反应相对应，有直轴电枢反应电抗 X_{ad} 和交轴电枢反应电抗 X_{aq}，分别加上漏抗相应有直轴同步电抗 X_d 和交轴同步电抗 X_q，它们分别表征直轴和交轴电流产生的电枢总磁场(包括电枢反应和漏磁)的效果。当考虑饱和时，叠加原理不再适用。此时电枢反应磁动势和励磁磁动势共同产生气隙磁动势，由气隙磁动势求出气隙电动势。在使用空载特性确定电枢反应磁动势建立的磁通或感应的电动势时，必须先将电枢磁动势折算到转子励磁磁动势，故应乘以相应的折算系数。

正常运行时，同步发电机主要有两条特性：外特性和调节特性。外特性说明负载变化而不调节励磁时的电压变化规律；调节特性则说明负载变化时，为保持电压恒定，励磁电流的调整规律。空载特性、短路特性和零功率因数负载特性主要用于测量电机参数。表征同步发电机稳定运行性能的主要参数有短路比、直轴同步电抗、交轴同步电抗、保梯电抗和漏电抗。短路比是表征同步发电机静态稳定度的一个重要指标。利用空载特性和短路特性可以求得同步发电机的同步电抗不饱和值或直轴同步电抗不饱和值;利用零功率因数负载特性可以求得同步发电机的保梯电抗。

习　　题

11-1　一台转枢式三相同步电机,电枢以转速 n 逆时针方向旋转,对称负载运行时,电枢反应磁场和主极磁场相对电枢的转速和转向如何? 相对定子上主磁极的转速又是多少? 主极绕组能感应出电动势吗?

11-2　什么叫电枢反应? 电枢反应的性质是由什么决定的? 在下列情况下电枢反应的性质是什么(分析时忽略定子电阻)?

(1) 三相对称电阻负载;

(2) 纯电容性负载,$X_C^* = 0.8$,发电机同步电抗 $X_t^* = 1.0$;

(3) 纯电容性负载,$X_C^* = 1.2$,发电机同步电抗 $X_t^* = 1.0$;

(4) 纯电感性负载,$X_L^* = 0.7$。

11-3　三相同步发电机对称负载运行时,在电枢电流 $\dot{I}$ 滞后和超前励磁电动势 $\dot{E}_0$ 的相位差大于 $90°$ 的两种情况下(即 $90° < \varphi < 180°$ 和 $-90° > \varphi > -180°$),电枢磁动势的两个分量 $\bar{F}_{ad}$ 和 $\bar{F}_{aq}$ 各起什么作用?

11-4　试述直轴和交轴同步电抗的物理意义。分析以下几种情况对同步电抗值有什么影响:

(1) 电枢绕组匝数增加;

(2) 铁芯饱和程度提高;

(3) 气隙加大;

(4) 励磁绕组匝数增加。

11-5　在正常运行时的 X_d 为什么要用饱和值,而在短路时的 X_d 却用不饱和值? 严格地说,不同负载下运行时 X_d 的饱和值相同吗? X_q 为什么一般只采用不饱和值?

11-6　测定同步发电机的空载特性和短路特性时,如转速降为 $0.9n_N$,对实验结果会有什么影响?

11-7　一般同步发电机三相稳态短路在 $I_k = I_N$ 时的励磁电流 I_{fk} 和额定负载时的励磁电流 I_{fN} 都已达到空载特性饱和段,为何前者 X_d 取未饱和值而后者取饱和值? 测短路特性时如允许不加限制地增大 I_f 值,该特性是否仍保持直线?

11-8　什么叫短路比? 它与哪些因素有关? 其大小对电机的性能和成本有何影响?

11-9　试画出隐极同步发电机在纯电阻性负载($\cos \varphi = 1$)下的电动势相量图,并分析其电枢反应的性质。

11-10　试画出电容性负载下隐极和凸极同步发电机的电动势相量图。

11-11　一台三相汽轮发电机,电枢绕组 Y 连接,额定功率 $P_N = 25\,000$ kW,额定电压

$U_N = 10\ 500$ V,额定电流 $I_N = 1720$ A,同步电抗 $X_t = 2.3$ Ω,忽略电枢电阻。试求:

(1) 同步电抗标幺值 X_t^*;

(2) 额定运行且 $\cos\varphi = 0.8$(滞后)时的 E_0 以及 $\dot{E}_0$ 与 $\dot{U}$ 的夹角 θ;

(3) 额定运行且 $\cos\varphi = 0.8$(超前)时的 E_0 以及 $\dot{E}_0$ 与 $\dot{U}$ 的夹角 θ。

11-12 一台三相 Y 连接的隐极同步发电机,每相漏电抗为 $X_\sigma = 2$ Ω,每相电阻 $R_a = 0.1$ Ω。当负载为 500 kV·A,$\cos\varphi = 0.8$(滞后)时,机端电压为 2300 V。求气隙磁场在一相绕组中产生的感应电动势 E_δ。

11-13 一台隐极同步发电机带三相对称负载,$\cos\varphi = 1$,此时端电压 $U = U_N$,电枢电流 $I = I_N$。已知该电机的漏抗 $X_\sigma^* = 0.15$,电枢反应电抗 $X_a^* = 0.85$ Ω,忽略定子电阻,求励磁电动势 E_0^* 及 ψ。

11-14 一台凸极同步发电机,额定功率 $P_N = 50\ 000$ kW,额定功率因数 $\cos\varphi_N = 0.85$(滞后),直轴同步电抗 $X_d^* = 0.8$ Ω,交轴同步电抗 $X_q^* = 0.55$ Ω,忽略电枢电阻,试计算额定运行时电枢电流的直轴分量 I_d^* 和交轴分量 I_q^*、励磁电动势 E_0^*。

11-15 一台水轮发电机,$P_N = 72\ 500$ kW,$U_N = 10.5$ kV,Y 连接,$\cos\varphi_N = 0.8$(滞后),$X_d^* = 1.0$,$X_q^* = 0.55$ Ω,$R_a^* \approx 0$ Ω,试求额定负载下发电机的励磁电动势 E_0 及 $\dot{E}_0$ 与 $\dot{U}$ 的夹角 θ。

11-16 一台水轮发电机,$P_N = 1500$ kW,$U_N = 6.3$ kV,Y 连接,$\cos\varphi_N = 0.8$(滞后),$X_d = 21.2$ Ω,$X_q = 13.7$ Ω,$R_a \approx 0$ Ω。

(1) 试求 X_d 与 X_q 的标幺值;

(2) 画出相量图;

(3) 计算额定负载时的励磁电动势 E_0。

11-17 一台三相汽轮发电机,$S_N = 2500$ kV·A,$U_N = 6.3$ kV,Y 连接,$X_t = 10.4$ Ω,$R_a = 0.071$ Ω。试求下列情况下的励磁电动势 E_0,$\dot{E}_0$ 与 $\dot{I}$ 的夹角 ψ,$\dot{E}_0$ 与 $\dot{U}$ 的夹角 θ 以及电压调整率 ΔU:

(1) $U = U_N$,$I = I_N$,$\cos\varphi = 0.8$(滞后);

(2) $U = U_N$,$I = I_N$,$\cos\varphi = 0.8$(超前)。

11-18 有一台三相汽轮发电机,$P_N = 25\ 000$ kW,$U_N = 10.5$ kV,Y 连接,$\cos\varphi_N = 0.8$(滞后),作单机运行。由实验测得它的同步电抗标幺值为 $X_t^* = 2.13$ Ω。电枢电阻忽略不计。每相励磁电动势为 7520 V,试求下列情况接上三相对称负载时的电枢电流值,并说明其电枢反应的性质:

(1) 每相是 7.52 Ω 纯电阻;

(2) 每相是 7.52 Ω 纯电感;

(3) 每相是 $(7.52 - j7.52)$ Ω 电阻电容性负载。

11-19 有一台三相 1500 kW 水轮发电机,额定电压是 6300 V,Y 连接,额定功率因数 $\cos\varphi_N = 0.8$(滞后),已知额定运行时的参数: $X_d = 21.2$ Ω,$X_q = 13.7$ Ω,电枢电阻可略去不计。试计算发电机在额定运行时的励磁电动势。

11-20 有一台凸极同步发电机,其直轴和交轴同步电抗标幺值分别为 $X_d^* = 1.0$ Ω,

$X_q^* = 0.6\ \Omega$,电枢电阻可忽略不计。试计算在额定电压、额定容量、$\cos\varphi = 0.8$(滞后)时发电机的励磁电动势 E_0^*。

11-21　一台隐极同步发电机,在额定电压下运行,$X_t^* = 2\ \Omega$,$R_a \approx 0\ \Omega$。

(1) 调节励磁电流使在额定电流时,$\cos\varphi = 1$,求空载电动势 E_0^*;

(2) 保持上述 E_0^* 不变,当 $\cos\varphi = 0.866$(滞后)时,求 I^*。

11-22　一台水轮发电机,$P_N = 72\,500\ \text{kW}$,$U_N = 10.5\ \text{kV}$,Y 连接,$\cos\varphi_N = 0.8$(滞后),$X_q^* = 0.554$,电机的空载、短路及零功率因数负载特性如表 11-1～表 11-3 所示:

设 $X_\sigma = 0.9 X_p$,定子绕组电阻忽略不计,试求直轴同步电抗 X_d^* 的不饱和值、保梯电抗 X_p^* 和 X_{aq}^*。

表 11-1　空载特性

U_0^*	0.55	1.0	1.21	1.27	1.33
I_f^*	0.52	1.0	1.51	1.76	2.09

表 11-2　短路特性

I_k^*	0	1.0
I_f^*	0	0.965

表 11-3　零功率因数负载特性

U^*	1.0
$I_f^*(I = I_N)$	2.115

11-23　一台两极汽轮发电机,$P_N = 12\,000\ \text{kW}$,$U_N = 6300\ \text{V}$,Y 连接,$\cos\varphi_N = 0.8$(滞后),已知定子为 48 槽,每槽两个导体,绕组节距 $y = 20$ 槽,一条并联支路,$N_f = 240$ 匝。

设 R_a 忽略不计,$k_f = 1.0$,空载特性如表 11-4 所示:

表 11-4　习题 11-23 空载特性

$U_0/(\text{V}/\text{线})$	0	4500	5500	6000	6300	6500	7000	7500	8000	84 000
I_f/A	0	60	80	92	102	111	130	160	200	240

短路特性为一过原点的直线,当 $I_k = I_N$ 时,$I_f = 127\ \text{A}$,试求:

(1) 同步电抗 X_t 的不饱和值和短路比 k_c;

(2) 额定负载运行时的励磁电流和电压变化率。

第12章 同步发电机的并网运行

在现代发电厂中,多采用多台发电机并联运行,多个发电厂并联运行组成一个巨大的电力系统。这样做的目的,一是可经济合理地利用动力资源和发电设备;二是可统一调度到最经济的运行方式,降低电能成本;三是可有计划地轮流检修设备,提高供电的可靠性,减少备用容量。由于系统容量很大,个别负载的变动对大电网来说几乎不受影响,使电网的电压和频率变动很小,因而提高了供电的质量。

本章主要分析同步发电机并联合闸的条件和方法,以及并联运行中发电机的功率调节问题。同步发电机和与它并联的电网,两者相对容量的大小对该电机的运行影响很大。一般来说电网容量远大于该发电机容量,此时该发电机功率的调节对电网几乎没有影响,电网的电压和频率可认为是常数。

12.1 同步发电机的并联条件和方法

12.1.1 并联合闸的条件

同步发电机并联到电网时,为了避免在电机和电网中产生冲击电流,必须满足下述四个条件:

(1) 发电机频率和电网的频率相同;

(2) 发电机和电网连接的相序相同;

(3) 发电机和电网电压的大小和相位相同;

(4) 发电机和电网的电压波形相同。

12.1.2 投入并联的方法

1. 准确同步法

将发电机调整到完全符合并联投入条件后再进行合闸操作,叫作准确同步法。判断这些条件是否满足,通常采用同步指示器。最简单的同步指示器由三组相灯来检验合闸的条件,每组跨接在电机和电网的一相之间,具体接法有交叉接法(灯光旋转法)和直接接法(暗灯法)两种。现以交叉接法为例来进行分析,其接线图如图 12-1 所示。由图可见,第 Ⅰ 组相灯接在电网 A 相和电机 A_2 相之间,第 Ⅱ 组相灯接在电网 B 相和电机 C_2 相之间,第 Ⅲ 组相灯接在电网 C 相和电机 B_2 相之间。由于是对称运行,电网的中点和发电机中点是等电位点。同时,流过相灯的电流很小,可忽略不计。因而可认为发电机的相电压就等于该相的励磁电动势,即 $U_2 = E_{02}$。而作用在每一组相灯上的电压,就等于发电机的相电压与电网对应相的相电压之差。

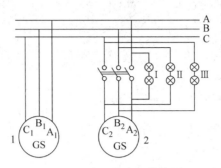

图 12-1　交叉接法的接线图

设发电机与电网电压值相等,即 $E_{02}=U_2=U_1$,而发电机 2 的频率 f_2 与电网的频率 f_1 不相等,假设 $f_2>f_1$。以 A 相为例,假设取 u_2 和 u_1 初值为零时作为时间 $t=0$,那么加在相灯上的电位差为

$$\Delta u = u_2 - u_1 = \sqrt{2}U_1(\sin 2\pi f_2 t - \sin 2\pi f_1 t)$$
$$= 2\sqrt{2}U_1 \sin 2\pi \left[\frac{1}{2}(f_2-f_1)\right]t \cos 2\pi \left[\frac{1}{2}(f_2+f_1)\right]t$$
$$= 2\sqrt{2}U_1 \sin \frac{1}{2}(\omega_2-\omega_1)t \cos \frac{1}{2}(\omega_2+\omega_1)t \qquad (12\text{-}1)$$

式中,$\omega_1=2\pi f_1$,$\omega_2=2\pi f_2$,为与频率相对应的角速度。

由式(12-1)可见,Δu 的瞬时值的幅值以频率 $\frac{1}{2}(f_2-f_1)$(称作拍频)在 $0 \rightarrow 2\sqrt{2}U_1 \rightarrow$

$0 \rightarrow 2\sqrt{2}U_1 \rightarrow 0$ 之间往复变化,而其本身是一个频率为 $\frac{1}{2}(f_2+f_1)$ 的交变电压。例如:当 $f_2=52\,\text{Hz}$,$f_1=50\,\text{Hz}$ 时,Δu 的交变频率为 51 Hz,而其幅值则以 1 Hz 的拍频变化。加在每个相灯上的电压为 $(1/2)\Delta u$,其端电压的有效值的绝对值在 $0 \rightarrow U_1$ 之间往复变动,变动的频率 $f_2-f_1=2\,\text{Hz}$,为拍频的两倍,其周期为 $\frac{1}{f_2-f_1}=0.5\,\text{s}$,在此间灯光各亮暗一次。

如果将发电机 2 和电网 1 的电压相量画在同一张图中(图 12-2),同时画出各组相灯上的电压差 $\Delta\dot{U}$,用相量法进行分析,显然,第 I 组相灯两端电压 $\dot{U}_{A2}$ 对 $\dot{U}_{A1}$ 的相对速度为 $\omega_2-\omega_1$。前例中 $\omega_2-\omega_1=2\pi(f_2-f_1)=2\pi\times 2$,即 $\dot{U}_{A2}$ 围绕 $\dot{U}_{A1}$ 每秒钟沿逆时针方向转两圈,故相量 $\Delta\dot{U}_1=\dot{U}_{A2}-\dot{U}_{A1}$ 每秒钟两次为零,两次为最大。对于第 II、III 组相灯,也是 $\dot{U}_{C2}$ 围绕 $\dot{U}_{B1}$、$\dot{U}_{B2}$ 围绕 $\dot{U}_{C1}$ 每秒钟沿逆时针方向转两圈,相量 $\Delta\dot{U}_2=\dot{U}_{C2}-\dot{U}_{B1}$ 和 $\Delta\dot{U}_3=\dot{U}_{B2}-\dot{U}_{C1}$ 也是每秒钟两次为零,两次为最大。即三组相灯亮、暗的次数都相同,但是亮、暗的时间却不相同。图 12-2 表示出三组相灯的亮、暗变化规律。由图可见,先是第 I 组灯亮,接着第 II 组灯亮,然后第 III 组灯亮,好像灯光按逆时针方向旋转。前例中 $f_2-f_1=2\,\text{Hz}$,每秒钟灯光沿逆时针方向转两圈;反之,发电机的频率低于电网频率,灯光则按顺时针方向旋转。

利用相灯的交叉接法,检查并联合闸条件的具体步骤为:将要并联运行的发电机带到接近同步转速,加上励磁并调节发电机的电压和电网电压相等。注意三组相灯的亮暗变化

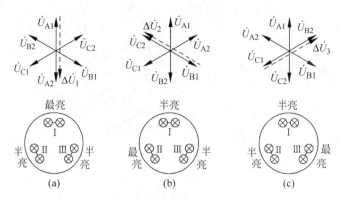

图 12-2　旋转灯光法并联的分析

情况,如果发现三组相灯同时亮、同时暗,说明发电机的相序与电网的相序相反,则应纠正发电机的相序。如果相序正确,则灯光是旋转的,灯光旋转的频率就是发电机与电网相差的频率,适当调节原动机的转速,使灯光旋转速度变得很低,在第Ⅰ组相灯全暗的瞬间合闸,将电机并入电网。此时依靠电机本身的自整步作用,可迅速自动地使发电机的转速调整到准确的同步转速,将发电机牵入同步运行。

2. 自同步法

用上述方法投入并联的优点是合闸时没有冲击电流,但是操作步骤复杂且很费时。因此,当电网出现故障要求将备用的发电机迅速投入并联运行时,往往采用自同步法,其步骤如下:先将发电机励磁绕组经过限流电阻(约为 10 倍的励磁绕组电阻)短接,当发电机转速拖到接近同步转速时(电机和电网的频率差在±5%以下),合上并联开关,并立即加上励磁,即可依靠定、转子间的电磁力自动将电机牵入同步。这种方法的优点是操作简单、迅速,不需增添复杂的设备;缺点是合闸及加上励磁时都有冲击电流。它普遍用于事故状态下的并联。

12.2　同步发电机的平衡方程式和功角特性

12.2.1　同步发电机的功率和转矩平衡方程式

同步发电机由原动机拖动旋转,在发电机对称稳态运行时,由原动机输入给发电机的机械功率为 P_1,扣除发电机的机械损耗 p_{mec}、铁耗 p_{Fe} 和附加 p_{ad} 后,即转化为电磁功率。于是有

$$P_1 - (p_{mec} + p_{Fe} + p_{ad}) = P_{em} \tag{12-2}$$

励磁损耗与励磁系统有关。对于同轴励磁机,P_1 还应扣除输入给励磁机的全部功率后才是电磁功率;对于单独拖动的电动机-励磁机组,发电机的励磁损耗由励磁机组供给而与 P_1 无关。

电磁功率 P_{em} 为从转子通过电磁感应作用由气隙合成磁场传递到定子的电功率。发电机带负载时,定子电流通过电枢绕组还要消耗一部分功率 p_{Cu1},剩下的即为发电机的输出功率 P_2,即

$$P_2 = P_{em} - p_{Cu1} \tag{12-3}$$

或

$$P_{em} = m E_\delta I \cos \varphi_i = m U I \cos \varphi + m I^2 R_a \tag{12-4}$$

式中 m 为定子相数；φ 为端电压 $\dot{U}$ 与 $\dot{I}$ 之间的夹角（功率因数角）；φ_i 为气隙电动势 $\dot{E}_\delta$ 与 $\dot{I}$ 之间的夹角（内功率因数角）。所有物理量均为一相的量。

对于不饱和的隐极同步电机，有 $E_\delta \cos \varphi_i = E_0 \cos \psi$，故电磁功率也可写成

$$P_{em} = m E_0 I \cos \psi \tag{12-5}$$

对于不饱和的凸极同步电机，由图 12-3 可知 $E_Q \cos \varphi_i = E_Q \cos \psi$，故电磁功率也可写成

$$P_{em} = m E_Q I \cos \psi = m [E_0 - I_d (X_d - X_q)] I_q$$
$$= m [E_0 I \cos \psi - I_d I_q (X_d - X_q)] \tag{12-6}$$

与 P_1、p_{mec}、p_{Fe}、p_{ad} 和 P_{em} 相对应，在电机轴上驱动转矩 T_1 和四个制动转矩 T_{mec}、T_{Fe}、T_{ad} 和 T（电磁转矩）相平衡，各功率（或损耗）与转矩间关系都为 $P = \Omega T$，此处 Ω 为电机转子的机械角速度，且 $\Omega = 2\pi n/60$，n 为转速。将式（12-2）中各项除以 Ω，即得转矩平衡方程为

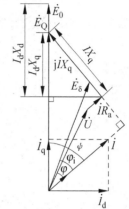

图 12-3　用相量图分析凸极同步电机的电磁功率

$$T_1 - (T_{mec} + T_{Fe} + T_{ad}) = T \tag{12-7}$$

12.2.2　同步发电机的功角特性

在 12.2.1 节中，将电磁功率用励磁电动势 E_0、电流 I、$\dot{E}_0$ 和 $\dot{I}$ 的夹角 ψ 及电抗参数表示。由于同步发电机绝大多数是并网运行的，为便于计算和功率调节，同时为显示电机内部的能量传递关系，电磁功率常以 E_0、端电压 U、$\dot{E}_0$ 与 $\dot{U}$ 之间的夹角 θ（称功率角）及电抗参数来表示。当 E_0 和 U 保持不变时，发电机发出的电磁功率与功率角之间的关系 $P_{em} = f(\theta)$ 称为同步发电机的功角特性。

凸极同步发电机的时空相（向）量图如图 12-4(a) 所示。图中，$\dot{E}_0$ 与气隙合成电动势 $\dot{E}_\delta$ 之间的夹角为 θ_i（称内功率角）。显然，θ_i 也是空间向量 $\bar{F}_f$ 与空间向量 $\bar{F}_\delta'(\bar{B}_\delta)$ 之间的夹角，即为转子主极轴线与气隙合成磁场轴线间的夹角。由图 12-4(b) 可见，由于主极轴线超前于气隙合成磁场轴线 θ_i 角，所以转子上将受到一个切向的制动性质的电磁转矩。显然 θ_i 角越大，磁力线扭斜越多，电磁转矩就越大；而电磁转矩越大，由机械功率转化的电功率就越大。因此，将 θ_i 角称为电机的内功率角。考虑到同步电机的漏阻抗远小于同步电抗，故可近似地认为 $\theta = \theta_i$，因而将 θ 称为功率角。

由于电枢电阻小于同步电抗，故可忽略不计。于是电磁功率就等于输出功率，即

$$P_{em} \approx P_2 = m U I \cos \varphi = m U I \cos(\psi - \theta)$$
$$= m U I (\cos \psi \cos \theta + \sin \psi \sin \theta)$$
$$= m U \cos \theta I_q + m U \sin \theta I_d \tag{12-8}$$

不考虑饱和时，

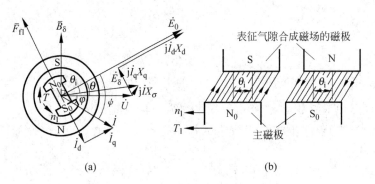

(a)　　　　　　　　　(b)

图 12-4　同步电机的功率角和电磁转矩

注：图(b)中左侧的 θ_i 表示上面的 S 极和下面的 N_0 极两轴线间的夹角；右侧
的 θ_i 表示上面的 N 极和下面的 S_0 极两轴线间的夹角

$$I_q X_q = U\sin\theta, \quad I_d X_d = E_0 - U\cos\theta$$

或

$$I_q = \frac{U\sin\theta}{X_q}, \quad I_d = \frac{E_0 - U\cos\theta}{X_d} \tag{12-9}$$

将式(12-9)代入式(12-8)，可得

$$P_{em} = m\frac{E_0 U}{X_d}\sin\theta + m\frac{U^2}{2}\left(\frac{1}{X_q} - \frac{1}{X_d}\right)\sin 2\theta \tag{12-10}$$

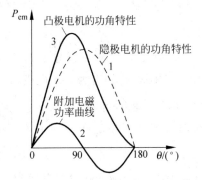

图 12-5　同步发电机的功角特性

式中第一项 $m\dfrac{E_0 U}{X_d}\sin\theta$ 称为基本电磁功率，第二项

$m\dfrac{U^2}{2}\left(\dfrac{1}{X_q} - \dfrac{1}{X_d}\right)\sin 2\theta$ 称为附加电磁功率。

式(12-10)说明，在恒定励磁和恒定电网电压下，电磁功率的大小只取决于功率角 θ 的大小，功角特性 $P_{em} = f(\theta)$ 如图 12-5 所示。

对于隐极电机，$X_d = X_q = X_t$，附加电磁功率为零，故只有基本电磁功率，即

$$P_{em} = m\frac{E_0 U}{X_t}\sin\theta \tag{12-11}$$

当 $\theta = 90°$ 时，发电机将发出最大电磁功率

$$P_{em} = m\frac{E_0 U}{X_t} \tag{12-12}$$

对于凸极电机，$X_d \neq X_q$，故附加电磁功率不为零，即当转子不加励磁电流($E_0 = 0$)时仍有附加电磁功率产生。对照式(12-6)可知，凸极电机中，$P_{em} \neq mE_0 I\cos\varphi$，即电磁功率并不只是由转子磁场与定子电流间的相互作用产生，还由下述原因产生：附加电磁功率主要由交、直轴磁阻不相等而引起。电枢磁动势 $\bar{F}_a$ 可分成 $F_{ad} = F_a\sin\psi$ 和 $F_{aq} = F_a\cos\psi$ 两个分量，折算后为 $k_{ad}F_{ad}$ 和 $k_{aq}F_{aq}$。由于折算系数 $k_{ad} \neq k_{aq}$，与这两个磁动势折算值成正比例的两个电枢磁通密度分量 $\bar{B}_{ad}$ 和 $\bar{B}_{aq}$ 所合成的电枢磁通密度 $\bar{B}_a$ 必然与 $\bar{F}_a$ 不同相，从而产生附加电磁转矩和附加电磁功率。

由式(12-10)可知,附加电磁功率只与电网电压有关,而与 E_0 的大小无关。这表明,即使主极没有励磁($E_0=0$),只要 $U\neq 0$,$\theta\neq 0$,就会产生附加电磁功率,如图 12-5 中曲线 2。计及附加电磁功率后,凸极电机的最大电磁功率比具有同样 E_0、U 和 X_d 值的隐极电机略大,且发生在 $\theta<90°$ 处。

由图 12-4 可见,只要 $\dot{I}$ 中具有交轴分量 $\dot{I}_q$,就会使 $\theta\neq 0$ 而产生电磁功率,因此,从产生电磁转矩和进行机电能量转换来看,交轴电枢反应具有普遍和重要的意义。

例 12-1　一台三相 50 Hz 的凸极式水轮发电机,$S_N=8750$ kV·A,$U_N=11$ kV,Y 连接,额定运行时的功率因数为 0.8(滞后),每相同步电抗 $X_d=17\ \Omega$,$X_q=9\ \Omega$,定子电阻忽略不计。试求:

(1) 同步电抗的标幺值;

(2) 在额定运行情况下的功率角 θ_N 及励磁电动势 E_0;

(3) 最大电磁功率 $P_{em,max}$ 及产生最大电磁功率时的功率角 θ。

解　(1) 额定相电流

$$I_{N\phi}=I_N=\frac{S_N}{\sqrt{3}U_N}=\frac{8750}{\sqrt{3}\times 11}\text{A}=460\text{ A}$$

额定相电压

$$U_{N\phi}=\frac{U_N}{\sqrt{3}}=\frac{11\,000}{\sqrt{3}}\text{V}=6350\text{ V}$$

同步电抗标幺值为

$$X_d^*=X_d\frac{I_{N\phi}}{U_{N\phi}}=17\times\frac{460}{6350}=1.232$$

$$X_q^*=X_q\frac{I_{N\phi}}{U_{N\phi}}=9\times\frac{460}{6350}=0.654$$

(2) 令端电压 $\dot{U}^*=1+\text{j}0$,则

$$\dot{I}^*=0.8-\text{j}0.6$$

$$\dot{E}_Q^*=\dot{U}^*+\text{j}\dot{I}^*X_q^*=1+\text{j}(0.8-\text{j}0.6)\times 0.654=1.392+\text{j}0.523$$

功率角

$$\theta_N=\arctan\frac{0.523}{1.392}=20.7°$$

功率因数角

$$\varphi_N=\arccos 0.8=36.9°$$

内功率因数角

$$\psi_N=\theta_N+\varphi_N=20.7°+36.9°=57.6°$$

可求出

$$I_d^*=I\sin\psi_N=1\times\sin 57.6°=0.845$$

$$I_q^*=I\cos\psi_N=1\times\cos 57.6=0.536$$

则励磁电动势

$$E_0^*=U^*\cos\theta_N+I_d^*X_d^*$$

$$= 1 \times \cos 20.7° + 0.845 \times 1.232 = 1.978$$

励磁电动势的大小

$$E_0 = E_0^* U_{N\phi} = 1.978 \times 6350 \text{ V} = 12\,560 \text{ V}$$

根据上述讨论,画出的相量图如图 12-6 所示。

（3）根据凸极同步发电机的功角特性,得

$$P_{em}^* = \frac{E_0^* U^*}{X_d^*} \sin\theta + \frac{U^{*2}}{2X_d^* X_q^*}(X_d^* - X_q^*)\sin 2\theta$$

$$= \frac{1.978}{1.232}\sin\theta + \frac{1^2(1.232 - 0.654)}{2 \times 1.232 \times 0.654}\sin 2\theta$$

$$= 1.605\sin\theta + 0.359\sin 2\theta$$

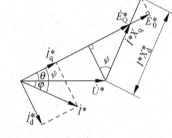

图 12-6　例 12-1 相量图

令 $\dfrac{dP_{em}}{d\theta} = 0$,则有

$$\frac{dP_{em}}{d\theta} = 1.605\cos\theta + 0.718\cos 2\theta = 0$$

$$1.605\cos\theta + 0.718(2\cos^2\theta - 1) = 0$$

$$1.436\cos^2\theta + 1.605\cos\theta - 0.718 = 0$$

$$\cos\theta = \frac{-1.605 \pm \sqrt{1.605^2 + 4 \times 1.436 \times 0.718}}{2 \times 1.436} = \frac{-1.605 \pm 2.59}{2.872}$$

因 $\cos\theta < 1$,故分子第二项应取正号,即

$$\cos\theta = \frac{-1.605 + 2.59}{2.872} = 0.342$$

$$\theta = \arccos 0.342 = 70°$$

$$P_{em,max}^* = 1.605 \times \sin 70° + 0.359\sin 2 \times 70° = 1.74$$

最大电磁功率为

$$P_{em,max} = P_{em,max}^* \times S_N = 1.74 \times 8750 \text{ kW} = 15\,225 \text{ kW}$$

12.3　同步发电机有功功率的调节和静态稳定

在这一节的分析中,都假定同步发电机为隐极式,不计电枢电阻和饱和影响,且将电网看作"无穷大电网"。所谓"无穷大电网",就是指电网容量相对于所分析的同步发电机容量来说要大得多。因此,电网的电压和频率不会因并联的同步发电机功率调节的影响而改变,即电网电压和频率恒为常值。

12.3.1　有功功率的调节

当发电机不输出有功功率时,原动机输入的功率恰好补偿各种损耗,没有多余的功率转化为电磁功率(忽略定子铜耗时)。因此功角 $\theta = 0°$,$P_{em} = 0$,如图 12-7(a)所示。此时虽然可能有 $E_0 > U$,且有电流 $\dot{I}$ 输出,但 $\dot{I}$ 是无功电流。此时气隙合成磁场和转子磁场的轴线重合,两者之间只存在一定的径向吸力,而切向电磁力为零,故 $P_{em} = 0$。

当增加原动机的输入功率 P_1,即增大输入转矩 T_1 时,使 $T_1 > T_p$（$T_p = T_{mec} + T_{Fe} +$

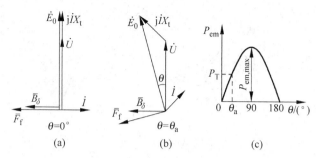

图 12-7　与大电网并联运行时同步发电机有功功率的调节

T_{ad},称为损耗转矩),于是便出现了剩余转矩$(T_1 - T_p)$使转子瞬时加速,这便引起转子 d 轴和励磁磁动势 $\bar{F}_f$ 开始超前于气隙磁通密度 $\bar{B}_\delta$(此磁通密度受电网频率不变的约束,转速仍然保持不变),相应地使电动势相量 $\dot{E}_0$ 超前于端电压 $\dot{U}$ 一个相角 θ,使 $P_{em} > 0$,如图 12-7(b)所示。此时,发电机开始向电网输出有功电流,同时与 P_{em} 相对应,转子上将受到一个制动电磁转矩 T。当 θ 增到某一数值 θ_a,使 T 正好与剩余转矩 $T_1 - T_p$ 相等时,发电机转子就不再加速,而平衡在 θ_a 处[见图 12-7(c)]。此时,原动机的有效驱动转矩为 $T_T = T_1 - T_p = T$,相应的有效输入功率为

$$P_T = P_1 - (p_{mec} + p_{Fe} + p_{ad}) = P_{em} = m \frac{E_0 U}{X_t} \sin \theta_a$$

以上分析表明,要增加发电机输出的有功功率,就必须增加原动机的输入功率。当励磁不作调节时,电机的功率角 θ 必须增大。在功率调节过程中,转子的瞬时速度虽有变化,但当剩余转矩和电磁转矩趋于平衡时,发电机的转速仍将恢复到同步转速。并不是不断增大原动机的输入功率,就可无限增大发电机的电磁功率。当功率角 $\theta = 90°$,即达到电磁功率的极限值 $P_{em,max}$ 时,原动机输入有效功率如若再增加,这时发电机无法产生更大的 P_{em} 与之平衡,因而电机转速将不断上升而失步,故将 $P_{em,max}$ 称为电机的极限功率。

12.3.2　静态稳定

所谓静态稳定,是指电网或原动机偶然发生微小扰动,当扰动消失后,与电网并联的发电机能否复原继续同步运行。如能复原,就是静态稳定的;反之,则是不稳定的。

在图 12-8 中,设原先原动机的有效输入功率为 P_T,此值在图中似乎有 A 和 C 两个功率平衡点,但实际上只有 A 点是稳定的。如在 A 点运行,由于某种扰动,原动机的有效输入功率突然增大了 ΔP_T,则功率角将从 θ 逐步增大到 $\theta + \Delta\theta$ 而平衡于 B 点,使电磁功率也增加了 $\Delta P = \Delta P_T$。扰动消失后($\Delta P_T = 0$)发电机发出的电磁功率 $P_{em} + \Delta P > P_T$,发电机的制动力矩促使转子立即减速至 A 点稳定运行。

反之,如原先在 C 点运行,其功率角为 $\theta' > 90°$,则当发生扰动使原动机的有效输入功率增大 ΔP_T 时功率角也将增大,比如增大到 $\theta' + \Delta\theta'$(图 12-8 中 D 点),此处电磁功率反而减小。这时即使扰动消失($\Delta P_T = 0$),由于 P_T 大于 D 点处的电磁功率($P_T - \Delta P'$),无法达到新的功率平衡,过剩的功率 $\Delta P'$ 仍使 θ 角继续增大。当 $\theta \geqslant 180°$ 时,电磁功率变为负值,同步电机由发电机变为电动机运行,在有效输入转矩 T_T 和驱动的电磁转矩 T 的双重作用

196

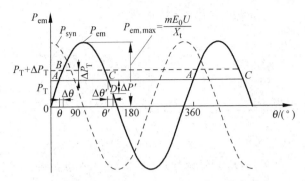

图 12-8　同步发电机整步功率系数和静态稳定

下,转子将产生更大的加速度,θ 角将迅速冲过 $360°$ 重新进入发电机状态。当 θ 角第二次来到 A 点时,虽然再次达到功率平衡,但由于前面的不断加速,已经使转子的转速显著高于同步转速,转子积累的动能使 θ 角还要增大,在 $A \rightarrow C$ 的减速过程中,不足以使原来的高转速降到同步转速,又会冲过 C 点。此后 θ 角还会增大,周而复始,最后转速越来越高,电机失去同步,只能靠机组的过速保护装置动作而将原动机关掉。所以 C 点是不稳定的。由以上分析可知,发电机功角特性的实用段在 $0° \sim 90°$ 范围。综上所述,在功角特性上,凡是 P_{em} 和 θ 均增加的部分($\theta = 0° \sim 90°$ 一段),电机的运行是静态稳定的。静态稳定的判据可写为

$$\frac{\mathrm{d}P_{em}}{\mathrm{d}\theta} > 0 \tag{12-13}$$

因为一旦扰动消失,ΔP_{em} 就起减速作用使功率角返回到扰动前的数值,而使发电机运行稳定;反之,如果 $\dfrac{\mathrm{d}P_{em}}{\mathrm{d}\theta} < 0$,当功率角 θ 增大时,电磁功率和相应的制动电磁转矩反而减小,这必将使发电机的转速和功率角继续增大,而更加偏离原先的数值,发电机就不能稳定。而当 $\theta = 90°$ 时,$\dfrac{\mathrm{d}P_{em}}{\mathrm{d}\theta} = 0$,正是稳定和非稳定区的交界点,故该点就是同步发电机的静态稳定极限。

由此可见,$\dfrac{\mathrm{d}P_{em}}{\mathrm{d}\theta}$ 是衡量同步发电机能否抵抗干扰,保持稳定运行能力的一个系数,称为比整步功率 P_{syn}(或整步功率系数)。其数值越大,则保持同步能力越强,电机稳定性亦越好。

对于隐极电机,

$$P_{syn} = \frac{\mathrm{d}P_{em}}{\mathrm{d}\theta} = m\frac{E_0 U}{X_t}\cos\theta \tag{12-14}$$

对于凸极电机,

$$P_{syn} = \frac{\mathrm{d}P_{em}}{\mathrm{d}\theta} = m\frac{E_0 U}{X_d}\cos\theta + mU^2\left(\frac{1}{X_q} - \frac{1}{X_d}\right)\cos 2\theta \tag{12-15}$$

隐极电机的 $P_{syn} = f(\theta)$ 如图 12-8 中虚线所示。由图可知,在 $0° \leqslant \theta \leqslant 90°$ 内,$P_{syn} > 0$,隐极电机的运行是稳定的。θ 越小,则 P_{syn} 的数值越大,电机的稳定性越好。

由于电磁功率 P_{em} 和电磁转矩 T 在概念上互相对应,在数值上成正比,即 $T\Omega_1 = P_{em}$

（此处 Ω_1 为电机的同步角速度），因此以上对电磁功率的讨论完全适用于电磁转矩。

将 P_{syn} 除以同步角速度 Ω_1，所得 $T_{syn} = \dfrac{P_{syn}}{\Omega_1}$ 称为比整步转矩，或者整步转矩系数。当 $T_{syn} > 0$ 时，电机是稳定的；而当 $T_{syn} < 0$ 时，电机则是不稳定的。

对于隐极电机，

$$T_{syn} = \frac{m E_0 U}{\Omega_1 X_t} \cos \theta \tag{12-16}$$

对于凸极电机

$$T_{syn} = \frac{m E_0 U}{\Omega_1 X_d} \cos \theta + \frac{m U^2}{\Omega_1} \left(\frac{1}{X_q} - \frac{1}{X_d} \right) \cos 2\theta \tag{12-17}$$

为使同步发电机稳定地运行，设计电机时应使最大电磁功率比额定功率大一定的倍数，称之为静态过载倍数 k_M。当电枢电阻忽略不计时，$P_{emN} = P_N$，于是

$$k_M = \frac{P_{em,max}}{P_N} = \frac{P_{em,max}}{P_{emN}} \tag{12-18}$$

故对于隐极电机，

$$k_M = \frac{m \dfrac{E_0 U}{X_t}}{m \dfrac{E_0 U}{X_t} \sin \theta_N} = \frac{1}{\sin \theta_N} \tag{12-19}$$

式中，θ_N 为额定运行时的功率角。一般要求 $k_M > 1.7$，因此额定运行中最大允许的功率角约为 $35°$，故同步电机的功率角一般设计为 $25° \sim 35°$。

12.4 同步发电机无功功率的调节和 V 形曲线

电网的负载大都是感性的，因此电网中需要送出感性无功功率的同步发电机。此时，同步发电机的电枢反应是去磁的。为了维持发电机的端电压不变，必须增大励磁电流。由此可见，与无穷大电网并联的同步发电机，其无功功率的改变必须依赖于调节励磁电流。

下面的分析以隐极同步发电机为例，忽略电枢电阻和饱和影响，电网为无穷大电网，电压 U 为恒值，研究在一定输出功率 P_2 下，调节励磁电流 I_f 时电枢电流 I 会怎样变化。

根据假设条件有

$$P_{em} = m \frac{E_0 U}{X_t} \sin \theta = 常数，\quad 即 \quad E_0 \sin \theta = 常数 \tag{12-20}$$

$$P_2 = m U I \cos \varphi = 常数，\quad 即 \quad I \cos \varphi = 常数 \tag{12-21}$$

由于此时 $P_{em} = P_2$，故得

$$\frac{E_0 \sin \theta}{X_t} = I \cos \varphi \tag{12-22}$$

由式（12-22）可知，当调节励磁电流使电动势 E_0 发生变化时，发电机的电枢电流和功率因数也随之变化。图 12-9（a）表示在输出功率 P_2 不变时，调节励磁电流时发电机的相量图。由图可见，由于 $I \cos \varphi = 常数$，电流相量 $\dot{I}$ 末端的变化轨迹为一条与电压相量 $\dot{U}$ 垂直的水平线 $\overline{AB}$。而由于 $E_0 \sin \theta = 常数$，故相量 $\dot{E}_0$ 末端的变化轨迹为一条与电压相量 $\dot{U}$ 平

行的垂直线 $\overline{CD}$。根据上述条件,画出四种不同情况下的相量图如图 12-9(b)所示。

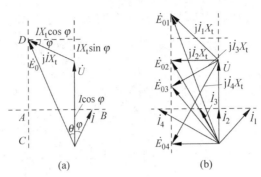

(a)   (b)

图 12-9　U 和 P_2 为常数,不同励磁电流时同步发电机的相量图

第一种情况:励磁电流较大,E_{01} 值较大,定子电流 $\dot{I}_1$ 滞后于端电压 $\dot{U}$,输出滞后无功功率,这时发电机运行于"过励"状态。

第二种情况:逐渐减小励磁电流,E_0 随之减小,功率角 θ 和功率因数提高,电流 I 减小。当励磁电动势减至 E_{02} 时,电流 $\dot{I}=\dot{I}_2$ 与电压 $\dot{U}$ 相同,$\cos\varphi=1$,I_2 为 I 的最小值,不含无功电流,不输出无功功率,称为"正常励磁"。

第三种情况:继续减小励磁电流,功率角 θ 继续增加,而电枢电流 $\dot{I}$ 的幅值却开始变大,并且超前电压 $\dot{U}$,功率因数变为超前,发电机开始向电网输出超前的无功功率(即从电网吸收滞后的无功功率),发电机处在"欠励"状态。

第四种情况:如进一步减小励磁电流使 E_0 更加减小,功率角 θ 和超前的功率因数角 φ 也将继续增大而使电枢电流更大,但是励磁电流的减小是有限的,当 $\dot{E}_0=\dot{E}_{04}$,$\theta=90°$ 时,发电机已达静态稳定极限。如果还要减小励磁将无法向电网供给所需的有功功率,电机将失去同步而不能运行。

由上述分析可见,当原动机输入功率 P_1 不变时(如认为发电机的总损耗不变,也即输出功率 P_2 不变),改变励磁电流将引起电机无功电流的改变。因而,电枢总电流 I 也随之改变。当为"正常励磁"时,无功功率为零,电流 I 最小。而无论增大或减小励磁电流 I_f,都将使无功功率和电流 I 变大,$\cos\varphi$ 降低。"过励"使 $\cos\varphi$ 滞后,发电机向电网输出滞后无功功率;而"欠励"则使 $\cos\varphi$ 超前,发电机向电网输出超前无功功率(亦即从电网吸取滞后无功功率)。

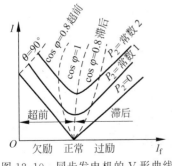

图 12-10　同步发电机的 V 形曲线

采用实验方法,在保持电网电压 U 和发电机输出有功功率 P_2 不变的前提下,改变励磁电流 I_f,测出对应的电枢电流 I,可得到关系曲线 $I=f(I_f)$。由于曲线形状如字母"V",故称其为同步发电机的 V 形曲线。对于每一个恒定的有功功率值都可作一条 V 形曲线,功率值越大,曲线越上移,如图 12-10 所示。每条曲线的最低点都表示 $\cos\varphi=1$。连接 $\cos\varphi=1$ 的各点所得的曲线(中间的一条虚线)是略微向右倾斜的,这说明输出纯有功功率时,

随功率的增加则必须相应地增加一些励磁电流。在这条曲线的右侧为过励区，$\cos\varphi$ 滞后，发电机向电网输出滞后的无功功率；而其左侧为欠励区，$\cos\varphi$ 超前，发电机向电网输出超前的无功功率。在欠励区中对应 $\theta=90°$ 所画的虚线表示静态稳定极限。如再减小励磁电流，则进入不稳定区，发电机便不能稳定运行。

例 12-2　有一台汽轮发电机并联于无穷大电网，电机的数据如下：$S_N=31\,250$ kV·A，$U_N=10.5$ kV，$\cos\varphi_N=0.8$（滞后），Y 连接，定子的每相同步电抗 $X_t=7.0\ \Omega$，而定子电阻 $R_a\approx0\ \Omega$。

（1）发电机在额定状态下运行时，试求功率角 θ_N、电磁功率 P_{em}、比整步功率 P_{syn} 及静态过载倍数 k_M。

（2）若维持上述励磁电流不变，但输出有功功率减半时，θ、P_{em}、P_{syn} 和 $\cos\varphi$ 将为多少？

（3）发电机原来在额定状态下运行，现仅将励磁电流增加 10%（假定磁路不饱和），θ、P_{em}、$\cos\varphi$ 及定子电流 I^* 将变为多少？

解　（1）额定相电压

$$U_{N\phi}=\frac{U_N}{\sqrt{3}}=\frac{10.5\times10^3}{\sqrt{3}}\ \text{V}=6062\ \text{V}$$

额定相电流

$$I_{N\phi}=\frac{S_N}{\sqrt{3}U_N}=\frac{31\,250}{\sqrt{3}\times10.5}\ \text{A}=1718\ \text{A}$$

额定功率因数角

$$\phi_N=\arccos 0.8=36.87°$$

令 $\dot{U}^*=1\angle0°$，则

$$\dot{I}_N^*=1\angle-36.87°$$

$$X_t^*=\frac{X_t I_{N\phi}}{U_{N\phi}}=\frac{7\times1718}{6062}=1.984$$

励磁电动势

$$\dot{E}_0^*=\dot{U}^*+j\dot{I}_N^*X_t^*=1+j1\angle-36.87°\times1.984$$
$$=2.705\angle35.93°$$

功率角

$$\theta_N=35.93°$$

电磁功率

$$P_{em}\approx S_N\cos\varphi_N=31\,250\times0.8\ \text{kW}=25\,000\ \text{kW}$$

比整步功率

$$P_{syn}=\frac{mE_0U}{X_t}\cos\theta_N=\frac{3\times16\,397\times6062}{7}\times\cos35.93°\ \text{W/rad}$$
$$=3.45\times10^7\ \text{W/rad}=34\,500\ \text{kW/rad}$$

静态过载倍数为

$$k_M=\frac{1}{\sin\theta_N}=\frac{1}{\sin35.93°}=1.704$$

（2）输出有功功率减半时，电磁功率为

$$P'_{em} = \frac{1}{2}P_{em} = \frac{1}{2} \times 25\,000\,\text{kW} = 12\,500\,\text{kW}$$

由 $P'_{em} = \dfrac{mE_0U}{X_t}\sin\theta = \dfrac{3 \times 16\,397 \times 6062}{7}\sin\theta$，得功率角

$$\theta = 17.06°$$

比整步功率

$$P_{syn} = \frac{mE_0U}{X_t}\cos\theta = \frac{3 \times 16\,397 \times 6062}{7} \times \cos 17.06° \,\text{W/rad}$$
$$= 4.0725 \times 10^7\,\text{W/rad} = 40\,725\,\text{kW/rad}$$

励磁电动势

$$\dot{E}_0^* = 2.705\angle 17.06°$$

则定子电流

$$\dot{I}^* = \frac{\dot{E}_0^* - \dot{U}^*}{jX_t^*} = \frac{2.705\angle 17.06° - 1}{j1.984} = 0.894\angle -63.41$$

功率因数

$$\cos\varphi = \cos 63.41° = 0.448$$

（3） $P''_{em} = P_{em} = 25\,000 \times 10^3\,\text{kW}$

当励磁电流增大 10% 时，假定磁路不考虑饱和，则

$$E_0^* = 1.1 \times 2.705 = 2.976$$
$$\sin\theta = \frac{P''_{em}X_t}{mE_0U} = \frac{25\,000 \times 7 \times 10^3}{3 \times 2.976 \times 6062 \times 6062} = 0.534$$

功率角

$$\theta = 32.25°$$

可求得定子电流

$$\dot{I}^* = \frac{\dot{E}_0^* - \dot{U}^*}{jX_t^*} = \frac{2.976\angle 32.25° - 1}{j1.984} = 1.106\angle -43.72°$$

功率因数

$$\cos\varphi = \cos 43.72° = 0.723$$

小　　结

　　本章介绍了同步发电机并联条件和方法，讨论了同步发电机并入电网后有功功率和无功功率的调节以及静态稳定。

　　同步发电机投入并联必须满足四个条件：发电机频率和电网的频率应相同；发电机和电网连接的相序应相同；发电机和电网电压的大小和相位应相同；发电机和电网的电压波形应相同。将发电机调整到完全符合并联投入条件后再进行合闸操作，叫作准确同步法。判断这些条件是否满足，常采用同步指示器，最简单的同步指示器是三组交叉接法的相灯。

　　同步发电机由原动机拖动旋转，在发电机对称稳态运行时，由原动机输入给发电机的机

械功率为 P_1,扣除发电机的机械损耗 p_{mec}、铁耗 p_{Fe} 和附加 p_{ad} 后,即得电磁功率 P_{em}。电磁功率是通过电磁感应作用,从转子由气隙合成磁场传递到定子的电功率。发电机带负载时,定子电流通过电枢绕组还要消耗一部分功率 p_{Cu1},剩下的即为发电机的输出功率 P_2。为便于计算和功率调节,同时为显示电机内部的能量传递关系,电磁功率常以 E_0、端电压 U、$\dot{E}_0$ 与 $\dot{U}$ 之间的夹角 θ(称功率角),以及电抗参数来表示。同步发电机的功角特性是指当 E_0 和 U 保持不变时,发电机发出的电磁功率与功率角之间的关系 $P_{em} = f(\theta)$。

同步发电机与大电网并联运行时,电网的电压和频率可以认为是常数,调节的对象只有发电机的有功功率和无功功率。调节时的内部电磁过程,可用电动势相量图或功角特性来分析。

要增加发电机输出的有功功率,就必须增大原动机的输入功率,当励磁不作调节时,电机的功率角 θ 将会增大。在功率调节过程中,转子的瞬时速度虽有变化,但当剩余转矩和电磁转矩趋于平衡时,发电机的转速仍将回复到同步转速。并不是不断增大原动机的输入功率,就可无限增大发电机的电磁功率。当功率角 $\theta = 90°$,即达到电磁功率的极限值 $P_{em,max}$ 时,原动机输入有效功率如若再增大,这时发电机无法产生更大的 P_{em} 与之平衡,因而电机转速将不断上升而失步。

同步发电机静态稳定的条件为 $\dfrac{dP_{em}}{d\theta} > 0$,因为一旦扰动消失,$\Delta P_{em}$ 就起减速作用使功率角返回到扰动前的数值,而使发电机运行稳定。反之,如果 $\dfrac{dP_{em}}{d\theta} < 0$,当功率角 θ 增大时,电磁功率和相应的制动电磁转矩反而减小,这必将使发电机的转速和功率角继续增大而更偏离原先的数值,发电机的运行便不能稳定。而当 $\theta = 90°$ 时,$\dfrac{dP_{em}}{d\theta} = 0$,正好是稳定和非稳定区的交界,故该点就是同步发电机的静态稳定极限。所以 $\dfrac{dP_{em}}{d\theta}$ 是衡量同步发电机抵抗干扰,而保持稳定运行能力的一个系数,称为比整步功率 P_{syn}(或整步功率系数)。其值越大,则保持同步能力越强,电机稳定性亦越好。为使同步发电机能够稳定地运行,设计电机时应使最大电磁功率比额定功率大一定的倍数,称静态过载倍数 k_M。一般要求 $k_M > 1.7$,因此额定运行中最大允许的功率角 θ_N 约为 $35°$,故同步电机一般设计为 $\theta_N = 25° \sim 35°$。

在输出功率 P_2 不变情况下调节励磁电流以改变无功功率时,根据同步发电机的相量图可知,由于 $I\cos\varphi = $ 常数,电流 $\dot{I}$ 相量末端的变化轨迹为一条与电压相量 $\dot{U}$ 垂直的水平线。而由于 $E_0\sin\theta = $ 常数,故相量 $\dot{E}_0$ 末端的变化轨迹为一条与电压相量 $\dot{U}$ 平行的垂直线。在保持电网电压 U 和发电机输出有功功率 P_2 不变的前提下,改变励磁电流 I_f,测出对应的电枢电流 I,可得出关系曲线 $I = f(I_f)$。由于曲线形状如字母"V",故称为同步发电机的 V 形曲线。对于每一个恒定的有功功率值都可作一条 V 形曲线,功率值越大,曲线越上移。

有功功率的调节也会影响到无功功率的大小。当增大原动机的输入功率时,发电机的功率角将随着变化,无功功率将发生变化。调节励磁电流改变无功功率时,发电机的励磁电动势和功率角都将发生变化,但有功功率不会发生变化,而如果励磁电流调得过低,则有可能使电机失去稳定。

习　题

12-1　同步发电机与电网并联运行应满足哪些条件? 当某个条件不满足时,会产生什么后果? 应采取什么办法使它满足并联条件?

12-2　一台三相隐极同步发电机以同步速度旋转,转子不加励磁,定子接到电压为 U 的无穷大电网上,设电枢电阻忽略不计,试画出此电机的电动势相量图。这时电机能否输出有功功率? 它输出什么性质的无功功率?

12-3　并联于无穷大的电网的隐极同步发电机,当调节有功功率输出而要保持无功功率不变,问此时 $\dot{I}$ 和 $\dot{E}_0$ 各按什么轨迹变化? 功率角 θ 如何变化?

12-4　一台同步发电机单独供给一个对称负载(R 及 L 一定)且转速保持不变时,电枢电流的功率因数 $\cos \varphi$ 由什么决定? 当发电机并联于无穷大电网时,电枢电流的功率因数又由什么决定? 还与负载性质有关吗? 为什么?

12-5　并联于无穷大电网的隐极同步发电机,当保持励磁电流 I_f 不变时,调节发电机输出的有功功率,问此时 $\dot{I}$ 和 $\dot{E}_0$ 变化的规律怎样?

12-6　为何在隐极电机中,定子电流和定子磁场不能互相作用产生转矩,而在凸极电机中却可产生? 这种转矩属于同步转矩还是异步转矩? 为什么?

12-7　比较在下列情况下同步电机运行的稳定性:
(1) 较大短路比和较小短路比时;
(2) 过励和欠励运行时;
(3) 轻载和满载下运行时;
(4) 发电机直接接至电网和通过长输电线接至电网时。

12-8　试证明在计及定子电阻时,隐极同步发电机的电磁功率可写为 $P_{em} = \dfrac{m E_0 E_\delta}{X_a} \sin \theta_i$,
式中 θ_i 为 $\dot{E}_0$ 与 $\dot{E}_\delta$ 间的夹角。

12-9　一台汽轮发电机,$\cos \varphi = 0.8$(滞后),$X_t^* = 1.0$,$R_a \approx 0$,并联运行于额定电压的无穷大电网上,不考虑磁路饱和程度的影响。
(1) 保持额定运行时的励磁电流 I_{fN} 不变,当输出有功功率减半时,定子电流 I^* 和 $\cos \varphi$ 将变为多少?
(2) 输出有功功率减半,逐渐减少励磁电流到额定励磁电流的一半,问发电机能否静态稳定运行? 为什么? 此时 I^* 和 $\cos \varphi$ 变为多少?

12-10　一台汽轮发电机在额定运行情况下的功率因数为 0.8(滞后),同步电抗的标幺值为 $X_t^* = 1.0$。该机连接于电压保持在额定值的无穷大电网上。
(1) 当该机供给 90% 额定电流且有额定功率因数时,试求输出的有功功率和无功功率的标幺值。这时的励磁电动势标幺值 E_0^* 及功率角 θ 为多少?
(2) 如调节原动机的功率输入,使该机输出的有功功率达到额定运行情况下的110%,励磁保持不变,这时的功率角 θ 为多少? 该机输出的无功功率将如何变化? 如欲使输出的无功功率保持不变,励磁电动势标幺值 E_0^* 及功率角 θ 是多少?

(3) 如保持原动机的功率输入不变,并调节该机的励磁,使它输出的感性无功功率为额定运行情况下的 110%,问此时的励磁电动势标幺值 E_0^* 及功率角 θ 是多少?

12-11　有一台三相隐极同步发电机并联于无穷大电网,电机的数据如下: $S_N = 7500\ \text{kV} \cdot \text{A}$, $U_N = 3150\ \text{V}$, $\cos\varphi_N = 0.8$(滞后),Y 连接,定子每相同步电抗 $X_t = 1.6\ \Omega$,不计定子电阻,试求:

(1) 当发电机输出额定负载时,发电机的功率角 θ_N、电磁功率 P_{em}、比整步功率 P_{syn} 及静态过载倍数 k_M;

(2) 在不调整励磁情况下,当发电机输出有功功率减半时,发电机的功率角 θ、电磁功率 P_{em}、比整步功率 P_{syn} 及负载功率因数 $\cos\varphi$。

12-12　一台并联于无穷大电网的汽轮发电机, $P_N = 25\,000\ \text{kW}$, $U_N = 10.5\ \text{kV}$,Y 连接, $\cos\varphi_N = 0.8$(滞后), $X_t^* = 1.0$, $R_a \approx 0$,磁路不饱和,试求:

(1) 当 $P_2 = \dfrac{1}{2} P_N$, $\cos\varphi_N = 0.8$(滞后)时, E_0^*、θ 以及无功功率 Q;

(2) 保持上述励磁电流不变,输出功率增为 P_N 时的无功功率 Q。

12-13　有一台三相、50 Hz、Y 连接的水轮发电机, $S_N = 70\,000\ \text{kV} \cdot \text{A}$, $U_N = 13\,800\ \text{V}$, $\cos\varphi_N = 0.8$(滞后),该机直接与电网并联;电机的参数为 $X_d = 2.72\ \Omega$, $X_q = 1.90\ \Omega$。电枢电阻忽略不计,试求:

(1) 同步电抗的标幺值;

(2) 该机额定运行时的功率角和励磁电动势;

(3) 该机的最大电磁功率、过载能力以及产生最大电磁功率时的功率角。

12-14　一台并联于无穷大电网的水轮发电机, $P_N = 50\,000\ \text{kW}$, $U_N = 13\,800\ \text{V}$,Y 连接, $\cos\varphi_N = 0.8$(滞后), $X_d^* = 1.15$, $X_q^* = 0.7$, $R_a \approx 0$,并假定空载特性近似为一条直线。

(1) 试求当输出 $10\,000\ \text{kW}$ 且 $\cos\varphi_N = 1$ 时的 I_f^* 及 θ 角;

(2) 若保持此时的输入功率不变,当发电机失去励磁后 θ 为多少? 发电机还能够稳定运行吗? 此时 I 和 $\cos\varphi$ 变为多少?

12-15　一台三相隐极同步发电机, $S_N = 60\ \text{kV} \cdot \text{A}$, $U_N = 380\ \text{V}$,Y 连接, $X_t = 1.55\ \Omega$, $R_a \approx 0$。当电机过励, $\cos\varphi = 0.8$(滞后), $S = 37.5\ \text{kV} \cdot \text{A}$ 时:

(1) 求励磁电动势 E_0 和功率角 θ;

(2) 移去原动机,不计损耗,求电枢电流 I;

(3) 用作同步电动机时, P_{em} 同(1), I_f 不变,作相量图;

(4) 机械负载不变, P_{em} 同(1), $\cos\varphi = 1$,作相量图求此电动机的 E_0。

12-16　一台三相 Y 连接的隐极同步发电机与无穷大电网并联运行,已知电网电压 $U = 400\ \text{V}$,发电机的同步电抗 $X_t = 1.2\ \Omega$,当 $\cos\varphi = 1$ 时,发电机输出有功功率为 $80\ \text{kW}$。若保持励磁电流不变,减少原动机的输出,使发电机输出有功功率为 $20\ \text{kW}$,忽略电枢电阻,求功率角、功率因数、输出的无功功率及其性质。

12-17　一台三相隐极发电机与大电网并联运行,电网电压为 $380\ \text{V}$,Y 连接,忽略定子电阻,同步电抗 $X_t = 1.2\ \Omega$,定子电流 $I = 69.51\ \text{A}$,相电动势 $E_0 = 278\ \text{V}$, $\cos\varphi = 0.8$(滞

后)。试求:

(1) 发电机输出的有功功率和无功功率;

(2) 功率角。

12-18　一台汽轮发电机并联于无穷大电网,额定负载时功率角 $\theta = 20°$,现因外线发生故障,电网电压降为 $60\%U_N$,问:为使 θ 角保持在 $25°$,应加大励磁使 E_0 上升为原来的多少倍?

第13章 同步电动机与同步调相机

同步电机与其他电机一样具有可逆性，既可作发电机运行，也可作电动机运行。

同步电动机的主要特点是转速不随负载变化而变化，它的功率因数可调节。特别是在过励状态下，还可使功率因数超前，从而提高了电网的功率因数。同步调相机实质上是空载运行的同步电动机，专门用来调节无功功率，改善电网的功率因数。

同步电动机及调相机一般都采用凸极结构。为了能够自起动，在转子磁极的极靴上还装有起动绕组。

13.1 同步电机的可逆原理

下面分析并联于无穷大电网的隐极同步发电机从发电机运行状态转变为电动机运行状态的物理过程，以及其内部各物理量之间关系的变化情况。

图 13-1(a)所示为同步电机作发电机运行时的相量图。由图可见，$\dot{E}_0$ 超前于 $\dot{U}$，功率角 θ 和相应的电磁功率 $P_{em}=m\dfrac{E_0U}{X_t}\sin\theta$ 都是正值。这时 $\theta_i\approx\theta$ 也为正值，表示转子主极

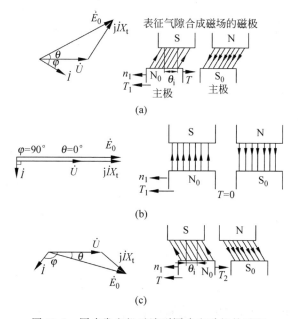

图 13-1　同步发电机过渡到同步电动机的过程

轴线沿转向超前于气隙合成磁场轴线为 $\theta_i \approx \theta$ 角。因此,作用在转子上的电磁转矩为制动转矩。原动机的驱动转矩主要用来克服此制动的电磁转矩,因而将机械能转化为电能。

逐渐减小原动机的输入功率,转子将减速,功率角 θ 和电磁功率 P_{em} 也将随之减小。当原动机输入功率减小到只能抵偿发电机的空载损耗时,发电机发出的电磁功率 P_{em} 和相应的功率角 θ 便均为零,如图 13-1(b)所示。此时,发电机处于空载状态。

继续减小原动机的输入功率,则功率角 θ 和电磁功率 P_{em} 便变为负值,电机变为从电网吸取电功率,电机和原动机一起提供驱动转矩来共同克服电机的空载制动转矩。如果断开原动机,其便变成了空转的同步电动机,空载损耗全部由输入的电功率供给。如果在电机上加上机械负载,则负值的 θ 角和负值电磁功率 P_{em} 还会变大,$\theta_i \approx \theta$ 也为负值,于是主极磁场轴线将落后于气隙合成磁场轴线,作用在转子上的电磁转矩为驱动转矩而拖动负载,电机作电动机运行,将输入的电能变为机械能输出,如图 13-1(c)所示。

由以上分析可知,当同步发电机变为电动机后,功率角 θ、电磁功率 P_{em} 和电磁转矩 T 都由正值变为负值,机-电能量转换便发生逆转。

13.2　同步电动机的电动势方程式和相量图

当按惯例采用发电机的正方向来表达同步电动机的电动势方程式和相量图时,其相量如图 13-1(c)所示。图中,$\varphi > 90°$,$\theta < 0°$,表示电动机向电网输出的有功功率为负值。此时这种表示方法很不方便,因此重新假定同步电动机各个物理量的正方向。在同步电动机中,电流 $\dot{I}$ 的正方向的假定与发电机相反,如图 13-2(b)所示。端电压 $\dot{U}$ 假定为外施电压,$\dot{I}$ 为此电压所产生的输入电流(与发电机的正方向相反),而 $\dot{E}_0$ 则为反电动势。这样,φ 角即由原来滞后于 $\dot{U}$ 一个钝角变成了超前于 $\dot{U}$ 一个锐角,从而使 $\cos \varphi$、输入电功率 $mUI\cos\varphi$,以及电磁功率均变为正值。从而隐极同步电动机的电动势方程式变为

$$\dot{U} = \dot{E}_0 + \dot{I}R_a + j\dot{I}X_t = \dot{E}_\delta + \dot{I}R_a + j\dot{I}X_\sigma \qquad (13\text{-}1)$$

对凸极电机,则为

$$\dot{U} = \dot{E}_0 + \dot{I}R_a + j\dot{I}_d X_d + j\dot{I}_q X_q \qquad (13\text{-}2)$$

相应的相量图为图 13-2(a)和图 13-3。

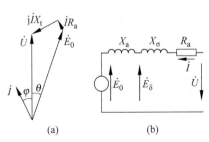

(a) (b)

图 13-2　隐极同步电动机的相量图和等效电路图

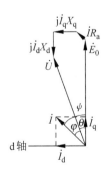

图 13-3　凸极同步电动机的相量图

13.3　同步电动机的功角特性和功率平衡方程式

在同步发电机的功角特性公式中,功率角 θ 定义为 $\dot{E}_0$ 超前于 $\dot{U}$ 的角度。如用于电动机则功率角 θ 和电磁功率 P_{em} 均为负值,这种表示方法也不方便。为此,对于电动机重新定义 θ 为 $\dot{U}$ 超前于 $\dot{E}_0$ 的角度,从而电磁功率为正值,表示电动机吸收电磁功率转化出的总机械功率。这样一来,功角特性的表达式便为

$$P_{\mathrm{em}} = m\,\frac{E_0 U}{X_{\mathrm{d}}}\sin\theta + m\,\frac{U^2}{2}\left(\frac{1}{X_{\mathrm{q}}} - \frac{1}{X_{\mathrm{d}}}\right)\sin 2\theta \tag{13-3}$$

式(13-3)除以转子角速度 Ω_1 后,即得电动机的驱动电磁转矩,于是有

$$T = m\,\frac{E_0 U}{\Omega_1 X_{\mathrm{d}}}\sin\theta + \frac{m U^2}{2\Omega_1}\left(\frac{1}{X_{\mathrm{q}}} - \frac{1}{X_{\mathrm{d}}}\right)\sin 2\theta \tag{13-4}$$

同步电动机正常运行时,由电网输入的电功率 P_1,除了很小部分消耗于定子铜耗 p_{Cu1} 外,大部分通过定、转子磁场的相互作用而转换为电磁功率 P_{em},即为转子的总机械功率,即

$$P_1 = p_{\mathrm{Cu1}} + P_{\mathrm{em}} \tag{13-5}$$

扣除定子铁芯损耗 p_{Fe}、机械损耗 p_{mec} 和附加损耗 p_{ad} 后,即为输出的机械功率 P_2,故

$$P_{\mathrm{em}} = p_{\mathrm{Fe}} + p_{\mathrm{mec}} + p_{\mathrm{ad}} + P_2 \tag{13-6}$$

13.4　同步电动机无功功率的调节和 V 形曲线

与同步发电机相似,当同步电动机输出功率 P_2 一定时,调节其励磁电流 I_{f} 即可改变电动机的无功功率。仍以忽略电枢电阻和磁路不饱和的隐极电机为例分析。当输出功率 P_2 不变时,如不计改变励磁对定子铁耗和附加损耗的微弱影响,则可认为电磁功率也保持不变,故有

$$P_{\mathrm{em}} = \frac{m E_0 U}{X_{\mathrm{t}}}\sin\theta = m U I \cos\varphi = 常数$$

即

$$E_0 \sin\theta = 常数,\quad I\cos\varphi = 常数$$

于是由图 13-4 所示的电动势相量图可见,当输出功率恒定而改变励磁电流时,$\dot{E}_0$ 端点的轨迹为一条与 $\dot{U}$ 平行的垂直线 $\overline{AB}$,$\dot{I}$ 端点的轨迹为一条与 $\dot{U}$ 垂直的水平线 $\overline{CD}$。"正常励磁"时,电动机的 $\cos\varphi = 1$,电枢电流全部为有功电流,其数值最小;当"欠励磁"时,$E_0'' < E_0$,为保证气隙磁通值近似不变,除有功电流外,还要出现起增磁作用的滞后的无功电流分量(从发电机惯例看,仍为超前的无功电流);当"过励磁"时,$E_0' > E_0$,电枢电流中将包含一个超前的无功电流分量,起去磁作用。

由以上分析可知,同步电动机在恒功率下改变励磁电流时,曲线 $I = f(I_{\mathrm{f}})$ 仍为一条 V 形曲线。图 13-5 表示了四个不同电磁功率的 V 形曲线。其中,$P_{\mathrm{em}} = 0$ 的那条曲线对应于同步调相机的运行状态。

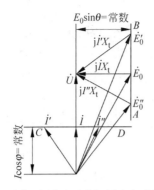

图 13-4 恒功率、变励磁时隐极同步电动机的相量图

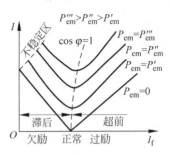

图 13-5 同步电动机 V 形曲线

由于同步电机的最大电磁功率 $P_{em,max}$ 与 E_0 成正比,当减小励磁电流时,则对应的功率角 θ 增大,而过载能力则降低。因此,当励磁电流减到一定的数值,θ 角增大到 90°时,隐极同步电动机就不能稳定运行而失去同步。图 13-5 中的虚线表示电动机进入不稳定的界限。

改变励磁电流可调节同步电动机的功率因数,这是同步电动机最宝贵的优点。因为电网上的主要负载是从电网吸取滞后的无功电流的变压器、感应电动机,以及其他感性负载,而同步电动机在过励的情况下却能从电网吸取超前的无功电流,这样就可提高电网的功率因数,因此,从改变电网的功率因数和提高同步电动机本身的过载能力来考虑,现代同步电动机的额定功率因数一般都设计为 1~0.8(超前),通常都工作在过励状态。

13.5　同步电动机的起动

同步电动机只有处在同步速度时,定转子磁场才相对静止,才能产生单一方向的电磁转矩。如将同步电动机加励磁后直接投入电网,由于定子电流产生的磁场为同步转速,而转子磁场为静止不动,定转子磁场间具有相对运动,它们相互作用产生的是正、负值迅速交变的脉振转矩,其平均值为零,因此电机不能自行起动。要起动同步电动机,必须借助其他方法。

可采用辅助电动机起动和变频起动两种方法来起动同步电动机,但是这两种方法都存在所需设备较多和操作较复杂等缺点。

同步电动机大多数用异步起动法来起动。在同步电动机的主极极靴上装设的阻尼绕组同时可作起动绕组用,利用该起动绕组中产生的异步电磁转矩便可起动电机。异步起动后,待转速升到接近同步转速时再接入励磁,电机借助于加入的同步转矩而牵入同步。牵入同步是很复杂的过程,一般来说,在加入励磁使转子牵入同步瞬间的转差越小,转动惯量越小,负载越轻(一般是无载起动),牵入同步就越容易。由于凸极结构的同步电机存在凸极效应引起的磁阻转矩,较容易牵入同步,因此同步电动机大都采用这种结构。

异步起动时,励磁绕组不能开路,否则因转差率大,励磁绕组匝数又多,将在其中感应危险的高电压,使励磁绕组击穿或引起人身事故。但是它也不能直接短接,否则在励磁绕组内就会产生较大的电流,该电流与气隙磁场作用则产生较大的单轴转矩。起动时,一般在励磁绕组回路串入一个 10 倍于励磁绕组电阻的电阻后再闭合,将定子投入电网,按异步起动。待转速升到接近同步转速时,再投入励磁,使电机牵入同步。

13.6　同步调相机

电网的主要负载是变压器和异步电动机,它们都要从电网吸取感性无功功率来产生磁场,从而使电网的功率因数降低,线路损耗和压降增大,使发电和输配电设备的效率降低。如能在适当地点装上同步调相机,就地供应负载所需的感性无功功率而避免其长距离输送,就能很好地解决上述问题,可显著地提高电力系统的经济性和供电质量。

同步调相机其实就是不带机械负载的同步电动机。除供应本身损耗外,其并不从电网吸收更多的有功功率。因此,同步调相机总是在接近于零的电磁功率和零功率因数的情况下运行。

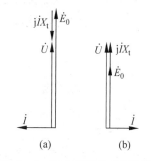

图 13-6　同步调相机的相量图

如忽略调相机的全部损耗,则电枢电流全为无功电流,其电动势方程式为 $\dot{U} = \dot{E}_0 + j\dot{I}X_t$。当电网的负载为感性时,调相机采取过励运行方式,从电网吸收超前 $90°$ 的无功电流(相当于一台电容器),其相量图如图 13-6(a)所示。当电网的负载呈容性时,调相机采用欠励运行,从电网吸取滞后 $90°$ 的无功电流(相当于一台电抗器),其相量图如图 13-6(b)所示。为了在不同负载下都能有效地改善电网的功率因数,要求调相机的励磁能够自动调节。

由于电网对感性无功功率的补充供给需要量较大,因而调相机多在过励状态下运行。其额定容量就是过励运行时的容量,此时的励磁电流称为额定励磁电流。而根据实际需要和稳定性要求,其在欠励运行时的容量只有过励时容量的 $0.5 \sim 0.65$ 倍。

由于调相机不拖动机械负载,其转轴可细一些,静态过载倍数 k_M 可小些,这样便可减小气隙和励磁绕组的用铜量,其直轴同步电抗 X_d 也就变大了。

小　　结

同步电机既可以作为发电机运行,又可以作为电动机运行,这就是同步电机可逆原理。两种运行状态的电磁功率和功率角的正负不一样,当采用发电机惯例时,$\theta > 0$ 时为发电机运行状态,$\theta < 0$ 时为电动机运行状态,而 $\theta = 0$ 时为调相机运行状态。

对同步发电机进行分析时电压方程式、时空向量图、电动势相量图、等效电路、功率平衡方程式、功角特性、V 形曲线等都可以用来对电动机进行分析,只是一些物理量的符号发生变化。为了方便起见,按照电动机惯例定义了电流、转矩和功率角的参考方向。

与同步发电机一样,可以通过调节励磁电流来调节同步电动机的无功功率,从而改善电网的功率因数。同步调相机为空载运行的同步电动机,作为无功功率电源时,可以改善电网功率因数和保持电压稳定。

习　题

13-1　在直流电机中,$E > U$ 和 $E < U$ 是判断电机作为发电机运行还是电动机运行的根据之一,这在同步电机中是否正确? 决定同步电机运行于发电机还是电动机状态的主要根据是什么?

13-2　为什么 $\cos \varphi$ 滞后时,电枢反应在发电机运行时起去磁作用而在电动机运行时起助磁作用?

13-3　同步电动机带额定负载时,如 $\cos \varphi = 1$,若在此励磁电流下空载运行,$\cos \varphi$ 如何变化?

13-4　从同步发电机过渡到电动机时,功率角 θ、电流 I、电磁转矩 T 方向有何变化?

13-5　某工厂变电所变压器的容量为 $2000 \ \text{kV} \cdot \text{A}$,该厂电力设备的平均负载为 $1200 \ \text{kW}$,$\cos \varphi = 0.65$(滞后);今欲新增一台 $500 \ \text{kW}$,$\cos \varphi = 0.8$(超前),$\eta = 95\%$ 的同步电动机,问当电动机满载时全厂的功率因数是多少? 变压器是否过载?

13-6　有一台凸极同步电动机接到无穷大电网,电动机电抗 $X_\mathrm{d}^* = 0.8$,$X_\mathrm{q}^* = 0.5$,额定负载时的功率角 θ_N 为 $25°$。

　　(1) 试求额定负载时的励磁电动势 E_0^*。

　　(2) 试求额定励磁电动势下电动机的过载能力。

　　(3) 若负载转矩一直保持为额定转矩,求电动机能保持同步运行的最小励磁电动势 $E_{0\min}^*$。

　　(4) 试求转子失去励磁时,电动机的最大输出功率 P_2^*。计算时,定子电阻和所有损耗忽略不计。

13-7　一台同步电动机带负载运行,在额定频率及电压下,其功率角为 $30°$,现因电网发生故障,端电压和频率都下降了 10%。

　　(1) 若此负载为功率不变型,求 θ;

　　(2) 若此负载为力矩不变型,求 θ。

13-8　某工厂电网电压 $U_\mathrm{N} = 380 \ \text{V}$,消耗总有功功率 $200 \ \text{kW}$,总功率因数 $\cos \varphi = 0.8$(滞后),其中一台 Y 连接三相同步电动机耗电 $40 \ \text{kW}$,此时定子电流为额定值,$\cos \varphi = 0.8$(滞后),$X_\mathrm{t}^* = 1$,$R_\mathrm{a} = 0$。

　　(1) 试求该同步电动机的励磁电动势 E_0^* 及功率角 θ,并画出相量图。

　　(2) 为提高全厂功率因数,将该电动机改作调相机运行(不计空载损耗)。在该厂其他用电设备所消耗的有功功率和无功功率不变的情况下,当此调相机定子电流为额定值时,全厂功率因数变为多少?

13-9　某工厂使用多台感应电动机,总的输出功率为 $3000 \ \text{kW}$,平均效率为 80%,功率因数为 0.75(滞后),该厂电源电压为 $6000 \ \text{V}$。由于生产需要增加一台同步电动机,当这台同步电动机的功率因数为 0.8(超前)时,已将全厂的功率因数调整到 1,求此电动机现在承担多少视在功率和有功功率。

13-10　已知一台三相同步电动机,额定功率为 2000 kW,$U_N = 3$ kV,Y 连接,额定功率因数为
$\cos\varphi_N = 0.85$(超前),额定效率为 $\eta_N = 95\%$,极对数 $p = 3$,定子每相电阻 $R_a = 0.1\ \Omega$。
求:额定运行时,定子输入的电功率 P_1、额定电流 I_N、额定电磁功率 P_{emN} 和额定电
磁转矩 T_N。

第 5 篇
特种电机

前面 4 篇介绍了变压器、直流电机、异步电机和同步电机,这就是通常所说的"四大电机"。这些通用电机运用范围大,涉及面广,在主要性能方面足以满足工农业生产以及交通运输等各行各业的需要。

然而对于某些特殊场合来说,上述通用电机还不能满足要求,在此情况下尚需另一些种类的电机,这就是本篇所要介绍的内容——特种电机。

通常,特种电机分为两类。

第一类是中小型特种电机。这类电机与普通中小型电机一样,同样是以传递或转换能量为主要任务,但它又能满足某些特殊要求,例如可实现交流调速,在无机械转换装置情况下,直接以平动方式驱动负载等。这类电机包括无换向器电机、转子供电式三相并励交流换向器电动机、电磁转差调速异步电动机和直线电动机。

第二类是微电机。这类电机又分为两类。一类是驱动电机,主要用来驱动小型负载,功率一般在 750 W 以下,最小的不到 1 W。其外形尺寸也较小、机壳外径不大于 160 mm。这类电机与普通电机相比,除功率小、尺寸小等之外,还具有结构简单、用电方便和操作简便等特点,尤其便于民用。驱动微电机主要包括单相异步电动机、单相串励磁换向器电动机、微型同步电动机及永磁式直流电动机等。另一类是控制微电机。这类电机的功率和外形尺寸与驱动微电机差不多,但其功能却迥然不同。其不以传递或转换能量为主要任务,而是以传递或转换信号为目的,在自动控制系统中作为执行元件和信号元件使用。该类电机主要包括交直流伺服电动机、交直流测速发电机、自整角机、旋转变压器、步进电机、力矩电动机和小惯量电动机等。

从原理上讲,特种电机运行时的电磁现象及所遵循的基本规律与普通电机没有不同。但这些基本现象和规律在其表现上又确实有其特殊性。可以说,其与普通电机既有联系,又有区别。本篇将以普通电机的分析原理为基础,着重分析各类特殊电机原理上的特殊性,此外,对结构和应用作一般介绍。

第14章
中小型特种电机

14.1　无换向器电动机

如前所述,特种电机可以满足某些特殊要求。从原理上说,无换向器电动机就是可实现平滑调速的自控式交流同步电动机。

由同步电动机的运行原理可知,同步电动机转速恒等于定子旋转磁场的转速即同步转速 n_1,而

$$n_1 = \frac{60 f_1}{p}$$

由此可见,改变定子供电频率 f_1 是同步电动机唯一的一种调速方法。以往由于可变频率电源的制造比较困难,同步电动机的调速实际运用并不多。近年来,由于电力电子技术的发展,大功率晶闸管变频装置的出现,同步电动机的调速已越来越为人们所重视。

同步电动机的变频调速,有两类本质不同的控制方式。一类与异步电动机变频调速一样,其输出转矩唯一地由电动机外部变频电源的基准频率振荡器给定,这种变频调速电动机称为他控式。由于同步电动机在频率突变或过载时通常容易失步,因而这种控制方式并不实用。而另一类控制方式,其系统内部的频率不是随意由外部给定的,而是由电动机本身的转速或频率给定的,因此称为自控式。

无换向器电动机就是这种自控式同步电动机。其电动机本体结构和同步电动机相同,但其工作原理、特性、调速方式及调速性能均与直流电动机相似。因此,这种电动机称为无换向器(无整流子)直流电动机,简称无换向器电动机。

无换向器电动机有许多突出优点,如结构简单、无换向器、不产生火花、便于维护等,还具有直流电动机的调速性能。此外,其可向大容量、高转速发展,还可简便地实现四象限运行。

无换向器电动机,按供电电源的不同可分为交、直流无换向器电动机两大类。它们之间的区别仅在于控制线路不同,而其工作原理完全相同。因此,下面仅分析直流无换向器电动机。

14.1.1　基本结构

直流无换向器电动机由同步电机本体及一控制晶闸管逆变器组成。该逆变器由一直流电源供电,如图 14-1 所示。电动机定子绕组如图 14-2 所示。

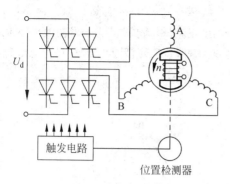

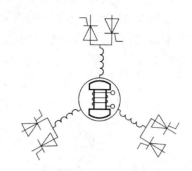

图 14-1 直流无换向器电动机示意图 　　图 14-2 直流无换向器电动机定子绕组连接

　　如前所述,自控式同步电动机的电源频率由电动机本身的转速或频率决定。因此,在其转轴上装有位置监测器,以测定转子磁极与旋转磁场的相对位置,为可控晶闸管提供触发信号。这样,便可使定子电流频率确保定子磁动势与转子磁动势同步旋转(以使定子磁动势和转子磁动势相对静止),产生恒定的同步转矩。

14.1.2 工作原理

　　无换向器电动机虽然在本体结构上是一台同步电动机,但加上三相绕组相连的控制晶闸管逆变器后,其实质上是一台采用"电子换向器"的反装式直流电动机。

　　下面分析其工作原理。为了便于说明无换向器电动机即反装式直流电动机的工作原理,首先回顾一下传统的直流电动机(即正装式直流电动机)的工作原理。

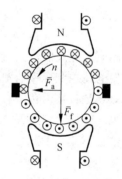

　　图 14-3 所示为一直流电动机的工作原理示意图。其定子磁极磁动势 $\overline{F}_f$ 和电枢磁动势 $\overline{F}_a$ 的方向根据左手定则确定,如图中所示。二者相对静止、相互垂直,保证了电动机在最大转矩下运行。此时,根据左手定则可知电动机的电磁转矩方向为逆时针方向。当电机为电动机工作状态时,电磁转矩为驱动性制转矩,因此如图所示,转速 n 也为逆时针方向。可以看出,直流电动机换向器和电刷的作用,就在于及时使电枢电流换向,以始终保持 $\overline{F}_a$ 和 $\overline{F}_f$ 相互垂直,并使定子磁动势 $\overline{F}_f$ 处于转子电枢磁动势 $\overline{F}_a$ 之前。

图 14-3 直流电动机的工作原理

　　下面讨论反装式直流电动机的原理,其示意图如图 14-4 所示。在反装式直流电动机中,磁极装在转子上,电枢绕组装在定子上,换向器(图中没画出)也装在定子上。在某一瞬间,定子磁动势相对位置如图 14-4(a)所示。此时,电动机的电枢绕组受到最大电磁转矩,欲使其顺时针旋转。但现在电枢是装在定子上不动,在电磁转矩的反作用下,磁极逆时针方向旋转。其结果与正装式直流电机一样,定子磁动势(不过此时是 $\overline{F}_a$)在前,转子磁动势(此时是 $\overline{F}_f$)在后。当磁极在空间逆时针转 90°后,如图 14-4(b)所示,此时 $\overline{F}_f$ 与 $\overline{F}_a$ 方向一致,电动机不产生转矩,磁极将停止转动。但若此时使电刷与磁极同步旋转,即当磁极逆时针转过 90°时,电刷在换向器上也逆时针转过 90°,使 $\overline{F}_a$ 与 $\overline{F}_f$ 仍保持相对静止,那么电动机仍处于产生最大转矩的状态。且仍然是 $\overline{F}_a$ 在前，$\overline{F}_f$ 在后，转子还会继续旋转，如图 14-4(c)所示。这就是反装式直流电动机的工作原理。可以看出，其与传统的"正装式"直流电动机工作原理无本质区别，只是结构不同而已。由于这种结构难以实现，因此，传统上直流电动机均采用现在常用的"正装式"。

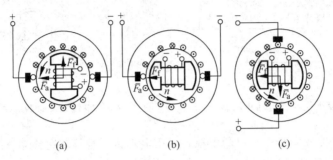

图 14-4　反装式直流电动机原理图

以上讨论的是定子磁动势 $\overline{F}_a$ 始终领先转子磁动势 $\overline{F}_f$，产生最大转矩的情况。实际上，只要电刷与磁极同步旋转，使 $\overline{F}_a$ 与 $\overline{F}_f$ 保持相对位置一定，即使不垂直，也能产生电磁转矩，也还会旋转，只是转矩不是最大而已。甚至 $\overline{F}_a$ 与 $\overline{F}_f$ 的相对位置在一定范围内变化，电动机也会获得一定的平均电磁转矩。

无换向器电动机就是在这种反装式直流电动机的基础上，用可控晶闸管电子元件替代了机械式换向装置。通过可控晶闸管逆变器对电枢绕组供电，其供电频率由转子转速决定，以保持 $\overline{F}_a$ 与 $\overline{F}_f$ 始终同步，并使 $\overline{F}_a$ 的空间相位领先 $\overline{F}_f$ 一定的电角度。而这一任务是由位置检测器来完成的。其与电动机同轴相连，随将电动机的实际转速转换成频率信号，再通过触发电路控制变频器中各晶闸管导通，以调制供电频率。由此可见，自控式同步电动机的电枢磁场是直接由转子转速来控制的。这样，若电动机的转速降低，位置检测器的输出信号频率也会降低，变频器的输出频率即电枢的旋转磁场转速也降低，使之始终保持与转子磁场相对位置不变。因此，这种同步电动机不会有失步的问题。正是由于这种电动机的变频器的输出频率由电动机本身转子位置检测器给定，系统犹如一个频率自动控制系统，因此，这种电机便称为自控(制)变频调速同步电动机，简称自控式同步电动机。下面选定几个瞬时来说明可控晶闸管按控制信号的顺序导通，形成自控式旋转磁场的情况。

如图 14-2 所示，无换向器电动机三相定子电枢绕组为星形接法。每相绕组出线端连一可控晶闸管的阳极，以及另一可控晶闸管的阴极。前一晶闸管称为"负"侧晶闸管，后一晶闸管称为"正"侧晶闸管。

第一瞬间时，如图 14-5(a)所示，A 相的正侧和 B 相的负侧可控晶闸管处于导通状态(图中晶闸管符号为实心表示通，空心表示阻断)。电流由 A 相流入，B 相流出。若将 A 相磁动势 $\overline{F}_A$ 与 B 相磁动势 $\overline{F}_B$ 的方向表示成与电流方向一致，合成磁动势 $\overline{F}_a$ 的大小和方向如图 14-5(a)所示。此时，定子电枢磁动势 $\overline{F}_a$ 的空间相位领先转子磁极磁动势 $\overline{F}_f$ 90°，产生最大电磁转矩，并由 $\overline{F}_a$ 拉着 $\overline{F}_f$ 逆时针旋转。随着转子的旋转，$\overline{F}_f$ 逐渐靠拢 $\overline{F}_a$，其夹角减少，产生的电磁转矩随之减小。但若适时地导通其他位置的可控晶闸管，比如当磁极磁动势 $\overline{F}_f$ 逆时针转过 120°电角度后，将 B 相正侧和 C 相负侧晶闸管导通，如图 14-5(b)所示，可见,电枢磁动势 $\overline{F}_a$ 也逆时针转过 120°电角度。此时,电动机又呈最大转矩状态。同理,当磁极及磁动势 $\overline{F}_f$ 再转过 120°电角度后,又令 C 相的正侧及 A 相的负侧晶闸管导通,如图 14-5(c)所示,这样电枢磁动势 $\overline{F}_a$ 又转过 120°电角度,电动机又处于产生最大转矩状态。因此,只要根据磁极的不同位置,以恰当的顺序去导通和阻断各相出线端所连接的可控晶闸管,保持电枢磁动势始终领先磁极磁动势一定电角度的位置关系,便可创造出产生类似于直流电动机的电磁转矩的条件,使该电动机产生一定的电磁转矩而稳定运行。如前所述,跟踪转子位置按一定顺序适时导通各相可控晶闸管的任务,是由转子位置检测器及逆变触发电路来完成的。

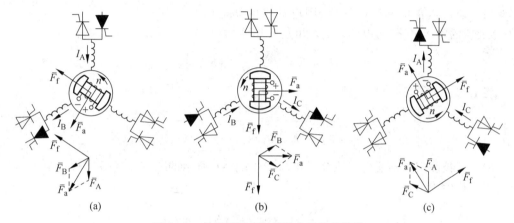

图 14-5 各相可控晶闸管依次导通的情况

以上便是无换向器电动机的工作原理。

14.1.3 转速方程式及调速方法

直流无换向器电动机的主电路如图 14-6 所示。

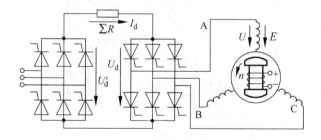

图 14-6 直流无换向器电动机的主电路

U'_d—可控晶闸管整流器输出电压平均值;U_d—逆变器直流输入电压的平均值;

I_d—逆变器直流输入电流的平均值;U—电动机相电压的有效值;

E—电动机每相电动势的有效值;$\sum R$—主电路总等值电阻,

包括晶闸管正向电压降的等值电阻、两相电枢绕组的电阻等。

根据"电力电子技术"原理可知,经逆变器换流后电动机所获得的端电压波形如图 14-7 所示。

逆变器直流输入电压的平均值为

$$U_d = \frac{3\sqrt{6}}{\pi} U \cos\left(\nu_0 - \frac{\mu}{2}\right) \cos\frac{\mu}{2} \qquad (14\text{-}1)$$

式中，ν_0 为换相超前角，是自然换流位置(图 14-7 中的 M 点)超前实际换流位置(图 14-7 中的 M' 点)的角度；μ 为换流重叠角。

电动机电枢绕组每相绕组反电动势的有效值为

$$E = 4.44 f N_1 K_{N1} \Phi = \sqrt{2}\,\pi\,\frac{pn}{60} N_1 K_{N1} \Phi$$

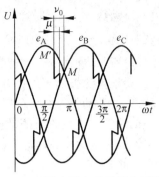

图 14-7 无换向器电动机端电压波形

若忽略电动机内部的漏阻抗压降，则电动机的端电压(及逆变器的输出电压)与电动机的反电动势相等，即

$$U = E = \sqrt{2}\,\pi\,\frac{pn}{60} N_1 K_{N1} \Phi$$

将上式代入式(14-1)，整理得

$$n = \frac{10 U_d}{\sqrt{3}\, p N_1 K_{N1} \Phi \cos\left(\nu_0 - \frac{\pi}{2}\right) \cos\frac{\mu}{2}} \qquad (14\text{-}2)$$

根据可控晶闸管整流电路原理可知，对于图 14-6 所示的三相全控桥式整流电路，其输出电压平均值为

$$U'_d = \frac{3\sqrt{6}}{\pi} U_2 \cos\alpha = 2.34 U_2 \cos\alpha \qquad (14\text{-}3)$$

式中，α 为可控晶闸管整流器的控制角；U_2 为三相交流相电压有效值。根据主电路的回路电压平衡，有

$$U'_d = U_d + I_d \sum R = 2.34 U_2 \cos\alpha$$

即

$$U_d = 2.34 U_2 \cos\alpha - I_d \sum R \qquad (14\text{-}4)$$

将上式代入式(14-2)，得

$$n = \frac{2.34 U_2 \cos\alpha - I_d \sum R}{\left[\dfrac{\sqrt{3}}{10} p N_1 K_{N1} \cos\left(\nu_0 - \dfrac{\pi}{2}\right) \cos\dfrac{\mu}{2}\right] \Phi}$$

$$= \frac{2.34 U_2 \cos\alpha - I_d \sum R}{K_E \Phi \cos\left(\nu_0 - \dfrac{\pi}{2}\right) \cos\dfrac{\mu}{2}} \qquad (14\text{-}5)$$

式中，$K_E = \dfrac{\sqrt{3}}{10} p N_1 K_{N1}$，为电动势常数。

式(14-5)便是无换向器电动机的转速方程式。它与直流电动机的转速方程式 $n = \dfrac{U - I_a R_a}{C_0 \Phi}$ 极为相似，可见无换向器电动机具有与直流电动机类似的转速性能。

根据式(14-5)可知，无换向器电动机具有与直流电动机类似的两种调速方法：

(1) 改变直流电压 U_d。在可控晶闸管整流器输入为交流的情况下，可通过改变控制角

α 来实现。该类方法类似于直流电动机改变电枢电压调速的方法。

（2）改变磁通 Φ 调速，这与直流电动机改变磁通的调速方法一致。

当然，除此之外，此种电动机还有一种调速方法，即改变换流超前角 ν_0，或改变转速 n。不过，这种方法实际运用比较少。

14.1.4　机械特性及调速性能

无换向器电动机的平均电磁转矩 T，可由输入电磁功率 P_d 及转子的角速度 Ω 通过下式求出：

$$T = \frac{P_\mathrm{d}}{\Omega} = \frac{U_\mathrm{d} I_\mathrm{d}}{\dfrac{2\pi n}{60}} = \frac{30 U_\mathrm{d} I_\mathrm{d}}{\pi n} \tag{14-6}$$

由式（14-2）得

$$U_\mathrm{d} = \frac{\sqrt{3}}{10} p N_1 K_{\mathrm{N}1} \Phi n \cos\left(\nu_0 - \frac{\pi}{2}\right) \cos\frac{\mu}{2}$$

将上式代入式（14-6），得

$$\begin{aligned}
T &= \frac{\dfrac{\sqrt{3}}{10} p N_1 K_{\mathrm{N}1} \Phi n \cos\left(\nu_0 - \dfrac{\pi}{2}\right) \cos\dfrac{\mu}{2}}{\pi n} \times 30 I_\mathrm{d} \\
&= \frac{3\sqrt{3}}{\pi} N_1 K_{\mathrm{N}1} p \Phi I_\mathrm{d} \cos\left(\nu_0 - \frac{\pi}{2}\right) \cos\frac{\mu}{2} \\
&= K_\mathrm{M} \Phi I_\mathrm{d} \cos\left(\nu_0 - \frac{\pi}{2}\right) \cos\frac{\mu}{2}
\end{aligned} \tag{14-7}$$

式中，$K_\mathrm{M} = \dfrac{3\sqrt{3}}{\pi} N_1 K_{\mathrm{N}1} p$，为转矩常数。

式（14-7）便是无换向器电动机的平均转矩公式。可见，其与直流电动机的转矩公式 $T = C_\mathrm{M} \Phi I$ 也十分相似。

将式（14-7）变换成

$$I_\mathrm{d} = \frac{T}{K_\mathrm{M} \Phi \cos\left(\nu_0 - \dfrac{\pi}{2}\right) \cos\dfrac{\mu}{2}}$$

代入式（14-5），得

$$n = \frac{2.34 U_2 \cos\alpha}{K_\mathrm{E} \Phi \cos\left(\nu_0 - \dfrac{\pi}{2}\right) \cos\dfrac{\mu}{2}} - \frac{\sum R}{K_\mathrm{E} K_\mathrm{M} \Phi^2 \cos^2\left(\nu_0 - \dfrac{\pi}{2}\right) \cos^2\dfrac{\mu}{2}} T$$

若考虑到 $U_\mathrm{d}' = 2.34 U_2 \cos\alpha$，则上式可写成

$$n = \frac{U_\mathrm{d}'}{K_\mathrm{E} \Phi \cos\left(\nu_0 - \dfrac{\pi}{2}\right) \cos\dfrac{\mu}{2}} - \frac{\sum R}{K_\mathrm{E} K_\mathrm{M} \Phi^2 \cos^2\left(\nu_0 - \dfrac{\pi}{2}\right) \cos^2\dfrac{\mu}{2}} T \tag{14-8}$$

式（14-8）便是无换向器电动机的机械特性方程式。其与直流电动机的机械特性方程式极为相似。

当保持励磁磁通 Φ 一定时(类似他励直流电动机的条件),在不同 U'_d 下的一组机械特性如图 14-8 所示。图中,曲线 1~曲线 4 分别对应 $U'_d=250\ \text{V},150\ \text{V},50\ \text{V},20\ \text{V}$。由图可见,其机械特性与他励直流电动机改变电枢电压的人为机械特性相似,为一组平行的直线,且特性较硬。

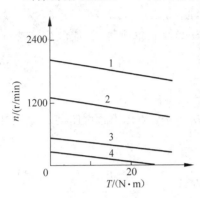

图 14-8 无换向器电动机改变电枢电压的人为机械特性

由图 14-8 可以看出,在 $U'_d=20\ \text{V}$ 时才有可能堵转。因此这种电动机有可能在很低的转速下稳定运行,从而有较宽的调速范围。一般无换向器电动机在开环控制情况下,调速范围可达 $10:1\sim20:1$。

无换向器电动机除了具有良好的调速性能外,还具有结构简单、维修方便、能在恶劣环境下工作,以及快速性能好等优点。特别是在任何速度下都能平滑地实现电动、回馈制动,以及可逆运转方式的无触点自动切换。

此外,其在电动机最大允许的正负转矩限制范围内,能进行稳定运转及急速的加减速控制。

总之,无换向器电动机是一种较为理想的新型电动机,在化纤、造纸、印刷、轧钢以及国防设备等部门有广泛的应用前景。

14.2 转子供电式三相并励交流换向器电动机

交流换向器电动机有多种形式,通常按以下方式分类:

$$
\text{交流换向器电动机}\begin{cases}\text{按供电方式分}\begin{cases}\text{转子供电式}\\\text{定子供电式}\end{cases}\\[2mm]\text{按供电相数分}\begin{cases}\text{三相}\\\text{单相}\end{cases}\\[2mm]\text{按励磁方式分}\begin{cases}\text{并励}\\\text{串励}\end{cases}\end{cases}
$$

在中小型特种电动机中,运用最广的是三相电源通过转子供电,且采用并励方式励磁的电动机。这种电动机即转子供电式三相并励换向器电动机。下面分析其工作原理。

14.2.1 运转原理

转子供电式三相并励交流换向器电动机的运行原理,建立在反装式三相绕线式异步电动机的运转原理基础之上。

通常,三相绕线式异步电动机从电网吸收电能的绕组(即原边绕组)在定子上,而感应滑差频率电动势的绕组(即副边绕组)在转子上。而反装式三相绕线式异步电动机则与此相反,其原边绕组在转子上,电能通过三相滑环和电刷引入;其副边绕组在定子上,即在定子绕组中感应滑差频率 sf_1 的电动势 $\dot{E}_{2s}$。

下面分析其原理。如图 14-9 所示,转子三相绕组采用

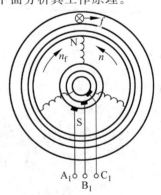

图 14-9 反装式绕线式异步电动机的工作原理

Y 接(也可 D 接),定子三相绕组按一定接线方式闭合(图中未画出,仅画其中一根导线以示原理)。当三相对称电网电压加在转子三相绕组上后,在电机原边绕组中就会有三相对称电流通过。因而,其在空间产生一旋转磁场。设电机为一对极,用一对凸极 N、S 表示,并设其以同步转速 n_1 沿顺时针方向旋转。此时,固定在定子上的副绕组边切割旋转磁场,产生切割电动势,其中某导线电动势方向如图所示。由于副边绕组是自行闭合的,因而在绕组中便有感应电流通过。该电流的有功分量与电动势方向相同,因而其电流方向也如图中箭头方向所示。根据毕奥-萨伐尔电磁力定律,该导线受到一向右的作用力 F_1。由于定子固定不动,根据作用力与反作用力原理,转子受到一向左的作用力 F_2。在该力偶作用下,转子便以转速 n 逆时针旋转起来,这便是反装式三相异步电动机的运行原理。

实际上,根据以往的异步电动机运转原理,既然转子旋转磁场 N 极顺时针旋转,那么,就有将该磁极下定子的导线带着向右旋转的趋势,但由于定子不能动,根据反作用力原理,只能是转子反方向即逆时针旋转。

由于转子旋转磁场以转速 n_1 相对转子本身顺时针旋转,而转子又以转速 n 反转,因此转子旋转磁场相对定子的转速为 n_1-n,故此时的定子绕组(即副边绕组)中感应电动势的频率 f_2 为

$$f_2 = \frac{p(n_1-n)}{60} = \frac{psn_1}{60} = s\frac{pn_1}{60} = sf_1$$

可见,定子边的频率即为转差频率。这与以往的三相异步电动机副边(即转子绕组)电动势频率是一致的,只不过在反装式异步电动机中副边为定子绕组而已。

转子供电式三相并励换向器电动机的运转原理就是建立在上述反装式三相异步电动机运转基础上的。

由于这种反装式异步电动机由转子馈电,因此该换向器电动机就称为"转子供电式"电动机,这便是该电动机名称中"转子供电式"的由来。

14.2.2　调速原理及转差电动势的引出

三相交流换向器电动机的调速原理建立在三相异步电动机的串级调速的基础上。

如前所述,三相异步电动机中,在副绕组回路中串入一个与其频率 $f_2(f_2=sf_1)$ 相同的三相对称附加电动势 $\dot{E}_f$,改变 $\dot{E}_f$ 的大小或使其相位相反,就可以调节电动机的转速。附加电动势 $\dot{E}_f$ 的引出有各种方法,最初串级调速的附加电动势由另一台电机提供,该电机可与原来电动机共轴,也可不共轴。这种由几台电机在电气方面串联起来以达到调速目的的方式称为串级调速。不过,随着电力电子技术的发展,串级调速可通过一套晶闸管线路来实现。具体说就是:先将异步电动机转子回路中转差频率的交流电流用晶闸管整流为直流;再经过晶闸管逆变器,将其逆变成交流,送回交流电网中。此时,逆变器的电压便相当于加到转子回路中的电动势。改变逆变器的逆变角,便可改变逆变器的电压,也即改变加于转子回路中的电动势,从而可以实现调速的目的。

在三相换向器电动机中,转差频率的附加电动势则是通过另一种方法来获得的。为了便于说明问题,先回顾一下直流发电机两电枢间电动势引出的情形。

图 14-10 所示为一直流发电机电刷两端获得一条支路的感应电动势。如前所述，该两电刷间引出的电动势为直流电动势。其实这一点并不难理解，这是由于由一对电刷引出其电动势的导体始终处于某一恒定磁极下（尽管组成该支路的导体本身在不断地轮换）。由于磁极极性恒定，所以其感应的电动势也就为直流了。

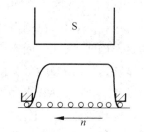

图 14-10　直流发电机两电刷间的电动势

该现象还可这样解释：由于在直流发电机中磁极与电刷之间没有相对运动，因此在特定的磁极下，一个支路中所有导体产生的感应电动势的大小和方向是不变的。那么，如果磁极与电刷之间有相对运动，情形又怎样呢？

图 14-11 所示为一两极二支路的直流发电机。现假设其磁极以某一速度（暂且令为 n_1-n）相对电刷运动。在图 14-11(a)所示的某一瞬间，由于电刷 1、2 间所引导体均处于同一磁极 S 极下，其感应电动势方向一致，大小应相加。因此，此时电刷 1、2 间引出的电动势最大。

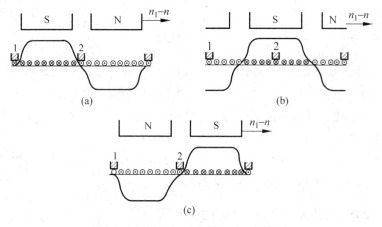

图 14-11　磁极相对电刷运动时的情形

当过了一瞬间，磁极在电刷间移过半个磁极时，如图 14-11(b)所示，此时电刷 1、2 间的导体一半电动势为进，一半电动势为出，其支路合成电动势为零，即两电刷间引出电动势为零。

当再过一瞬间，磁极在电刷间又移过半个磁极，如图 14-11(c)所示，此时电刷 1、2 之间的感应电动势又为最大，只不过方向与图 14-11(a)中正好相反。若将图 14-11(a)中的方向定为正，图 14-11(c)中的方向定为负，则图 14-11(a)中为正最大值，图 14-11(c)中为负最大值。

至此，磁极在一对电刷 1、2 之间移过了一个极面，即移过了一个极，感应电动势从正的最大变为负的最大。可以想象，当再移过一极后，电刷之间的感应电动势又回到正的最大值。也就是说，当磁极在一对电刷之间移过一对极后，感应电动势就交变一次。因此，电刷之间感应电动势的频率，就是每秒钟移过的极对数，即

$$f_f = \frac{p(n_1-n)}{60}$$

这就是三相异步电动机串级调速(也就是在三相交流换向器电动机)的副绕组中,所需要的附加电动势的频率。

转子供电式三相并励式交流换向器电动机的附加转差频率的引出,就是基于这个原理。

若在上述反装式三相异步电动机的转子上另装设一套附加直流绕组(该绕组与前述的直流电机绕组完全相同),电刷固定在定子上,如前所述,由于转子旋转磁场相对定子速度为 n_1-n,因此其相对于电刷的速度也即 n_1-n。该旋转磁场就相当于上述运动的磁极,因此在电刷间引出的电动势的频率即为上述的转差频率。其值为

$$f_2 = \frac{p(n_1-n)}{60} = s f_1$$

若将该具有转差频率的附加电动势引到定子(即副边)绕组中,如前所述,便可进行转速调节。

从图 14-11 中还可看出,改变两电刷间的距离,就改变了两电刷间所引出导线数,也就改变了所引出电动势的大小。因此,具体操作中若要改变引出感应电动势的大小,只需调节两电刷间的间隔即可。

14.2.3 基本结构及工作原理

如前所述,转子供电式三相并励交流换向器电动机的运转原理,是建立在反装式异步电动机运转原理基础之上的,附加电动势是靠装在转子上的直流绕组引出的。该电动势引出后串入定子边(即副边)绕组中,从而实现了串级调速。因此其基本结构就依以上原理的需要而确定了。如图 14-12 所示,定子上的副绕组Ⅱ是一种多相绕组(图中习惯上用三相表示,但实际上不是三相,不作星形或三角形连接)。各相彼此独立,每相两引出线分别接到换向器上的一对电刷,各相首端所接的电刷为一组(图中以 a、b、c 表示),末端为另一组(图中以 x、y、z 表示)。这两组电刷分别固定在两个转盘上,由一个可转动的手轮通过一套机械传动机构来控制这两个转盘。转动手轮,该两转盘连同各自的电刷组沿相反的方向转动。也可用电动机带动以实现遥控。转子上装有原绕组Ⅰ和附

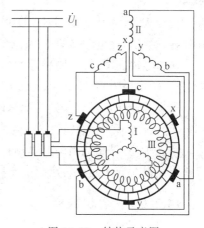

图 14-12 结构示意图

加绕组Ⅲ,它们嵌放在同一槽内。原绕组是普通三相绕组,可作星形或三角形连接,通过集电环和电刷对其供电。附加绕组和换向器连接,构成闭合直流绕组。

当转动两控制手轮时,三相电刷之间的间隔就一致变化:大则同时大,小则同时小,且间隔一样。如前所述,其间引出电动势也就相应一致变化。由于各相的对称性,因此下面仅以其中的一相为例说明其工作原理。

如图 14-13(a)所示,当定子每相的二电刷置于同一换相片上时,定子三相绕组各自短路,电刷间引出的附加电动势为零,这实际上就是反装式三相异步电动机的通常运行状态。此时若带额定负载,其转速 n 即为三相异步电动机的额定转速 n_e,n_e 略小于同步速 n_1。

当对称地拉开两电刷,并使两电刷间的一段附加绕组的中心与所接的定子二相绕组的

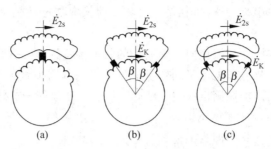

图 14-13　移动电刷实现转速调节

中性点在同一空间轴线上,如图 14-13(b)所示,此时定子绕组回路的总电动势 $\dot{E}_2 = \dot{E}_{2s} - \dot{E}_f = E_{2s} - E_f$ 变小了,定子电流 I_2 也随之变小,结果使电动机的电磁转矩 T 变小而转速 n 下降。随着转速 n 的下降,转差率变大。该过程一直进行到电磁转矩恢复到原来数值,而重新与负载制动转矩 $T_2 + T_0$ 相平衡为止。此时转速不再下降,电机在某一较低转速下稳定运行。每相的两电刷展开的角度 2β 越大,则 E_f 越大,转速就越低。由于手轮可平滑均匀地转动,故转速可方便地从 n_1 往下任意调节。

若将两电刷交叉展开一角度,如图 14-13(c)所示,此时,定子绕组回路的总电动势 $\dot{E}_2 = \dot{E}_{2s} + \dot{E}_f = E_{2s} + E_f$ 变大了。因此 I_2 随之变大,致使 $T > T_2 + T_0$ 而转速 n 上升。随着 n 的变大,转差率 s 变小,E_{2s} 变小,又使 I_2 重新变小,电磁转矩也随之变小。一直到 n 上升到某一数值,使电磁转矩 T 重新等于 $T_2 + T_0$ 时,又在新的运行点以较高的转速稳定运行。在这种情况下,二电刷展开的角度 2β 越大,E_f 越大,转速 n 越高。当 $n = n_1$ 达到同步转速时,转差率为零,$E_{2s} = 0$。此时定子电流 I_2 全部由 E_f 产生,并依然产生电磁转矩,电动机以同步转速稳定运行。如在此基础上再将电刷展开角加大,则 E_f 已足够大,因此仍然会使转子电流 I_2 和电磁转矩 T 回到原来的数值,使电动机在 $n > n_1$ 的情况下稳定运行。

综上所述,只要适当调节电刷在换向器上的位置,转子供电式三相并励交流换向器电动机便能实现在低于同步转速到高于同步转速的较宽的范围内平滑而经济地调速。

14.2.4　主要优缺点

转子供电式三相并励交流换向器电动机的主要优缺点如下:

(1)调速范围大,能实现平滑调速,操作简便。转子供电式三相并励交流换向器电动机的调速范围一般为 3∶1,最高转速约为 $1.5n_1$,最低转速约为 $0.5n_1$。最大调速范围可达 10∶1。

(2)功率因数较高。如前所述,该电动机采用的是三相异步电动机的串级调速方法,而在串级调速时,只要适当改变 $\dot{E}_f$ 的相位,便可改善运行时的功率因数。

(3)起动方便。三相异步电动机起动时需要一套起动设备,而这种电机起动时只要操作手轮,使两电刷处于两边对称分开的位置,这时由于串入的是反相附加电动势,致使副边合成电动势减少,起动电流减少。也可以说,该方法是在起动时串入了一个反相附加电动势限制了起动电流,而不像三相异步电动机那样起动时需另加起动设备。

(4)工作电压和电动机容量受到限制。由于这种电机采用转子馈式,整个电机的全部电能全经电刷和滑环从转子边输入,因此电压不能太高,一般在 500 V 以内。此外,该类电机与直流电机一样需要换向器,由于换向问题的存在,致使其容量不可以太大,一般在 20~30 kV·A 之间。

由于具有上述特点,转子供电式三相并励交流换向器电动机主要应用在纺织、造纸等工业部门。

14.3　电磁转差调速异步电动机

电磁转差调速电动机,主要由电磁转差离合器与鼠笼异步电动机及控制装置组成。电磁转差离合器是一种与机械离合器的结构、原理以及作用均不相同的离合器,该离合器主要由电枢与磁极两个旋转部分组成。电枢部分与三相异步电动机相连,为主动部分。磁极部分与被传动的负载相连,为从动部分,磁极上有励磁绕组,可由晶闸管控制装置供给直流电。改变该电流的大小,即可调节离合器的输出转速。

电磁转差离合器的结构多种多样,但基本原理相同。其结构示意图如图 14-14(a)所示,图中,电枢部分或为鼠笼绕组或为实心钢块。钢块可视为无穷多根并联的鼠笼条,钢块中的涡流视为鼠笼条中的电流。磁极上的励磁绕组固定在其转轴上,其引出线与滑环相连,通过不动的电刷与直流电源接通,以获得励磁电流。电枢与磁极间的气隙一般很小。

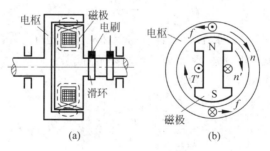

图 14-14　电磁转差离合器

异步电动机起动后,离合器的电枢部分随其转子以相同转速 n 顺时针旋转,如图 14-14(b)所示。当励磁绕组通过的励磁电流 $I_L=0$ 时,电枢与磁极间无磁的联系,则磁极与其连接的负载不动,负载相当于脱离。当 $I_L\neq0$ 时,则磁极与电枢之间就有了磁的联系。由于其间有相对运动,电枢上的鼠笼导条中便感应电动势并产生电流,电流的方向及载流导体在磁场中受力 f 的方向如图 14-14(b)所示。可见,电枢受到一逆时针方向的电磁转矩 T,T 与 n 反方向,呈阻转矩性质,与电动机输出转矩相平衡。与此同时,磁极则受到与电枢上大小相等、方向相反(即顺时针方向)的电磁转矩 T',在其作用下,磁极及负载顺时针方向旋转,转速为 n',此时负载相当于被"接合"。同理,若电动机逆时针方向旋转,通过离合器作用,负载也逆时针旋转,即二者转向总是一致的。且由于电磁转矩只有在电枢与磁极之间存在相对运动才出现,所以必然有 $n'<n$,因此称该离合器为"转差"离合器。

电磁转差离合器与异步电动机原理相似,机械特性也相似,但其理想空载转速为 n 而不是 n'。励磁电流 I_L 越大,磁场越强。若转速相同,则电磁转矩 T 越大;若转矩相同,则转速越高。其机械特性可用经验公式近似表示为

$$n' = n - k\frac{T^2}{I_L^4} \tag{14-9}$$

式中,n 为驱动电动机转速,即电磁转差离合器的电枢转速;k 为与离合器类型有关的系数。

根据式(14-9)绘制机械特性曲线图,如图 14-15 所示。图中,曲线 1~曲线 4 分别对应于励磁电流 I_{L1}、I_{L2}、I_{L3}、I_{L4},且 $I_{L1} > I_{L2} > I_{L3} > I_{L4}$。可见,对一定负载,改变 I_L,便可调节负载转速。

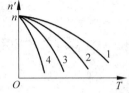

图 14-15　电磁转差离合器的机械特性

由图 14-15 可以看出,转差离合器的 I_L 越小性能越软,相对稳定性越差。由于其调速特性与改变异步电动机定子电压调速的特性是一样的,因此,其本身的调速范围是不大的(除非采用速度负反馈的闭环系统)。

离合器的允许输出,可按其在不同转速时具有相同的转差功率(即内部损耗,它反映温升的高低)来分析,这样离合器的温升基本相同,均不会超过允许值。

离合器的转差功率 P_s 为输入功率 P_1 与 P_2 之差,即

$$P_s = P_1 - P_2 = \frac{Tn}{9550} - \frac{Tn'}{9550} = \frac{T(n-n')}{9550}$$

则有

$$T = \frac{9550 P_s}{n - n'} \tag{14-10}$$

由此可见,当转差率一定时,转差离合器的允许输出转矩 T 将随转速 n' 降低而减小,故该调速方法既不属于恒转矩调速,又不属于恒功率调速。

调速时离合器的效率为

$$\eta_2 = \frac{P_2}{P_1} = \frac{\dfrac{Tn'}{9550}}{\dfrac{Tn}{9550}} = \frac{n'}{n} = \frac{n(1-s)}{n} = 1-s \tag{14-11}$$

因此转差电动机总效率为

$$\eta = \eta_1 \eta_2 = \eta_1(1-s) \tag{14-12}$$

式中,η_1 为异步电动机的效率。

可见,转差离合器设备简单、运行可靠、控制方便,能平滑调速,但其机械特性较软、相对稳定性差、调速范围小、低速时效率低,因而较适于通风机及泵类负载的调速。

14.4　直线电机

传统的旋转电动机因可以将电能转换为作旋转运动的机械能而被广泛应用。但在生产实际中还有相当多的地方需要直线运动,比如行车、传送带及电气牵引机车等。在这些场合若使用传统旋转电动机,则往往要通过联动装置等转换机构将旋转运动转变为直线运动,这就增加了设备成本,也使系统过于复杂。因此人们纷纷寻求能将电能直接转换成作直线运动的机械能的电动机,于是直线电动机便应运而生。

直线电机特别适用于调速或超高速运输,这是因为这时电气车辆与地面的驱动是通过

空气隙来传递的,并不经过机械接触,因而不产生机械摩擦损耗。此外,设计时不受离心力或转子直径的限制,不存在转子发热的问题等。

14.4.1　直线电机的类型

按运行原理来分,直线电动机可分为以下三种:

(1) 直线异步电动机;

(2) 直线同步电动机;

(3) 直线直流电动机。

若按结构形式来分,可分为以下三种:

(1) 扁平型;

(2) 管型;

(3) 圆盘型。

目前运用最广泛、最具有代表性的是扁平型的直线异步电动机,因此本节将主要讨论这种直线电动机。

14.4.2　扁平型的直线异步电动机的结构特点

这种直线电动机是由普通鼠笼型异步电动机演变而来的。设想如图 14-16(a)所示的普通鼠笼型异步电动机,沿径向将它剖开,并将电机的圆周展成直线,如图 14-16(b)所示,这就是由旋转电机演变而来的最原始的扁平型异步电动机。由定子演变而来的一侧称为初级或原边,由转子演变而来的一侧叫次级或副边。

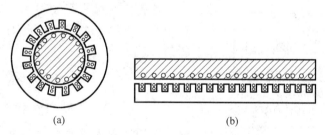

(a)　　　　　　　　(b)

图 14-16　由旋转电机演变为直线电动机

直线电机的运行方式不限于初级固定,次级运动。当初级固定而次级运动时,称为动次级,反之称为动初级。为了与旋转电机区别,通常将直线电动机中运动的一方称为“滑子”,另一方称为“定子”。

在如图 14-16(b)所示的直线电动机的雏形中,其初级和次级长度相等,但这在实际应用中是行不通的。这是因为初级与次级之间要沿直线方向作相对运动,假使开始运动时初、次级如图 14-16(b)那样长短相等,正好对齐,那么在运动过程中,初、次级之间互相耦合的部分将越来越少,无法正常运行。因此,在实际应用中必须将初、次级做成长短不等,且使长的那一段有足够的长度,以保证在所需行程范围之内初、次级间保持不变的耦合。

在实际制造时,既可做成短初级(即次级长,初级短),也可做成短次级(即次级短,初级长),分别如图 14-17(a)、(b)所示。但由于短初级的制造成本和运行费用均比短次级的低得多,因此一般常用短初级,只是在特殊情况下才采用短次级。

如图 14-17 所示的直线电动机仅在次级的一侧具有初级,这种结构称为单边型。单边型的直线电动机,初、次级之间存在着很大的法向磁拉力,这是大多数情况下所不希望的。因此,通常在次级的两侧均装有初级,如图 14-18 所示,这种结构称为双边型。这样其两边的法向磁拉力相互抵消,在次级上受到的合力为零。

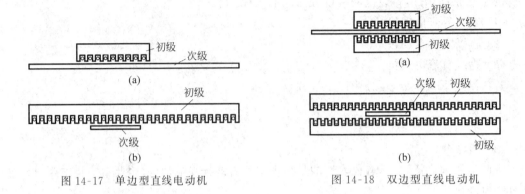

图 14-17 单边型直线电动机　　　　　图 14-18 双边型直线电动机

14.4.3 直线异步电动机的工作原理

直线异步电动机的工作原理如图 14-19 所示,图中,1 为直线异步电动机的定子,2 为滑子。当定子中的初级三相绕组中通入对称三相交流电流时,与传统的旋转异步电动机一样,该电动机也产生一个气隙磁场,如图 14-19 中的 3 所示。不过此处气隙磁场不再是绕圆周旋转的,而是沿图 14-19 所示的 A→B→C 相序方向直线运动。这种磁场称为行波磁场。显然,行波磁场的直线移动速度与旋转磁场在定子内圆表面上的线速度是一样的,即

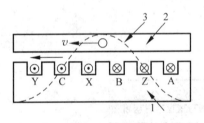

图 14-19 直线异步电动机的工作原理

$$v_1 = \frac{D_a}{2} \times \frac{2\pi n_1}{60} = \frac{D_a}{2} \times \frac{2\pi}{60} \times \frac{60 f_1}{p}$$
$$= 2\tau f_1 \tag{14-13}$$

行波磁场切割次级导条,在其中产生感应电动势及电流。根据电磁力定律,所有导条中的电流与气隙中行波磁场相互作用,便产生电磁力。在旋转异步电动机中,该电磁力形成电磁转矩。而在直线异步电动机中,正是在该电磁力作用下,次级随行波磁场而直线移动。设次级线速度为 v,则转差率 s 为

$$s = \frac{v_1 - v}{v_1} \tag{14-14}$$

可见,直线异步电动机与旋转异步电动机在原理上并无本质区别,只是所得到的机械运动方程式不同而已。但是,它们在电磁现象上却存在很大的差别,主要表现在以下几方面。

(1) 旋转电动机定子三相绕组是对称的,因此若所施三相电压是对称的,则三相绕组中电流是对称的。但直线电动机的初级三相绕组在空间位置上是不对称的,位于边缘的线圈与位于中间的线圈相比,其电感值相差很大,也就是说三相绕组电抗是不等的。因此,即使三相电压对称,三相绕组电流也不对称。

(2) 旋转电机的气隙是圆形的,无头无尾,连续不断,不存在始端和末端。但直线电机

中定、转子之间的气隙是片断的,存在始端和末端。当滑子的一端进入或退出气隙时,都会在滑子导体中感生附加电流,这就是所谓的"边缘效应"。由于"边缘效应"的影响,直线异步电动机与旋转异步电动机在机理和特性上有较大区别。

（3）由于直线异步电动机定、转子之间在直线方向延续一定长度,且法向上的电磁力往往不均匀,因此在机械结构上往往将气隙做得很大,因而其功率因数比旋转电机还要低。

直线异步电动机的工作特性可根据计及边缘效应的等值电路（未计及边缘效应的等值电路与旋转电机的基本相同,但计算结果误差很大,没有多大实用价值）来计算,但其推导过程和计算涉及电磁物理理论,运算过程较为复杂,此处不再详细讨论。有兴趣的读者可参阅有关专著。

14.5　开关磁阻电动机

开关磁阻电动机简称 SR 电动机,是近几年发展起来的一种新型交流调速电动机。这种电机因具有调速性能好、结构简单、效率高、成本低等优点,已在迅速发展的调速电动机领域得到了广泛应用。

14.5.1　工作原理

图 14-20 所示为一台典型的四相开关磁阻电动机及其一相电路的原理图。其定子上有8 个极,每个极上绕有一个线圈,直径方向上相对的两个极上的线圈串联连接组成一相绕组。转子上沿圆周有 6 个均匀分布的转子磁极,磁极上没有线圈。定、转子之间有很小的气隙,图中 S_1、S_2 为电子开关,D_1、D_2 为二极管,E 为直流电源。

当一相绕组通电,例如当图 14-20 中定子 A 相磁极轴线 AA′ 与转子磁极轴线 11′ 不重合时,合上开关S_1、S_2,则 A 相绕组通电,B、C、D 三相绕组不通电（图中该三相未画出其绕组及相应的电源部分）。此时,电动机内建立起以 AA′ 为轴线的磁场,磁通经过定子轭、定子极、气隙、转子极、转子轭等处闭合。由于通

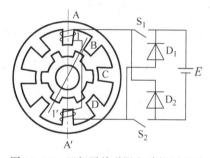

图 14-20　四相开关磁阻电动机原理图

电时定、转子磁极轴线不重合,因此此时通过气隙的磁力线是弯曲的。按照法拉第力管的观点,每根磁力线都可看作被拉长的橡皮筋,其有纵向收缩、横向扩张的趋势。因此,此时弯曲的磁力线纵向收缩而使被磁力线连着的定、转子沿磁力线方向互相吸引,因而产生切向磁拉力和电磁转矩,使转子逆时针转动,转子磁极 1 的轴线 11′ 向定子磁极轴线 AA′ 趋近。当11′ 与 AA′ 轴线重合时,转子达到稳定平衡位置,即 A 相定、转子极对极时,切向磁拉力消失,转子不再转动。

图 14-21(a)表示出了 A 相定、转子极对极时,电动机内各相定子磁极与转子磁极的相对位置。可以看出,此时 B 相定子磁极轴线 BB′ 与转子磁极轴线 22′ 的相对位置,正好与 A 相通电时相同。此时,打开 A 相开关 S_1、S_2,合上 B 相开关,即在 A 相断电的同时 B 相通电,建立起以 BB′ 为轴线的磁场,电动机内磁场沿顺时针方向转过 $\pi/4$ 空间角（若推广到一般情况,则为 π/N_s,其中 N_s 为定子磁极数）,此时,又出现类似 A 相通电时的情形。同理,

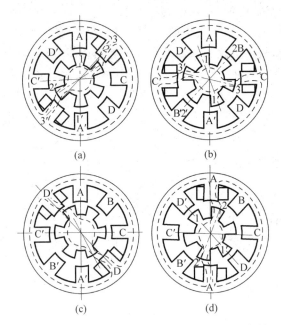

图 14-21　开关磁阻电动机各相顺序通电时的磁场情况

在 B 相绕组通电期间,转子又沿逆时针方向转过一个位置,使 22′ 与 BB′ 重合,如图 14-21(b)所示。与上类似,当 B 相断电时,给 C 相通电建立起以 CC′ 为轴线的磁场,磁场又顺时针转过 $\pi/4$,转子沿逆时针转动一位置,如图 14-21(c)所示。同理,C 相断电 D 相通电,情况又重复一次。最后,当 D 相断电时,电动机内定、转子磁极的相对位置如图 14-21(d)所示。这与图 14-20 所示的情况一样,只不过 A 相磁极相对的是转子磁极 2 而不是 1。这表明,定子绕组 A、B、C、D 四相轮流通电一次,转子逆时针转动了一个转子极距。在图示定子级数 $N_s = 8$,转子级数 $N_r = 6$ 的情况下,转子转动的极距 τ_r 为

$$\tau_r = \frac{2\pi}{N_r} = \frac{2\pi}{6} = \frac{\pi}{3}$$

定子磁极产生的磁场轴线顺时针转过的空间角度 θ_s 为

$$\theta_s = 4 \times \frac{2\pi}{N_s} = 4 \times \frac{2\pi}{8} = \pi$$

可见,只要连续不断地按 A→B→C→D 的顺序分别给定子各相绕组通电,电动机内的磁场轴线将沿 A→B→C→D 方向不断移动,转子沿 A→D′→C′→B′ 方向,即逆磁场轴线移动方向不断移动。

如果改变通电相序,即按 A→D→C→B→A 的相序轮流通电,则磁场沿 A→D′→C′→B′ 方向移动,而转子沿反方向即 A→B→C→D 方向旋转。这说明了转子转向唯一由定子通电顺序决定,而与通电相电流的方向无关。

14.5.2　驱动系统的构成及工作原理

开关磁阻电动机是典型的机电一体化驱动系统,该系统主要由四部分组成:开关磁阻电机(即 SRM)、功率转换器(亦称驱动电源、功率逆变器、逆变器)、控制器及检测器。整个

系统如图 14-22 所示。

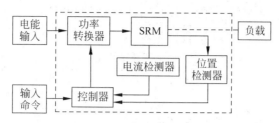

图 14-22　开关磁阻电动机驱动系统框图

1. 开关磁阻电机

开关磁阻电机是整个系统中的驱动元件,其担负着将电能转变为机械能,以带动负载的任务。如上所述,其结构和工作原理与传统的交、直流电动机有着本质的区别。其不像传统电机那样,依靠定、转子绕组电流产生磁场相互作用而形成转矩和转速,而是像磁阻式同步电动机和反应式步进电动机那样,遵循磁通力图沿磁阻最小路径闭合的原理,产生磁拉力形成转矩。而这种转矩属于磁阻性质的电磁转矩,因此,称其为磁阻电动机。为此,开关磁阻

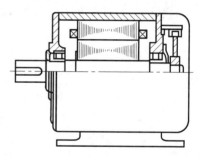

电动机在结构上的设计原则是转子旋转时磁路的磁阻变化要尽可能大,所以,其定、转子均采用凸极结构,且极数不等。其外形及尺寸与同容量的三相异步电动机相似,如图 14-23 所示。

开关磁阻电动机按相数分为单相、两相、三相、四相,以及多相等。按气隙方向分,有轴向式、径向式和径轴混合式三种结构。图 14-20 所示的开关磁阻电机便是径向式结构。在工业运用中,中小型驱动电动机多采用三相或四相径向式结构。

图 14-23　开关磁阻电动机结构图

2. 功率转换器

功率转换器是开关磁阻电动机运行时所需电能的提供者,也是连续工频交流电源和电动机绕组的开关部件,包括由整流器构成的直流电源和开关元件等。功率转换器的线路有多种形式,并且与开关磁阻电动机的相数、绕组形式(单绕组或双绕组)等有密切关系。如图 14-24 所示为一四相开关磁阻电动机驱动系统用的功率转换器示意图。图中,电源采用三相全波整流,$L_1 \sim L_4$ 分别表示开关磁阻电动机的四相绕组,$T_1 \sim T_4$ 分别表示与绕组相连的可控开关元件。

3. 控制器

控制器是开关磁阻系统的指挥中心,起决策和指挥作用。其首先综合位置检测器和电流检测器所提供的电动机转子位置、转速和电流等反馈信息,以及外部输入命令等信息;然后通过分析处理,确定控制策略,向系统的转换器发出一系列执行命令,进而控制磁阻电动机的运行。

控制器由具有较强信息处理的微机,或数字逻辑电路及接口电路等部分构成。微机信息处理功能大部分由软件完成,因此软件是控制器的一个重要组成部分。

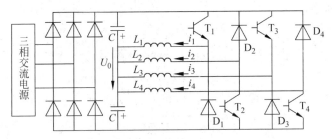

图 14-24 四相开关磁阻电动机功率转换示意图

4. 位置检测器

开关磁阻电动机系统中的位置检测器,与无换向器电动机的位置检测器一样,担负着提供转子位置及转速的任务。正是因为其能及时地提供定、转子极间相对位置的信号及转子运行时的转速信号,控制器才根据该信号,向功率转换器发出相应的导通相电流的指令,使电动机得以按一定转向稳定运行。

5. 系统工作原理

在如图 14-22 所示的驱动系统中,当控制器接收到位置检测器提供的电动机内各相定子磁极与转子磁极的相对位置信息时,立即进行判断处理,向功率转换器发出指令,以决定定子绕组中哪一相绕组励磁(比如 A 相),被励磁的相绕组(A 相)的开关即导通。此时,该相绕组中便有电流 i 流过因而产生磁通,产生磁拉力。由于磁拉力作用于转子,靠近定子励磁(A 相)的某对转子磁极就被吸引,使转子转动起来。当转子转到被吸引的转子磁极与定子励磁(A 相)磁极重合时(称为平衡位置),磁拉力消失。此时,控制器根据位置检测器的信息,在定、转子即将处于平衡位置时向功率转换器发出指令,断开该励磁(A 相)绕组的主开关元件。与此同时,控制器还会根据位置检测器提供的其他相定、转子磁极相对位置,以及电机运行转速等检测信号,在相应的时刻命令导通其他相绕组的主开关元件,使装置继续产生同方向的转矩,以保证转子连续不断在一定转速下运行。同时还可看出,改变切换各相通电的频率,便可改变电动机运行的速度。

14.5.3 开关磁阻电动机的基本特点

开关磁阻电动机是一种新型的调速电动机,其可看作是无换向器时代的一种发展。它同样由带位置闭环控制的自控变频器供电,同样保持了直流电动机优良的起动和调速性能。但无换向器电动机的转子有励磁,因此定子必须由逆变器供多相交流电;而开关磁阻电动机是磁阻式,转子无须励磁,这样不仅转子结构简单,而且定子绕组也只需脉冲供电。而这种脉冲供电仅由简单的开关电路便可实现,因而功率转换器的结构较之无换向器电机又大大简化。

此外,该电动机还有以下特点。

(1) 可控参数多、调速性能好。

开关磁阻电机调速方法有改变主开关开通角、改变主开关关断角、改变相电流幅值及改变直流电源电压等多种方法。因此开关磁阻电机可控参数多,且控制方便,可在四象限正、反转和制动运行,能按各种特定要求实现调节控制。

（2）结构简单、成本低廉。

双凸极磁阻电动机是结构最简单的电机，其转子无绕组，也不加永久磁铁，定子为集中绕组，比传统电机中结构最简单的异步电机还要简单，因此制造和维护方便，高速适应性也好。

此外，由于只需要单方向供电的开关电路作为功率变换器，因此主开关元件数也比常规的逆变器少，也不会发生一般逆变器的直通短路故障，简化了控制保护单元的要求。因此电子器件功率和控制元件少、成本低。

（3）损耗小、效率高。

首先，由于转子既无励磁绕组也无二次感应绕组，因此既无励磁损耗，也无转差损耗。其次，功率转换器主元件少，相应的损耗也少。此外，由于开关磁阻电动机可控参数多、控制灵活，因此易在很宽的转速范围内实现高效优化控制。

当然，该电动机也有缺点，主要是由于开关磁阻电动机由脉冲供电，电机气隙又小，因而有显著变化的径向磁拉力，会产生震动和噪声。

14.6　特种变压器的运行分析

14.6.1　三绕组变压器

电力系统中常常需要将三个电压等级不同的电网相互连接起来。为了经济起见，可采用三绕组变压器来实现。

1. 结构特点

三绕组变压器的结构和双绕组变压器相似，在每个铁芯柱上同心地排列三个绕组，即高压绕组 1、中压绕组 2 和低压绕组 3，如图 14-25 所示。

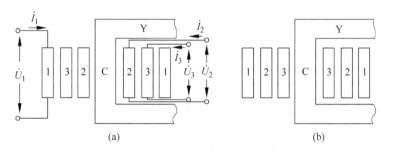

图 14-25　三绕组变压器绕组布置示意图

（a）升压变压器；（b）降压变压器

1—高压绕组；2—中压绕组；3—低压绕组

一般来说，相互间传递功率较多的绕组应当靠得近些。例如升压变压器，采用图 14-25（a）的方案比较合理。低压绕组放在中间，高压绕组放在外层，中压绕组放在里层。对于降压变压器，多半是从高压电网取得电功率，经三绕组变压器传送至中压和低压电网。最理想的方案应该是将高压绕组放在中间，但这将增加绝缘的困难。通常采用中压绕组放在中间、高压绕组放在外层、低压绕组放在里层的方案，如图 14-25（b）所示。

2. 电压方程式和等效电路

由于三绕组变压器有高压、中压和低压三个绕组,在磁路方面又相互耦合,在建立基本方程式时,不可能像双绕组变压器那样简单地使用漏磁通和互磁通的概念,必须用每一绕组的自感系数和各绕组间的互感系数作为基本参数。设绕组 1、2、3 分别有 N_1、N_2、N_3 匝,则各绕组间的变比分别为 $k_{12}=N_1/N_2$,$k_{13}=N_1/N_3$,$k_{23}=N_2/N_3$。令 L_1、L_2、L_3 分别为各绕组的自感系数;$M_{12}=M_{21}$ 为 1 与 2 绕组间的互感系数;$M_{13}=M_{31}$ 为 1 与 3 绕组间的互感系数;$M_{23}=M_{32}$ 为 2 与 3 绕组间的互感系数。参数折算采用与双绕组相同的方法,即

$$\begin{cases} \dot{U}'_2=k_{12}\dot{U}_2, \quad \dot{I}'_2=\dfrac{\dot{I}_2}{k_{12}}, \quad R'_2=k_{12}^2 R_2, \quad L'_2=k_{12}^2 L_2, \quad M'_{12}=M'_{21}=k_{12}M_{12} \\ \dot{U}'_3=k_{13}\dot{U}_3, \quad \dot{I}'_3=\dfrac{\dot{I}_3}{k_{13}}, \quad R'_3=k_{13}^2 R_3, \quad L'_3=k_{13}^2 L_3, \quad M'_{13}=M'_{31}=k_{13}M_{13} \\ M'_{23}=M'_{32}=k_{13}k_{23}M_{23} \end{cases} \tag{14-15}$$

电压、电流和电动势的正方向规定与双绕组变压器惯例一致。则当外施电压为正弦波且稳定运行时,电压方程式为

$$\begin{cases} \dot{U}_1=R_1\dot{I}_1+\mathrm{j}\omega L_1\dot{I}_1+\mathrm{j}\omega M'_{12}\dot{I}'_2+\mathrm{j}\omega M'_{13}\dot{I}'_3 \\ -\dot{U}'_2=R'_2\dot{I}'_2+\mathrm{j}\omega L'_2\dot{I}'_2+\mathrm{j}\omega M'_{21}\dot{I}_1+\mathrm{j}\omega M'_{23}\dot{I}_3 \\ -\dot{U}'_3=R'_3\dot{I}'_3+\mathrm{j}\omega L'_3\dot{I}'_3+\mathrm{j}\omega M'_{31}\dot{I}_1+\mathrm{j}\omega M'_{32}\dot{I}'_2 \end{cases} \tag{14-16}$$

与双绕组变压器一样,当一次侧电压不变时,主磁通大小可认为基本不变,上述方程中自感和互感都是常数。当忽略励磁电流时,三相绕组的电流关系满足

$$\dot{I}_1+\dot{I}'_2+\dot{I}'_3=0 \tag{14-17}$$

根据式(14-16)和式(14-17),可将三绕组变压器的电压方程改写为

$$\begin{cases} \dot{U}_1-(-\dot{U}'_2)=\dot{I}_1 Z_1-\dot{I}'_2 Z'_2 \\ \dot{U}_1-(-\dot{U}'_3)=\dot{I}_1 Z_1-\dot{I}'_3 Z'_3 \end{cases} \tag{14-18}$$

式中

$$Z_1=R_1+\mathrm{j}X_1, \quad X_1=\omega(L_1-M'_{12}-M'_{13}+M'_{23})$$
$$Z'_2=R'_2+\mathrm{j}X'_2, \quad X'_2=\omega(L'_2-M'_{12}-M'_{23}+M'_{13})$$
$$Z'_3=R'_3+\mathrm{j}X'_3, \quad X'_3=\omega(L'_3-M'_{13}-M'_{23}+M'_{12})$$

X_1、X'_2、X'_3 并不表示各绕组的漏抗,而是各绕组的自感电抗以及各绕组的互感电抗的组合,将它们称为组合电抗。与之相应的 Z_1、Z'_2、Z'_3 不代表漏阻抗,将它们称为组合阻抗。

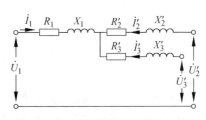

根据式(14-18),可作出三绕组变压器的等效电路如图 14-26 所示。

图 14-26 三绕组变压器等效电路图

3. 容量配合

绕组容量是指绕组通过功率的能力。对双绕组变压器而言,功率的传递只在一、二次绕组两侧进行,所以,一、二次绕组的额定容量设计成相等。变压器铭牌上所标定的额定容量,

即为一、二次绕组的额定容量。三绕组变压器有一个一次绕组和两个二次绕组。而两个二次绕组的负载分配并无必要固定不变。根据电力系统运行的实际情况,有时需向某二次绕组多输出些功率,而向另一个二次绕组少输出些功率。只要两个二次侧电流各自不超过额定值,两个二次侧电流归算至一次侧的相量和的值不超过一次侧额定电流,各种运行的配合都是允许的。这也体现了三绕组变压器在电力系统中的灵活性。因此,三个绕组的额定容量可设计成相等,也可不等。为了使产品标准化,国家标准对高压、中压和低压各绕组的额定容量规定了几种配合,见表 14-1,供使用单位选择。

表 14-1　三绕组及自耦变压器的容量配合

绕　组			备　注
高压	中压	低压	
100％	100％	50％	以变压器额定容量为百分数
100％	50％	100％	
100％	100％	100％	

注:三绕组容量均为 100％的品种,仅供升压变压器使用。

在采用标幺值计算时,各绕组都必须用相同的容量基值,而三绕组变压器的各绕组额定容量可能不相等,故通常采用变压器高压绕组的额定容量作为各绕组的容量基值。电压基值仍为各绕组的额定电压,电流基值则由容量基值和电压基值计算而得,阻抗基值由电压基值和电流基值计算而得。

14.6.2　自耦变压器

迄今为止,所讨论的变压器都是由两个或两个以上的绕组组成的。这些绕组只有磁路上的耦合,而在电气上是相互绝缘的。如果将一台普通双绕组变压器的一次绕组和二次绕组串联连接便成为自耦变压器,如图 14-27 所示。这时,双绕组变压器的次绕组作为自耦变压器的串联绕组,一次绕组作为自耦变压器的公共绕组,为一、二次绕组所共有。公共绕组也是自耦变压器的低压绕组,串联绕组与公共绕组共同组成自耦变压器的高压绕组。

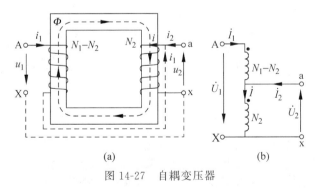

图 14-27　自耦变压器
(a) 双绕组变压器出线重接;(b) 自耦变压器示意图

1. 容量关系

普通双绕组变压器的一、二次绕组之间只有磁的联系而没有电的联系,功率的传递全靠电磁感应,因此变压器的标称容量(亦称铭牌容量)由绕组容量所决定。也就是说普通双绕组变压器铭牌上所标称的额定容量就是绕组的额定容量。双绕组变压器的一、二次绕组额定电压、额定电流和匝数分别为 U_{1N}、U_{2N},I_{1N}、I_{2N} 和 N_1、N_2,变压器的额定容量为 $S_N = U_{1N}I_{1N} = U_{2N}I_{2N}$,变比 $k = N_1/N_2$。

自耦变压器则不同,一、二次绕组间除磁的联系外还有电的联系。从一次绕组到二次绕组的功率传递,一部分通过绕组间的电磁感应,一部分直接传导。铭牌上所标注的额定容量为二者之和。

参看图 14-27,自耦变压器的一次绕组为 N_1 匝,二次绕组为 N_2 匝。定义其变比为 $k_A = N_1/N_2$,如略去绕组的阻抗压降和励磁电流,这时自耦变压器的输入和输出端标称的额定容量分别为 $S_{1N} = U_{1N}I_{1N}$,$S_{2N} = U_{2N}I_{2N}$。

自耦变压器的电磁感应作用存在于高、低压绕组之间,根据磁势平衡关系和基尔霍夫电流定律,可得

$$\begin{cases} \dot{I}_1(N_1 - N_2) + \dot{I}N_2 = 0 \\ \dot{I} = \dot{I}_2 + \dot{I}_1 \end{cases} \tag{14-19}$$

经整理得

$$\begin{cases} \dot{I}_2 = -\dfrac{N_1}{N_2}\dot{I}_1 = -k_A\dot{I}_1 \\ \dot{I} = (1 - k_A)\dot{I}_1 = \left(1 - \dfrac{1}{k_A}\right)\dot{I}_2 \end{cases} \tag{14-20}$$

由式(14-20)可见,对于降压自耦变压器,由于 k_A 大于且接近于 1(一般不大于 2),$1 - k_A$ 为负数,$1 - 1/k_A$ 为正数,故 $\dot{I}$ 与 $\dot{I}_1$ 反相,与 $\dot{I}_2$ 同相。因此三者在数量关系上有

$$\begin{cases} I_2 = -k_A I_1 \\ I = (1 - k_A)I_1 = \left(1 - \dfrac{1}{k_A}\right)I_2 \end{cases} \tag{14-21}$$

由电磁感应定律,若忽略绕组漏阻抗压降,一、二次侧的电压关系为 $\dfrac{U_{1N}}{U_{2N}} = k_A$。

自耦变压器的容量为

$$S_{1N} = U_{1N}I_{1N} = k_A U_{2N}\frac{1}{k_A}I_{2N} = U_{2N}I_{2N} = S_{2N} = S_N \tag{14-22}$$

式(14-22)说明,自耦变压器和双绕组变压器一样,在忽略变压器内部损耗时,一、二次绕组容量相等。

串联绕组的额定容量为

$$\begin{aligned} S_{AaN} &= U_{AaN}I_{1N} = (U_{1N} - U_{2N})I_{1N} \\ &= \left(1 - \frac{1}{k_A}\right)U_{1N}I_{1N} = \left(1 - \frac{1}{k_A}\right)S_N \end{aligned} \tag{14-23}$$

公共绕组的额定容量为

$$\begin{aligned} S_{axN} &= U_{axN}I_{axN} = U_{2N}(I_{2N} - I_{1N}) \\ &= \left(1 - \frac{1}{k_A}\right)U_{2N}I_{2N} = \left(1 - \frac{1}{k_A}\right)S_N \end{aligned} \tag{14-24}$$

由此可看出,串联绕组和公共绕组的容量相等,只有铭牌上标称额定容量为 $1-1/k_A$,而双绕组变压器的额定容量等于绕组容量,因此,自耦变压器具有更小的绕组容量。自耦变压器的绕组容量又称计算容量,是变压器设计的主要依据,它决定了变压器的主要尺寸和材料消耗。相同额定容量的变压器,自耦变压器比双绕组变压器所消耗的材料少、成本低、效率高。

自耦变压器额定容量与绕组容量之差为

$$S' = S_N - \left(1 - \frac{1}{k_A}\right) S_N = U_{1N} I_{1N} \frac{1}{k_A} = U_{2N} I_{1N} \tag{14-25}$$

这部分容量称为传导容量,占标称额定容量的 $1/k_A$。

综上所述,自耦变压器容量分为两部分,一部分是绕组容量,由串联绕组和公共绕组通过电磁感应传递给负载;另一部分是传导容量,由一次侧电流直接传导给负载。变比 k_A 越接近于 1,绕组容量越小,自耦变压器的优点就越显著。

2. 自耦变压器的特点

自耦变压器的特点如下:

1) 节省材料。

变压器的重量和尺寸是由绕组容量决定的。与普通双绕组变压器相比,在相同的标称容量情况下,自耦变压器有较小的绕组容量,因而材料较省,尺寸较小,造价较低。其效益与 k_A 有关,k_A 越接近 1,经济效益越大。

2) 效率较高。

当绕组中的电流和电压一定时,则不论是双绕组变压器还是接成自耦变压器,两种情况下的铜耗和铁耗是相同的。但在计算效率时,由于自耦变压器有一部分是传导功率,其输出功率是双绕组变压器的 $k_A/(k_A-1)$ 倍,故效率较高,可达 99% 以上。

3) 需有可靠的保护措施。

由于自耦变压器一、二次绕组有电的联系,在故障情况下,可能使低压边产生过电压,危及用电设备安全。使用时须使中性点可靠接地,且一、二次绕组都应采取加强防雷保护措施。另外,由于自耦变压器具有较小的短路阻抗,故有较小的电压变化率。但当发生短路故障时,将有较大的短路电流,从而对断路器提出较高要求,这是不利的。

在现代高压电力系统中,常常采用自耦变压器将电压等级相差不大的输电线路连接起来。

改变自耦变压器公共绕组的匝数,就能平滑调节输出电压的大小。因此,在实验室中,常用自耦变压器作为可变电压电源。当异步电动机或同步电动机需降压起动时,也常用自耦变压器降压起动。

14.6.3　互感器

互感器是电气测量线路中的一种重要设备,分电压互感器和电流互感器两大类,它们的工作原理和变压器基本相同。使用互感器有三个目的:扩大常规仪表的量程;使测量回路与被测系统隔离,以保障工作人员和测试设备的安全;由互感器直接带动继电器线圈,为各类继电保护提供控制信号,也可经过整流变换成直流电压,为控制系统或微机控制系统提供控制信号。

　　互感器有各种规格,但测量系统使用的电压互感器,其二次额定电压都统一设计成100 V;电流互感器二次绕组额定电流都统一设计成5 A或1 A。也就是说,配合互感器所使用的仪表的量程,电压应该是100 V,电流应该是5 A或1 A。作为控制用途的互感器,通常由设计人员自行设计,没有统一的规格。

　　互感器的主要性能指标是测量精度,要求转换值与被测量值之间有良好的线性关系。因此,互感器的工作原理虽与普通变压器相同,但其在结构上有特殊的要求。以下将分别分析电压互感器和电流互感器的工作原理,提出提高精度的措施。

1. 电压互感器

　　图14-28(a)所示为电压互感器的接线图。高压绕组接到被测量系统的电压线路上,低压绕组接到测量仪表的电压线圈上。如果仪表的个数不止一个,则各仪表的电压线圈都应并联。

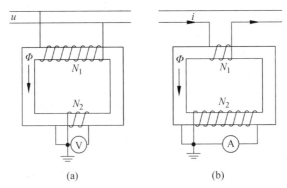

图14-28　电压、电流互感器接线图

(a) 电压互感器；(b) 电流互感器

　　先分析一种理想情况。当电压互感器空载运行时,且略去励磁电流和漏阻抗压降,则一、二次绕组电压与匝数成正比,即

$$U_2 = \frac{N_2}{N_1} \dot{U}_1 = \frac{1}{k} U_1$$

这是一种理想情况。实际情况是电压互感器的二次侧接有测量仪表,不是空载状态,而负载的大小又与所接仪表的数量有关,且电压互感器本身总还有励磁电流和漏阻抗压降存在。这时,$U_2 \neq \frac{1}{k} U_1$,出现变比误差,变比误差表示两者的代数差。此外,$\dot{U}_2$ 与 $\dot{U}_1$ 也不同相,出现相角误差,相角误差表示两者的相位差。根据变比误差的大小,国家标准对电压互感器规定了0.2、0.5、1.0、3.0四个标准等级。

　　为了使测量结果接近于理想情况,需采取如下措施:从使用角度看,要求所接测试仪表具有高阻抗,可使二次侧电流较小,接近于空载状态。电压互感器也规定有额定容量,但与一般电力变压器不同,它的额定容量不是按发热程度来规定的,而是为了满足测量精度,也就是说,电压互感器所能连接的仪表数量受额定容量的限制。如果超过额定容量,则过大的负载电流将引起较大的漏阻抗压降,$\dot{U}_2$ 将更加偏离 $\dot{U}_1$,也就不能保证测量精度。从制造角度看,必须设法减小互感器的励磁电流和漏阻抗。因此,铁芯通常采用铁耗较小的高级硅钢片制作;工作磁通密度要选择得低一些,一般为 0.6~0.8 T,磁路应处于不饱和状态;在加工时尽可能使磁路有较小的间隙;绕组的制作应尽量减小漏磁,并适当采用较粗的导线以减小电阻,使之有较小的漏阻抗。

以上分析了电压互感器的误差来源及减小其误差的措施,但也要注意到提高互感器精度将会增加其制造成本。

在使用电压互感器时应特别注意两点:二次绕组绝对不允许短路,因为短路电流将引起绕组发热,有可能破坏绕组绝缘电阻,导致高电压侵入低压回路,危及人身和设备安全;为保障人身安全,互感器铁芯和二次绕组的一端必须可靠接地。

2. 电流互感器

电流互感器的主要结构也与普通变压器相似。不同的是一次绕组匝数较少,一般只有一匝或几匝,而二次绕组的匝数较多。其接线如图 14-28(b)所示。一次绕组串联在被测线路中,二次绕组接至电流表,或功率表的电流线圈,或电度表的电流线圈。因为是测量电流,各测量仪表的电流线圈应串联连接。由于电流线圈的电阻值很小,电流互感器可视为处于短路运行状态。

先分析理想情况。如略去励磁电流,根据变压器的运行原理,应有

$$I_2 = \frac{N_1}{N_2} I_1 = k I_1$$

这是一种理想情况,而实际的电流互感器总存在着励磁电流和漏抗压降。$\dot{I}_1$ 中包含有励磁电流分量,因而 $I_2 \neq k I_1$,致使出现变压器变比误差和相位误差。变比误差表示为两者的代数差值,相位误差表示为 $\dot{I}_1$ 与 $\dot{I}_2$ 间的相位差。根据变比误差的大小,国家标准规定电流互感器分为 0.2、0.5、1.0、3.0 和 10.0 五个标准等级。

为了使测量接近于理想情况,需采取如下措施:从使用角度看,二次绕组所串联的仪表数量受到额定容量的限制,否则,随着测量仪表数量的增多,电流互感器的二次侧端电压将增大,不再是短路状态,一次绕组电压也增大,从而使励磁电流增大。由于 $\dot{I}_1$ 中实际上包含有励磁电流分量,将影响测量精度。从铁芯制造来看,由于励磁电流受负载电流变化的影响较电压互感器更为严重,磁通密度应取得更低些,通常选为 0.08~0.1 T,且制造时尽可能减小气隙。从绕组制造来看,应有较小的电阻和漏抗。

在使用电流互感器时应特别注意以下两点:

(1) 在运行过程中或带电切换仪表时,绝对不允许电流互感器的二次绕组开路。如果二次绕组开路,则流入电流互感器的一次侧电流将全部为励磁电流,使铁芯过饱和,铁耗将急剧增大,引起互感器严重发热。又因二次绕组匝数较多,所以二次绕组突然开路,在其中将感应较高的电压,对操作人员有极大危险。

(2) 为防止绝缘被击穿带来的不安全,电流互感器二次绕组的一端以及铁芯均应可靠接地。

小　　结

无换向器电动机具有调速性能良好、结构简单、维修方便、能在恶劣环境下工作及快速性能好等优点。特别是在任何速度下都能平滑地实现电动、回馈制动及可逆运转方式的无

触点自动切换。

转子供电式三相并励交流换向器电动机调速范围大,能实现平滑调速,操作简便,功率因数较高。该电动机采用的是三相异步电动机的串级调速方法,而在串级调速时,只要适当改变 $\dot{E}_\mathrm{f}$ 的相位,便可改善运行时的功率因数,起动方便。

转差离合器设备简单、运行可靠、控制方便,能平滑调速;但机械特性变软、相对稳定性差、自身的调速范围小、低速时效率低,较适于通风机及泵类负载的调速。

直线电动机是能将电能直接转换成直线运动的机械能的电动机,特别适用于调速或超高速运输。这是因为这时电气车辆与地面的驱动是通过空气隙来传递的,并不经过机械接触,因而不产生机械摩擦损耗。此外,设计时不受离心力或转子直径的限制,不存在转子发热的问题。

开关磁阻电动机是一种新型的调速电动机,其可看作是无换向器时代的一种发展。其由带位置闭环控制的自控变频器供电,保持了直流电动机优良的起动和调速性能。但由于无换向器电动机的转子有励磁,因此定子必须由逆变器供多相交流电。而开关磁阻电动机是磁阻式,转子无须励磁,这样不仅转子结构简单,而且定子绕组也只需脉冲供电,而这种脉冲供电仅由简单的开关电路便可实现,因而功率转换器的结构较之无换向器电机又大大简化。

自耦变压器一、二次绕组间不仅有磁的联系,还有电的联系。其功率的传递包括两部分,一是通过电磁感应关系传递的电磁功率,为 $\left(1-\dfrac{1}{k_\mathrm{A}}\right)S_\mathrm{N}$,二是直接传导的功率,为 $\left(\dfrac{1}{k_\mathrm{A}}\right)S_\mathrm{N}$。通过电磁作用传递的功率(又称计算功率)越小,其尺寸和损耗亦越小,自耦变压器的优点越突出。但由于短路阻抗标幺值较小,短路电流较大。

电压互感器和电流互感器的工作原理与变压器相同。在使用时都应将二次绕组的一端及铁芯接地。在一次绕组接电源时,电压互感器的二次绕组不允许短路,而电流互感器的二次绕组则绝对不允许开路。

习　　题

14-1　无换向器电动机的工作原理是建立在怎样的电磁关系基础上的?定子磁动势和转子磁动势的相对转速在什么条件下,电机才产生平均电磁转矩?

14-2　为什么说转子供电式三相并励交流换向器电机电刷端所引出的电动势的频率取决于磁场对电刷的相对速度?该类电机为什么可实现无级调速?

14-3　试说明电磁转差调速异步电动机的工作原理。

14-4　直线异步电动机与旋转异步电动机的主要区别是什么?与旋转异步电动机相比,直线异步电动机在电磁方面有什么特点?主要适用于哪些场合?

14-5　旋转式异步电动机的极数可为奇数吗?为什么?直线式异步电动机呢?为什么?

14-6　简述开关磁阻电动机的工作原理及整个驱动系统结构。它与无换向器电动机有什么异同？

14-7　三绕组变压器的等效电抗与双绕组变压器的漏电抗在概念上有什么不同？

14-8　自耦变压器的绕组容量为什么小于普通双绕组变压器的额定容量？一、二次侧的容量是如何传递的？

14-9　与普通变压器相比，自耦变压器有哪些优缺点？在电力系统中采用它有什么好处？

14-10　电压互感器和电流互感器的功能是什么？使用它们时要注意什么问题？

第15章

微电机

15.1 驱动微电机

15.1.1 单相异步电动机

单相异步电动机常常应用于没有三相电源,而用电设备容量又不大的场合。随着人民生活水平的日益提高,家用电器、医疗器械及小型电动机工具的日益增多,单相异步电动机得到越来越广泛的应用。

单相异步电动机一般容量不大,属于微型驱动电机,功率小到几十瓦,如小台扇、电唱机、录音机等,大到数百瓦、上千瓦,如电冰箱、洗衣机及空调机的压缩机等。

单相异步电动机的最大优点是供电灵活、使用方便,不需要三相动力电源。但是由于它由单相电源供电,不具有三相对称电源供电时电机内部产生圆形旋转磁场的优点,因而其效率、功率因数及过载能力等都不及同容量的三相异步电动机。其单位容量的体积、用料及造价等都比三相电动机要高。比如,相同机座号的单相异步电动机的输出功率仅为三相电机的50%,功率因数低10%~20%,效率低2%~4%。可见,单相异步电动机的经济及技术指标都较三相电机要差。不过,由于单相异步电动机容量往往比较小,以上缺点并不十分突出。倒是它的用电灵活、小巧适用等优点使其在日常生活及医疗器械等方面大显身手。

1. 单相异步电动机的种类及主要结构

单相异步电动机主要分五种类型:

(1) 电容运行单相异步电动机;

(2) 电容起动单相异步电动机;

(3) 电容起动与运行单相异步电动机;

(4) 电阻起动单相异步电动机;

(5) 罩极起动单相异步电动机。

其中,前四种单相异步电动机在结构上与三相异步电动机没有多大差别,也分为定子、转子两大部分,其转子与三相电动机完全相同,也为鼠笼式。其定子结构也与三相电机相似,在定子铁芯内布有定子槽,所不同的是槽内嵌的是两套分布式交流绕组,而不是三相分布式交流绕组。该两套绕组的轴线在空间互差90°电角度,其中一套直接接到单相电源的绕组,称为主绕组,另一套称为副绕组或起动绕组。

罩极起动单相异步电动机的定子铁芯做成凸极式,定子绕组集中地套在磁极上。为了起动的需要在极靴的某一端套有短路环,转子也为鼠笼结构。

2. 单相异步电动机的工作原理

先讨论主绕组单独工作的情况。

在第 3 篇已分析得出,单相交流绕组通入单相交流电后在气隙中产生一单相脉振磁动势,该脉振磁动势又可分解为正负旋转磁动势,其基波表达式为

$$f_1 = F_{\phi 1} \cos \frac{\pi}{\tau} x \cos \omega t$$

$$= \frac{1}{2} F_{\phi 1} \cos \left(\frac{\pi}{\tau} x - \omega t \right) + \frac{1}{2} F_{\phi 1} \cos \left(\frac{\pi}{\tau} x + \omega t \right)$$

$$= F_+ \cos \left(\frac{\pi}{\tau} x - \omega t \right) + F_- \cos \left(\frac{\pi}{\tau} x + \omega t \right)$$

$$= F_+ + F_-$$

式中,F_+ 为单相绕组基波正序旋转磁动势幅值;F_- 为单相绕组基波负序旋转磁动势幅值。

可见,该两旋转磁动势幅值大小相等(均为单相脉振磁动势幅值 $F_{\phi 1}$ 的一半);转速也相等(均为 n_1),但其旋转方向相反。根据异步电机的工作原理可知,该两旋转磁动势分别在气隙中产生正负序电磁转矩,如图 15-1 所示。

对于某一转速 n(假定其方向与正序旋转磁场相同),相对正序旋转磁场而言,其转差为

$$s_+ = \frac{n_1 - n}{n_1}$$

与三相异步电动机的转差相同。

而对负序旋转磁场而言,由于转子转向与之相反,因此相对负序的转差为

$$s_- = \frac{n_1 - (-n)}{n_1} = \frac{2n_1 - (n_1 - n)}{n_1} = 2 - \frac{n_1 - n}{n_1} = 2 - s_+$$

其产生的转矩曲线 T_+ 与 T_- 分别如图 15-2 中的虚线所示,合成电磁转矩 $T = T_+ + T_-$,如图 15-2 中的实线所示。

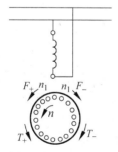

图 15-1　单相异步电动机主绕组通电时的
　　　　　磁场及电磁转矩

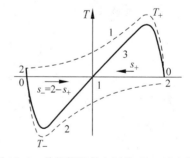

图 15-2　单相绕组供电时的 $T = f(s)$ 曲线

由此可见,单相交流绕组供电时所产生的电磁转矩有如下两个特征:

(1) 当 $n = 0$ 时(即起动时)$s_+ = s_- = 1$,合成转矩 $T = T_+ + T_- = 0$。可见,交流电动机单相运行时无起动转矩。

(2) 当电动机在某种外转矩的作用下起动后,正转时,正序转矩大于负序转矩;反转时,负序转矩大于正序转矩。即运转时,合成转矩不再为零。

所以,单相异步电动机能否运行取决于起动转矩,其转向也取决于起动时的旋转方向。

3. 单相异步电动机的起动方法

如前所述,单相异步电动机有运转转矩而无起动转矩,因此要使单相异步电动机运行,就要解决起动转矩的问题,而要有起动转矩,就必须变起动时的脉振磁动势为旋转磁动势。下面介绍几种起动方法。

1) 分相起动

所谓分相(也称裂相),就是单相电源分裂成在时间相位上相差一定电角度(最好是90°)的两相电流,并且在定子边增设一套与原定子绕组(称为工作绕组)相差 90°空间电角度的副绕组(单纯用于起动时称为起动绕组)。当该两相绕组通以上述两相电流时,起动时便产生一旋转磁场,因此也就解决了起动转矩的问题。

(1) 电容分相

所谓电容分相,就是在副绕组中串入一电容器,如图 15-3(a)所示。由于电容回路的电流在相位上可领先电压一定角度,而主绕组电流 I_m 必落后电压一定角度,只要主副绕组设计及电容器选用适当,就有可能使两绕组电流相差 90°,如图 15-3(b)所示。如果再使两绕组产生的磁动势大小相等,那么起动时便可合成一圆形旋转磁动势,产生较大的起动转矩。

图 15-3(a)中,K 为一离心式开关,起动时闭合。当起动到某一接近额定转速时便由于离心力的作用而断开,起动绕组被切除,单相异步电动机在主绕组单独产生的运转转矩作用下继续运行。

这种副绕组中串有电容器,且仅在起动时工作,而起动完毕后便被切除的电机称为电容起动单相异步电动机。显然,这种电动机适用于要求起动转矩较大的场合。

如果起动绕组回路中不装离心开关,即起动完毕后起动绕组并不被切除(当然,这种副绕组已设计为能长期接在电网工作的第二工作绕组,而不是起动绕组),则这种电动机称为电容运行单相异步电动机,如图 15-4 所示。

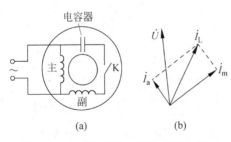

图 15-3 单相电容分相起动异步电动机

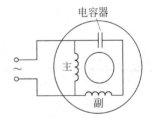

图 15-4 电容运行单相异步电动机

显然电容运行单相异步电动机运行时具有较好的圆形旋转磁场,因而其运行性能较好,表现为运行平稳、噪声小、过载能力强、功率因数高等。因此,容量较大的单相异步电动机多半采用这种电容运行单相异步电动机。

由于起动时所需电容器的电容值较大,而运行时所需的电容值小,为了兼顾起动和运行性能,在副绕组回路串两个并联电容器,如图 15-5 所示。起动完毕后,利用离心开关将多余的电容器切除。这种电动机称为电容起动与运转单相异步电动机。该电机适用于要求起动转矩大,运行性能较好的场合,如压气机、空气调节器等,其容量从几十瓦到几千瓦。

（2）电阻起动

若起动绕组回路中不是串入一电容器，而是阻值较大的电阻，这既可通过增大副绕组本身的电阻来达到，也可在副绕组回路中串入一电阻。图 15-6（a）便是副绕组中电阻相对较大，而主绕组中电抗相对较大的一种形式。这样该主绕组电流 $\dot{I}_m$ 较副绕组电流 $\dot{I}_a$ 落后电压 U 较大的相位角，如图 15-6（b）所示。由于 $\dot{I}_a$ 与 $\dot{I}_m$ 有一定的相位差，因而也能产生一定的起动转矩，这就是电阻起动单相异步电动机。

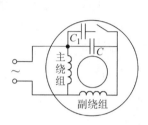

图 15-5　电容起动与运行单相异步电动机

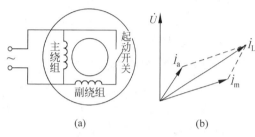

图 15-6　电阻起动单相异步电动机

由于该电动机的主副绕组电流相位差较小，更不可能达到 90°，因而起动时的磁场椭圆度较大，起动转矩较小。所以其只适用于容量较小而对起动要求不高的场合，如医疗器械等，容量从几十瓦到几百瓦。

2）罩极起动

罩极起动单相异步电动机简称罩极式异步电动机，其结构如图 15-7（a）所示。转子仍然是鼠笼结构，定子做成凸极式。在主磁极上装有集中的工作绕组，磁极的一角开有槽，槽内嵌有短路的铜环，该短路环将部分磁极面罩住，故称之为罩极式。

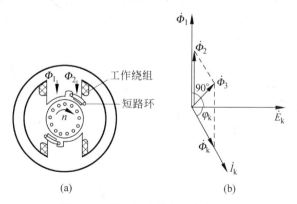

图 15-7　罩极起动单相异步电动机

当工作绕组接入单相交流电，便在电机内产生一脉振磁动势。该磁动势在磁极内产生的脉振磁通分两部分，一部分 Φ_1 不穿过短路环，另一部分 Φ_2 则穿过短路环，显然 Φ_1 与 Φ_2 在时间上是同相位的。但由于 Φ_2 随时间脉振变化，因而在短路环中感应电动势 $\dot{E}_k$ 并产生短路电流 $\dot{I}_k$。根据电磁感应定律，$\dot{E}_k$ 在时间相位上落后 $\dot{\Phi}_2$ 90°电角度。由于短路环电抗的作用,$\dot{I}_k$ 落后于 $\dot{E}_k$ 的电角度为 φ_k,忽略磁性材料的磁滞和涡流效应,$\dot{I}_k$ 产生的磁通 $\dot{\Phi}_k$ 应与之同相位,如图 15-7(b)所示。

根据叠加原理,被短路环罩住的磁极部分的实际磁通应为工作绕组提供的磁通 $\dot{\Phi}_2$ 及 $\dot{I}_k$ 产生的磁通 $\dot{\Phi}_k$ 之相量和,即 $\dot{\Phi}_2 + \dot{\Phi}_k = \dot{\Phi}_3$。显然,$\dot{\Phi}_3$ 在时间相位上落后通过未被短路环罩住之极面的磁通 $\dot{\Phi}_1$ 一时间电角度。实际上也可以说正是由于短路环的阻尼作用,使得通过被罩住的极面的磁通要比通过未罩住极面的磁通在时间上滞后一相位角。

由于两部分磁通在时间上相差一定电角度,该两部分磁通在空间位置上又相差一定电角度,因此便产生一个向一定方向移动的"扫动磁场"。实际上这便是一种近似的椭圆旋转磁场,因而在起动时便产生转矩。

由于"扫动磁场"与圆形旋转磁场一样,总是从领先相位磁通的位置扫向落后相位磁通的位置,而被罩住极面的磁通 $\dot{\Phi}_3$ 总是落后于未被罩住极面的磁通 $\dot{\Phi}_1$ 一相位角,因此"扫动磁场"的方向总是从未罩住的极面扫向被罩住的极面。所以这种结构的罩极电动机一旦制成,"扫动磁场"的方向就确定了,电动机的转向也就唯一确定,不可改变。

由于"扫动磁场"产生的电磁转矩较小,且有一定程度的脉动,因而运转不够平稳,噪声大,故只适用于容量很小、要求较低的场合。如小型电扇、电唱机和录音机等,其容量一般在 $30 \sim 40$ W 以下。

为了克服这种电机不可改变转向的缺点,不久前英国 Aberdeen 大学研制成了一种新型的双转向罩极异步电动机。其结构如图 15-8(a)所示,转子结构仍为鼠笼式,定子的凸极做成每一磁极均有一大一小两个极身,大极身为主极,无短路环,小极身为辅极,罩有短路环,主辅磁极均套有励磁绕组。当主辅磁极绕组按某一方式连接时,其极性如图 15-8(b)中的 I 所示,转向自左向右,其情形相当于 II 中所示的传统结构的罩极电动机。如欲改变电流方向,只需将辅助绕组的磁极线圈接头对调,使其电流方向改变。此时,各磁极的极性关系如 III 所示,相当于传统结构中的 IV 所表示的情况,显然这时已达到改变转向的目的。

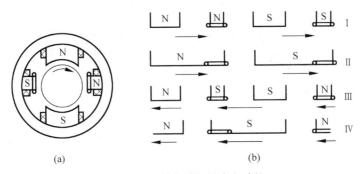

图 15-8　双转向罩极异步电动机

15.1.2　单相串励换向器电动机

如前所述,换向器电动机有多种形式,转子供电式三相并励交流换向器是常用的一种中小型特种电动机。本节介绍另一种属于微型驱动电动机的换向器电动机,其设计为单相交流供电,采用串励方式,故称为单相串励换向器电动机。这种电动机一般容量不大,大多在 1 kV 以内,主要应用在手电钻、小通风机及电动缝纫机等小型电动工具和吸尘器、电吹风及搅拌器等家用电器上。

　　单相串励换向器电动机的工作原理,与直流串励电动机的工作原理相仿。众所周知,串励直流电动机的转向取决于电磁转矩的方向。当单独对调励磁绕组两接头时,定子励磁方向改变,电磁转矩和电机转向随之改变;当单独对调电枢绕组两接头时,电枢电流方向改变,电磁转矩和电机转向也随之改变。但若对调电源的两接头,则励磁磁通和电枢电流方向同时改变,电机转向并不改变。这就是说,串励直流电动机的电磁转矩和旋转方向不随电源极性的改变而变化。设某一时间内电源极性及电流方向如图 15-9(a)所示,显然此时转子的电磁转矩方向为逆时针。当电源极性相反时,如图 15-9(b)所示,由于定子和转子绕组串联,主磁场和电枢电流的方向同时随电源极性而改变,转子上的电磁转矩仍为逆时针。因此,直流串励电动机在交流供电下,也可得到方向恒定不变的电磁转矩,带动负载运行,这便是单相串励电动机的基本工作原理。

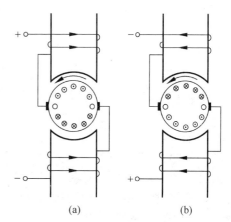

图 15-9　直流串励电动机不同极性电源
供电时的情况

(a) 正方向通电时; (b) 反方向通电时

　　尽管单相串励电动机的工作原理与直流串励电动机相同,但若将直流串励电动机直接接于单相交流电源,将会出现不少问题。因此,单相串励电动机在设计时应采取相应的措施:一方面由于主磁极磁通是交变的,因此若还像直流电机一样采用普通钢片,必然产生很大的铁损耗,使电机效率下降,温升过高。所以,单相串励电动机的主磁极及整个磁路都必须用硅钢片叠成。另一方面,由于励磁电流和电枢电流都是交变的,由此产生的交变磁场使电机中存在很大的电抗,从而使电动机的功率因数降低。为此,在交流串励电动机中励磁绕组的匝数应相应减少。但为了仍保持有适当的主磁通,应尽量采用较小气隙或采取其他措施,以减小磁路的磁阻。此外,由于交变的主磁极磁通与被电刷短路的换向元件相交链,因此,在换向元件中感应一个变压器电动势,这在直流电机中是没有的。所以,单相串励电机较直流串励电动机换向问题更为严重,应采取相应措施加以解决。但如前所述,由于属于驱动微电机范围的这种单相串励电动机一般功率较小,不可能为此增设补偿绕组和换向极,故一般采取增加槽数、采用短距元件及恰当选择换向器和电刷的材料等措施加以补救。

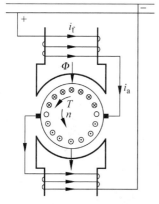

图 15-10　单相串励电动机原理图

　　与直流电动机一样,单相串励电动机也是在电刷处于几何中性线处时产生最大电磁转矩。小功率单相串励电动机都采用一对极,其电枢绕组都是一对并联支路。

　　当单相交流电通过励磁绕组时,便在电机内产生直轴脉振励磁磁场,当通有交流电的电枢绕组处于该脉振主磁场中时,就会受到电磁转矩的作用,如图 15-10 所示。

设主磁通和电枢电流正弦变化:

$$\Phi = \Phi_{\mathrm{m}} \sin \omega t$$

$$i_{\mathrm{a}} = I_{\mathrm{am}} \sin(\omega t + \theta) = \sqrt{2}\, I_{\mathrm{a}} \sin(\omega t + \theta)$$

式中,I_{a} 为电枢电流有效值;θ 为由于磁滞和涡流作用,主磁通滞后电枢电流的相位角。

电磁转矩的瞬时值为

$$T(t) = C_{\mathrm{m}} \Phi i_{\mathrm{a}} = C_{\mathrm{m}} \Phi_{\mathrm{m}} \sin \omega t \cdot \sqrt{2}\, I_{\mathrm{a}} \sin(\omega t + \theta)$$

$$= \frac{1}{\sqrt{2}} C_{\mathrm{m}} \Phi_{\mathrm{m}} I_{\mathrm{a}} \left[\cos \theta - \cos(2\omega t + \theta) \right]$$

式中,C_{m} 为电磁转矩计算常数。

图 15-11 所示为电枢电流 i_{a}、磁通 Φ 及电磁转矩 $T_{\mathrm{m}}(t)$ 随时间变化的曲线。由图可知,电磁转矩大小随时间而变化,且在大部分时间范围内转矩是正的,属驱动性质,电动机被加速;而在另一些极短的时间范围内,转矩是负的,属制动性质,电机被减速。若 $\theta = 0°$,电枢电流与主磁通 Φ 同相位,则电磁转矩都是正的交变量。众所周知,转矩的交变分量只会使电机产生振动和噪声,而电机的电磁转矩等于瞬时转矩在一周内的平均值。即

$$T = T_{\mathrm{av}} = \frac{2}{T_{\mathrm{m}}} \int_{0}^{\frac{T_{\mathrm{f}}}{2}} T(t)\,\mathrm{d}t$$

$$= \frac{\sqrt{2}}{T_{\mathrm{m}}} C_{\mathrm{m}} \Phi_{\mathrm{m}} I_{\mathrm{a}} \int_{0}^{\frac{T_{\mathrm{f}}}{2}} \left[\cos \theta - \cos(2\omega t + \theta) \right] \mathrm{d}t$$

$$= \frac{1}{\sqrt{2}} C_{\mathrm{m}} \Phi_{\mathrm{m}} I_{\mathrm{a}} \cos \theta$$

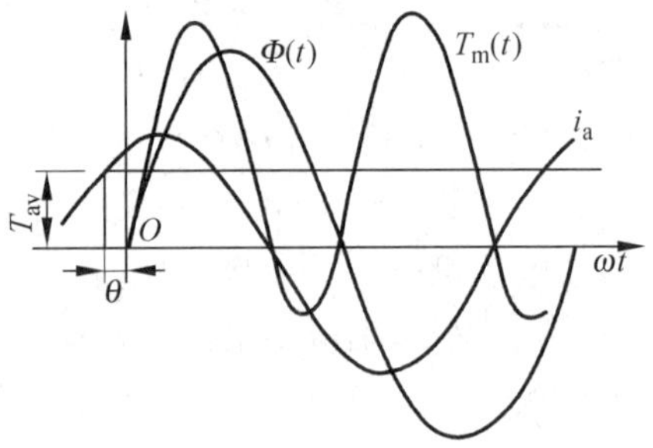

图 15-11　单相串励电动机的电磁转矩

式中,T_{f} 为电源交变周期,$T_{\mathrm{f}} = \dfrac{1}{f}$。

如前所述,为了改善换向问题,一般单相串励电动机均采用短距线圈,若考虑绕组的短距系数 k_{y},则

$$T = T_{\mathrm{av}} = \frac{1}{\sqrt{2}} C_{\mathrm{m}} k_{\mathrm{y}} \Phi_{\mathrm{m}} I_{\mathrm{a}} \cos \theta$$

由此可见:

(1) 串励电动机在直流电源下工作时,电磁转矩是恒定不变的,运行平稳;在交流电源下工作时,电磁转矩是交变的,运行不如直流电源驱动时平稳。

(2) 单相串励换向器电动机的平均电磁转矩与气隙磁通最大值 Φ_{m}、电枢电流 I_{a},以及它们之间的相位角 θ 的余弦成正比。由于铁磁材料的涡流和磁滞现象在交流励磁情况下总是存在的,$\cos \theta$ 不可能等于 1,因此,单相串励换向器电动机电磁转矩较直流串励电动机要小一些。

(3) 除了恒定的平均电磁转矩外,单相串励电动机还存在一个二倍频的脉振转矩。不过,由于电机转子的机械惯性和该脉振转矩数值较小,不会使电机的转速发生多大的变化,

但在电动机中会引起振动和噪声。相位差角 θ 越大,脉振转矩的幅值越大,产生的振动和噪声也越大。

15.1.3　磁阻式及磁滞式同步电动机

1. 磁阻式同步电动机

如前所述,同步电动机的电磁转矩 T 为

$$T = m\frac{E_0 U}{x_0 \Omega_0}\sin\theta + m\frac{U^2}{2\Omega_0}\left(\frac{1}{x_q} - \frac{1}{x_d}\right)\sin 2\theta = T' + T''$$

其中

$$T'' = m\frac{U^2}{2\Omega_0}\left(\frac{1}{x_q} - \frac{1}{x_d}\right)\sin 2\theta = m\frac{U_2}{2\Omega_0}\frac{x_d - x_q}{x_d x_q}\sin 2\theta$$

为同步电动机电磁转矩的附加分量,其不需要转子励磁。只有在凸极式同步电动机中 $x_d \neq x_q$, $T' \neq 0$,该电磁转矩分量才存在。实际上它是由于凸极式同步电动机的气隙磁阻不均匀,致使纵轴同步电抗 x_d 与横轴同步电抗不相等而造成的。因此,这部分转矩又称为磁阻转矩,应用该磁阻转矩制成的同步电动机称为磁阻式同步电动机。

磁阻式同步电动机不需要转子励磁,那么其转子磁场及由此产生的电磁转矩是如何产生的呢?

如图 15-12(a)所示,当对称三相交流电在同步电动机的定子电枢绕组流过时,便在气隙中产生一旋转磁场,以 n_1 表示。当定子磁极的磁通通过转子时,在磁通进入转子的一端便形成了转子的 S 极(因为磁通是进入转子磁极的),在磁通从转子出来的一端就形成了转子的 N 极(因为磁通是从转子的磁极发出来的)。也就是说,在磁阻式同步电动机中,尽管没有转子励磁,由于定子磁场的作用,转子上仍然存在着相应的磁极。只是由于这时定子磁极的轴线与转子磁极的轴线相重合,气隙磁场对称分布,功率角 $\theta = 0°$,故 $\sin 2\theta = 0$,致使磁阻转矩为零。或者说,此时的定转子磁场仅产生径向拉力而不产生切向拉力,故而不产生转矩。

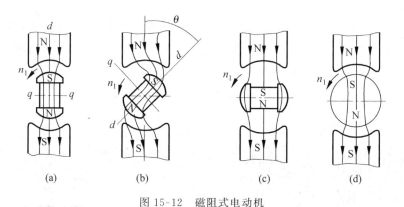

图 15-12　磁阻式电动机

以上讨论的是理想空载时的情况。当转子被加上机械负载后,由于转矩的不平衡,转子

出现瞬时减速,于是转子直轴便落后定子旋转磁场轴线一θ角,如图 15-12(b)所示。由于磁通总是走磁阻最小的路径,因此仍然在转子凸出的极面上形成转子磁极。由于直轴磁路的磁阻较交轴的小得多,故磁力线仍由极靴处进入转子,故以上转子轴上与定子磁场之间的夹角θ便是定子磁极之间的功率角。此时$\theta \neq 0°$,$\sin 2\theta \neq 0$,于是便出现了磁阻转矩。或者说,此时由于定转子磁极拉开了一个θ角,不仅存在径向力,还出现了切向力,正是由于这个切向力便产生了磁阻转矩。定转子磁极拉开一角度后出现电磁转矩的现象,还可以法拉第力管的观点来理解。按照法拉第力管的观点,每根磁力线都是被拉长的橡皮筋,其有纵向收缩、横向扩张的趋势。当$0° < \theta < 90°$时,磁场发生扭斜,而定转子之间的磁力线都有纵向收缩的趋势,因而被磁力线连着的定、转子沿着磁力线方向互相吸引,这样便会产生电磁力的电磁转矩。

但当θ角继续增大到 90°时,如图 15-12(c)所示,此时气隙磁场又是对称分布,$\sin 2\theta = 0$,不产生电磁转矩。

如果转子是圆柱形隐极结构[如图 15-12(d)所示],则此时气隙是均匀的,不管转子处于什么位置,转子被定子磁场磁化而产生的磁极总是正对定子异性磁极的。也就是说整个磁场总是对称分布的,不发生扭斜,定、转子磁极始终不会拉开角度,$\theta = 0°$,$\sin 2\theta = 0$,致使电磁转矩为零。这也可理解为由于$x_d = x_q$,纵轴与横轴磁路的磁阻相等,因而不产生磁阻转矩。这就是磁阻转矩仅存在于凸极结构的同步电动机中的原因。

实际上为产生磁阻转矩效应,并不一定要将转子做成如图 15-12(a)、(b)、(c)所示的结构。事实上,由于机械结构及强度上的原因,这种结构的x_d和x_q之差是不大的,工艺上往往采用钢片和非磁性材料(如铝、铜等)镶嵌而成的隐形磁极结构,如图 15-13 所示。图 15-13(a)为二极式结构,图 15-13(b)为四极式结构。定子通电产生磁场后,气隙磁场基本上只能沿钢片引导的方向进入转子直轴磁路,因而使磁场发生显著扭斜,其对应的电抗为直轴电抗x_d;而交轴磁路由于要多次跨入非磁性材料的区域,遇到的磁阻很大,所以对应的交轴电抗x_q很小。

这种隐形磁极结构的磁阻电动机,其转子中的铝或铜部分,在起动时便充当鼠笼结构的起动绕组用。

磁阻式同步电动机由于其转子无须电励磁,因而结构简单,多用于自动装置、电动仪表及摄影、录音和录像等设备中。由于纵横轴磁阻不均匀而造成的电磁转矩有限,因而一般这种电动机容量都不大,在几瓦到数百瓦之间。该电动机靠交流电网提供励磁而产生旋转磁场,因而功率因数较低。此外,其转速不易调节也是缺点之一。

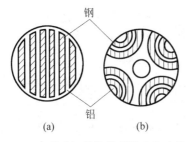

图 15-13 隐形磁极结构的磁阻式电动机转子

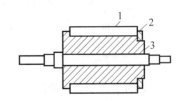

图 15-14 磁滞电动机的转子结构

2. 磁滞式同步电动机

磁滞式同步电动机简称磁滞电动机,其定子结构与磁阻式同步电动机基本相同。所不同的是其转子铁芯用硬磁材料制成,呈一圆柱体或圆环形,并装配在非磁性材料制成的套筒上,如图 15-14 所示。图中 1 为硬磁材料,其作用是形成转子磁极,产生磁滞转矩;2 为挡环,其作用是限制磁极位置,不让其脱出;3 是支撑磁极的非磁性套筒。如前所述,硬磁材料不同于一般的软磁材料,其具有比较"肥胖"的磁滞回线,剩磁 B_r 和矫顽磁力 H_c 都比较大。

从磁分子的观点来看,剩磁 B_r 和矫顽磁力 H_c 大,说明磁分子之间的摩擦力大。当对这种材料反复进行磁化时,磁分子不能跟上外磁场变化方向即时作相序排列,在时间上有一个较大的滞后,会产生较明显的磁滞现象。由这种材料做成的转子就会在旋转磁场的作用下产生较大的磁滞转矩。下面结合图 15-15 所示的原理图,分析磁滞转矩的产生过程。

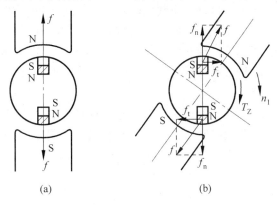

图 15-15　磁滞电动机的原理

图 15-15 中用一对显极表示旋转磁场,圆柱体表示硬磁材料制成的转子,其整个圆周上排列着无数磁分子,图中的两个小磁极即代表其中的两个。当该转子置于定子绕组所形成的旋转磁场中,且磁场以同步转速 n_1 旋转时,转子中所有磁分子将根据旋转磁场的极性进行相应的排列。当定子磁场与转子无相对运动时,转子磁分子处于定子磁场的恒定磁化下,转子磁分子排列方向便与定子磁场轴线的方向一致。如图 15-15(a)所示,此时旋转磁场与磁分子之间只有径向的吸引力 f,不产生转矩。当旋转磁场顺时针转过 θ 角时,转子中的磁分子因相互间有很大的摩擦力,而不能即时地随着旋转磁场同样转过 θ 角,在这个时间内基本还保持在原来位置上,即磁分子的转动要滞后旋转磁场一个 θ 角,这个 θ 角就是磁滞角。旋转磁场轴线与磁分子轴线间出现 θ 角以后,如图 15-15(b)所示,磁拉力 f 便出现径向和切向分量 f_n、f_t:

$$f_n = f\cos\theta$$
$$f_t = f\sin\theta$$

该切向分量 f_t 便形成磁滞转矩 T_Z,正是在这个磁滞转矩的作用下,转子便旋转起来。

这说明,磁滞转矩形成的原因是由于硬磁材料制成的转子在旋转磁场的旋转磁化下,磁分子轴线与旋转磁场轴线出现了磁滞角。如果转子与定子旋转磁场没有相对运动,则转子磁分子便会在定子磁场的反复旋转磁化下形成与定子磁场轴线方向一致或平行的排列,因而不出现磁滞角,也就不产生磁滞转矩。可见,磁滞转矩的形成条件是定子旋转磁场与转子有相对运动,即出现磁滞转矩时,转子转速应低于旋转磁场的同步转速,电动机处于异步状态。

然而,磁滞角的大小仅仅取决于硬磁材料的性质,而与转子异步运行的具体转速无关。也就是说,转子在不同转速的异步运行的旋转磁化下,磁滞始终是不变的,因而磁滞转矩也是不变的,与转子转速无关。而当转子转速达到同步转速,转子不再被旋转磁场旋转磁化,不再出现磁滞现象,因而也就不产生磁滞转矩了。磁滞转矩与转子转速之间的关系如图 15-16 所示。

可见,磁滞电动机能自行起动,且起动转矩较大。当磁滞电机借助于磁滞转矩起动后,便在该转矩作用下进入异步运行状态。只是由于磁滞电动机的转子为实心结构,在异步状态下运行会产生很大的磁滞和涡流损耗。因此,这种电机在异步状态下运行的情况是很少的。当负载转矩较小时,转子被磁滞转矩拖至接近同步转速时,旋转磁场与转子两者之间已差不多处于相对静止状态,此时转子被旋转磁场旋转磁化的进程十分缓慢,差不多已是恒定磁化了。由于转子由硬材料制成,具有永磁特性,因此便被磁化成一永磁转子。由于此时转子转速已接近同步转速,因此便很快被定子磁场牵入同步转速运行。此时,磁滞电动机实际上已是一台永磁同步电动机。

功率较小的磁滞电动机,定子可采用与罩极式单相异步电动机相同的罩极结构,转子则可由硬磁材料的薄片叠成,设计成使其直、交轴具有不同的磁阻。这样,运行时转矩既有磁滞转矩,又有磁阻转矩。其结构如图 15-17 所示,图中 1 为硬磁薄片组成的转子,2 为励磁线圈,3 为电机铁芯。

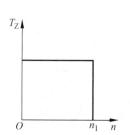

图 15-16　磁滞转矩与转子转速之间的关系

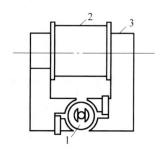

图 15-17　罩极磁滞电动机

15.2　控制微电机

15.2.1　概述

前面介绍的各类电机,包括变压器、直流电机、异步电机、同步电机、中小型特种电机及驱动微电机等,在电力拖动系统中主要作为供电电源或机械负载的动力源使用。但是,现代电力拖动系统正向自动化方向发展。在自动化的电力拖动系统中,仅有这些电源和机械动力的原动机远远不够,还必须有一些控制元件来转换和传递控制信号,这些控制元件主要是控制微电机。

1. 控制微电机的特点

控制微电机在整个系统中以实现自动控制为主要目的,即其主要作用是完成控制信号的传递或转换。其中有的是将电信号转换为机械动作,有的是将机械动作转换为电信号,有的传递电信号,有的传递机械动作。但不论是执行哪一种功能,它都是以传递或转换信号为目的。与此相反,前面几章介绍的各类功率电机,以传递或转换能量为主要目的,其有的将电能转变为机械能,以带动机械负载;有的将机械能转变为电能,以向电负载供电;有的则将电能从一个电网络传递给另一个电网络。尽管形式多种多样,但由于其都是以传递或转换能量为主要目的,因此人们所关心的也就是考核它的主要指标是它的能量转换或传递效率,即考核它在一定的功率输入下能输出多少能量。也就是说,对这类电机主要是考核它的力能指标,如效率、功率因数和转矩等。而控制微电机则不然,它与功率电机的功能不同,其考核指标自然也就不同。对控制微电机,人们所关心的是它传递或转换信号的准确性和精确度、它的反应灵敏度和运行的可靠性等。

这就是控制微电机与通常的功率电机的主要区别,也就是控制微电机的主要特点。除此之外,其运行基本原理与普通电机并无多大差别。

2. 控制微电机的种类

控制微电机的种类很多,除了自整角机、直流伺服电动机和测速发电机外,还有交流伺服电动机、交流测速发电机、旋转变压器步进电动机等。根据它们在自动控制系统中的作用,可将控制微电机分为以下两大类。

1) 执行元件

执行元件的功能是将电信号转换为转轴上的角位移、角速度、直线位移或线速度等,从而带动被控制对象运动。主要包括交流伺服电动机、直流伺服电动机和步进电动机等。

2) 信号元件

信号元件的功能是将机械转角、转角差或转速等机械量转换成电信号,或传递给下一个随动系统,一般在自动控制系统中作为敏感元件和校正元件等。主要包括交流测速发电机、直流测速发电机、自整角机和旋转变压器等。

3. 控制微电机的作用

控制微电机已经成为现代工业自动化系统、现代军事装备和其他科技领域中不可缺少的重要元件。其应用范围非常广泛,例如,火炮和雷达的自动定位、舰船方向舵的自动操纵、飞机的自动驾驶、遥远目标位置的显示、机床加工过程的自动控制和自动显示、阀门的遥控装置,以及机器人、电子计算机、自动记录仪表、医疗设备、录音录像设备中的自动控制系统等。

15.2.2　伺服电动机

伺服电动机又称为执行电动机。常用的伺服电动机有两大类,一类使用交流电源,称为交流伺服电动机;另一类使用直流电源,称为直流伺服电动机。直流伺服电动机的输出功率较大,有时可达数百瓦,故可直接带动较大的控制对象;交流伺服电动机的输出功率则较小。

1. 交流伺服电动机

1) 工作原理及结构特点

如图 15-18 所示,交流伺服电动机实际上就是一台单相分相式异步电动机。其工作原理和结构也与之相似。所不同的是,普通单相异步电动机工作绕组在伺服电动机中作励磁用,称为励磁绕组,接在单相交流电源上。而普通单相异步电动机的辅助绕组(即分相绕组或起动绕组)则在此接至控制信号输出端,即接收控制电压,称为控制绕组。

其转子与普通异步电动机一样,多为鼠笼绕组。但在某些对灵敏度要求较高的场合,也有将转子用铝做成杯子形状的,称为杯形转子。在分析这种转子的作用原理时,可将其看成具有无数根导条的鼠笼转子。

由于转子杯重量轻,这种杯形转子伺服电动机的特点是转动惯量小、起动迅速、反应灵敏、运行平稳。当然,如图 15-19 所示,由于这种结构出现了两道气隙,因此其气隙较普通鼠笼式的大,其励磁电流以及电机体积也随之增大。

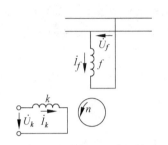

图 15-18 交流伺服电动机的原理

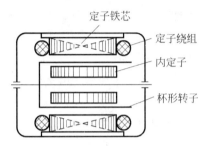

图 15-19 杯形转子交流伺服电动机

运行时,由于励磁绕组常接于交流电源,因此在电机内部总存在一单相脉振磁场。众所周知,单相脉振磁场是不产生起动转矩的。因此,在没有控制信号,即控制绕组中没有电流流过时,电机是不会旋转的。

但是,一旦控制绕组端出现电信号,也就是控制绕组中有控制电流流过时,就产生一与励磁磁动势在空间垂直的脉振磁动势。该两脉振磁动势合成,在空间形成按一定方向旋转的旋转磁场。此时电机的转子就随着该旋转磁场旋转起来,对伺服电动机来讲,也就做到了一有电信号就随之动作。

如果交流伺服电动机的参数与普通单相异步电动机的参数设计完全一致,根据图 15-20(a)所示的单相励磁绕组所产生的 T-s 曲线可知,此时电机正转时转矩为正,反转时转矩为负。这说明在单相绕组励磁下,一旦起动后总有驱动转矩存在。也就是说,一旦起动后,不管朝哪个方向转动,即使控制信号电压消失,伺服电动机的转子仍然会在该单相脉振磁动势作用下继续旋转,而不会停转。

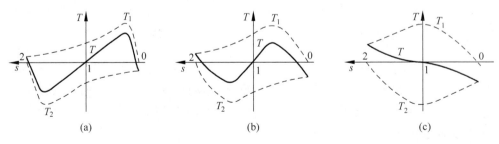

图 15-20 交流伺服电动机的自转现象及如何避免

交流伺服电动机的这种失控,即控制信号消失电动机仍自行旋转的现象,称为"自转"。这种自转现象的存在,对于伺服电动机是不允许的。因为它使这种执行元件不能做到"令行禁止",而产生误动作。

那么怎样才能避免这种现象呢?在分析异步电动机的机械特性时,已经判明异步电动机最大转矩所对应的临界转差率 s_{m1} 随转子电阻的增大而增大。若增大转子电阻,正序磁场所产生的最大转矩所对应的转差率 $s_{m2}=2-s_{m1}$ 则相应减小,即两转矩曲线相互靠拢,合成转矩随之减小,如图 15-20(b)所示。如果转子电阻足够大,使正序磁场产生的最大转矩所对应的转差率 $s_{m1} \geqslant 1$,电机的电磁转矩在正向旋转范围内便为负值,如图 15-20(c)所示。在这种情况下,控制电压消失后,处于单相运行状态下的电机由于电磁转矩的制动性质而迅速停转。因此,增大转子电阻是防止交流伺服电动机出现"自转"现象的有效措施。

如上所述,消除自转现象转子电阻应满足的临界条件是 $s_{m1}=1$,而根据异步电动机原理可知 $s_{m1} \approx \dfrac{r_2'}{x_1+x_2'}$,因此在设计时令 $\dfrac{r_2'}{x_1+x_2'} \geqslant 1$ 即可。

2) 控制方法

从以上分析可以看出,对交流伺服电动机执行动作的控制,主要靠控制绕组。控制绕组的磁动势的大小和相位决定着旋转磁场的大小和方向,也就决定着电动机的转速和转向。而控制绕组的磁动势,又取决于控制电压的大小和相位,因此交流伺服电动机的控制方法有以下三种。

(1) 幅值控制

所谓幅值控制,就是保持控制电压 U_k 的相位不变,仅仅改变其幅值来进行控制。

幅值控制的接线如图 15-21 所示。励磁绕组直接接于交流电源,其电压为额定电压 U_e。控制绕组所加的电压 U_k,通过移相器使其相位与励磁绕组电压相差 90°,其大小可通过调节变阻器 R 来改变。变阻器 R 两端的电压称为控制绕组的额定电压 U_{ke},控制电压 U_k 与 U_{ke} 的关系为

$$U_k = \alpha U_{ke}$$

式中,α 为有效信号系数,其范围为 $0 \leqslant \alpha \leqslant 1$。

当 $\alpha=1$ 时,控制电压等于额定电压,与励磁电压相等。若控制绕组与励磁绕组匝数相等,则控制绕组磁动势幅值与励磁绕组磁动势幅值相等。又由于两绕组电流在时间相位上相差 90°,绕组在空间位置上差 90° 电角度。因此,此时合成磁动势为圆形磁动势,产生电磁转矩最大。当 $\alpha=0$ 时,控制绕组磁动势为零,合成磁动势为一脉振磁动势,在第一象限内,不产生正向电磁转矩。当 $0 \leqslant \alpha \leqslant 1$ 时,其合成磁动势为椭圆,电磁转矩大小介于两者之间,且信号越大,电磁转矩越大。

采用与分析单相异步电动机两相绕组通电时相同的方法,便可得出交流伺服电动机的机械特性。所谓交流伺服电动机的机械特性,是指在控制信号一定时电磁转矩随转速变化的关系。不同的有效系数 α 时,交流伺服电动机幅值控制时的机械特性如图 15-22 所示。图中,电磁转矩和转速均采用标幺值。转矩的基值是 $\alpha=1$(这时电机磁动势为圆形磁动势)时电机的起动转矩,转速的基值是同步转速 n_1。从图 15-22 中可以看出,交流伺服电动机的机械特性并不是直线。

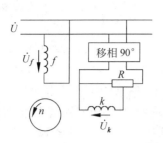

图 15-21 交流伺服电动机的幅值控制

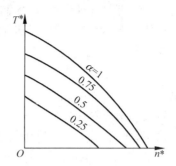

图 15-22 交流伺服电动机幅值控制时的机械特性

机械特性只能反映一定控制信号下转速与电磁转矩之间的关系,而对于控制微电机,往往更关注转速与控制信号之间的关系。为了更清楚地表示这一关系,引入另一特性——调节特性。所谓交流伺服电动机的调节特性是指输出转矩一定时,转速与控制信号变化之间的关系。这一关系可直接由其机械特性得出。交流伺服电动机幅值控制时的调节特性曲线如图 15-23 所示。从图中可以看出,当所带负载的转矩一定时,改变控制信号大小(也即改变有效信号系数 α)便可改变伺服电动机转速。此外,还可看出,交流伺服电动机幅值控制时的调节特性也不是直线,只是在转速的标幺值 n^* 较小时才近似为直线。为了尽量使其调节特性用在 n^* 较小区域,以减小伺服系统的动态误差,许多交流伺服电动机均采用频率为 400 Hz 的中频交流电源,以提高其同步转速 n_1,进而减小转速标幺值 n^*。

(2) 相位控制

所谓相位控制,就是保持控制电压 U_k 的幅值不变,仅仅改变其相位来进行控制。

相位控制的接线如图 15-24 所示,励磁绕组接在交流电源上,大小为额定电压;控制绕组所加信号电压的大小为额定值,但通过一移相器改变其相位,使其相位差为 β,$\beta = 0° \sim 90°$。通常 $\dot{U}_k$ 落后 $\dot{U}_f$,因此 $\sin\beta = 0 \sim 1$,$\sin\beta$ 称为相位控制的信号系数。

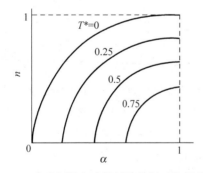

图 15-23 交流伺服电动机幅值控制时的调节特性

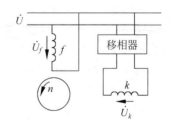

图 15-24 交流伺服电动机的相位控制

当 $\beta = 90°$,$\sin\beta = 1$ 时,控制绕组与励磁绕组磁动势大小相等,空间位置上差 90°,时间相位上也差 90°。因此合成磁动势为圆形磁动势,产生的电磁转矩最大。当 $\beta = 0°$,$\sin\beta = 0$ 时,控制绕组产生的磁动势在时间相位上与励磁绕组磁动势同相,电机合成磁动势为脉振磁动势,在第一象限内不产生正向转矩。当 $0° < \beta < 90°$,$0 < \sin\beta < 1$ 时,控制绕组产生的磁动势在时间相位上与励磁绕组磁动势相位差小于 90°。因此合成磁动势为椭圆磁动势,电磁

转矩大小介于两者之间，且 β 越大，电磁转矩越大。

采用与前面同样的分析方法，便可得交流伺服电动机相位控制时的机械特性和调节特性分别如图 15-25(a)、(b)所示。从调节特性上可以看出，改变控制电压相位角 β，在一定的输出转矩下便可改变伺服电动机的转速。

作为执行元件的伺服电动机，不仅应具有起动和停止的伺服性、转速大小的可控性，还应具有旋转方向的可控性。这一可控性可在相位控制时实现，此时，只要将控制电压 U_k 的相位改变 $180°$，则其磁动势由原来在时间上落后励磁磁动势 $90°$ 变为领先 $90°$。这样，合成的旋转磁动势的转向也就发生了变化，伺服电动机的转向也就随之改变。

（3）幅值-相位控制

交流伺服电动机幅值-相位控制时的接线如图 15-26 所示。励磁绕组串接一电容器后再接交流电源，控制绕组电压 $\dot{U}_k$ 与电源电压同频率、同相位，其幅值可通过变阻器 R 调节。

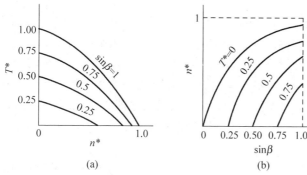

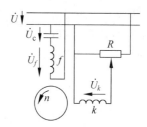

图 15-25　交流伺服电动机相位控制时的机械特性和调节特性
（a）机械特性；（b）调节特性

图 15-26　交流伺服电动机的幅值-相位控制

在励磁回路中，电源电压、励磁绕组电压及电容器两端电压的关系为

$$\dot{U}_f = \dot{U} - \dot{U}_C = \dot{U} + \mathrm{j}\dot{I}_f X_C$$

式中，X_C 为电容器的容抗。

以上电压方程式所对应的相量图如图 15-27 所示。当调节控制电压 $\dot{U}_k$ 的幅值来改变电动机的转速时，由于转子绕组的耦合作用，励磁绕组电流 $\dot{I}_f$ 也发生变化，以至于励磁绕组的电压 $\dot{U}_f$（及电容器电压 $\dot{U}_C$）也随之变化。这就是说，电压 $\dot{U}_k$ 与 $\dot{U}_f$ 的大小及它们之间的相位差角 β 也都随之变化，所以这是一种幅值和相位同时改变的复合控制方式，故称为幅值-相位控制。其机械特性和调节特性如图 15-28 所示。

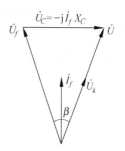

图 15-27　幅值-相位控制时的电压相量图

可以看出，幅值-相位控制的机械特性和调节特性的线性度，均不如幅值控制和相位控制的好。尽管如此，由于这种控制中仅用一分相电容器便可达到控制电压与励磁电压移相的目的，移相装置简单、成本低，所以是最常用的一种控制方式。

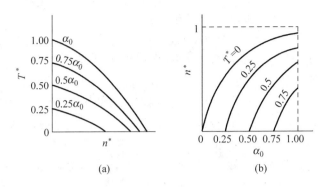

图 15-28　交流伺服电动机幅值-相位控制时的机械特性和调节特性

(a) 机械特性；(b) 调节特性

2. 直流伺服电动机

直流伺服电动机与小型的普通直流电动机在结构上基本相同,作用原理也完全相似。只不过由于直流伺服电动机功率不大,通常其磁极做成永磁的,以省去励磁绕组。即使是电励磁的,也均采用他励式。根据直流电动机的工作原理可知,只要直流伺服电动机的励磁绕组中有电流流过且产生磁通,当电枢绕组中有电流时,电枢电流与磁通相互作用便产生转矩使伺服电动机执行动作。若这两个绕组中有一个断电,电动机便立即停转,不会像交流伺服电动机那样存在"自转"现象。所以,直流伺服电动机是自动控制系统中一种很好的执行元件。

由直流电动机的调速原理可知,其速度调节有两种方式,即改变电枢电压和励磁电流。因此,直流伺服电动机控制方法也就有两种,一种是电枢控制,即将信号电压加在电枢上,改变电枢信号电压的大小(励磁电流不变),伺服电动机的转速就会随之变化;另一种是磁场控制,即将信号电压加在励磁绕组上,改变励磁绕组的信号电压(电枢电流不变),伺服电动机的转速也就随之变化。

由直流电动机的调速特性可知,改变电枢电压与改变励磁电流调速时其特性是不同的,所以直流伺服电动机可由励磁绕组励磁,用电枢来进行控制,或由电枢绕组励磁,用励磁绕组来进行控制。两种控制方式的特性有所不同,下面分别对这两种情况加以讨论。

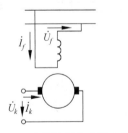

图 15-29　直流伺服电动机电枢
控制电路图

1) 电枢控制时的特性

电枢控制时,直流伺服电动机的线路如图 15-29 所示。此时由励磁绕组进行励磁,即将励磁绕组接于恒定电压为 U_f 的直流电源上,使其流过电流 I_f 产生磁通 Φ,电枢绕组上施加控制电压。

当直流伺服电动机的控制绕组接上控制电压后,电动机就转动。控制电压一消失,电动机就立即停转。

直流伺服电动机的机械特性与他励式直流电动机改变电枢电压的人为机械特性相似。只是此时习惯表示成 $T = f(n)$ 形式,且用标幺值表示,现推导如下:

根据直流电机的原理,若将机械特性写成 $T = f(n)$ 形式,其表达式应为

$$T = \frac{C_T \Phi U_k}{R_a} = \frac{C_T C_e \Phi^2}{R_a} n \tag{15-1}$$

式中，各量均与直流电动机中的相同，只是此时电枢电压为控制电压 U_k。

若忽略饱和，且不计电枢反应，可认为

$$\Phi \propto I_f \propto U_f$$

因此可写成

$$\Phi = C_\Phi U_f \tag{15-2}$$

式中，C_Φ 为励磁比例常数。此外，令控制电压 U_k 与励磁电压 U_f 之比为信号系数 α，即

$$\alpha = \frac{U_k}{U_f} \tag{15-3}$$

将式(15-2)及式(15-3)代入式(15-1)，得

$$T = \frac{C_T C_\Phi U_f^2}{R_a} \alpha - \frac{C_T C_e C_\Phi^2 U_f^2}{R_a} n \tag{15-4}$$

与交流伺服电动机一样，直流伺服电动机的机械特性常用标幺值的形式表示，其中电磁转矩的基值为控制电压等于励磁电压，转子不转(即 $n=0$, $\alpha=1$)时的转矩 T_b；转速的基值为控制电压等于励磁电压时的理想空载(即 $T=0$)转速 n_b。根据该两量的含义，其值可分别从式(15-4)中得出，即

$$T_b = \frac{C_T C_\Phi U_f^2}{R_a}$$

$$n_b = \frac{1}{C_e C_\Phi}$$

用以上两值作为基值的标幺值表示的机械特性为

$$T^* = \frac{T}{T_b} = \alpha - \frac{n}{n_b} = \alpha - n^* \tag{15-5}$$

若将式(15-5)变为

$$n^* = -T^* + \alpha$$

这便是调节特性的表达式。显然，以上两特性均为线性，且与电枢电阻无关。其特性曲线分别如图 15-30(a)、(b)所示。

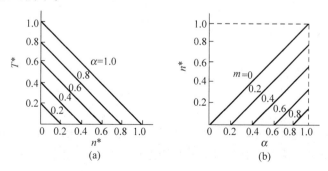

图 15-30　直流伺服电动机电枢控制时的机械特性和调节特性

(a) 机械特性；(b) 调节特性

2）磁场控制时的情况

直流伺服电动机磁场控制的线路图如图15-31所示。在这种控制方式中，电枢绕组作为励磁绕组，施加恒定的励磁电压 U_f；励磁绕组作为控制绕组，输入控制电压信号 U_k。

通过与电枢控制时同样的方法分析，得出用标幺值表示的机械特性和调节特性分别为

$$T^* = \frac{T}{T_b} = \alpha - \alpha^2 \frac{n}{n_b} = \alpha - \alpha^2 n^* \qquad (15\text{-}6)$$

$$n^* = \frac{-T^* + \alpha}{\alpha^2} \qquad (15\text{-}7)$$

图15-31　直流伺服电动机
磁场控制电路图

其所对应的机械特性和调节特性曲线分别如图15-32(a)、(b)所示。

从图中的特性曲线可以看出，尽管磁场控制时的直流伺服电动机的机械特性仍然是线性的，但它的调节特性已经是非线性了，而且在很大范围内并非单值函数，也就是说每个转速不止对应一个信号系数。这种特性对控制微电机来说是很不利的。

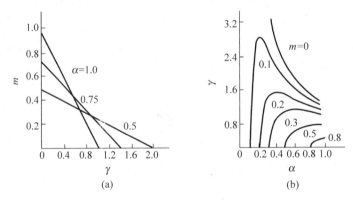

图15-32　直流伺服电动机磁场控制时的机械特性和调节特性
(a) 机械特性；(b) 调节特性

此外，磁场控制时由电枢绕组励磁，这样励磁电流大，励磁所消耗的功率大；而作为控制的励磁绕组电感大，时间常数大，因此控制时响应迟缓。所以，直流伺服电动机多采用电枢控制方式。

15.2.3　测速发电机

测速发电机是一种将运动速度转换成电信号（即输出电压）的信号元件。其为伺服系统中的基础元件之一，广泛应用于各种速度或位置控制系统中。如在自动控制系统中作为检测速度的元件，以调节电动机转速或通过反馈电压来提高系统稳定性和精度；在解算装置中，可作为微分、积分元件，也可作为加速或延迟信号之用。此外，还可用来测量各种机械在有限范围内的摆动或非常缓慢的转速，以及有限范围内往复直线运动的速度。另外，在很多场合还可代替测速计进行速度的直接测量。

测速发电机按原理可分为直流测速发电机和交流测速发电机两大类。

直流测速发电机按励磁方式分，有电磁式和永磁式两种。永磁式直流测速发电机结构

简单,且受温度变化影响较小;电磁式直流测速发电机的励磁磁通受环境等因素影响较大,其输出电压会随之改变。

交流测速发电机按工作原理分,有同步测速发电机、异步测速发电机,以及霍尔效应测速发电机三种。同步测速发电机因其输出电压频率随转速而变,一般不宜用于自动控制系统中,多用于转速的直接测量;异步测速发电机按结构又分为鼠笼转子异步测速发电机和空心杯转子异步测速发电机两种。鼠笼转子异步测速发电机因其输出特性的线性度较差,通常只用于精度要求不高的系统中。由于空心杯转子异步测速发电机具有噪声低、无干扰、结构简单、体积小、技术指标好等优点,因此得到广泛应用。本节仅就交流空心杯转子异步测速发电机以及直流测速发电机作简要的介绍和分析。

1. 交流空心杯转子异步测速发电机

1)基本结构

空心杯转子异步测速发电机的结构如图 15-33 所示。图中 1 为空心杯转子,用电阻率较大的磷青铜制成,属非磁性材料。2 为外定子,在定子铁芯中有两相在空间相互垂直的分布绕组。其中一相为励磁绕组,另一相为输出绕组。3 为内定子,它位于杯形转子内部,用硅钢片叠成,其目的是为了减小主磁路的磁阻。4 和 5 分别为机座和端盖。

2)工作原理

空心杯转子异步测速发电机的工作原理如图 15-34 所示。与交流伺服电动机一样,在空间互差 90°电角度的两相绕组嵌放在定子槽内。其中一相为励磁绕组,外施稳频稳压的交流电源励磁;另一相为输出绕组,其两端的电压即为测速发电机的输出电压 U_2。

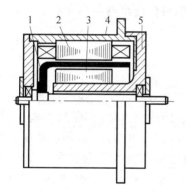

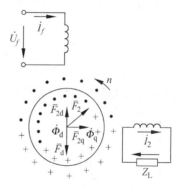

图 15-33 空心杯转子异步测速发电机结构图   图 15-34 异步测速发电机的工作原理图

当测速发电机的励磁绕组外施交流电压 $\dot{U}_f$ 时,便有交流电流 $\dot{I}_f$ 流过绕组,并产生以电源频率 f 脉振的磁动势 $\bar{F}_d$ 和相应的脉振磁通 $\dot{\Phi}_d$。磁通 $\dot{\Phi}_d$ 在励磁绕组轴线方向(称为直轴 d)脉振。

转子不动时,直轴脉振磁通只能在空心杯转子中感应出变压器电动势。又由于输出绕组轴线与励磁绕组轴线空间相差 90°电角度,因而与直轴磁通没有交链,故在输出绕组中不产生感应电动势,这时输出电压为零。

当有机械量输入转子使其转动后,转子切割直轴磁通 $\dot{\Phi}_d$,并在转子杯中产生切割电动势 $\dot{E}_2$。在图 15-34 中所示的转向情况下,转子杯中的电动势 $\dot{E}_2$ 的方向如图中外圈的符号所示。由于直轴磁通 $\dot{\Phi}_d$ 为脉振磁通,所以电动势 $\dot{E}_2$ 为交变电动势,其交变频率即为磁通 $\dot{\Phi}_d$ 的脉振频率 f,其大小应为

$$E_2 = C_2 n \Phi_d$$

式中,C_2 为转子绕组感应电动势常数;Φ_d 为 d 轴每极脉振磁通的幅值。若磁通的幅值 Φ_d 大小不变,则电动势 E_2 与转子转速 n 成正比。

由于空心杯转子为自行短路绕组,电动势 $\dot{E}_2$ 便在转子杯中产生短路电流 $\dot{I}_2$。显然 $\dot{I}_2$ 与 $\dot{E}_2$ 频率相同,也是以频率 f 交变的交流电流,其大小正比于 E_2。由于转子绕组中漏抗的存在,电流 $\dot{I}_2$ 将在时间上滞后于 $\dot{E}_2$ 一相位角。因此,此时转子中电流方向如图 15-34 中内圈的符号所示。

转子杯中的电流 $\dot{I}_2$ 同样会产生脉振磁动势 $\overline{F}_2$,其频率也为 f。若忽略饱和,其大小正比于电流 I_2,也即正比于 E_2。此时,转子磁动势 $\overline{F}_2$ 如图 15-34 所示。将 $\overline{F}_2$ 在空间分解为两个分量,即直轴磁动势 $\overline{F}_{2d}$ 和交轴磁动势 $\overline{F}_{2q}$。其中直轴磁动势 $\overline{F}_{2d}$ 将与定子直轴磁动势 $\overline{F}_d$ 作用,影响直轴上磁通总量;而交轴磁动势 $\overline{F}_{2q}$ 则在交轴上产生频率为 f 的脉振磁通 $\dot{\Phi}_q$,忽略饱和影响,其大小有以下关系:

$$\Phi_q \propto \overline{F}_{2q} \propto \overline{F}_2 \propto E_2 \propto n$$

因交轴脉振磁通 $\dot{\Phi}_q$ 的空间位置与输出绕组的轴线方向一致,因此其将在输出绕组中感应出频率为 f 的变压器电动势 $\dot{E}_2$,这就是测速发电机的输出电动势。由于

$$E_2 \propto \Phi_q$$

因此

$$E_2 \propto \Phi_q \propto n$$

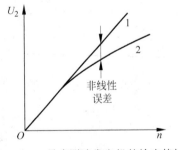

图 15-35　异步测速发电机的输出特性

若忽略励磁绕组漏阻抗,则有 $U_1 = E_1$。只要电源电压 $\dot{U}_1$ 不变,纵轴磁通 Φ 便为常数,测速发电机的输出电动势 E_2 就与电机转速 n 成正比。因此,输出电压 U_2 也就与转速 n 成正比。这样,便可由该电机输出电压的大小来测量该电机的转速。这便是交流异步测速发电机的工作原理。

交流异步测速发电机的输出特性如图 15-35 中曲线 1 所示。可见,其输出特性是线性的,称为理想特性。

3)主要误差及消除办法

(1)非线性误差

输出电压 U_2 与转速 n 成严格的线性关系的前提是纵轴磁通 Φ_d 的大小不变,与转速 n 无关。但实际上纵轴除了上述励磁绕组产生的脉振磁动势 $\boldsymbol{F}_d$ 外,还存在着一个转子在纵轴上产生的磁动势 $\boldsymbol{F}'_{2d}$,其由旋转的转子杯切割横轴磁通 Φ_d 在杯形绕组中感生电动势和电流,而由转子绕组在纵轴上建立的磁动势。由于

$$\boldsymbol{F}'_{2d} \propto \Phi_q n \propto n^2$$

因此,在纵轴的两个磁动势中,$\boldsymbol{F}_d$ 的大小与转速 n 无关,$\boldsymbol{F}'_{2d}$ 的大小与 n^2 成正比,由此建立

的纵轴方向磁通 $\dot{\Phi}_{\mathrm{d}}$，实际上包含了与转速无关的和与转速平方成正比的两个分量。输出电压 U_2 与 n 显然不再是线性关系，其输出特性则呈现非线性，如图 15-35 中曲线 2 所示。从图中可以看出，非线性误差的大小与转速有关，转速越低，理想特性与实际特性曲线越接近，转速更低时两者基本是重合的。但随着转速的升高，两曲线偏离越来越多，非线性误差越来越大。这是因为转速 n 越低，虽然 U_1 越小，但 $F'_{2\mathrm{d}}$ 更小，即 Φ_{d} 中与 n^2 成正比的分量更小，非线性误差也就越小。转速的高低通常用其标幺值 γ 表示：

$$\gamma = \frac{n}{n_1}$$

式中，n_1 为异步测速发电机的同步转速。

通常当 $\gamma < 0.2$ 时，非线性误差就非常小了。因此提高电源频率 f，增大同步转速 n_1，从而降低相对转速 γ，便能减小非线性误差。所以，空心杯转子异步测速发电机大都采用 400 Hz 的中频电源励磁。

（2）剩余电压误差

当异步测速发电机由稳频稳压的交流电源励磁，且电机的转速为零时，应该没有输出电压。但实际上，当转速为零时，却有一个很小的输出电压，称为剩余电压 U_r。剩余电压通常仅有几十毫伏，但它的存在却会产生测量误差，称为剩余误差。由于剩余误差的存在，使得输出特性曲线不再通过坐标原点，如图 15-36 所示。

产生剩余电压误差的原因，一是励磁绕组与输出绕组空间不是正好相差 90°，两绕组间存在耦合作用；二是内外定子铁芯有椭圆度，使得 $\boldsymbol{F}_{\mathrm{d}}$ 产生的磁通出现了 q 轴分量；三是其他材料和工艺等方面的原因。

减小剩余电压误差的方法，主要是提高材料质量和工艺加工水平。此外，还可采用补偿等办法，在此不一一介绍。

2. 直流测速发电机

1）结构及工作原理

直流测速发电机的结构及工作原理与普通直流发电机相同。后者的电枢绕组在测速发电机中为输出绕组，而励磁绕组仍作励磁用，只不过为了避免干扰和不分散输出信号，直流测速发电机只采用他励（包括永磁式）而不采用并励。

直流测速发电机的工作原理如图 15-37 所示。励磁绕组在一独立的直流电压下励磁，在测速发电机内产生一恒定磁场。当转子不转（即无机械信号输入）时，输出绕组端无感应电动势，即输出电压信号为零。

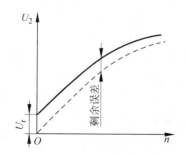

图 15-36　异步测速发电机的剩余误差

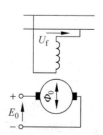

图 15-37　直流测速发电机的工作原理图

当转子以转速 n 旋转时，电枢上导体切割磁通 Φ_0 便在电刷间产生空载电动势 E_0，由直流发电机运行原理可推知

$$E_0 = \frac{pN}{60a}\Phi_0 n = C_e\Phi_0 n \tag{15-8}$$

式中，p 为极对数；N 为电枢绕组总导体数；A 为电枢绕组并联支路对数。

在空载时，直流发电机的输出电压就是空载电压，即 $U_0 = E_0$，可见空载时直流测速发电机的输出电压与转速 n 呈线性关系。

当直流测速发电机带负载(设负载电阻为 R_L)后，便在其电枢回路电阻上产生电压降，若不计电枢反应，这时输出电压 U 为

$$U = E_0 - IR_a = E_0 - U\frac{R_a}{R_L} \tag{15-9}$$

式中，I 为直流测速发电机电枢电流。

将式(15-8)代入式(15-9)，经整理后得

$$U = \frac{C_e\Phi_0}{1 + \dfrac{R_a}{R_L}}n = Cn \tag{15-10}$$

式中，C 为比例常数。

由式(15-10)可以看出，若 Φ_0、R_a 和 R_L 为常数，直流测速发电机的输出电压与转速 n

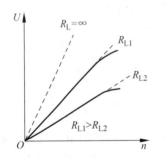

图 15-38　直流测速发电机的输出特性

仍呈线性关系。由此可见，直流测速发电机与交流测速发电机一样，也能将转速 n 线性地转换为电压信号。将上述关系画成相应的曲线，这便是直流测速发电机的输出特性。不同负载时的输出特性如图 15-38 所示。图中，负载电阻 R_L 越大，R_a/R_L 越小，比例常数 C 就越大，也即直线斜率越大。因此，对应 R_{L1} 的曲线处于对应 R_{L2} 曲线的上方($R_{L1} > R_{L2}$)。当 $R_L = \infty$ 时，直线斜率最大，即在相同转速下输出电压最高，这便是空载时的情况。

2) 主要误差

虽然直流测速发电机不像交流测速发电机那样会因为交变磁场产生剩余误差和相位误差，但仍然会出现线性误差。这主要是因为在认定 U 与 n 之间存在线性关系时，是以假定 Φ_0、R_a 等不变为前提的，但事实上这些量并不是完全不变的。

(1) 直流测速发电机的工作温度会随运行情况而变化，而温度的变化又必将引起励磁绕组电阻变化。实践证明，温度每升高 25℃，励磁绕组电阻 R_f 会增大 10%。而励磁绕组电阻的增大，必将引起励磁电流的减小，从而引起磁通的减小，这也就是说磁通 Φ_0 并不是常数。

为了减小由于温度的变化而引起的线性误差，通常将电机的磁路设计得比较饱和。这样，即使温度变化引起励磁绕组电阻、励磁电流变化，但磁通的变化并不很大。

(2) 当直流测速发电机带上负载后，必然产生电枢反应。电枢反应的结果又将引起磁通 Φ_0 的变化而产生线性误差。由于电枢反应的作用是随负载电流的增大而增大的，而负

载电阻 R_L 越小,转速越高,电流就越大,电枢反应引起的线性误差就越大,因此,为了减小电枢反应的影响,通常对负载和输入信号有所限制,即尽量采用电阻大的负载和不大的转速范围,以减小负载电流即电枢反应作用的影响。所以,通常直流测速发电机对输入信号规定了最高转速,对负载规定了最低电阻。

(3) 电枢回路总电阻 R_a 中很大一部分包括电刷与换向器的接触电阻,而这种接触电阻是随负载电流变化而变化的。当输入信号(即转速)变化时,输出电压信号 U 及负载电流都会相应变化,这样电枢回路的总电阻 R_a 就会因此而发生变化,因而又一次引起线性误差。

15.2.4　自整角机

在自动控制系统中,常常需要实现两系统之间机械转轴上的转角的传递。这在两系统相距较近时是容易实现的,只要将两系统的转轴在机械上直接相连就行了。但是,当两系统相距甚远时,机械上的直接连接就比较困难,甚至不可能。在这种情况下,就得采用电气上的同步联系装置。电气同步联系装置的功能,就是运用电的联系,使机械上不相连接的二轴或多轴系统能够自动地保持相同的转角变化,实现同步跟随。

自整角机就是这样一种同步联系装置。两台或多台在电气上相联系的自整角机会自行调整其转轴上的角位移,故称为"自整角机"。

自整角机发出机械信号的一方称为发送机,接收机械信号的一方称为接收机。

1. 自整角机的种类

自整角机按照不同的分类方式,可分成不同的种类。

1) 按执行功能分类

(1) 力矩式自整角机。力矩式自整角机主要用于指示系统中以实现角位移传递为目的,即将发送机所在系统的角位移传递给接收机所在的系统。

(2) 控制式自整角机。控制式自整角机主要用于传输系统中,其功能主要是检测,即将角位移转变为电压信号。

2) 按励磁供电电源的相数分类

(1) 单相自整角机。此种自整角机用单相交流电源供电励磁,因此取电方便,广泛运用于自动控制系统中,以构成同步跟随系统。

(2) 三相自整角机。此种自整角机采用三相交流电源供电,因此输出功率较大,大都运用电机传动系统,以构成同步旋转系统。

2. 自整角机的基本结构及工作原理

1) 自整角机的基本结构

自整角机的基本结构与普通小型转场式同步电机相似。定子铁芯中嵌有与三相对称绕组相似的、在空间互差120°电角度的三个绕组,称为整步绕组。转子上放置单相的励磁绕组,转子有凸极结构和隐极结构之分。单相交流电源通过滑环和电刷之间对励磁绕组供电励磁。由于滑环和电刷之间是滑动接触,因此这种形式的自整角机又称为接触式自整角机,其基本结构如图 15-39 所示。接触式自整角机结构简单,性能良好,被广泛运用。此外,还有一种形式的自整角机没有滑环和电刷,其励磁绕组和整步绕组都安装在定子上,结构比较复杂,但不产生无线电干扰,因此用在一些较特殊的场合。

2) 力矩式自整角机的工作原理

力矩式自整角机的接线图如图 15-40 所示。整个系统由完全相同的两种自整角机组成,左方的自整角机为发送机,其转轴与主令轴连接;右方的自整角机为接收机,它的转轴可将转角位移传给下一个随动系统,也可带上指示器直接指示角位移。

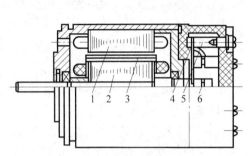

图 15-39　自整角机的基本结构

1—定子；2—转子；3—阻尼绕组；4—电刷；

5—接线柱；6—集电环

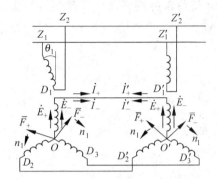

图 15-40　力矩式自整角机的接线图

两台自整角机的转子励磁均由同一单相电源供电,因此在两台自整角机的内部均产生单相脉振磁动势。该单相脉振磁动势分别分解出各自的正负序旋转磁动势 F_+、F_-、F'_+ 和 F'_-,且分别以同步转速 n_1 在空间正转(逆时针)或反转(顺时针)。当发送机的转轴上无转角信号输入时,两台自整角机的转子均处于初始位置,其各自的定转子绕组轴线重合(定子以其中一相为准),此时其励磁绕组相对本身整步绕组的偏转角 $\theta_1=\theta_2=0°$。因此,在上述正负序旋转磁动势作用下,两台自整角机定子绕组(以轴线与转子绕组轴线重合的那一相为例,其他两相,由于对称关系,可同理分析)中感应电动势 $\dot{E}_+$、$\dot{E}_-$、$\dot{E}'_+$ 和 $\dot{E}'_-$ 具有大小相等、相位对应相同的特点,即

$$\dot{E}_+=\dot{E}'_+$$

$$\dot{E}_-=\dot{E}'_-$$

因此,在定子绕组回路中合成电动势为零,不出现电动势差,因而也就不产生循环电流,定转子之间无力的作用,接收机转子不动作。这个位置称为协调位置。

但是当发送机的转子随主令轴转过 θ 角后,其定、转子轴线之间的偏转角已变为 $\theta_1=\theta_0$,而接收机的转子未动作之前 θ_2 仍然为零,因此两台自整角机之间就出现了相对偏转角,该相对偏转角为 $\theta_1-\theta_2=\theta_0$,$\theta_0$ 又称为失调角。

当出现这个失调角后,尽管在这两台电机的定子绕组中感应的电动势大小是相等的,但它们的相位角并不相同。这样其合成电动势不为零,因而在两电机定子回路产生环流。该环流引起的电磁转矩将使接收机朝着与发送机转子转角相同方向转过 θ 角,即此时 $\theta_1=\theta_2=\theta_0$,两自整角机重新回到协调位置。这就是自整角机能自整步,实现同步跟随的原理。

其具体过程详细分析如下。

如前所述,转子的单相交流脉振磁动势可分别分解出正负序旋转磁动势 $\boldsymbol{F}_+$、$\boldsymbol{F}_-$、$\boldsymbol{F}'_+$、$\boldsymbol{F}'_-$,由于此时发送机的转轴偏离了定子绕组轴线 θ 角,因此 $\boldsymbol{F}_+$ 在空间领先 $\boldsymbol{F}'_+$ θ 角,$\boldsymbol{F}_-$ 在空间落后 $\boldsymbol{F}'_-$ θ 角。所以,其分别在对应的定子绕组中感应的电动势 $\dot{E}_+$ 与 $\dot{E}'_+$、$\dot{E}_-$ 与 $\dot{E}'_-$ 也分别在时间相位上相差 θ 角,且 $\dot{E}_+$ 领先 $\dot{E}'_+$,$\dot{E}_-$ 落后 $\dot{E}'_-$,如图 15-41 所示。由于 $\dot{E}_+$ 与 $\dot{E}'_+$、$\dot{E}_-$ 与 $\dot{E}'_-$ 之间存在相位差,因此在它们之间就存在着电动势差 $\Delta\dot{E}_+$ 和 $\Delta\dot{E}_-$,该电动势差作用于两定子绕组的回路中。由于相应的阻抗为两台电机的阻抗 $2Z$,因此产生的正负序短路电流分别为

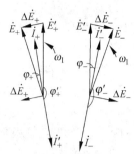

图 15-41　自整角机绕组的电动势
和电流的相量图

$$\dot{I}_+=\frac{\Delta\dot{E}_+}{2Z}=-\dot{I}'_+$$

$$\dot{I}_-=\frac{\Delta\dot{E}_-}{2Z}=-\dot{I}'_-$$

从图 15-41 中可以看出,$\dot{E}_+$ 与 $\dot{I}_+$ 的夹角 φ_+ 小于 90°,$\dot{E}_-$ 与 $\dot{I}_-$ 的夹角 φ'_- 大于 90°,$\dot{E}'_+$ 与 $\dot{I}'_+$ 的夹角 φ'_+ 大于 90°,$\dot{E}'_-$ 与 $\dot{I}'_-$ 的夹角 φ_- 小于 90°,因此 $\cos\varphi_+>0$,$\cos\varphi_-<0$,$\cos\varphi'_+<0$,$\cos\varphi'_->0$。从电磁关系来看,此时的自整角机将像异步电动机一样在内部产生四个电磁转矩,分别为

$$T_+=C_T E_+ I_+ \cos\varphi_+$$
$$T_-=C_T E_- I_- \cos\varphi_-$$
$$T'_+=C_T E'_+ I'_+ \cos\varphi'_+$$
$$T'_-=C_T E'_- I'_- \cos\varphi'_-$$

式中,C_T 为异步电动机电磁转矩计算系数。

对发送机来讲,由于 $\cos\varphi_+>0$,$\cos\varphi_-<0$,因此 $T_+>0$,$T_-<0$。也就是说正序转矩为正,负序转矩为负。正序转矩为正,表示与正序旋转磁场的转向相同;负序转矩为负,表示与负序旋转磁场的转向相反。这就是说,从图 15-40 中看,发送机的定子绕组所受到的转矩都是驱使定子逆时针旋转的。由于定子在机械上固定不会转动,因此转子受到其反作用的转矩,驱使转子顺时针反向旋转,即朝缩小失调角 θ 的方向旋转。但是,发送机的转子与主令轴机相接不能逆转,因此仅从发送机一方来看,失调角 θ 并不能消失。

对接收机来讲,由于 $\cos\varphi'_+<0$,$\cos\varphi'_->0$,因此 $T'_+<0$,$T'_->0$。也就是说正序转矩为负,负序转矩为正。其结果是接收机的定子绕组受到一顺时针方向的转矩。同样,由于接收机的定子在机械上固定不会转动,因此转子受到其反作用的转矩,将逆时针旋转。也就是说接收机的转子将朝与发送机同一方向出现一夹角 θ_2 的方向旋转。而且只要在 θ_2 没有达到 θ 之前,$\theta_1-\theta_2\neq0°$,失调角就没有消失,整步转矩为零,系统进入新的协调位置。这时接

收机的转子在空间也转过了 θ 角,从而实现了转角的传递。

3）控制式自整角机的工作原理

由力矩式自整角机的工作原理可知,其自整角 θ_2 是直接由接收机的转子输出的。尽管与之相连的负载有时是低阻尼的轻负载,比如仅仅带动指示器的指针偏转等,但负载的阻尼总会使接收机的旋转比发送机滞后。换句话说,它们之间总会出现一个失调角 $\Delta\theta$,正是这个 $\Delta\theta$ 造成了力矩式自整角转角随动的误差。

既然力矩式自整角机的误差是由于接收机的转子直接带动机械负载而造成的,那么若接收机的转子输出的不是机械转矩,而是电信号,就不会出现这种误差。

控制式自整角机就是根据这个思路设计的。控制式自整角机的接线图如图 15-42 所示。两台自整角机的定子三相绕组仍接成闭合回路,发送机的转子绕组仍由单相交流电进行励磁,接收机的转子则不再由交流电励磁,而是与一放大器的输入绕组相连。该放大器的输出送至一交流伺服电动机的控制绕组,该伺服电动机接到接收机放大后的信号驱动转子动作。这样,自整角机的转子仅有电信号输出,而不再直接带动机械负载了。

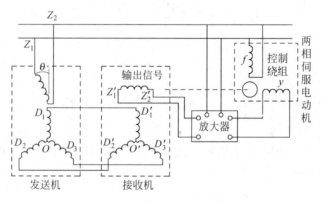

图 15-42　控制式自整角机的接线图

具体过程分析如下。

当无信号输入时,自整角机处于协调位置,此时发送机的定转子轴线重合,接收机的定、转子轴线相互垂直,也即两台电机的转子在空间是垂直的。像力矩式自整角机一样,当发送机的转子由单相交流电源供电时,在发送机内便产生一脉振磁动势,由于发送机的定、转子绕组轴线重合,因此该转子脉振磁动势与定子绕组全交链,因而在发送机定子绕组中感应电动势。由于两自整角机定子绕组已自行闭合,故在该闭合回路中产生电流。该电流流经接收机定子绕组时,便在接收机内产生一脉振磁动势,由于接收机的定、转子轴线相互垂直,两者之间无耦合作用,因此接收机的转子绕组(即输出绕组)无电信号输出。

但当发送机转子随主令轴逆时针转过 θ 角后,该电机的定子绕组中正序感应电动势与电流在时间相位上领先一 θ 角,而负序感应电动势及电流则落后 θ 角,即

$$i_+(t)=\sqrt{2}I\cos(\omega t+\theta)$$

$$i_-(t)=\sqrt{2}I\cos(\omega t-\theta)$$

上述正负序电流流经接收机定子绕组时,所产生的相应的正负序旋转磁动势则为

$$f_+(x,t)=\frac{1}{2}F\cos\left[\frac{\pi}{\tau}-(\omega t+\theta)\right]$$

$$f_-(x,t)=\frac{1}{2}F\cos\left[\frac{\pi}{\tau}+(\omega t-\theta)\right]$$

可见,正负序旋转磁动势在时间相位上分别领先和落后了 θ 角。

以上两旋转磁动势在空间合成为一定子脉振磁动势:

$$f=f_++f_-=\frac{1}{2}F\left\{\cos\left[\frac{\pi}{2}-(\omega t+\theta)\right]+\cos\left[\frac{\pi}{2}+(\omega t-\theta)\right]\right\}$$

运用三角公式

$$\cos\alpha+\cos\beta=2\cos\frac{\alpha+\beta}{2}\cos\frac{\alpha-\beta}{2}$$

得

$$f=F\cos\left(\frac{\pi}{2}x-\theta\right)\cos\omega t$$

可见,此时接收机定子绕组产生的脉振磁动势较协调位置时在空间落后一 θ 角。也就是说,此时接收机的定子磁动势与转子绕组偏离正交位置而出现了一 θ 角。当 $\theta=0°$ 时,即在协调位置,定子磁动势与转子不交链,输出为零;θ 角越大,定子磁动势与转子绕组的交链越多,转子绕组的输出电压 U_2 越大。当 $\theta=90°$ 时,定子磁动势与转子磁动势轴线重合,交链磁通最多,感应电动势最大,输出电压 U_2 最大。由于磁动势(基波)在空间为正弦分布,因此其交链的磁通量与转角 θ 之间也是正弦关系,故转子输出电压随失调角 θ 而变化的关系也是正弦关系,即

$$U_2=U_{2m}\sin\theta$$

由于输出信号 U_2 与失调角 θ 之间有着以上固定关系,当发送机接到转角输入,即出现失调角 θ 时,接收机便按以上规律输出电信号。该电信号经放大后指示伺服电动机转子带动接收机转子朝着失调角 θ 缩小的方向一起转动,直到接收机转子也转过与发送机相同的转角,即失调角 θ 消失,接收机转子无信号输出时,伺服电动机停止转动,自整角机又重新处于新的协调位置。也就是说,控制式自整角机借助于交流伺服电动机,实现了两系统之间的转角传递。

由以上分析可见,控制式自整角机的转子仅输出电信号,而不输出转矩。这样,接收机的定转子犹如变压器的一、二次侧,实际上接收机就是在变压器工作状态下运行的,故控制式自整角机又称自整角变压器。

3. 自整角机的误差分析

1) 力矩式自整角机

如前所述,力矩式自整角机接收机的转轴上有转矩输出,因此发送机与接收机之间即使在协调位置也出现失调角,这就引起了两机之间的随动误差。

显然,自整角机的整步转矩越大,克服接收机转轴上的阻转矩的能力就越强,产生的误差也就越大。而凸极式转子会产生同步电动机中的凸极附加转矩,这将增强自整角机的整步能力,减小误差。因此,力矩式自整角机通常做成凸极式。

此外,为了减小误差,对负载转矩应有所限制,如负载转矩较大,应考虑选用控制式自整角机。

2) 控制式自整角机

控制式自整角机主要将转角信号转变成电信号输出,转角与输出信号之间的关系是

$U_2 = U_{2m} \sin\theta$,这就要求气隙磁场沿空间正弦分布。而凸极式转子气隙不均匀,磁通密度沿气隙分布偏离正弦太大,这将引起较大误差。因此,控制式自整角机一般都做成隐极式。

实际上,即使在隐极式自整角机中,也还存在因结构、工艺及材料等方面原因所造成的气隙磁场非正弦,从而破坏了转角与输出信号之间的正弦关系,引起误差。

此外,当控制式自整角机转速较高时,其输出绕组会切割气隙磁场而产生速度电动势 E_v。正是此切割电动势 E_v,使得转子输出中出现附加信号 ΔU_2,即

$$\Delta U_2 = E_v = U_{2m} \sin\Delta\theta$$

该附加信号驱使伺服电动机产生误差动作而出现转角偏差 $\Delta\theta$,即

$$\Delta\theta = \arcsin\frac{E_v}{U_{2m}}$$

在一定的速率下切割电动势 E_v 是一定的。欲减小转角偏差 $\Delta\theta$,只有增大 U_{2m}。U_{2m} 是自整角变压器电动势的最大值,在气隙磁通量一定的条件下,其与供电频率成正比。因此,为了减小控制式自整角机的误差,通常不采用工频电源供电,而采用 400 Hz 的中频电源供电励磁。

15.2.5　旋转变压器

顾名思义,旋转变压器就是一种会旋转的变压器。其转子的输出电压与转子转角之间呈正弦、余弦或其他函数关系,在自动控制系统中可作解算元件,进行三角函数运算或作坐标变换;也可在随动系统中作同步元件,传输与角度有关的电信号,或替代控制式自整角机,也可作为移相器使用。

1. 旋转变压器的种类

1)正、余弦旋转变压器

正、余弦旋转变压器的输出电压与转子转角呈正弦或余弦关系,因此而得名。

2)线性旋转变压器

线性旋转变压器的输出电压在一定工作转角范围内与转子转角呈正比关系,因此而得名。

3)特殊函数旋转变压器

特殊函数旋转变压器的输出电压与转子转角呈正割函数、倒数函数、对数函数、弹道修正函数等特殊函数关系,因此而得名。

尽管旋转变压器的种类很多,但其原理和结构基本相同,本节仅介绍正、余弦和线性变压器。

2. 旋转变压器的基本结构和工作原理

1)基本结构

旋转变压器的结构与绕线式异步电动机相似,一般都是一对极。只是在旋转变压器中,定、转子绕组均为两个在空间互差 90° 电角度的正弦绕组,且要求精度较高。无论是定子还是转子上的两个绕组,其匝数、线径和接线方式均相同。与绕线式异步电动机相同,转子绕组也由电刷和集电环引出。

2）正、余弦旋转变压器的工作原理

正、余弦旋转变压器的工作原理如图 15-43 所示。其中 D_1D_2 与 D_3D_4 为定子上两相互垂直的正弦绕组，Z_1Z_2 与 Z_3Z_4 为转子上两相互垂直的正弦绕组。转子可随输入信号的机构随意转动，通常以 Z_1Z_2 与 D_1D_2 的夹角表示输入角。

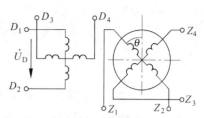

图 15-43 正、余弦旋转变压器的
工作原理图

设定子绕组匝数为 N_D，转子绕组匝数为 N_Z，则转子绕组与定子绕组的匝比为

$$K = \frac{N_Z}{N_D}$$

工作时，D_3D_4 绕组开路，在 D_1D_2 绕组中加单相交流励磁电压 $u_D = \sqrt{2}U_D\sin\omega t$（此时 D_1D_2 为励磁绕组）。由于有励磁电流在绕组中流过，便在气隙中建立起一个与转子位置无关，且按正弦规律分布的脉振磁场。

空载时，Z_1Z_2 与 Z_3Z_4 开路，且 Z_1Z_2 与 D_1D_2 轴线重合（当然此时 Z_3Z_4 与 D_1D_2 轴线正交），由 D_1D_2 绕组产生的单相脉振磁动势便在 Z_1Z_2 绕组中感应电动势。根据变压器一、二次侧电动势的关系，Z_1Z_2 绕组中感应电动势为

$$e_{Z_1Z_2} = K\sqrt{2}U_D\sin\omega t$$

由于 Z_3Z_4 与 D_1D_2 正交，故有

$$e_{Z_3Z_4} = 0$$

当转子轴接收机械信号而逆时针转过 θ 角后，由 D_1D_2 产生的脉振磁动势分解的两正负序旋转磁动势在 Z_1Z_2 绕组中的感应电动势分别为

$$e_{Z_1Z_2}^+ = \frac{1}{2}K\sqrt{2}U_D\sin(\omega t - \theta)$$

$$e_{Z_1Z_2}^- = \frac{1}{2}K\sqrt{2}U_D\sin(\omega t + \theta)$$

此时，Z_1Z_2 绕组中的合成电动势 $e_{Z_1Z_2}$ 则为

$$e_{Z_1Z_2} = e_{Z_1Z_2}^+ + e_{Z_1Z_2}^-$$

$$= \frac{1}{2}K\sqrt{2}U_D[\sin(\omega t - \theta) + \sin(\omega t + \theta)]$$

$$= K\sqrt{2}U_D\cos\theta\sin\omega t = \sqrt{2}E_{Z_1Z_2}\sin\omega t$$

式中，$E_{Z_1Z_2}$ 为 Z_1Z_2 绕组中感应电动势的有效值，其大小为 $E_{Z_1Z_2} = KU_1\cos\theta$。由上式可以看出，输出绕组 Z_1Z_2 中，感应电动势 $E_{Z_1Z_2}$ 在励磁电压 U_1 不变的情况下，为转角 θ 的余弦函数。

此外，由于 Z_3Z_4 绕组在空间落后 Z_1Z_2 绕组 90° 电角度，因此气隙正序旋转磁动势在 Z_3Z_4 绕组中感应的正负序电动势分别为

$$e_{Z_3Z_4}^+ = \frac{1}{2}K\sqrt{2}U_D\sin(\omega t - \theta - 90°) = -\frac{1}{2}K\sqrt{2}U_D\cos(\omega t - \theta)$$

$$e_{Z_3Z_4}^- = \frac{1}{2}K\sqrt{2}U_D\sin(\omega t + \theta + 90°) = -\frac{1}{2}K\sqrt{2}U_D\cos(\omega t + \theta)$$

$$e_{Z_3Z_4} = e_{Z_3Z_4}^+ + e_{Z_3Z_4}^-$$

$$= -\frac{1}{2}K\sqrt{2}U_{\mathrm{D}}\cos(\omega t - \theta) - \frac{1}{2}K\sqrt{2}U_{\mathrm{D}}\cos(\omega t + \theta)$$

$$= -\sqrt{2}KU_{\mathrm{D}}\sin\theta\sin\omega t = -\sqrt{2}E_{Z_3Z_4}\sin\omega t$$

式中，$E_{Z_3Z_4}$ 为 Z_3Z_4 绕组中感应电动势的有效值，其大小为 $E_{Z_3Z_4} = KU_1\sin\theta$。由上式可以看出，输出绕组 Z_3Z_4 中感应电动势 $E_{Z_3Z_4}$ 在励磁电压 U_1 不变的情况下，为转角 θ 的正弦函数。

这样，正、余弦旋转变压器便将转子上转角 θ 的输入信号转化为输出绕组 Z_1Z_2、Z_3Z_4 两端的输出电信号，而且该电信号与转角 θ 之间的关系为正弦和余弦，这就是正、余弦旋转变压器的工作原理。

应该指出的是，以上结果是在输出绕组开路，也即空载的情况下分析得出的。但实际工作时转子绕组总是要带负载的，因而转子绕组中总会有电流流过。而这时转子电流也会产生转子磁动势，该磁动势作用于气隙磁场，使气隙磁动势发生畸变，从而破坏了上述转角与输出信号之间的正、余弦关系，引起测量误差。通常的解决方法是，一方面增大负载阻抗值，进而达到减小转子电流，减小气隙磁场畸变程度，减小误差的目的；另一方面是采取补偿办法。由于补偿办法是针对负载电流对气隙磁场的影响而采取的，因此首先分析负载电流对气隙磁场的影响。

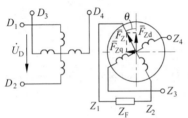

图 15-44　正、余弦旋转变压器带
负载时的情况

如图 15-44 所示，输出绕组 Z_1Z_2 带上负载 Z_{F}，负载电流在该绕组中产生的脉振磁动势 $\bar{F}_Z$ 落在该绕组的轴线上，可沿纵横两轴将其分解为两分量 $\bar{F}_{Zd}$ 和 $\bar{F}_{Zq}$，其大小分别为

$$F_{Zd} = F_Z\cos\theta$$
$$F_{Zq} = F_Z\sin\theta$$

转子绕组磁动势的纵轴分量 $\bar{F}_{Zd}$ 与定子励磁绕组 D_1D_2 的磁动势 $\bar{F}_{D_1D_2}$ 的关系，犹如变压器一、二次侧的磁动势关系。根据变压器的原理，$\bar{F}_{Zd}$ 的出现只会引起 $\bar{F}_{D_1D_2}$ 的变化，却对气隙磁通的影响不大，不会使气隙磁场有明显畸变或被削弱。

但是转子绕组的磁动势的横轴分量 $\bar{F}_{Zq}$ 就大不相同了。从图 15-44 中可以看出，它的一次侧没有对应的磁动势与之平衡，因此其便单独产生磁通，并与 Z_1Z_2、Z_3Z_4 两绕组耦合，在其中感应电动势。

横轴的磁导为 λ_q，横轴方向产生的磁通最大值为 Φ_{qm}，则

$$\Phi_{qm} = \lambda_q F_{Zq} = \lambda_q F_Z\sin\theta$$

该磁通分别在 Z_1Z_2、Z_3Z_4 绕组中产生感应电动势 $E_{Z_1Z_2(q)}$、$E_{Z_3Z_4(q)}$，且有

$$E_{Z_1Z_2(q)} = 4.44f(N_Z\sin\theta)\Phi_{qm} = 4.44fN_Z\sin\theta \cdot \lambda_q F_Z\sin\theta$$
$$= 4.44fN_Z\lambda_q F_Z\sin^2\theta$$

$$E_{Z_3Z_4(q)} = 4.44f(N_Z\cos\theta)\Phi_{qm} = 4.44fN_Z\cos\theta \cdot \lambda_q F_Z\cos\theta$$
$$= 4.44fN_Z\lambda_q F_Z\cos^2\theta$$

式中，$N_Z\sin\theta$ 为 Z_1Z_2 绕组在横轴上感应电动势的有效匝数；$N_Z\cos\theta$ 为 Z_3Z_4 绕组在纵轴上感应电动势的有效匝数。

由此可以看出,在 Z_1Z_2 绕组中感应电动势除了 $E_{Z_1Z_2}$ 外,还存在 $E_{Z_1Z_2(q)}$。同样,在 Z_3Z_4 绕组中感应电动势除了 $E_{Z_3Z_4}$ 外,还存在 $E_{Z_3Z_4(q)}$。因此,有负载时,输出绕组 Z_1Z_2、Z_3Z_4 中感应电动势不再是转角 θ 的正、余弦函数了,造成了输出量的畸变。

显然,负载电流越大,畸变越大,引起的误差也就越大。

如前所述,为了减小误差,当然可设法增大负载阻抗。但负载阻抗往往是由负载的情况决定的,选择的余地并不很大,因此应从变压器内部寻找补救办法。

由以上分析可以看出,以上误差主要是负载电流产生的横轴磁动势 $\bar{F}_{zq}$ 引起的,而纵轴磁动势 $\bar{F}_{zd}$ 的影响并不大。究其原因,主要是定子侧有一与之同轴的纵轴 $\bar{F}_d$ 与之相平衡的缘故。若定子侧也有一横轴磁动势的话,就能与 $\bar{F}_{zq}$ 相平衡,从而大大削弱 $\bar{F}_{zq}$ 的作用。而定子绕组 D_3D_4 正好在横轴上,因此负载时一般将 D_3D_4 短接。根据楞次定律,短路的 D_3D_4 绕组对 $\bar{F}_{zq}$ 有很强的阻尼作用。这犹如变压器二次侧短路时的情况一样,二次侧短路,变压器内合成磁动势很小,主磁通很小。D_3D_4 绕组短接能起到一定的补偿作用,从而保证输出电压为转角 θ 的正、余弦函数关系。

3) 线性旋转变压器的工作原理

若将上述正、余弦旋转变压器改成如图 15-45 所示的接法,就构成了线性旋转变压器。

如图 15-45 所示,定子绕组 D_1D_2 与转子绕组 Z_1Z_2 相串联后,加上励磁电压 $\dot{U}_D$,定子绕组 D_3D_4 仍自行短接,起补偿作用,转子绕组 Z_3Z_4 为输出绕组。

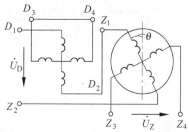

图 15-45   线性旋转变压器的原理图

当转子逆时针偏离纵轴 θ 角时,Z_1Z_2 绕组轴线也偏离纵轴 θ 角。由于 Z_1Z_2 为串联在励磁回路中的,因此励磁电流流经 Z_1Z_2 在转子上产生纵横轴磁动势 $\bar{F}_d$、$\bar{F}_q$。由于 D_3D_4 绕组的横轴补偿作用,$\bar{F}_q$ 已大大削弱。因此,可认为转子绕组与定子绕组一样,仅有纵轴磁动势 $\bar{F}_d$,也即电机内部仅存在纵轴磁通 $\dot{\Phi}_D$。此时,处于纵轴位置的 D_1D_2 绕组中的感应电动势 $\dot{E}_d$ 为

$$\dot{E}_d = -\mathrm{j}4.44fN_D\dot{\Phi}_D \tag{15-11}$$

由于 Z_1Z_2 绕组在纵轴感应电动势的有效匝数为 $N_Z\cos\theta$,Z_3Z_4 绕组在纵轴感应电动势的有效匝数为 $N_Z\sin\theta$,因此,纵轴磁通在 Z_1Z_2、Z_3Z_4 绕组中的感应电动势分别为

$$\dot{E}_{Z_1Z_2} = -\mathrm{j}4.44fN_Z\cos\theta\dot{\Phi}_D \tag{15-12}$$

$$\dot{E}_{Z_3Z_4} = -\mathrm{j}4.44fN_Z\sin\theta\dot{\Phi}_D \tag{15-13}$$

将式(15-12)除以式(15-11),经整理得

$$\dot{E}_{Z_1Z_2} = K\dot{E}_d\cos\theta$$

式中,$K = \dfrac{N_Z}{N_D}$ 为定转子绕组的匝比。

同理可得

$$\dot{E}_{Z_3Z_4} = K\dot{E}_d\sin\theta$$

若忽略 D_1D_2、Z_1Z_2 绕组内的漏阻抗压降,根据电压平衡,得

$$\dot{U}_{\mathrm{D}} = -(\dot{E}_{\mathrm{d}} + \dot{E}_{Z_1 Z_2}) = -(\dot{E}_{\mathrm{d}} + K\dot{E}_{\mathrm{d}}\cos\theta)$$
$$= -\dot{E}_{\mathrm{d}}(1 + K\cos\theta)$$

其有效值之间的关系为

$$U_{\mathrm{D}} = E_{\mathrm{d}}(1 + K\cos\theta)$$

即

$$E_{\mathrm{d}} = \frac{U_{\mathrm{D}}}{1 + K\cos\theta} \tag{15-14}$$

在转子输出绕组 $Z_3 Z_4$ 回路中,一般负载阻抗很小,其负载电流在内阻抗上的压降可忽略不计,这样便有

$$\dot{U}_{\mathrm{Z}} \approx \dot{E}_{Z_3 Z_4} = K\dot{E}_{\mathrm{d}}\sin\theta$$

其有效值之间的关系为

$$U_{\mathrm{Z}} = KE_{\mathrm{d}}\sin\theta \tag{15-15}$$

由式(15-14)及式(15-15)得

$$\frac{U_{\mathrm{D}}}{1 + K\cos\theta} = \frac{U_{\mathrm{Z}}}{K\sin\theta}$$

即

$$U_{\mathrm{Z}} = \frac{K\sin\theta}{1 + K\cos\theta}U_{\mathrm{D}} \tag{15-16}$$

式(15-16)便是在一定的励磁电压 U_{D} 下,输出电压 U_{Z} 与输入信号 θ 之间的关系。当 K 为某一定值,比如 $K = 0.52$ 时, $U_{\mathrm{Z}} = f(\theta)$ 的关系如图 15-46 所示。从图示曲线可以看出,在 $\theta = \pm 60°$ 范围之内,输出电压 U_{Z} 与输入信号 θ 的关系近似是线性的,所以这类旋转变压器称为线性旋转变压器。

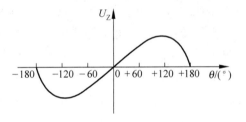

图 15-46　$K = 0.52$ 时, U_{Z} 与 θ 的关系

15.2.6　步进电动机

步进电动机是一种采取特殊运行方式的同步电动机,其由专用脉冲电源供电。每输入一个脉冲,步进电动机就移一步,故也称其为脉冲电动机。步进电动机是一种将电脉冲信号转变成直线位移或角位移的执行元件。其直线位移或角位移量与电脉冲数成正比,其线速度或转速与脉冲频率成正比。通过改变电脉冲频率,可在很大范围内进行调速。同时,该电动机还能快速起动、制动、反转和自锁。由于步进电动机具有上述特点,因而日益广泛地应用于数字控制系统中,如数控机床、绘画机、自动记录仪表和 A/D 变换装置等。步进电动机的步距角和转速不受电压波动和负载变化的影响,也不受诸如温度、气压、冲击和振动等环境影响,仅与脉冲频率有关。其每转一周都有固定的步数,在丢步的情况下,其步距误差不会长期积累。由于具有这些特点,使其特别适合于在数字控制的开环系统中用作执行元件,并使系统大为简化。

步进电动机种类繁多,按运动形式分有旋转式步进电动机和直线式步进电动机。旋转

式步进电动机又分反应式、永磁式和永磁感应子式三种。其中应用最多的是反应式步进电动机,且其他两种旋转步进电动机在基本原理上也与之极为相似,故本节仅以反应式电动机为例,分析步进电动机的基本原理和运行特性。

1. 步进电动机的工作原理

三相反应式步进电动机的工作原理如图 15-47 所示。

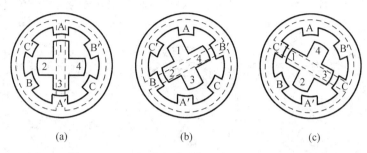

(a)　　　　　　　(b)　　　　　　　(c)

图 15-47　三相反应式步进电动机的工作原理

三相反应式步进电动机的定子上有六个极,每个极上都装有控制绕组(图中绕组未画出),每两个相对的极组成一相。转子是四个均匀分布的齿,没有安装任何绕组。当 A 相控制绕组时,因磁通总要沿磁阻最小的路径闭合,因此使转子齿 1、3 与定子极 A、A′ 对齐,如图 15-47(a)所示。此时,由于定子极 BB′ 的轴线与转子齿 2、4 的轴线在空间上的“错位”,由定子极 B、B′ 与转子齿 2、4 所构成的磁路不是磁阻最小的路径。所以与上同样道理,当 A 相绕组断电,B 相绕组通电时,转子齿 2、4 将与定子极 B、B′ 对齐,如图 15-47(b)所示。这样,转子在空间沿逆时针方向转过了 30° 空间角度。以此类推,当 B 相绕组断电,C 相绕组通电时,转子齿 1、3 将与定子极 C、C′ 对齐,如图 15-47(c)所示。这样,转子又在空间沿逆时针方向一步一步地转动。由于这种电动机的转动是根据控制绕组与电源接通或关断的变化频率呈步进状态运行,故称为“步进电动机”。

显然,步进电动机的转向取决于通电相序。若按 A→C→B→A 相序通电,步进电动机则反向旋转。步进电动机的转速取决于通电频率,变换通电状态的频率(即脉冲电源的频率)越高,转子就转得越快。一种通电状态转换到另一种通电状态,叫作一“拍”,每一拍转子就转过一个角度,这个空间角度叫作步距角 θ_s。

由于上述通电方式中每次通电时仅有一相绕组通电,且每经过三次切换控制绕组的通电状态为一循环,故称为三相单三拍通电方式。显然这种通电方式时,三相步进电动机的步距角 $\theta_s = 30°$。

三相步进电动机除了单三拍通电方式外,还有三相单、双六拍通电方式。采取这种通电方式时,通电顺序为 A→AB→B→BC→C→CA→A,或 A→AC→CB→B→BA→A。也就是说,A 相绕组先通电,尔后再接通 B 相绕组(这时 A 相不断开),即 AB 两绕组同时通电;此后断开 A 相,使 B 相绕组单独通电,再接通 C 相(此时 B 相不断开),即 BC 两相绕组同时通电。依此规律循环往复。这种通电方式,定子三相控制绕组需经过六次切换才能完成一个循环,故称为“六拍”。此外在通电时,有时是单个绕组通电,有时又是两个绕组同时通电,因此,称为“单、双六拍”通电方式。

下面分析三相单、双六拍通电方式的步距角。

仍以如图 15-47 所示的步进电动机为例,现改为单、双六拍通电。当 A 相绕组通电时,与单三拍运行的情况相同,转子齿1、3与定子极A、A′对齐,如图15-48(a)所示。当A、B相绕组同时通电时,转子齿2、4将在定子极B、B′的吸引下,使转子沿逆时针方向转动,直到转子齿1、3和定子极A、A′之间的作用力与转子齿2、4和定子极B、B′之间的作用力平衡为止,此时的平衡位置如图15-48(b)所示。当断开A相绕组而由B相绕组单独通电时,转子将继续沿逆时针方向转过一个角度,使转子齿2、4与定子极B、B′对齐,如图15-48(c)所示。若继续按BC→C→CA→A的顺序通电,那么步进电动机便按逆时针方向连续转动。显然,若通电相序改为A→AC→C→CB→B→BA→A时,步进电动机将按顺时针方向转动。

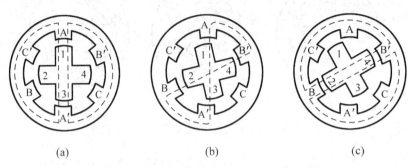

图15-48　单、双六拍运行时步进电动机示意图

如前所述,采用单三相通电方式时,步进电动机的步距角$\theta_s = 30°$,也就是说,单三拍通电时电动机每经过一拍,转子转过30°空间角度。采用单、双六拍通电方式后,步进电动机由A相绕组单独通电到B相绕组单独通电,中间还要再经过A、B两相同时通电这个状态,也就是说要经过二拍转子才转过30°。所以这种通电方式下,三相步进电动机的步距角$\theta_s = 30°/2 = 15°$。

可见,同一台步进电动机因通电方式不同,运行时的步距角θ_s也就不同。

在实际运用时,由于单三相通电方式在切换电时,在一绕组断电的同时另一相绕组开始通电,容易造成失步。此外,由单一绕组通电吸引转子,也容易使转子在平衡位置附近产生振荡,运行的稳定性较差,所以很少采用。而采用较多的则为"双三拍"通电方式,即按AB→BC→CA→AB的顺序通电,或按AC→CB→BA→AC的顺序通电。"双三拍"通电方式运行时,每个通电状态均为两个控制绕组同时通电,且每次切换电时,总有一相绕组仍处于通电状态,故避免了上述失步和振荡现象的发生。不难看出,双三拍通电运行时,通电后所建立的磁场轴线总与未通电的一相磁极轴线重合,因而转子齿轴线总与未通电一相的磁极轴线对齐。例如A、B相通电时,磁场轴线与C、C′齿轴线重合。这与单三相通电时磁场轴线移动的效果是一样的,故双三拍运行时步距角仍为30°。

上述结构的三相步进电动机无论采用哪种通电方式,其步距角仍然较大,不能满足生产中某些小位移量的要求。例如,步距角较大的步进电动机在数控机床中就会直接影响加工工件的精度。因此,目前实际运用较多的步进电动机,在结构上进行了一些改进。最常见的小步距角的三相反应式步进电动机如图15-49所示,其定子上有六个极,上面装有控制绕组,并联成A、B、C三相,

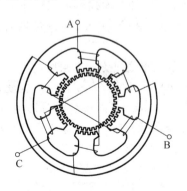

图15-49　小步距角的三相反应式
步进电动机

转子上 40 个齿均布。与上述简单结构的步进电动机不同的是,定子每段极弧上也各有五个齿,均匀分布在极弧上。定、转子的齿宽和齿距都相同。当某相通电时,譬如 A 相绕组通电时,便在该相磁极的轴线方向产生磁场。由于上述已分析过的原因,转子便受到反应转矩(磁阻转矩)的作用而转动,直至转子齿与定子 A 相磁极上的齿对齐为止。因转子上共有 40 个齿,每个齿的齿距应为 $360°/40=9°$,而每个定子磁极的极距 $360°/6=60°$,所以每个极面下所占的齿数不是整数。从如图 15-50 所示的该步进电动机的定、转子展开图中看出,当 A 极下的定、转子齿对齐时,B 极和 C 极下的齿就分别和转子齿错开 1/3 的转子齿距,即 $9°/3=3°$空间角。正是这种"自动错位",为下一拍其他相绕组通电时产生反应转矩提供了条件。

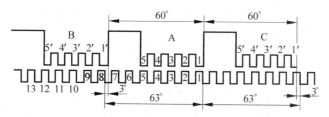

图 15-50　三相反应式步进电动机的定、转子展开图

反应式步进电动机的转子齿数 Z_r 基本上是由步距角的要求所决定的。但是,为了能实现"自动错位",转子的齿数必须满足一定的条件,而不能为任意数值。当定子的相邻极为相邻相时,设相数为 m,则要求在某一极下定、转子的齿对齐时,在相邻极下的定、转子齿之间应错开转子齿距的 $1/m$ 倍,即它们之间在空间位置上应错开 $360°/mZ_r$ 空间角度。据此而推之,可得转子齿数应满足的条件为

$$Z_r = 2p\left(K \pm \frac{1}{m}\right)$$

式中,$2p$ 为反应式步进电动机的定子极数;K 为正整数。

由于这种反应式步距电动机的错位角为 $360°/mZ_r$,因此当单三拍或双三拍通电时,每一拍即移动一错位角,故此时步距角 θ_s 即为错位角,即 $\theta_s=360°/mZ_r$。当采用单、双六拍通电运行时,据前面分析可知,要每二拍才移动一错位角,即步距角 $\theta_s=360°/2mZ_r$。若写成通式,则有

$$\theta_s = \frac{360°}{CmZ_r}$$

式中,C 为状态系数。当采用单三拍或双三拍通电方式运行时,$C=1$;当采用单、双六拍通电方式运行时,$C=2$。

由上式可看出,步进电动机的相数和转子齿数越多,步距角 θ_s 就越小。但相数越多,电源就越复杂;齿数越多,转子加工越困难,成本也就越高。因此,除极个别的外,步进电动机一般最多做到六相。

2. 步进电动机的特性

1) 静态运行状态

步进电动机在不改变通电状态下的运行称为静态运行状态。在这种状态下,步进电动机的转矩与转角之间的关系,即 $T=f(\theta)$,称为矩角特性。矩角特性是步进电动机的基本

特性。

如前所述,反应式步进电动机本质上就是一台反应式同步电动机。因此,该电动机的转矩就是同步电磁转矩,转角就是通电相的定、转子齿中心线间用电角度表示的夹角 θ,如图 15-51 所示。当步进电动机的一相通电,且该相的定、转子齿对齐时,$\theta=0°$,电机转子上无切向磁拉力,转矩 $T=0$,如图 15-51(a)所示。若转子齿相对于定子齿向右错开一角度,此时便出现磁拉力,产生转矩 T。其方向为阻止转子齿错开,故为负值,如图 15-51(b)所示。根据反应式同步电动机的原理,在 $\theta<90°$ 时,θ 越大,转矩 T 也越大;当 $\theta>90°$ 时,θ 越大,转矩 T 反而越小,直到 $\theta=180°$ 时,转矩 T 又为零,如图 15-51(c)所示。θ 再增大,则转子齿又受到另一个定子齿的作用,出现与前相反的转矩,如图 15-51(d)所示。由此可见,步进电动机的转矩随转角 θ 作周期变化,变化周期是一个齿距,即 2π 电角度,其变化规律接近正弦曲线,如图 15-52 所示。

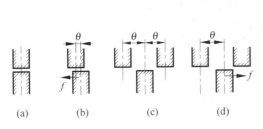

图 15-51 步进电动机的转矩与转角关系

(a) $\theta=0°$,没有转矩;(b) $\theta<90°$,转矩增加;

(c) $\theta=180°$,转矩又等于 0;(d) $\theta>180°$,转矩反向

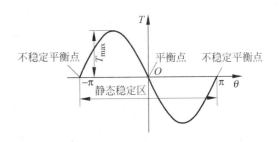

图 15-52 反应式步进电动机的矩角特性

如步进电动机空载在静态稳定运行时,转子必然有一个稳定平衡位置。由上文分析可知,该位置就是通电相定、转子齿对齐位置,即 $\theta=0°$ 位置。因为只有处在该位置,当有外力使转子齿偏离此处时,只要偏离角 θ 在 $0°<\theta<180°$ 的范围内,外力消除后,转子便能自动地重新回到原来位置,故该处是稳定平衡点。但当 $\theta=\pm\pi$ 时,虽然两个定子齿对着一个转子齿的磁拉力互相抵消,暂时处于平衡状态,但是只要转子向任一方向稍有偏离,磁拉力就会失去平衡,所以 $\theta=\pm\pi$ 的位置是不平衡点。反应式步进电动机的静态稳定区正处在这两个不稳定点之间,如图 15-52 所示。矩角特性曲线上,电磁转矩的最大值称为最大静态转矩 $T_{\max}$。

2) 步进运行状态

步进运行状态是指脉冲频率很低,每一脉冲到来之前,转子已完成一步,并且运动已经停止。在这种状态下,主要从以下两方面分析电动机的特性。

(1) 动稳定区

如步进电动机空载,且在 A 相通电状态下,其矩角特性如图 15-53 中曲线 1 所示。转子位于稳定平衡点 O_1 处,加一脉冲,A 相断电,B 相通电,矩角特性变为曲线 2。曲线 2 与曲线 1 相隔即为一个步距角 θ_s,转子新的稳定平衡位置为 O_2。改变通电状态时,只要转子位置处于 B、B' 之间,转子就能向 O_2 点运动,从而达到新的稳定平衡。因此,$B—B'$ 称为步进电动机空载状态下的动稳定区。显然,步距角越小(或相数增加,或拍数增加),动稳定区就越接近静稳定区,步进电动机运行的稳定性便越好。

(2) 最大负载转矩 T_{st}

如步进电动机带负载运行,负载转矩为 T_1,在 A 相通电状态下,电动机稳定平衡位置对应于图 15-54 所示曲线 1 上的 θ_1 点。当 A 相断电,B 相通电,在改变通电状态的瞬间,由于机械惯性,转子位置还来不及改变,此时运行点跳至曲线 2 上对应于 θ_1 的 b 点。从图上可看出,此时电动机的同步转矩大于负载转矩 T_1。因此转子加速,运行点朝着 θ 角增大的方向运动,最后到达新的稳定平衡点 θ_2。如果负载转矩很大,如图 15-54 中的 T_2,这样起始稳定平衡点就应该是曲线 1 上的 θ_1'。因此通电状态切换后,运行点将跳至矩角特性曲线 2 上的 b' 点。由于该点上的同步转矩小于此时的负载转矩 T_2,因此运行点不能向 θ 增大的方向运动,从而到达新的稳定平衡点 θ_2',反而向 θ 减小的方向运动。在这种情况下,步进电动机不能在负载下作步进运动。显然,负载的最大允许值就是两特性曲线的交点所对应的同步转矩的大小,即图 15-54 中的 T_{st},T_{st} 便称为最大负载转矩。当负载转矩大于该转矩时,电动机不能作步进运动,因此最大负载转矩也称为步进转矩,有时也称为起动转矩。此外,最大负载转矩 T_{st} 比最大静态转矩 T_{max} 要小。相数或拍数越大,T_{st} 越大,越接近于 T_{max}。

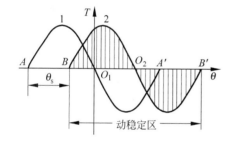

图 15-53　步进电动机的动稳定区

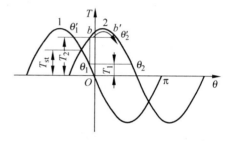

图 15-54　步进电动机的最大负载转矩

3) 高频恒频运行状态

当脉冲频率很高时,步进电动机已经不是一步一步地转动了,而是像普通同步电动机那样连续旋转。频率恒定时,电动机作匀速率旋转,这种状态就称为高频恒频运行状态。

步进电动机的每相控制绕组为一个电感线圈,其具有一定的时间常数。因此,通电状态切换时,绕组中的电流是呈指数曲线上升或下降的。当频率很高时,周期很短,电流来不及增长,电流的峰值随脉冲频率的增大而减小,励磁磁通也就随之而减小,由此而产生的平均转矩也就减小。因此,步进电动机在高频恒频旋转时所产生的平均转矩比静态时要小。脉冲频率越高,电动机转速越高,平均转矩越小。也就是说,步进电动机在高频运行状态下,其平均转矩与频率有关。这种平均转矩与频率的关系称为转矩-频率特性,简称矩频特性。步进电动机的矩频特性为一条下降的曲线,如图 15-55 所示。

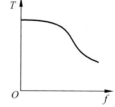

图 15-55　步进电动机的
矩频特性

小　结

　　驱动微电机是特种电机的一种类型，主要用来驱动小型负载。与普通电机相比，其功率小、尺寸小、结构简单、用电方便、操作简便，尤其便于民用。本章主要介绍了三种驱动微电机：单相异步电动机、单相串励换向器电动机、磁阻式及磁滞式同步电动机。

　　控制微电机中交流和直流伺服电动机、步进电动机等为功率元件，用于将信号转换成输出功率或将电能转换为机械能；而交流和直流测速发电机、自整角机、旋转变压器等为信号元件，用来检测和转换信号。

习　题

15-1　试说明单相异步电动机的种类及其结构。

15-2　试说明分相式单相异步电动机改变旋转方向的原理。普通罩极式电动机的旋转方向能改变吗？新罩极式电动机是如何改变转向的？

15-3　磁滞式电动机忽略涡流转矩时，为什么在转速 $n = 0 \sim n_1$ 范围内电机的转矩为一常数？

15-4　磁滞式同步电动机最突出的优点是什么？

15-5　为什么磁阻式同步电动机转子上常常装鼠笼绕组，而磁滞电动机却没有装？

15-6　交流伺服电动机的理想空载转速为何总是低于同步转速？当控制电压变化时，电动机的转速为何能发生变化？

15-7　什么是自转现象？如何消除？

15-8　如何根据电磁关系式说明电枢控制和磁场控制直流伺服电动机的性能不同？

15-9　为什么交流伺服电动机的额定频率一般为 400 Hz，而调速范围只为 0～4000 r/min？

15-10　幅值控制和相位控制时的交流伺服电动机在什么条件下电机气隙磁动势为圆形磁动势？其理想空载转速是多少？

15-11　交流伺服电动机幅值-相位控制时的机械特性和调节特性的线性比较差，但在实际中为什么却最常用这种控制方式？

15-12　交流伺服电动机怎样实现改变控制信号而反转？

15-13　为什么直流测速发电机的使用转速不宜超过规定的最高转速？为什么所接负载电阻数值不宜低于规定值？

15-14　交流异步测速发电机励磁绕组与输出绕组在空间相互垂直，没有磁路的耦合作用。为什么励磁绕组接交流电源，电机旋转时，输出绕组会有电压？若将输出绕组移到与励磁绕组同一位置上，电机工作时输出电压是多大？还与转速有关吗？

15-15　交流异步测速发电机的输出特性存在线性误差的主要原因有哪些？

15-16　控制式自整角机的比电压是大好还是小好？为什么？

15-17　力矩式自整角机比整步转矩数值大好还是小好？为什么？

15-18　力矩式自整角机的动态转矩是什么？比静态转矩数值大还是小？

15-19　为什么容量不大，定、转子齿数较少的旋转变压器必须采用同心式正弦分布绕组？

15-20　若不对正、余弦旋转变压器采取补偿措施,为什么负载运行时输出电压会产生畸变?

15-21　为消除误差,正、余弦旋转变压器是怎样采用一次侧补偿的?

15-22　步进电动机为什么必须"自动错位"? 自动错位的条件是什么?

15-23　什么叫作反应式步进电动机的静稳定及稳定平衡点?

15-24　空载时,步进运行的条件是什么? 负载时,步进运行的条件又是什么?

15-25　怎样改变步进电动机的转向?

15-26　怎样确定步进电动机的转速大小? 它与负载转矩大小有关系吗?

15-27　三相六极反应式步进电动机若采用单三拍、双三拍及单、双六拍通电方式运行,其步距角是多少?

15-28　步距角为 $1.5°/0.75°$ 的反应式三相六极步进电动机的转子有多少个齿? 若运行频率为 300 Hz,求电动机运行时的速度。

第6篇
电机统一理论

电机学理论已有近百年的历史,延续至今已形成了一套完整的经典理论。

以往,各种版本的电机学论著均将所有主要电机分为四大门类,即直流电机、变压器、同步电机和异步电机,这就是通常所说的"四大电机"。而后在各自的书中自立章节、分门别类、独立论述,各种特种电机也分布在这些门类之列。书中对各类电机的描述也是形态各异:有旋转的,也有静止不动的;有交流的,也有直流的;有发电的,也有电动的。林林总总,五花八门。

然而,其中的变压器,按汉语的含义来说,其并不能称为"机",就像其自身的名称一样,不能称之为"变压机",而应称之为"变压器"。因为在汉语中,大凡带有"机"字者,均与动力或动能有关。换句话说,凡能产生与动力或动能有关的机械运动的机械才能称为"机"。比如蒸汽机、柴油机、汽油机、冲压机和电动机等,均可称为"机"。即使像继电器这一类仅仅产生控制性动作的电气装置,也只能称为"器",意即其为"电器",而不是"电机"。究其原因,那就是这种电器只产生控制性的动作,并不产生与动力或动能有关的机械运动。

但电机学界的前辈们竟不顾汉语上词义混淆的忌讳,将变压器这种完全静止的电气装置也称为"电机",想必自有其道理。也就是说,经典理论中传统的四大电机必有其相通之处。

此外,从辩证唯物论的认识论来看,在众多归属于同一类事物的个性中,一定存在着共性的东西。这就是所谓"共性存在于个性之中,普遍性存在于特殊性之中"的哲理。这种哲理反映到电机学中,就是通常人们所说的"电机统一理论"。

电机统一理论可归纳为"五个统一",即:基本电磁规律的对立统一、励磁系统方式的分类统一、功角平面分布的完整统一、静态稳定判据的集中统一、分析工具的高度统一。

现分述如下。

第16章

基本电磁规律的对立统一

对于电机学中的四大电机,在介绍其工作原理时运用过许多电磁理论,并遵循许多电磁规律,但其中最基本的,且既相互对立而又相互依存,即最具对立统一性质的只有两条,那就是法拉第电磁感应定律和洛伦兹电磁力定律。

1) 最基本的电磁规律

一个显而易见的事实,就是所有电机的基本功能是要么发出电来,要么产生电磁转矩。而这就一定会运用到法拉第电磁感应定律和洛伦兹电磁力定律。因此,这两条定律在电机学中的运用是最常用的,也是最基本的。

2) 具有相互对立特征的电磁规律

从各类电机各自的功能来看,这两条规律的作用是相互对立的:一方面,只有在发电机和变压器中,才需要利用法拉第电磁感应定律,从而使发电机能发出电来,使变压器的副边能输送出电能来;另一方面,只有在电动机中,才需要利用洛伦兹电磁力定律,从而使电动机的转轴能输出机械能。

3) 具有相互依存特征的电磁规律

无论哪一类电机,即无论同步机也好,异步机也好,还是变压器也好,也无论哪一种运行状态,即无论发电状态也好,还是电动状态也好,只要在工作,就必然遵循电磁感应定律,在电机的绕组中感应出电动势来。发电机如此,电动机也如此。

另一方面,无论哪一类电机,即无论是同步机也好,异步机也好,还是变压器也好,也无论哪一种运行状态,即发电状态也好,还是电动状态也好,只要在工作,就必然遵循洛伦兹电磁力定律,在电机内部产生出电磁转矩来。电动机如此,发电机也如此。

这也就是说,这两条电磁规律在电机中的同时作用是必然的,电机就是其作用的共生体。

不仅如此,在后面的分析中我们将会看出,这种同时的作用不仅是必然的,而且是必须的。

16.1 电动机中的情形

电动机首先应遵循洛伦兹电磁力定律,绕组通电后产生电磁转矩,才能产生旋转运动。

但与此同时,正是由于有了磁场与绕组之间的这种相对运动,必然遵循电磁感应定律,在电动机的绕组内才会感应出电动势。

这不是电动机内需不需要感应电动势的问题(从需求上看,电动机内并不需要感应电动势),而是客观规律(即电磁感应定律)的必然结果。

还应该指出的是,对于电动机而言,电磁感应定律的作用使得感应电动势的出现不仅是必然的,而且也是必须的。

如前所述,对于各类电动机都有如下的电压(或称电动势)平衡方程。

直流电动机:

$$U = E_a + I_a R_a + 2\Delta U$$

异步电动机:

$$\dot{U}_1 = -\dot{E}_1 + \dot{I}_1 Z_1$$

同步电动机(以隐极同步电动机为例):

$$\dot{U} = \dot{E}_0 + \dot{I} R_a + j\dot{I} X_t = \dot{E}_\delta + \dot{I} R_a + j\dot{I} X_\sigma$$

从以上各式中可以看出,电动机中的感应电动势和各自的漏阻抗压降一起,与电源电压在电动机的绕组中的电回路上达到平衡。由于电动机中的漏阻抗压降通常均很小,因而正是这个感应电动势抗衡了电源电压的绝大部分,才使得绕组中的电压(或电动势)能达到平衡。

如若没有这个感应电动势,绕组中的电流就会相当大,从而电动机也就无法正常运行。这样,电动机也就不可能从电网中吸收电能,进而将其转变为机械能,此时的电机也就不成其为电动机了。

由此可见,对于电动机而言,电磁感应定律的作用使得感应电动势的出现不仅是必然的,而且也是必须的。

16.2　发电机中的情形

发电机首先应遵循电磁感应定律,产生感应电动势,才能发出电来。

但与此同时,正是由于该电动势在绕组中的出现,便使得绕组中出现了电流。该电流必然遵循洛伦兹电磁力定律,在发电机的定转子之间产生电磁力,进而产生电磁转矩。

这也不是发电机内需不需要电磁力的问题(从需求上看,发电机内并不需要洛伦兹电磁力),而是客观规律(即洛伦兹电磁力定律)的必然结果。

还应该指出的是,对于发电机而言,电磁转矩的出现不仅是必然的,而且也是必须的。

如前所述,对于各类发电机都有一个几乎统一的转矩平衡方程,如下所示:

$$T_1 = T_0 + T$$

由上式可以看出,发电机的电磁转矩 T 与空载转矩 T_0 一起,与原动机的转矩 T_1 在发电机与原动机连接的轴系上达到平衡。由于空载转矩 T_0 通常很小,因而正是发电机的这个电磁转矩抗衡了原动机的转矩的绝大部分,才使得由发电机与原动机组成的机械系统在转轴上达到转矩的平衡。

如若没有发电机的这个电磁转矩,整个轴系上的转矩便不能平衡,因而发电机也就不能稳定运行。这样,发电机也就不能从原动机方吸收进机械能,进而将其转变成电能,此时的电机也就不成其为发电机了。

由此可见,对于发电机而言,电磁转矩的出现不仅是必然的,而且也是必须的。

综上所述,在电机内部,电动势和电磁力是对立统一的一对矛盾,电机就是这一矛盾的

286

对立统一体。

16.3 变压器中的情形

16.3.1 变压器中的感应电动势

从需求上看,变压器是需要电磁感应定律的作用,在其副边感应出电动势的。因为,只有这样才能给负载提供电压和电流,从而输出功率。

而变压器的原边并不需要感应电动势。但是,正是由于这同一个电磁感应定律同样要作用在变压器的原边,从而在其中感应出电动势来。

这不是变压器的原边需不需要感应电动势的问题,而是客观规律(即电磁感应定律)的必然结果。

还应该指出的是,对于变压器而言,原边感应电动势的出现不仅是必然的,而且也是必须的。

如前所述,变压器的原边有如下电压(电动势)平衡方程:

$$\dot{U}_1 = -\dot{E}_1 + \dot{I}_1(R_1 + jX_{1\sigma})$$

由上式可以看出,变压器的原边中的感应电动势和漏阻抗压降一起,与电源电压在其绕组中的电回路上达到平衡。由于变压器原边的漏阻抗压降通常很小,因而正是这个感应电动势,抗衡了电源电压的绝大部分,才使得绕组中的电压(或电动势)能达到平衡。

如若没有这个感应电动势,绕组中的电流就会相当大,从而变压器也就无法正常运行。这样,变压器的原边也就不可能从电网中吸收电能,进而将其传递给副边输送给负载,此时的变压器也就不成其为变压器了。

由此可见,对于变压器而言,电磁感应定律的作用使得感应电动势的出现即使在原边也不仅是必然的,而且是必须的。

16.3.2 变压器中的洛伦兹电磁力

1. 主磁通所产生的洛伦兹电磁力

实际上,上述结论是适用于一切电机的,当然也包括静止电机——变压器在内。

然而,变压器是利用电磁感应定律将一种电压等级的交流电能转变为另一种电压等级的交流电能,因此在其内部产生感应电动势的情况很好理解,在此不作分析,仅仅分析产生洛伦兹电磁力的情况。

直观看来,变压器的内部并不需要洛伦兹电磁力,实际上它也确实不产生运动。但是,这并不能说明变压器内部没有洛伦兹电磁力的存在。这也不是变压器内部需不需要洛伦兹电磁力,或者需不需要运动、产生不产生运动的问题,而是它作为电机家族的一员,也必然要遵循同一个客观规律(即洛伦兹电磁力定律)的问题。

事实上,变压器内也是存在洛伦兹电磁力的。只是因为变压器原副边没有间隙,不能产生运动,其所产生的电磁力表现为内力而已。

如图 16-1 所示,与旋转电机不同,变压器中的原副边绕组(图中 1、2 分别表示原边和副边绕组)在空间是处于同心位置的,即两者的轴线一致,其间不存在空间夹角。

在此,需要说明的是变压器原副边绕组在空间的位置,并不是像在讲述变压器原理时所采用的示意图(如图 16-2 所示)那样,其原副边绕组各自分立于两个芯柱上。原理分析时的图之所以那样画,一是出于直观,二是为了画面清晰。变压器原副边绕组在空间的位置的实际情况应如图 16-1 所示。

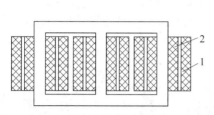

图 16-1　变压器的原副边绕组

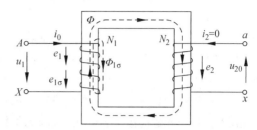

图 16-2　变压器空载运行时的示意图

因此,变压器中的实际情况是在其原副边绕组之间不存在着空间夹角。因此,乍一看起来,变压器的原副边不会产生力的作用,当然也就不会产生力矩。加之其原副边铁芯为一体,在空间上没有间隙,因而也就不会产生运动,所以洛伦兹电磁力定律不适用于变压器。

但实际情况怎样呢? 现作如下分析。

众所周知,当磁场与电流相互垂直时,洛伦兹电磁力定律中的力的大小便由下式决定:

$$F = BIl$$

其方向由左手定则判定:让磁力线(B 的方向)穿过左手掌心,若四指所指方向为电流方向,则大拇指所指方向即为通电导体的受力方向。

原副边绕组在同一铁芯柱处于同心位置的变压器,其原副边绕组的绕向情况有两种。一是原副边绕组的绕向相同,如图 16-3(a)所示;二是原副边绕组的绕向相反,如图 16-3(b)所示(图中,为了画面清晰,未将两绕组的线圈画成内外同心式,而是上下错开了一点距离)。

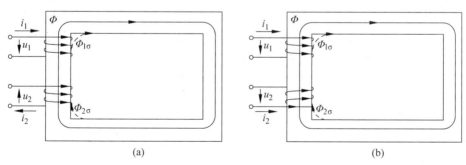

(a)　　　　　　　　　　　　　　　(b)

图 16-3　变压器中原副边绕组绕向图

但是,无论是哪种情况,根据上述左手定则判定,变压器原副边绕组的线圈均会受到磁场对它的电磁力。该作用力有其鲜明的特点,即均为自内向外扩张(由于在图面上不便表示,故图中并未画出力的方向和位置,读者可自行按左手定则判定之)。

这一分析的结果,对变压器的设计和生产具有实际指导意义。

288

既然内外线圈所受力都是自内向外的,且内侧线圈所受力最终还是要传递到外侧线圈,因此进行变压器结构设计时,外侧线圈的机械强度就应设计得大一些。

2. 漏磁通所产生的洛伦兹电磁力

实际上,在变压器中不仅主磁通会产生电磁力,漏磁通也会产生电磁力。运用左手定则可以判定,由于原副边漏磁通 $\Phi_{1\sigma}\Phi_{2\sigma}$ 的作用,原副边绕组线圈的上下两端也都会受到一个电磁力。该力也有鲜明的特点,就是其总是由桶形线圈的两轴向桶的中段挤压,且越靠近两端,其作用力越大(因为越靠近两端,漏磁通就越多)。由于在图面上不便表示,故图中并未画出力的方向和位置,读者可自行按左手定则判定之。

这一分析的结果,对变压器的设计和生产也具有实际指导意义。

既然越靠近两端其作用力就越大,因此结构设计时,加强线圈强度的紧固材料就应更多地用在线圈的两端,正所谓好钢用在刀刃上。而不是像现在工厂中的实际操作那样,其紧固材料沿轴向是均匀分配的。

由以上分析可见,在变压器内部仍然存在着洛伦兹电磁力的作用。

换句话说,洛伦兹电磁力定律对变压器来说仍然是适用的。其内部电磁力的作用和方向,仍然可运用洛伦兹电磁力定律来判断。只是在变压器内部产生的电磁力仅表现为内力,从而并不形成产生机械运动的电磁转矩而已。

由此可见,在电机学统一理论中,没有电机结构和运动方式上的区别。在电机学统一理论看来,无论什么样的具体结构,也无论其运动方式是静止的,还是旋转,都共同遵循着两个统一的规律,即法拉第电磁感应定律和洛伦兹电磁力定律,而各类电机本身,就是这两个统一规律作用的统一体。

16.3.3 关于法拉第电磁感应定律的有关问题

在不少的电机学教材和有关电机的书籍中,都将电磁感应定律写成如下形式:

$$e = -\frac{d\Phi}{dt} = -\frac{\partial\Phi}{\partial t} - \frac{\partial\Phi}{\partial x}\frac{dx}{dt} = -\frac{\partial\Phi}{\partial t} - v\frac{\partial\Phi}{\partial x} = e_T + e_R \tag{16-1}$$

式中的感应电势有两项:一项是线圈静止不动,由于磁通交变而产生的感应电动势,称之为变压器电动势;另一项是磁通不随时间变化,由线圈与磁场之间的相对运动而产生的感应电动势,称之为旋转电动势,或速度电动势,也有的称之为切割电动势。

这便给人一个错觉,如若以上两种情况都存在(注意:式中的两项之间是加号),则在线圈中就会同时产生两种电动势,即既有变压器电动势,又有切割电动势,这是由于书中的这种表述容易引起的一种误解。

其实,法拉第电磁感应定律运用到诸如电机学这样的强电(而不是诸如无线电那样的弱电)领域,其表现形式如下:

$$e = -N\frac{d\Phi}{dt} \tag{16-2}$$

这是电机学中电磁感应定律表述式的普遍形式。

式(16-2)的含义很明确,那就是当线圈中的磁通量随时间发生变化时,在线圈中便感应出电动势,其大小为线圈的匝数 N 与磁通对时间的变化率的乘积,其方向由式中的负号决定(此处不作讨论)。

在变压器中,当然不会出现线圈与磁场之间的相对运动,因而运用式(16-1)求解时,其第二项切割电动势必然为零。这时仅有线圈中的磁通随时间变化率,因而得出的是该式中的第一项变压器电动势。可见,在分析变压器的感应电动势时,运用式(16-1)是不会出错的。

但在分析旋转电机时,就有两种观察角度。一是观察线圈边与磁场之间的相对运动,一般说来这种方法比较直观。这样,运用式(16-1)便得到第二项切割电动势的结果。但倘若从观察线圈中的磁通随时间的变化的角度出发再进行一次分析计算,就会发现线圈中的磁通也是随时间变化的,因而该式中的第一项也会有相应的计算结果。如若按式(16-1)将其两项相加,其结果中就有一半是重复的。

其实,如前所述,电磁感应定律的本质是当线圈中的磁通量随时间发生变化时,在线圈中便感应电动势。其大小也是很明确的,即为线圈的匝数 N 与磁通对时间的变化率的乘积。

如欲求其值,按上述含义计算便可以了。如若为了直观,或是为了便利,或是因为某种需要须按照切割电动势来计算,就一定要注意,线圈与磁通相对运动,与线圈交链的磁通随时间而变化是相伴相随的,或者说其只是与线圈交链的磁通随时间变化的一种表象,分析计算时只能从其中的一个角度出发计算一次,否则就会重复。

以上结论还可通过以下推导过程加以证明,即只要从式(16-2)出发,如能推导出如下切割电动势的通常表达式:

$$e = Blv \tag{16-3}$$

便可说明运用电磁感应定律分析计算结果的唯一性。而线圈边运动和磁链的变化,只是同一规律的两个不同的分析角度而已。

根据以上思路,现推导如下。

如图 16-4 所示,有一线圈处于在空间按一定规律分布且不随时间而变化的磁场中,现按箭头方向运动。设线圈匝数为 N,其两圈边相互平行,运动方向与线圈边垂直,线圈边在磁场中的长度为 l,线圈的宽度为 b。令线圈的左边到坐标原点的距离为 x,则其右边到原点的距离为 $x+b$,设磁场中磁通密度 B 的方向与线圈平面垂直,线圈左右两边所处位置的磁通密度分别为 B_{1n}、B_{2n},磁场中任意一点处的磁通密度为 B_n。这样线圈中的磁通量为

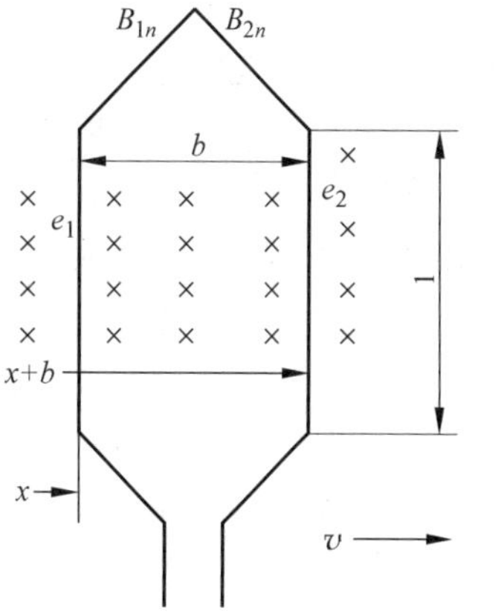

图 16-4 线圈运动时的切割电动势

$$\Phi = Nl \int_x^{x+b} B_n \, \mathrm{d}x$$

由于线圈在磁场中运动,因而引起线圈中的磁通量发生变化,如前所述,线圈中便产生感应电动势。由于磁场本身不随时间变化,故 $\dfrac{\partial \Phi}{\partial t} = 0$,也就是说变压器电动势 $e_T = 0$,仅存在速度电动势 e_R:

$$e_R = -v \frac{\partial \Phi}{\partial x}$$

将前文得出的关系式 $\varPhi = Nl\displaystyle\int_x^{x+b} B_n \mathrm{d}x$ 代入上式,得

$$e_{\mathrm{R}} = -vNl\,\frac{\mathrm{d}}{\mathrm{d}x}\int_x^{x+b} B_n \mathrm{d}x$$

由于定积分的微分有下述关系:

$$\frac{\mathrm{d}}{\mathrm{d}x}\int_m^n f(x)\mathrm{d}x = f(n)\,\frac{\mathrm{d}n}{\mathrm{d}x} - f(m)\,\frac{\mathrm{d}m}{\mathrm{d}x}$$

将以上关系运用到上述 e_{R} 的表达式,得

$$\begin{aligned}
e_{\mathrm{R}} &= -vNl\left[B_n(x+b)\,\frac{\mathrm{d}}{\mathrm{d}x}(x+b) - B_n(x)\,\frac{\mathrm{d}}{\mathrm{d}x}(x)\right]\\
&= -vNl(B_{2n} - B_{1n})\\
&= e_1 - e_2
\end{aligned}$$

上式说明,一线圈的速度电势等于该线圈两圈边导体感应电势之差。

为了求取一根导线的感应电势,令线圈匝数为 1,则

$$e_1 = B_{1n}lv$$
$$e_2 = B_{2n}lv$$

可见,线圈两边导体的电势分别为其所处磁通密度 B、导线长度及运动线速度 v 的乘积,写成通式,即每一导体的速度电势为

$$e = Blv$$

可见,其即为切割电动势通常的表达式。

因此可以说,反映切割电动势的电磁感应定律表达式 $e = Blv$,仅为由如式(16-2)所示的普遍表述式推导而来的另一种表现形式。也就是说,线圈边与磁场之间是否有相对运动,只是与线圈交链的磁通是否随时间变化的观察角度不同的另一种观察角度。

还有一个能说明问题的例证,这就是电机学中在分析旋转电机的感应电动势时,通常都采用 $e = Blv$ 表述式,即从线圈边与磁场之间是否有相对运动的观察角度来分析。

其实,这并不是必需的。要推导旋转电机的感应电动势,同样可采用变化率形式的式(16-2)来分析。

而采用切割运动形式的式(16-3)分析的出发点,往往是为了直观,或者是习惯,或者是便利,或者出自某种需要。

比如,现时各类电机学的教科书中,在分析交流绕组中的感应电动势时,均采用切割运动形式的式(16-3)来分析。即首先运用 $e = Blv$ 表述式,分析单根导体得出交流绕组中单根导体的感应电动势;由于两根单导体组成一个线匝,因而,随后分析得出一个整距线匝中的感应电动势;而一个整距线圈往往是多匝的,因而将其乘上一个线圈中的匝数,便得出一个整距线圈中的感应电动势;因为交流电机的绕组一般都是分布的,因而随后便结合分布绕组系数的推导,分析得出整距线圈组(即整距相绕组)中的感应电动势;最后,结合双层分布短距绕组的短距系数的推导,分析得出三相双层分布短距绕组中某相绕组的感应电动势(此处仅讨论基波)的计算公式。其最终结果如配套教材中所示的结果,即

$$E = 4.44Nk_{\mathrm{N}}f\varPhi \tag{16-4}$$

各类教科书之所以不厌其烦地采用上述方法推导相绕组的感应电动势,并不是出于简便(如上所述,其过程是很冗长的),更不是由于它的唯一性(下面将证明还有更为简便的),

而是出于某种需要。

从以上论述中已可看出,这种需要便是结合绕组中感应电动势的推导,引出交流绕组中分布和短距的概念,进而推导得出交流绕组的分布和短距系数。

可以看出,如若不进行上述过程冗长的推导,就不能得出交流绕组的分布和短距系数。换句话说,如若已经掌握了交流绕组的分布和短距系数,也就是说有了交流绕组的等效线圈(集中整距)的等效匝数,便可回到如式(16-2)所示的由于线圈所交链的磁通量随时间发生变化,而在线圈中感应电动势的那个计算公式,也即电磁感应定律的普遍形式上来,这样将会简便得多。

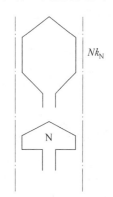

图 16-5　交流绕组等效的集中和整距线圈中感应的电动势

下面证明之。

以同步机为例,如图 16-5 所示,将分布和短距的交流电机定子绕组等效为一个有效匝数为 Nk_N 的集中和整距的绕组,转子磁极以同步转速 n_1 旋转。此时,在空间静止不动的定子绕组的等效线圈中,其磁通的大小按 $\sin\omega t$(其中,ω 为 n_1 所对应的机械角速度所对应的电角速度)规律变化。即此时线圈中 Φ 的表达式可写成 $\Phi = \Phi_m\sin\omega t$ 形式,将其代入式(16-2),便有

$$e = -Nk_N\frac{d\Phi}{dt} = -Nk_N\frac{d\Phi_m\sin\omega t}{dt} = -Nk_N\omega\Phi_m\cos\omega t$$

考虑到 $\omega = 2\pi f$,因此得

$$E = \frac{1}{\sqrt{2}}Nk_N\Phi_m 2\pi f = 4.44fNk_N\Phi_m$$

这便与配套教材中推导得出的结果完全相同,但推导过程却简便得多。

可见,在分析旋转电机的电动势时,配套教材中的推导方法并不简便,更不是唯一的,只是另有教学要求上的考虑。

综上所述,式(16-2)是电磁感应定律的普遍形式,而式(16-3)所示的表达形式,只是由上述普遍表述式推导而来的另一种表现形式。在计算电机中的感应电动势时,不可重复运用。

小　　结

四大电机在工作原理中运用了许多电磁理论,遵循着许多电磁规律,但其中最基本的只有两条,那就是法拉第电磁感应定律和洛伦兹电磁力定律。

在电机学统一理论中,没有电机结构和运动方式上的区别。在电机学统一理论看来,无论是什么样的具体结构,也无论其运动方式是静止还是旋转,都共同遵循着两个统一的规律,而各类电机本身,就是这两个统一规律作用的统一体。

习　　题

16-1　为什么说法拉第电磁感应定律和洛伦兹电磁力定律是电机学中最基本、最具有相互对立，又相互依存，即最具对立统一性质的两大基本电磁规律？

16-2　变压器中是否也存在洛伦兹电磁力？是主磁通会产生洛伦兹电磁力，还是漏磁通会产生洛伦兹电磁力，还是两者皆会产生？

16-3　变压器内部产生的电磁力以什么形式表现？是否形成产生机械运动的电磁转矩？

16-4　法拉第电磁感应定律的普遍形式

$$e = -N \frac{\mathrm{d}\Phi}{\mathrm{d}t}$$

的含义是什么？它与电机学中常用的切割电动势的计算公式

$$e = Blv$$

有什么关系？

第17章

励磁系统方式的分类统一

在四大电机的励磁系统中,既有直流的,也有交流的;既有静止的,也有旋转的;既有转枢的,也有转场的。可谓结构千差万别,形式迥然不同。

但是,就其励磁系统的方式来说,无非分成两类:一类是单边励磁系统,另一类是双边励磁系统。这也就是说,所有四大电机的励磁统一于两类系统。具体说来,变压器和异步电机属单边励磁磁路系统,直流电机和同步电机属双边励磁磁路系统。正是由于四大电机在这两类励磁磁路系统中的分属不同,使得其呈现出各自的鲜明特征,而同属一类励磁磁路系统的电机,其特征又是统一的。

具体分析如下。

17.1 单边励磁磁路的特点

图 17-1 和图 17-2 分别所示为变压器的供电示意图和异步电机的供电示意图。

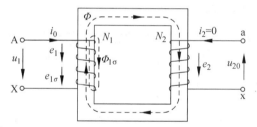

图 17-1 变压器的供电示意图

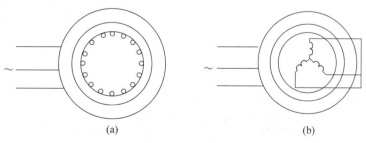

(a)   (b)

图 17-2 异步电机的供电示意图

由图 17-1 和图 17-2 可清楚地看出,这两种电机有一个共同的特点,那就是只有其原边均挂在电源上,而其副边要么带着电负载,要么自行直接短接(转轴上带机械负载),即均不再由任何电源供电。这就是所谓的单边励磁系统。

经研究可得出如下结论：无论上述哪种电机，只要同属这种单边励磁系统，就有如下的共同特征。

(1) 副边绕组磁动势的作用规律相同，均呈现磁动势平衡状态。

在变压器和异步电机的这种单边励磁系统中，当电机带上负载后，主磁路中的磁通（即主磁通）便由原副绕组的合成磁动势共同产生，原副边绕组呈现出磁动势平衡状态。

现分析如下。

变压器和异步电机带负载时，其原边的电压平衡方程是一致的，即均为

$$\dot{U}_1 = -\dot{E}_1 + \dot{I}_1 Z_1$$

由于 $\dot{I}_1$ 和 Z_1 均很小，$\dot{I}_1 Z_1 \approx 0$，因而 $\dot{U}_1 \approx -\dot{E}_1$，故 $U_1 \approx E_1$。而

$$E_1 = 4.44 f N_1 \Phi_m$$

故

$$U_1 \approx E_1 = 4.44 f N_1 \Phi_m$$

由于正常运行时电压 U_1 是恒定的，故无论空载时的激磁磁通 Φ_m，还是负载时的激磁磁通基本上是相等的。即从空载到负载，空载时的激磁磁通 Φ_m 是基本不变的。因此，空载与负载时的激磁电流 $\dot{I}_m$ 和激磁磁动势 $\dot{I}_m N_1$ 也是基本相等的。而负载时磁路中总的磁动势为 $\dot{I}_1 N_1 + \dot{I}_2 N_2$，根据全电流定律可知应有如下结果：

$$\dot{I}_1 N_1 + \dot{I}_2 N_2 = \dot{I}_m N_1$$

这便是变压器和异步电机共同遵循的规律：磁动势平衡。

提到磁动势平衡，就不得不提磁动势平衡的物理意义。

磁动势平衡的物理意义是：原副边的磁动势之和始终等于空载时的磁动势 $\dot{F}_m$。

而从变压器的相（向）量图中可以看出，原副边磁动势和电流的相位基本上是相反的。因此，当副边带上负载出现电流 $\dot{I}_2$（即磁动势 $\dot{F}_2$），或副边电流（即磁动势）变化时，原边电流 $\dot{I}_1$ 和磁动势 $\dot{F}_1$ 也随之变化，以产生不变的激磁磁动势 $\dot{F}_m$，达到原副边磁动势之间的平衡。

若将每项磁动势用相应的电流和匝数表示，则有

$$\dot{I}_1 N_1 + \dot{I}_2 N_2 = \dot{I}_m N_1$$

经整理，得

$$\dot{I}_1 = \dot{I}_m - \dot{I}_2 \frac{N_2}{N_1} = \dot{I}_m + \dot{I}_{1L}$$

上式便是用电流表示的磁动势平衡方程，其物理意义是：变压器负载时其原边电流中有两个分量，一个是不变的激磁电流 $\dot{I}_m$，另一个就是负载电流 $\dot{I}_{1L}\left(\text{即} -\dot{I}_2 \dfrac{N_2}{N_1}\right)$。显而易见，该电流与原边电流 $\dot{I}_1$ 成正比。因此，副边电流 $\dot{I}_2$ 越大，原边电流 $\dot{I}_1$ 也就越大。

变压器磁动势平衡的物理意义，从根本上解释了变压器的副边带上负载后，其原边电流 $\dot{I}_1$ 会随之增大的原因。

变压器和异步电动机的原副边之间原本没有电的联系。在异步电动机中,甚至连机械上的联系都没有。试想一下,当副边带上负载有了电流后,如若没有原副边磁动势平衡,那么原边怎么会得知这一副边负载变化的"信息"呢? 又怎么会随之有所反应,进而相应地增大电流呢?

原来,正是由于这两种电机所拥有的磁动势平衡,通过原副边的电磁耦合作用这个桥梁,才使得此类电机的原边对副边负载的变化有一种自动跟踪的作用。

可见,运用电机学的统一理论,可将上述问题分析得更为透彻,更富有规律性。

(2) 磁路均为恒流源。

如前所述,在变压器和异步电机这两种电机的磁路中,其主磁通在运行时是基本不变的。类比电路的情形,这便是一种恒流源的磁路系统。

恒流源磁路的特点,与恒流源电路的特点相似。由于其磁通(姑且称之为磁流,其类似于电路中的电流)是恒定的,因此当磁路中的某段磁阻变化时,其所对应的磁压降(类似于电路中的电压降)将与之成正比变化。

串联磁路如图 17-3 所示,其中图 17-3(a)为一串联磁路的实物模型,图 17-3(b)为其对应的等效磁路图。因为此时 Φ 是恒定的,磁路中磁阻变化后,各磁阻上的磁压降将与之成正比变化。

变压器中本不该有气隙,但目前多数变压器的铁芯仍然采用叠片方式,故其接缝中会有一定的间隙。而在异步电机中,其定转子之间本身就有一个气隙。由于在电机的磁路中,气隙所消耗的磁压降占整个磁动势的绝大部分,加之其磁压降与磁路中的磁阻成正比,因而其气隙的大小对磁路中的磁动势的消耗影响甚大。

因此,变压器和异步电机中都有一个要求其气隙尽量小的问题。

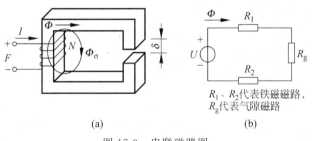

(a)　　　　　　　　　(b)

图 17-3　串联磁路图

以上概念在电机学和电机设计中原本早已建立,但究其根本原因,便是此处进一步分析所得出的结论:该类励磁系统的磁路均为恒流源磁路。

(3) 无功补偿只能由容性元件提供。

异步电机和变压器本身的性质均为感性,因此运行时其功率因数始终是滞后的,而其又均为单边励磁系统,其无功的来源均只有交流电网一方,除此之外并无其他无功来源,因此,如若需改善功率因数,其补偿所需之无功就只能由容性元件提供。

17.2 双边励磁磁路的特点

图 17-4 和图 17-5 分别为他励直流电机的供电示意图和同步电机的供电示意图。

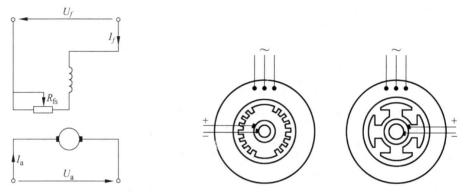

图 17-4 他励直流电机的供电示意图　　　　图 17-5 同步电机的供电示意图

由图 17-4 和图 17-5 可清楚地看出,这两种电机有一个共同的特点,那就是其原副边均分别挂在各自的供电电源上,这就是所谓的双边励磁系统。

无论上述哪一种电机,只要属于这种双边励磁系统,就有如下的共同特征。

(1) 副边绕组磁动势的作用规律相同,均产生电枢反应作用。

如图 17-6 所示,直流电机的电枢磁动势改变了磁路中磁通的分布。

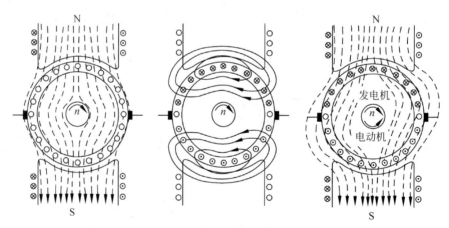

图 17-6 直流电机中电枢反应对磁路分布的影响

如图 17-7 所示为直流电机中横轴(此处不讨论电刷不在几何中心线上时的直轴电枢反应)电枢反应对磁路中磁通大小的影响。从图中可以看出,由于磁路中饱和现象的存在,电枢反应的结果使每极面下的总磁通有所减少。

如图 17-8 所示为 $0°<\varphi<90°$(通常运行情况)时同步发电机的电枢反应。从图中可以看出,在通常情况下,同步发电机的电枢反应中总会有纵轴去磁分量,该分量对气隙磁场产生去磁作用,即改变气隙磁通的大小。

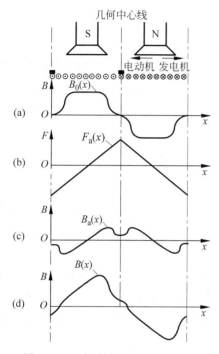

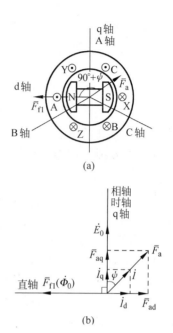

图 17-7　空气隙中磁通密度分布图
（a）空载磁通密度；（b）电枢磁动势；
（c）电枢磁通密度；（d）合成磁通密度

图 17-8　$0° < \varphi < 90°$ 时同步发电机的电枢反应

在直流电机和同步电机的这种双边励磁系统中，空载时，励磁侧的励磁电流单独在电机内产生空载磁通。带上负载后，电枢绕组侧的电枢电流也对电机进行励磁，产生电枢绕组的励磁磁通。以上两磁通的叠加，便形成电机内气隙中最终的合成磁场，其结果是使气隙磁场发生变化。

在电机学中，这种电枢绕组产生的励磁磁通对空载磁场的影响称为电枢反应。

其实，以上两种电机中的电枢反应的情况不尽相同。即使在同一种电机中，在不同的运行状况下，其电枢反应的情况也是不同的——有直轴的，也有交轴的；即使同为直轴电枢反应，在同步电机内也还有去磁和助磁之分；更何况在同步电机中，其两相叠加的磁通的性质根本不同，一个是直流电产生的磁通，另一个是交流电产生的磁通。

但是不管怎么说，其相互作用的结果是一样的。即电枢边的磁动势出现后，并不影响原边的磁动势的大小，而只是影响气隙磁通的大小和分布，故统称之为电机的电枢反应。

究其原因，就是因为其为双边励磁磁路，各自的励磁系统是相互独立的，其励磁电流互相不受影响，磁动势也就互不影响。而如前所述，在变压器和异步电机这两种电机中，副边的磁动势的影响并不改变磁路的主磁通的多少，而是改变原边的磁动势的大小。这就是单边励磁系统电机的磁动势平衡，与双边励磁系统电机的电枢反应之间的区别所在。这也就是在四大电机中，变压器和异步电机副边的磁动势的影响被称为磁动势平衡，而直流电机与同步电机副边的磁动势的影响却被称为电枢反应（随后将会将到）的原因所在。

电机学的统一理论，正是抓住了四大电机分为单边励磁和双边励磁这两大励磁系统这一问题的本质，得出了上述分别对磁动势平衡和电枢反应的统一认识。

（2）磁路均为恒压源。

如上所述，在直流电机和同步电机这两种电机的磁路中，其主磁通在运行时是变化的，而励磁磁动势则维持不变。类比电路的情形，这便是一种恒压源系统。

恒压源的磁路特点与恒压源的电路特点相似。如图 17-3 所示，由于此时磁动势 F 是恒定的，因此当磁路中的某段磁阻变化时，其所对应的磁压降（类似于电路中的电压降）只是根据串联磁路（类似于串联电路）中的磁压降的分配规律重新分配，并不随之成正比变化。

也就是说，直流电机和同步电机这两种电机的气隙的大小，对磁路中的磁动势消耗的影响，并不像异步电机那么大。因此，电机设计中对直流电机和同步电机这两种电机气隙的控制，并不像异步电机那么严格。所以，直流电机和同步电机的气隙，通常要比异步电机的大许多。

还是出于以上原因，为了兼顾电机的某些性能，比如同步电机的短路比等，有时还会将同步电机的气隙特意做得大一些。

（3）同步电机系无功可调系统。

由于同步电机为双边励磁系统，尽管其有功也只能来自一方，但其无功却有两个方面的来源：一个是交流电网，另一个是直流电源。因此，当需要同步电机向交流电网送出落后的无功时，可令其在过励状态下运行。此时，由直流电源提供的励磁能量，通过同步电机传递给交流电网，即向交流电网输送落后的无功。这就是同步电机可以改善电网功率因数的原因所在。

换句话说，归根到底，同步电机之所以能改善电网功率因数，就是缘于其为双边励磁系统。

小　　结

在四大电机的励磁系统中，其励磁系统的方式分成两类：一类是单边励磁系统，另一类是双边励磁系统。变压器和异步电机属单边励磁磁路系统，直流电机和同步电机属双边励磁磁路系统。

由于四大电机在这两类励磁磁路系统中的分属不同，使得其呈现出其各自的鲜明特征，而同属一类励磁磁路系统的电机，其特征又是统一的。

习　　题

17-1　四大电机的励磁系统，就其励磁方式来说分为几类？分别是哪几类？

17-2　认识励磁系统的方式的分类有什么意义？

第18章

功角平面分布的完美统一

四大电机稳定运行时的功率角布满整个功率角平面,遍布 $0°\sim360°$ 区间的每个角落,未任何遗漏空间。因此可以说,电机学中四大电机的功率角是完美统一的。

现论述如下。

18.1　同步电机稳定运行时的功率角区间

18.1.1　同步发电机稳定运行时的功率角区间

1. 扰动原理分析

设一台同步发电机在原动机的驱动下开始运行,其功率角关系如图 18-1 所示。下面分析其稳定运行时的功率角的取值范围。

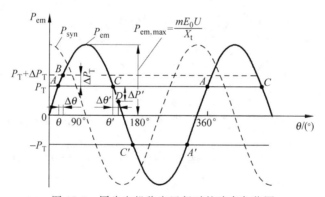

图 18-1　同步电机稳定运行时的功率角范围

如图 18-1 所示,设原先原动机的有效输入功率为 P_T,此时在图中似乎应有 A 和 C 两个功率平衡点,但实际上只有 A 点是稳定的。

分析如下:设电机原先在 A 点运行,由于某种扰动原动机的有效输入功率突然增大了 ΔP_T,则功率角将从 θ 逐步增大到 $\theta+\Delta\theta$ 而平衡于 B 点,这时由于功率角的增大,电磁功率也增加了 $\Delta P=\Delta P_T$。扰动消失后,$\Delta P_T=0$,发电机发出的电磁功率 $P_{em}+\Delta P>P_T$,发电机的制动转矩促使转子减速至 A 点上稳定运行。

而如若电机原先在 C 点运行,其功率角为 $\theta'>90°$,则当发生某种扰动时,原动机的有效输入功率增大 ΔP_T,这时功率角将因此而增大,比如增大到 $\theta'+\Delta\theta'$ 即图中 D 点。但是,此处的电磁功率反而减小。这时即使扰动消失,$\Delta P_T=0$,由于 P_T 大于 D 点处的电磁功率

$(P_{\mathrm{T}}-\Delta P')$,因而无法达到新的功率平衡,过剩的功率 $\Delta P'$ 仍将使 θ 角继续增大,不能稳定运行。

当 $\theta>180°$ 后,电磁功率变为负值,同步电机由发电运行状态转变为电动运行状态。这时,如若有效输入转矩 T_{T} 仍然存在,则在 T_{T} 与驱动的电磁转矩 T 的双重作用下,转子将产生更大的加速度,θ 角将迅速冲过 $360°$,重新进入发电机状态。当 θ 角第二次来到 A 点时,虽然再次达到功率平衡,但由于此前的不断加速,已经使转子的转速大大高于同步转速,转子所积累的动能使 θ 角因惯性继续增大。在 $A{\rightarrow}C$ 的减速过程中,不足以使原来的高转速降至同步转速,因而又会冲过 C 点。此后,θ 角还会继续增大,由此又周而复始,直至最后转速越来越高,电机最终失去同步。

由以上分析可知,同步发电机的功率角 θ 在大于 $90°$ 区间的运行是不稳定的,其稳定运行时的功率角区间为 $0°\sim90°$。

2. 静态稳定判据判断

此外,在原动机的有效输入功率为 P_{T} 恒定,即其对功率角 θ 的变化率为零时,同步发电机稳定运行的判据是

$$\frac{\mathrm{d}P_{\mathrm{em}}}{\mathrm{d}\theta}>0$$

而从图 18-1 上看,在 $0°\sim90°$ 的区间中,同步发电机的电磁功率对功率角 θ 的变化率正好大于零;在 $90°\sim180°$ 区间其对功率角 θ 的变化率却小于零。从而再一次证明,同步发电机在 $90°\sim180°$ 区间运行是不稳定的,稳定运行的功率角区间为 $0°\sim90°$。

18.1.2 同步电动机稳定运行时的功率角区间

1. 扰动原理分析

如若当 θ 角刚刚冲到 $180°$ 时,迅速撤除原动机的输入功率,与此同时在其转轴上接上一个机械负载,其功率为 P_{T}(但在图 18-1 中表示为 $-P_{\mathrm{T}}$),如图 18-1 中所示。同理,此时在图中似乎也应有 A' 和 C' 两个功率平衡点,但实际上只有 A' 点是稳定的。

现分析如下:

设电机原先在 C' 点运行,当机械负载出现某种扰动突然增大,这时相互作用的相邻两定转子磁极之间的夹角会瞬间增大。

值得注意的是,如图 18-2 所示,这时原来处于领先某一极性相反的定子磁极,并在前面拉着定子磁极(因为那时是发电机运行)以同步速旋转的那个转子磁极(即图中左下方的那个 N 极)已经越过 $180°$,处于与原来那个定子磁极极性相同的另一定子磁极(即图 18-2 中右上方的那个 S 极;如若是二极电机,则即是原先那个定子磁极)的后方,并由该定子磁极拉着以同步速旋转(因为此时已经是电动机运行了)。由于机械负载的突然增大,刚刚讲到的两个相互作用的相邻定转子磁极之间的夹角会瞬间增大。这也就是说,右边这一对定转子磁极之间的夹角会瞬间增大。但此前,功率角 θ 是按发电机运行时假定的正方向定义的(也即图 18-2 中右下方的转子 N 极与其左上方的定子 S 极之间的角度),很明显此时功率角 θ 是减小的。因而,从图 18-1 上看,此时同步电动机的电磁功率应是减小的。因此,一方面负载的机械功率增大,另一方面同步电动机的电磁功率减小。因而永远得不到运行的交点,所以在 C' 点不能稳定运行。

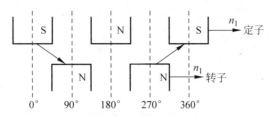

图 18-2 从发电机运行过渡到电动机运行时定转子磁极位置的相对关系

如若电机原先在 A' 点运行,其情况就大不相同了。当发生某种扰动,机械负载的功率突然增大时,相互作用的相邻两定转子磁极之间的夹角就会瞬间增大,这时功率角减小,而电磁功率因此反而增大。其结果是机械负载的功率增大的同时,电动机的电磁功率也随之增大,因而能随时得到运行的交点。一旦负载的扰动消失,电机还能回到 A 点稳定运行。

2. 静态稳定判据判断

此外,运用同步电机静态稳定的判据来判断,其结果也是如此,因为很明显,功率角在 $270° \sim 360°$ 之间时,有 $\dfrac{\mathrm{d}P_{em}}{\mathrm{d}\theta} > 0$。

这也就是说,同步电动机稳定运行时的功率角功率角区间为 $270° \sim 360°$。

将以上分析结果概括起来,其结论是同步电机作发电机运行时的功率角区间为 $0° \sim 90°$,作电动机运行时的功率角区间为 $270° \sim 360°$。

18.1.3 同步调相机稳定运行时的功率角

同步调相机运行时的示意图如图 18-3 所示。

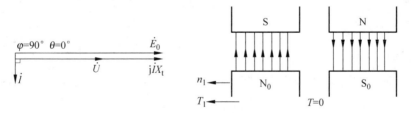

图 18-3 同步调相机运行时的示意图

从图 18-3 中可很清楚地看出,同步调相机运行时,倘若忽略此时的机械损耗,其定转子的磁动势间的夹角为 $0°$。由于其两极面在气隙处极性相反,因此从磁极的对称中心方向来看,两磁动势的方向是一致的,故同步调相机运行时的功率角为 $0°$。

18.2 异步电机稳定运行时的功率角区间

18.2.1 异步电动机稳定运行时的功率角区间

由同步电机功率角的概念可知,所谓功率角,就是电机的定转子的磁动势之间的夹角。下面从这个概念出发,分析异步电机的功率角和稳定运行时的功率角区间。

异步电机稳定运行时的时空相(向)量如图 18-4 所示。

从图 18-4 中可以清楚地看出,异步电机作电动机稳定运行时,其原边电流 $\dot{I}_1$ 与副边电流 $\dot{I}_2'$,以及分别由 $\dot{I}_1$ 与 $\dot{I}_2'$ 产生的定转子磁动势向量 $\bar{F}_1$ 与 $\bar{F}_2$ 之间的夹角区间均为 90°～180°(作电动机运行时按自 $\dot{I}_2'$ 至 $\dot{I}_1$ 逆时针旋转计)。

由此可见,异步电机作电动机稳定运行时的功率角区间为 90°～180°。

18.2.2　异步发电机稳定运行时的功率角区间

异步电机作发电机运行时,其定转子电流的方向均与前相反,如图 18-5 中的 $-\dot{I}_1$ 和 $-\dot{I}_2'$ 所示。由于异步电机由作电动机运行改为作发电机运行后,其旋转磁场的转向也与前相反,因此此时 $-\dot{I}_1$ 与 $-\dot{I}_2'$ 之间的夹角应按自 $-\dot{I}_2'$ 至 $-\dot{I}_1$ 顺时针旋转计。由图 18-4 可看出,此时两电流之间的夹角区间为 180°～270°。也就是说,异步电机作发电机稳定运行时,其定转子磁动势向量 $-\bar{F}_1$ 与 $-\bar{F}_2$ 之间的空间夹角,也即功率角的区间为 180°～270°。

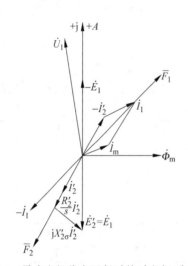

图 18-4　异步电机稳定运行时的时空相(向)量图

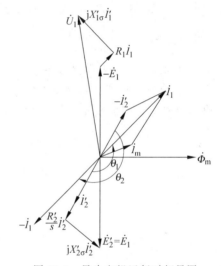

图 18-5　异步电机运行时相量图

18.3　直流电机稳定运行时的功率角

如图 18-6 所示为直流电机作发电机和电动机运行时,电机内磁场分布和其定转子磁动势的相互关系的示意图。从图中可很直观地看出,直流电机定转子的磁动势在空间是相互垂直的。如若假设其间的夹角为 90°时为直流电机的发电机运行状态,那么作电动机运行时的夹角便为 270°(以与其相反的旋转方向计)。

由此可见,直流电机稳定运行时的功率角不是分布在两个区间,而是处于两个固定的角度,即 90°和 270°。

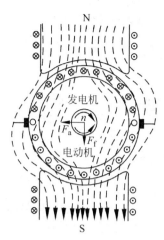

图 18-6　直流电机运行时定转子磁动势的相互关系示意图

18.4　变压器运行时的功率角

如前所述,所谓功率角,就是电机的定转子的磁动势之间的夹角。根据这个概念,可认为变压器运行时也是有功率角的,这就是其原边与副边绕组所产生的磁动势在空间的夹角。下面分析其所处的区间。

如图 16-1 所示,变压器的原副边绕组(图中 1、2 分别表示原边和副边绕组)在空间处于同心位置,即两者的轴线一致,其间不存在空间夹角。

而又如图 16-3(a)、(b)所示,无论原副边绕组的绕向相同还是相反,其原副边绕组中由原副边电流产生的磁动势的正方向总是相同的。

再如图 18-7 所示,如忽略变压器的激磁电流,其原副边电流的相位正好相反。因此,由变压器原副边绕组的电流产生的磁动势,在空间的夹角为 $180°$。

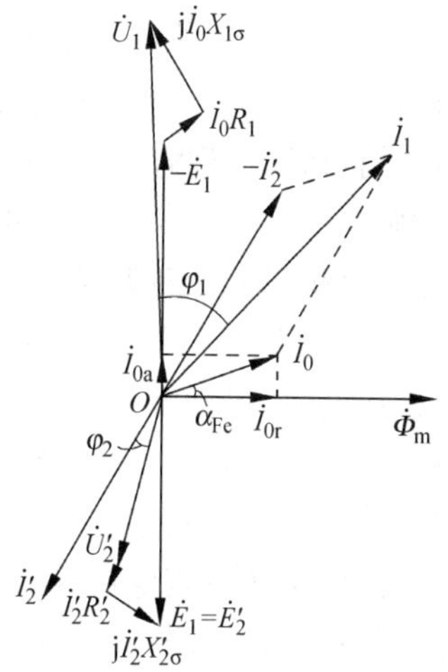

至此,四大电机稳定运行时的功率角区间,或功率角所处位置已全部得出。现将其画在同一张角平面图上,如图 18-8 所示,这便是四大电机稳定运行时的功率角分布图。

图 18-7　变压器运行时的相量图

由图 18-8 可清楚地看出,四大电机稳定运行时的功率角遍布整个功率角平面,布满整个空间的每一个角落和缝隙,无一残缺,严丝无缝。因此可以说,四大电机的功率角在整个功角平面中是完整的统一。

不仅如此,各种电机的功率角在整个平面中分布有序,规律迥然,其表现如下。

(1)同步电机与异步电机作电动及发电运行时的功率角区间,占据角平面中的四个象限,但不含边线;而同步电机的调相运行、直流电机的发电和电动运行,以及变压器的运行,则分别占据四个象限的边线。

这种情况可理解为:其功率角斜交的旋转交流电机(即同步电机与异步电机)的运行

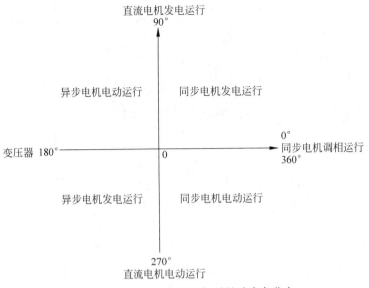

图 18-8　四大电机稳定运行时的功率角分布

点,有一个可伸缩变化的范围,该变化范围在四个象限的边线之内(不含边线);而功率角正交的直流电机,以及功率角不斜张开(要么不张开,要么平开)的交流电机(即同步调相机与变压器)的运行点则是固定不变的。前者固定在纵轴上,后者固定在横轴上。

(2)同步电机在所有三种运行状态时的功率角与异步电机(加上变压器后也是三种)所有运行状态时的功率角分立纵轴两边,以其为对称轴呈左右镜像对称。

这种情况可理解为:同步电机与异步电机(包含变压器)的所有运行状态,是以同步转速为临界点的两种交流电机的运行状态:纵轴左边的电机以异于同步速的转速运行,纵轴右边的电机以同步转速运行。

(3)直流电机的两个运行点的功率角,以横轴为对称轴自行上下镜像对称。

这种情况可理解为:在直流电机的两个运行状态中,其能量转换是相互对称的,即直流电机作发电机运行时,是将机械能转换成电能;而在作电动机运行时,是将电能转换成机械能。一个将机械能转换成电能,一个将电能转换成机械能,呈上下镜像对称关系。

此外,由于直流电机的功率角呈 90°,说明其定转子绕组在空间是正交的。因此可以看出,直流电机的原副绕组之间(电刷处于磁极中心线下)无磁的耦合,这就是直流电机在改变磁通调速时,无须像交流电机那样要有去耦过程,因而其调速性能相当优越的原因所在。

(4)变压器运行时的功率角在分类时归并于异步电机中,形成其中的一种特殊运行方式(这也与同步电机的调相运行——实际上也就是同步电机的一种特殊运行方式形成了一种对应)。

其实,从本质上说,变压器就是一种特殊的异步电动机(反过来说,异步电动机就是旋转的变压器,在控制微电机中,就有一种称为"旋转变压器"的执行元件,其实质上就是一种控制用的交流电动机)。只是因为其功能不是实现机电能量转换(而是实现电能的有功传递),因而在机械上制作成静止的,而不是旋转的,因此可称之为静止的异步电动机。

(5)变压器运行时的功率角与同步调相机的功率角,形成以纵轴为对称轴的左右镜像对称关系。

这种情况可理解为：变压器和同步调相机的功能，都不是以转换能量（尽管同步调相机是旋转的）为目的，而是以传递能量为目的的。只不过变压器是在两个电的网络之间传递有功电能，而同步调相机则是在两个电的网络之间传递无功电能。一个有功，一个无功，呈左右镜像对称关系。

（6）交流电机发电运行和电动运行时的功率角，均分别以坐标原点对称：同步机发电运行时的功率角，与异步机发电运行时的功率角分立一、三两个象限，以坐标原点对称；同步机电动运行时的功率角，与异步机电动运行时的功率角分立二、四两个象限，也以坐标原点对称。

（7）交流电机自身的两种运行状态，各自均分别以横坐标对称：同步电机的发电运行，与其电动运行时的功率角分布，以横坐标的正向段为对称轴上下对称；异步电机的电动运行，与其发电运行时的功率角分布，以横坐标的负向段为对称轴上下对称。

此处分析得出的关于四大电机的功率角在功率角平面上的分布完整统一的结论，再次说明了经典电机学中关于四大电机的理论是一套完整的理论，进一步说明了电机学中所说的四大电机缺一不可。试想一下，如若四大电机中没有包含变压器，电机的功率角的角平面分布就残缺不全（尽管只是少了一条缝隙）。当然，也不可任意加进其他什么电机；否则，硬性添加的电机在功率角的角平面中便无立足之地了。这就是传统而经典的电机学总是以四大电机为主要研究对象的重要原因，也就是在电机学中别的将变压器这样一种静止的电"器"看成是电"机"的重要原因。

小　结

四大电机稳定运行时的功率角，布满整个功率角平面，遍布 $0 \sim 360°$ 区间的每个角落，无任何遗漏空间。

1. 同步电机稳定运行时的功率角区间

（1）同步发电机稳定运行的功率角区间为 $0° \sim 90°$；

（2）同步电动机稳定运行时的功率角区间为 $270° \sim 360°$；

（3）同步电机调相运行时的功率角为 $0°$。

2. 异步电机稳定运行时的功率角区间

（1）异步电动机稳定运行时的功率角区间为 $90° \sim 180°$；

（2）异步发电机稳定运行的功率角区间为 $180° \sim 270°$。

3. 直流电机稳定运行时的功率角

直流电机稳定运行时的功率角，不是分布在两个区间，而是处于两个固定的角度，即 $90°$ 和 $270°$。

4. 变压器运行时的功率角

可认为变压器运行时功率角是其原边与副边绕组所产生的磁动势在空间的夹角。由于该夹角为 $180°$，因而变压器稳定运行的功率角为 $180°$。

习　　题

18-1　四大电机稳定运行时的功率角,在整个功率角平面上的分布是怎样的? 为什么说这种分布能在本质上说明四大电机的内在联系?

18-2　四大电机稳定运行时的功率角,在功率角平面上的分布有什么规律性?

第19章

静态稳定判据的集中统一

经研究可得出结论：电机学四大电机中的三大旋转电机(由于静止的变压器不存在运转的静态稳定问题,自然就除外了)的静态稳定判据是集中统一的。

具体说来,无论电机是作电动机运行,还是作发电机运行,也无论运行中其微小的扰动(大扰动不属静态稳定问题,已属动态稳定问题,不在此讨论之列)来自何方,即无论是机械负载的扰动,还是原动机输入的扰动,还是电源电压的扰动,其静态稳定判定都集中统一于两个判据,电磁功率随转速变化的一类电机属一个判据,电磁功率随功率角变化的一类电机属另一个判据。

具体分析如下。

19.1 电磁功率随转速而变化的一类电机的判据

异步电机和直流电机在运行中的转速不是恒定不变的,而是随负载变化而变化的。也就是说,其电磁功率不是随功率角的变化而变化,而是随转速的变化而变化的。

经研究可以确定,这两类电机的静态稳定判据是一致的。

首先,应该指出的是,在分析该两类电机的静态稳定问题时,此前在各种版本的电机学书籍中,不仅将异步电机和直流电机分别加以讨论,而且还区分各种具体情况。比如电动运行是一种情况,发电运行是另一种情况;直流电动机是一种情况,异步电动机是另一种情况;电压扰动是一种情况,负载扰动是另一种情况,如此等等,一事一议,相当烦琐。

下面首先将这些讨论的情况作一回顾,经必要的补充分析后,设法找出其中规律性的东西,从而就其一般性进行论述。

19.1.1 电动运行时的情形

有的电机学书中,在分析这类电机电动运行时的总体考虑是这样的:

在一般负载的机械特性中,其转矩变化的特征多以随转速升高而增大,或保持常数而与转速无关这两种特性为主。因此,只要电动机具有下降的机械特性,就能满足稳定运行的条件。

1. 直流电动机电压出现扰动时的情形

直流电动机的机械特性如图 19-1 所示。其中,图 19-1(a)所示为向下倾斜形的机械特性,图 19-1(b)为上翘形的机械特性。当这种直流电动机带负载运行电源电压出现扰动时,有的书中便运用扰动原理进行静态稳定分析,即假设电压出现一定的扰动,如图 19-1(a)、 （b）所示（具体过程此处从略，下同），经分析得出结论如下：

当电动机的机械特性向下倾斜时，其运行时静态是稳定的；

当电动机的机械特性上翘时，其运行时静态是不稳定的。

随后，书中又进一步说明，此负载机械特性属转矩保持常数而与转速无关的机械特性，即有 $\dfrac{\mathrm{d}T_{\mathrm{L}}}{\mathrm{d}n}=0$。而电动机向下倾斜的机械特性的斜率为负，即 $\dfrac{\mathrm{d}T}{\mathrm{d}n}<0$，由此便推出一般性结论，即静态稳定的判据如下：

$$\frac{\mathrm{d}T}{\mathrm{d}n}<\frac{\mathrm{d}T_{\mathrm{L}}}{\mathrm{d}n}$$

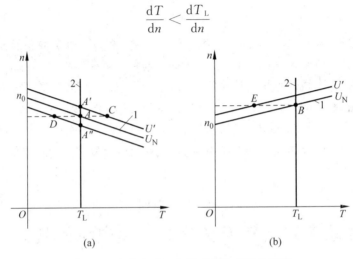

图 19-1　直流电动机电压出现扰动时的情形

（a）向下倾斜形的机械特性；（b）上翘形的机械特性

2. 直流电动机负载出现扰动时的情形

直流电动机负载出现扰动时的情形如图 19-2 所示，有的书中同样运用扰动原理对其进行静态稳定分析，即假设负载出现一定的扰动，如图 19-2（a）、（b）所示，经分析所得结论为静态稳定的判据如下：

$$\frac{\mathrm{d}T}{\mathrm{d}n}<\frac{\mathrm{d}T_{\mathrm{L}}}{\mathrm{d}n}$$

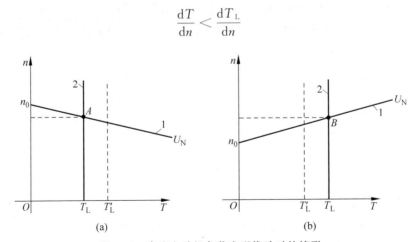

图 19-2　直流电动机负载出现扰动时的情形

3. 异步电动机电压出现扰动时的情形

异步电动机电压出现扰动时的情形如图 19-3 所示,有的书中同样运用扰动原理对其进行静态稳定分析,即假设电压出现一定的扰动,如图中曲线 1 和曲线 3 所示。经分析后所得结论为静态稳定的判据如下:

$$\frac{\mathrm{d}T}{\mathrm{d}n} < \frac{\mathrm{d}T_{\mathrm{L}}}{\mathrm{d}n}$$

4. 异步电动机负载出现扰动时的情形

异步电动机负载出现扰动时的情形如图 19-4 所示,有的书中同样运用扰动原理对其进行静态稳定分析,即假设负载出现一定的扰动,如图中曲线 2 的波动所示。经分析所得结论为静态稳定的判据如下:

$$\frac{\mathrm{d}T}{\mathrm{d}n} < \frac{\mathrm{d}T_{\mathrm{L}}}{\mathrm{d}n}$$

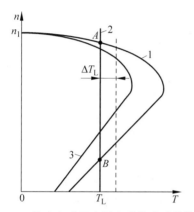
图 19-3　异步电动机电压出现扰动时的情形

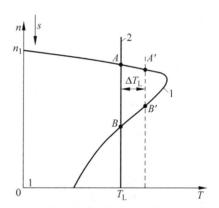
图 19-4　异步电动机负载出现扰动时的情形

19.1.2　发电运行时的情形

首先应该指出的是直流发电机的负载只是一个静态直流电阻,因此不存在负载的瞬时动态变化问题。此外,异步发电机往往总是单机运行,不存在并网运行的情况,因而不存在电压扰动的问题。所以,对异步发电机运行中的静态稳定问题,只需考虑原动机转矩扰动时的情况。

异步电机运行时的机械特性如图 19-5 所示,图中曲线 2 为发电机的机械特性。运用类似于异步电动机运行负载转矩出现扰动时的扰动分析方法,可知图中曲线 2 上的 C 和 C' 点是可稳定运行的,而 D 点是不可稳定运行的。也即是说,曲线 2 上向下倾斜的那一段是稳定运行区,而向上翘的那两段则是不稳定运行区。

因此可得出以下推论:异步发电机静态稳定运行的判据为

$$\frac{\mathrm{d}T}{\mathrm{d}n} < \frac{\mathrm{d}T_{\mathrm{L}}}{\mathrm{d}n}$$

综上所述可得出以下结论:像异步电机和直流电机这一类其电磁功率随转速变化而变化的电机,其静态稳定运行的判据均为

310

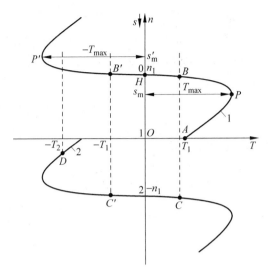

图 19-5　异步电机运行时的机械特性

$$\frac{\mathrm{d}T}{\mathrm{d}n} < \frac{\mathrm{d}T_{\mathrm{L}}}{\mathrm{d}n}$$

　　既然其判据如此统一,那么其中必定有其客观上的必然性。那这种结果能不能从一般形式的分析中得到证明呢? 答案是肯定的,现证明如下:

　　为了更具一般性,不考虑是什么电机,即无论是直流电机还是异步电机;也不考虑电机是什么运行状态,即无论是发电运行还是电动运行;也不考虑是什么机械特性,即无论是下倾斜形机械特性,还是上翘形的机械特性;也不局限于什么样的外部原因,即无论是负载出现扰动,还是电压出现扰动等,仅仅考虑电机的机械特性与负载(或原动机)的机械特性之间的关系,以期得到一般性结论。

　　如图 19-6 所示为两组某一电机的机械特性 $n = f(T)$,以及某一负载(或原动机)的机械特性 $n = f(T_{\mathrm{L}})$ 的组合。在图 19-6(a)中,两机械特性的变化率(即斜率)的大小关系为

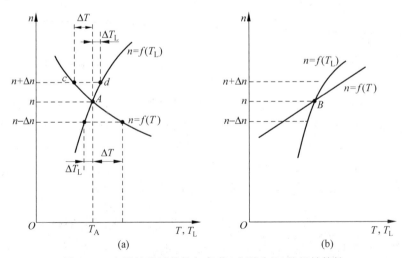

图 19-6　电机的机械特性与负载(或原动机)的机械特性

$\dfrac{\mathrm{d}T}{\mathrm{d}n} < \dfrac{\mathrm{d}T_{\mathrm{L}}}{\mathrm{d}n}$，而在图 19-6(b) 中则为 $\dfrac{\mathrm{d}T}{\mathrm{d}n} > \dfrac{\mathrm{d}T_{\mathrm{L}}}{\mathrm{d}n}$。

首先假定机组运行在图 19-6(a) 中的 A 点，此时机组的运行转速为 n。然而，此时机组的运行是否是稳定的呢？现分析如下。

假设由于外界干扰，使机组转速发生变化，例如由 A 点对应的转速 n 增加到 $n+\Delta n$，则由电机的机械特性可知，电磁转矩 T 变为对应于 c 点的转矩，其数值比在 A 点时小，但负载转矩 T_{L} 却增大，对应于负载机械性上的 d 点，此时 $T_{\mathrm{L}} > T$，机组将减速，这一过程一直延续到恢复为原来的转速 n 为止。至此，电磁转矩 T 又重新与负载的机械转矩 T_{L} 相等，机组又回到 A 点以原来的转速 n 稳定运行。

同理，由于某种原因发生干扰，使转速减为 $n-\Delta n$，则负载转矩 T_{L} 减小，而电磁转矩 T 却增大。因此 $T > T_{\mathrm{L}}$，机组加速，这一过程一直延续到恢复为原来的转速 n 为止。可见，机组在经受外来的暂时干扰后，也能返回原来的工作点稳定运行。综上分析可知，在如图 19-6(a) 所示的条件

$$\frac{\mathrm{d}T}{\mathrm{d}n} < \frac{\mathrm{d}T_{\mathrm{L}}}{\mathrm{d}n}$$

下，机组能够稳定运行。

反之，若电力拖动机组的机械特性 $n = f(T)$ 如图 19-6(b) 所示。这时假定机组起初运行在两特性的交点 B，相应的转速为 n。如若此时外界干扰使转速升高了 Δn，变为 $n+\Delta n$，从图上可见 $T > T_{\mathrm{L}}$，因此机组加速，转速又再上升。而转速上升之后，新的 T 比 T_{L} 大得更多，这样机组又将进一步加速。如此循环往复，机组将无限升速，因而不能返回原来的工作点 B。可见，机组在这种情况下是不能稳定运行的；如若此时外来干扰使转速突然降低至 $n-\Delta n$，则 $T < T_{\mathrm{L}}$，机组将进一步减速。而由图可见转速越低则 T 越小于 T_{L}，因此机组的减速将越甚，直至转速为零为止。可见，机组在这样的特性组合中是不能稳定运行的，即当

$$\frac{\mathrm{d}T}{\mathrm{d}n} > \frac{\mathrm{d}T_{\mathrm{L}}}{\mathrm{d}n}$$

时，机组不能够稳定运行。

可见，像异步电机和直流电机这类其电磁功率随转速而变化的电机，其静态稳定的判据为

$$\frac{\mathrm{d}T}{\mathrm{d}n} < \frac{\mathrm{d}T_{\mathrm{L}}}{\mathrm{d}n}$$

至此，已从一般意义上证明了异步电机和直流电机这类电机静态稳定判据的统一性。

19.2　电磁功率随功率角而变化的一类电机的判据

同步电机的转速是恒定不变的，其电磁功率随功率角的变化而变化。下面将证明，无论在何种情况下，也无论是何种运行方式，此类电机（即同步电机）静态稳定的判据是唯一的。

19.2.1　扰动来自原动机或机械负载时的情形

如前所述，无论同步电机是作发电运行还是作电动运行，当原动机或机械负载的输入功

率 P_T 恒定,即其对功率角 θ 的变化率为零时,此类电机稳定运行的区间为 $0°\sim 90°$(发电运行)和 $270°\sim 360°$(电动运行)。如图 18-1 所示,此时,在功角特性上其所对应的那两段曲线的斜率均大于零。因此,在这种情况下同步电机的静态稳定判据可归结为

$$\frac{\mathrm{d}P_{em}}{\mathrm{d}\theta} > 0$$

考虑到其前提条件是原动机的有效输入功率为 P_T 恒定值,也即 $\frac{\mathrm{d}P_T}{\mathrm{d}\theta}=0$,因此可将此判据推至一般形式,即

$$\frac{\mathrm{d}P_{em}}{\mathrm{d}\theta} > \frac{\mathrm{d}P_T}{\mathrm{d}\theta}$$

19.2.2 扰动来自电网电压波动时的情形

以上只是分析了当发电运行时原动机输入出现扰动,以及当电动运行时机械负载出现扰动时的情形。除此之外,无论同步电机是发电运行还是电动运行,还会出现电网电压波动的扰动的问题。

1. 电压波动出现在发电运行时的情形

同步电机发电运行时的功角特性如图 19-7 所示,假设原先同步电机发电运行在如图所示的 $0°\sim 90°$ 区间$\left(\text{在该区间中}\frac{\mathrm{d}P_{em}}{\mathrm{d}\theta}>0,\text{而}\frac{\mathrm{d}P_T}{\mathrm{d}\theta}=0\right)$中的 a 点,如若电网电压出现波动,其值略有微小下降,同步电机的功角特性由图中的曲线 1 变为曲线 2。此时由于转子的机械惯性,转子转速不会发生突变,因而功率角 θ 也就不会发生突变,这样电磁转矩便会减小。由于此时发电机的电磁转矩小于原动机的拖动转矩,因而转子便加速,功率角 θ 由原来的平衡点 θ_a 向新的平衡点 θ_c 移动。直至 $\theta=\theta_c$ 时,电磁转矩与拖动转矩达到新的平衡,转子不再加速,机组便在 c 点上稳定运行。

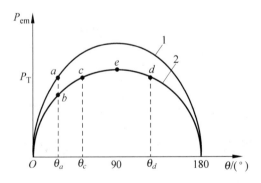

图 19-7 同步电机发电运行的功角特性

同理可证,如若原先同步电机发电运行在如图所示的 $90°\sim 180°$ 区间$\left(\text{在该区间中}\right.$

$\left.\frac{\mathrm{d}P_{em}}{\mathrm{d}\theta}<0,\text{而}\frac{\mathrm{d}P_T}{\mathrm{d}\theta}=0\right)$中的某一点,其运行是不稳定的。

可见,同步电机发电运行时,扰动来自电网电压波动与来自原动机或机械负载时的情形一样,其静态稳定的判据也为

$$\frac{\mathrm{d}P_{\mathrm{em}}}{\mathrm{d}\theta} > \frac{\mathrm{d}P_{\mathrm{T}}}{\mathrm{d}\theta}$$

2. 电压波动出现在电动运行时的情形

同步电机电动运行时的功角特性如图 19-8 所示,同理可分析得出其静态稳定的判据也为

$$\frac{\mathrm{d}P_{\mathrm{em}}}{\mathrm{d}\theta} > \frac{\mathrm{d}P_{\mathrm{T}}}{\mathrm{d}\theta}$$

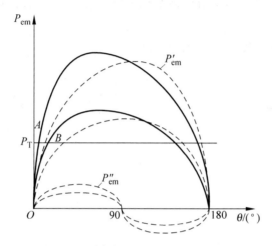

图 19-8　同步电机电动运行的功角特性

综上所述,电机学中的三大旋转电机分为两类,一类是其电磁功率随转速变化的电机(包括直流电机和异步电机),其静态稳定判据为

$$\frac{\mathrm{d}T}{\mathrm{d}n} < \frac{\mathrm{d}T_{\mathrm{L}}}{\mathrm{d}n}$$

另一类是其电磁功率随功率角变化的电机(即同步电机),其静态稳定判据为

$$\frac{\mathrm{d}P_{\mathrm{em}}}{\mathrm{d}\theta} > \frac{\mathrm{d}P_{\mathrm{T}}}{\mathrm{d}\theta}$$

因此所得结论是:电机学中的三大旋转电机的静态稳定判据是集中统一的。

小　　结

四大电机中的三大旋转电机(由于静止的变压器没有运转的静态稳定问题,自然就除外了)的静态稳定判据是集中统一的。

无论电机是作电动运行,还是作发电运行;也无论运行中其微小的扰动(大扰动不属静态稳定问题,已属动态稳定问题,不在此讨论之列)是来自机械负载的扰动、原动机输入的扰动或者电源电压的扰动,其静态稳定判定都集中统一于两个判据:

（1）电磁功率随转速而变化的一类电机的判据

$$\frac{\mathrm{d}T}{\mathrm{d}n} < \frac{\mathrm{d}T_{\mathrm{L}}}{\mathrm{d}n}$$

（2）电磁功率随功率角而变化的一类电机的判据

$$\frac{\mathrm{d}P_{\mathrm{em}}}{\mathrm{d}\theta} > \frac{\mathrm{d}P_{\mathrm{T}}}{\mathrm{d}\theta}$$

习　　题

19-1　四大电机中的三大旋转电机的静态稳定判据是集中统一的,还是各自独立,没有规律的?

19-2　统一以后的判据分几类? 各为何种形式?

第20章

分析工具的高度统一

在电机学中,四大电机均有相当类似的、堪称高度统一的三套分析工具,这就是平衡方程、等效电路和相(向)量图。这三套分析工具各具特色、功能齐全、分工合理,为四大电机通用的分析工具。

具体说来,其各自的特点是:

(1) 平衡方程全面反映了电机内部各物理量之间的平衡关系,是分析四大电机的理论基础;

(2) 等效电路从电路的拓扑图角度,展示出电机内部电量之间的内在关系,是定量计算四大电机运行状况的得力工具;

(3) 相(向)量图形象地勾勒出电机内部各电磁量之间的相位关系,是定性分析四大电机运行状况的有力助手。

现将其综述如下。

20.1 四大电机的平衡方程

四大电机各自都有一组平衡方程,现分列如下,以资比较。

1. 变压器的平衡方程

变压器的一组平衡方程如下所示:

$$\begin{cases} \dot{U}_1 = -\dot{E}_1 + \dot{I}_1 Z_1 \\ \dot{U}_2 = \dot{E}_2 - \dot{I}_2 Z_2 \\ -\dot{E}_1 = \dot{I}_0 Z_m \\ \dfrac{E_1}{E_2} = \dfrac{N_1}{N_2} = k \\ \dot{I}_1 = \dot{I}_0 + \left(-\dot{I}_2 \dfrac{N_2}{N_1} \right) \\ \dot{U}_2 = \dot{I}_2 Z_L \end{cases}$$

2. 异步电动机的平衡方程

异步电动机的一组平衡方程如下所示:

$$\begin{cases} \dot{U}_1 = -\dot{E}_1 + \dot{I}_1(R_1 + \mathrm{j}X_{1\sigma}) \\ \dot{E}_1 = -\dot{I}_m(R_m + \mathrm{j}X_m) \\ \dot{E}_1 = \dot{E}'_2 \\ \dot{E}'_2 = \dot{I}'_2(R'_2 + \mathrm{j}X'_{2\sigma}) \\ \dot{I}_1 + \dot{I}'_2 = \dot{I}_m \end{cases}$$

3. 同步发电机(不考虑饱和时的隐极机)的平衡方程

同步发电机的一组平衡方程如下所示:

$$\begin{cases} \dot{E}_0 = \dot{U} + \dot{I}R_a + \mathrm{j}\dot{I}X_\sigma + \mathrm{j}\dot{I}X_a = \dot{U} + \dot{I}R_a + \mathrm{j}\dot{I}X_t \\ T_1 - (T_{mec} + T_{Fe} + T_{ad}) = T \end{cases}$$

4. 直流发电机(并励)的平衡方程

并励直流发电机的一组平衡方程如下所示:

$$\begin{cases} E_a = U + I_a R_a + 2\Delta U \\ P_1 = P_2 + p_{Cuf} + p_{Cua} + p_{Cub} + p_{mec} + p_{Fe} + p_{ad} = P_2 + \sum p \\ T_1 = T_0 + T \\ I_a = I_L + I_f \\ U = I_f R_f \end{cases}$$

由上可见,四大电机都有一整套平衡方程,特别是变压器和异步电动机,其平衡方程组极为相似。这些方程都有一个共同的特征,那就是均全面反映了电机内部各物理量之间的各自平衡关系。正是这些方程,构成了分析四大电机的理论基础。

20.2 四大电机的等效电路

四大电机各自都有一个等效电路,现分列如下,以资比较。

1. 变压器的等效电路

变压器的等效电路如图 20-1 所示。

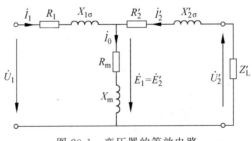

图 20-1 变压器的等效电路

2. 异步电动机的等效电路

异步电动机的等效电路如图 20-2 所示。

3. 同步发电机（不考虑饱和时的隐极式）的等效电路

不考虑饱和时的隐极同步发电机的等效电路如图 20-3(a) 所示。

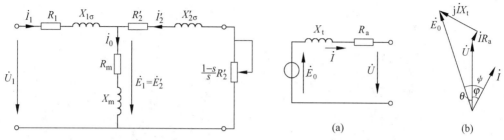

图 20-2　异步电动机的等效电路

图 20-3　不考虑饱和时的隐极同步发电机
的等效电路及相量图

4. 直流电机（并励）的电路图

直流电机的电路图比较简单，无须进行等效变换，故直接给出其发电机和电动机的电路图，如图 20-4 所示。

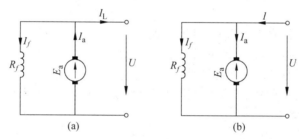

图 20-4　并励直流电机的电路图

（a）发电机；（b）电动机

由上可见，四大电机都有一个相应的等效电路（或实际电路）。特别是变压器和异步电动机，由于其平衡方程组极难求解，故变压器和异步电动机运行时的定量计算工具就是其等效电路。这些等效电路（或实际电路）都有一个共同的特征，那就是从拓扑的角度，展示了电机内部各物理量之间量的内在关系。这些方程有一个共同的特点，就是均为定量计算四大电机的有力工具。

20.3　四大电机的相量图

四大电机中，除直流电机外，都有其相应的相量图。现分述如下，以资比较。

1. 变压器的相量图

变压器的相量图如图 20-5 所示。

2. 异步电机的相量图

异步电机的相量图如图 20-6 所示。

3. 同步电机的相量图

同步电机(以不考虑饱和时的隐极式同步电机为例)的相量图如图 20-3(b)所示。

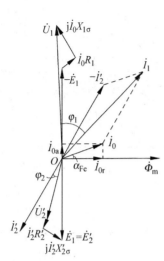

图 20-5　变压器的相量图

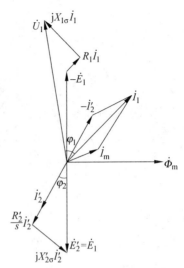

图 20-6　异步电机的相量图

由于直流电机并没有相量问题,因而也就没有相量图一说。

由上述分析可以看出,相量图可以形象地勾勒出电机内部各物理量之间的相位关系,是定性分析四大电机运行状况的有力助手。

综上所述,本书在"电机学"中首次提出了电机统一理论,从而揭示了电机学中四大电机运行的一些共同规律。

小　　结

四大电机均有三套分析工具:平衡方程、等效电路和相(向)量图。这三套分析工具各具特色、功能齐全、分工合理,为四大电机通用的分析工具。

平衡方程全面反映了电机内部各物理量之间的平衡关系,是分析四大电机的理论基础;

等效电路从电路的拓扑图角度,展示出电机内部电量之间的内在关系,是定量计算四大电机运行状况的得力工具;

相(向)量图形象地勾勒出电机内部各电磁量之间的相位关系,是定性分析四大电机运行状况的有力助手。

习　　题

20-1　在电机学中,四大电机的分析工具是否是统一的? 均有几套? 为哪几套? 具体是什么形式?

20-2　这几套分析工具各有什么特点? 有什么作用?

参 考 文 献

[1] 许实章. 电机学[M]. 北京：机械工业出版社，1990.

[2] 戴文进，等. 电机学[M]. 北京：航空工业出版社，1996.

[3] 李发海，朱东起. 电机学[M]. 北京：科学出版社，2001.

[4] CATHEY J J. 电机原理及设计的 MATLAB 分析[M]. 戴文进，译. 北京：电子工业出版社，2006.

[5] 孙旭东，王善铭. 电机学[M]. 北京：清华大学出版社，2007.

[6] 胡虔生，等. 电机学[M]. 北京：中国电力出版社，2005.

[7] 汤蕴璆，史乃. 电机学[M]. 北京：机械工业出版社，2003.

[8] 许实章. 电机学习题集[M]. 北京：机械工业出版社，1983.

[9] 胡虔生. 电机学试题分析与习题[M]. 北京：中国电力出版社，2002.